LES MÉTHODES NOUVELLES

DE LA

MÉCANIQUE CÉLESTE

PAR

H. POINCARÉ,

MEMBRE DE L'INSTITUT,
PROFESSEUR A LA FACULTÉ DES SCIENCES

—

TOME III.

Invariants intégraux. — Solutions périodiques du deuxième genre.
Solutions doublement asymptotiques.

PARIS,

GAUTHIER-VILLARS, IMPRIMEUR-LIBRAIRE

DU BUREAU DES LONGITUDES, DE L'ÉCOLE POLYTECHNIQUE,

Quai des Grands-Augustins, 55.

1899

LES MÉTHODES NOUVELLES

DE LA

MÉCANIQUE CÉLESTE.

22961   PARIS. — IMPRIMERIE GAUTHIER-VILLARS.

Quai des Grands-Augustins, 55.

LES MÉTHODES NOUVELLES

DE LA

MÉCANIQUE CÉLESTE

PAR

H. POINCARÉ,

MEMBRE DE L'INSTITUT,
PROFESSEUR A LA FACULTÉ DES SCIENCES

TOME III.

Invariants intégraux. — Solutions périodiques du deuxième genre.
Solutions doublement asymptotiques.

PARIS,

GAUTHIER-VILLARS, IMPRIMEUR-LIBRAIRE
DU BUREAU DES LONGITUDES, DE L'ÉCOLE POLYTECHNIQUE,
Quai des Grands-Augustins, 55.

1899

LES MÉTHODES NOUVELLES

DE LA

MÉCANIQUE CÉLESTE.

TOME III.

CHAPITRE XXII.

INVARIANTS INTÉGRAUX.

Mouvement d'un fluide permanent.

233. Pour bien faire comprendre l'origine et la portée de la notion des invariants intégraux, je crois utile de commencer par l'étude d'un exemple particulier emprunté à une application physique.

Considérons un fluide quelconque, et soient u, v, w les trois composantes de la vitesse de la molécule, qui, à l'instant t, a pour coordonnées x, y, z.

Nous regarderons u, v, w comme des fonctions de t, x, y, z et nous supposerons que ces fonctions sont données.

Si u, v, w sont indépendants de t et ne dépendent que de x, y et z, on dit que le mouvement du fluide est *permanent*. Nous supposerons que cette condition est remplie.

La trajectoire d'une molécule quelconque du fluide est alors une courbe qui est définie par l'équation différentielle

$$(1) \qquad \frac{dx}{u} = \frac{dy}{v} = \frac{dz}{w}.$$

Si l'on savait intégrer ces équations, on en tirerait

$$x = \varphi_1(t, x_0, y_0, z_0),$$
$$y = \varphi_2(t, x_0, y_0, z_0),$$
$$z = \varphi_3(t, x_0, y_0, z_0);$$

de sorte que x, y et z seraient exprimés en fonction du temps t et de leurs valeurs initiales x_0, y_0, z_0.

Connaissant la position initiale d'une molécule, on en déduirait ainsi la position de cette même molécule au temps t.

Considérons des molécules fluides dont l'ensemble forme à l'origine des temps une certaine figure F_0; quand ces molécules se déplaceront, leur ensemble formera une nouvelle figure qui ira en se déformant d'une manière continue, et à l'instant t l'ensemble des molécules envisagées formera une nouvelle figure F.

Nous supposerons que le mouvement du fluide est continu, c'est-à-dire que u, v, w sont des fonctions continues de x, y, z; il existe alors entre les figures F_0 et F certaines relations que la continuité rend évidentes.

Si la figure F_0 est une courbe ou une surface continue, la figure F sera une courbe ou une surface continue.

Si la figure F_0 est un volume simplement connexe, la figure F sera un volume simplement connexe.

Si la figure F_0 est une courbe ou une surface fermée, il en sera de même de la figure F.

Examinons en particulier le cas des liquides; c'est celui où le fluide est incompressible, c'est-à-dire où le volume d'une masse fluide est invariable.

Supposons alors que la figure F_0 soit un volume, au bout du temps t la masse fluide qui remplissait ce volume occupera un volume différent qui ne sera autre chose que la figure F.

Le volume de la masse fluide n'a pas dû changer; donc F_0 et F ont même volume : c'est ce que l'on peut écrire

$$(2) \qquad \iiint dx\, dy\, dz = \iiint dx_0\, dy_0\, dz_0;$$

la première intégrale est étendue au volume F et l'autre au volume F_0.

Nous dirons alors que l'intégrale

$$\iiint dx\,dy\,dz$$

est un *invariant intégral*.

On sait que la condition d'incompressibilité peut s'exprimer par l'équation

$$(3) \qquad \frac{du}{dx} + \frac{dv}{dy} + \frac{dw}{dz} = 0.$$

Les deux équations (2) et (3) sont donc équivalentes.

Revenons au cas des gaz, c'est-à-dire au cas où le volume d'une masse fluide est variable; c'est alors la masse qui demeure invariable, de sorte que si l'on appelle ρ la densité du gaz on aura

$$(4) \qquad \iiint \rho\,dx\,dy\,dz = \iiint \rho_0\,dx_0\,dy_0\,dz_0.$$

La première intégrale est étendue au volume F, la seconde au volume F_0. En d'autres termes, l'intégrale

$$\iiint \rho\,dx\,dy\,dz$$

est un invariant intégral.

Dans ce cas, le mouvement étant permanent, l'équation de continuité s'écrit

$$(5) \qquad \frac{d(\rho u)}{dx} + \frac{d(\rho v)}{dy} + \frac{d(\rho w)}{dz} = 0.$$

Les conditions (4) et (5) sont donc encore équivalentes.

234. Un second exemple nous est fourni par la théorie des tourbillons de Helmholtz.

Supposons que la figure F_0 soit une courbe fermée, il en sera de même de la figure F.

Supposons que le fluide, compressible ou non, soit à une température constante et ne soit soumis qu'à des forces admettant un potentiel; il faut alors, pour que le mouvement reste permanent, que u, v, w satisfassent à certaines conditions qu'il est inutile de développer ici.

Supposons-les remplies.

Cela posé, considérons l'intégrale

$$\int (u\,dx + v\,dy + w\,dz).$$

Elle aura, comme nous l'apprend le théorème de Helmholtz, même valeur le long de la courbe F et le long de la courbe F_0.

En d'autres termes, cette intégrale est un invariant intégral.

Définition des invariants intégraux.

235. Dans les exemples que je viens de citer on est facilement conduit, par la nature même de la question, à la considération des invariants intégraux.

Mais il est clair que l'on peut employer ces invariants en en généralisant la définition dans des cas beaucoup plus étendus où l'on ne pourrait plus leur attribuer une signification physique aussi simple.

Considérons des équations différentielles de la forme

$$(1) \qquad \frac{dx}{X} = \frac{dy}{Y} = \frac{dz}{Z} = dt,$$

X, Y, Z étant des fonctions données de x, y, z.

Si l'on savait les intégrer on en tirerait x, y, z en fonction de t et de leurs valeurs initiales x_0, y_0, z_0.

Si nous regardons t comme représentant le temps et x, y, z comme représentant les coordonnées d'un point mobile M dans l'espace, les équations (1) définiront les lois du mouvement de ce point mobile.

Les mêmes équations une fois intégrées nous feraient connaître la position du point M au temps t connaissant sa position initiale M_0 dont les coordonnées sont x_0, y_0, z_0.

Si l'on considère des points mobiles suivant la même loi et dont l'ensemble forme à l'origine des temps une figure F_0, l'ensemble de ces mêmes points formera à l'instant t une autre figure F qui sera une ligne, une surface ou un volume suivant que la figure F_0 sera elle-même une ligne, une surface ou un volume.

Considérons alors une intégrale simple

$$(2) \qquad \int (A\,dx + B\,dy + C\,dz),$$

où A, B, C sont des fonctions connues de x, y et z; il peut arriver que si F_0 est une ligne, cette intégrale (2) étendue à tous les éléments de la ligne F soit une constante indépendante du temps et soit égale par conséquent à la valeur de cette même intégrale étendue à tous les éléments de la ligne F_0.

Supposons maintenant que F et F_0 soient des surfaces et envisageons l'intégrale double

$$(3) \qquad \iint (A'\,dy\,dz + B'\,dz\,dx + C'\,dx\,dy),$$

où A', B', C' sont des fonctions de x, y et z. Il peut arriver que cette intégrale ait la même valeur, qu'on l'étende à tous les éléments de la surface F ou à tous ceux de la surface F_0.

Imaginons maintenant que F et F_0 soient des volumes et envisageons l'intégrale triple

$$(4) \qquad \iiint M\,dx\,dy\,dz,$$

M étant une fonction de x, y, z; il peut arriver qu'elle ait même valeur pour F et pour F_0.

Dans ces différents cas, nous dirons que les intégrales (2), (3) ou (4) sont des *invariants intégraux*.

Il arrivera quelquefois que l'intégrale simple (2) n'aura la même valeur pour les lignes F et F_0 que si ces deux courbes sont fermées; ou bien que l'intégrale double (3) n'aura la même valeur pour les surfaces F et F_0 que si ces deux surfaces sont fermées.

Nous dirons alors que (2) est un invariant intégral *par rapport aux courbes fermées* et que (3) est un invariant intégral *par rapport aux surfaces fermées*.

236. La représentation géométrique dont nous avons fait usage ne joue évidemment aucun rôle essentiel; nous pouvons la laisser de côté et rien n'empêchera plus d'étendre les définitions précédentes au cas où le nombre des variables est plus grand que trois.

Considérons alors les équations

$$(1) \qquad \frac{dx_1}{X_1} = \frac{dx_2}{X_2} = \ldots = \frac{dx_n}{X_n} = dt,$$

où X_1, X_2, ..., X_n sont des fonctions données de x_1, x_2, ..., x_n; si l'on savait les intégrer, on connaîtrait x_1, x_2, ..., x_n en fonctions de t et de leurs valeurs initiales x_1^0, x_2^0, ..., x_n^0. Nous pouvons, pour conserver le même langage, appeler point M le système de valeurs x_1, x_2, ..., x_n, et point M_0 le système de valeurs x_1^0, x_2^0, ..., x_n^0.

Considérons un ensemble de points M_0 formant une variété F_0 et l'ensemble des points correspondants M formant une autre variété F ([1]).

Nous supposerons que F_0 et F sont des variétés continues à p dimensions où $p \leq n$.

Considérons alors une intégrale d'ordre p

$$(2) \qquad \int \Sigma A \, d\omega,$$

où A est une fonction de x_1, x_2, ..., x_n et où $d\omega$ est le produit de p différentielles prises parmi les n différentielles

$$dx_1, \quad dx_2, \quad \ldots, \quad dx_n.$$

Il peut se faire que cette intégrale ait même valeur pour les deux variétés F et F_0. Nous dirons alors que c'est un *invariant intégral*.

Il peut arriver aussi que cette intégrale ait même valeur pour les deux variétés F et F_0, mais *seulement à la condition que ces deux variétés soient fermées*. C'est alors un invariant intégral par rapport aux variétés fermées.

On peut encore imaginer d'autres espèces d'invariants intégraux. Supposons, par exemple, que $p = 1$ et que F et F_0 se

---

[1] Le mot *variété* est maintenant assez usité pour que je n'aie pas cru nécessaire d'en rappeler la définition. On appelle ainsi tout ensemble continu de points (ou de système de valeurs) : c'est ainsi que dans l'espace à trois dimensions, une surface quelconque est une variété à deux dimensions et une ligne quelconque, une variété à une dimension.

réduisent à des lignes; il peut arriver que l'intégrale

$$\int (A_1\, dx_1 + A_2\, dx_2 + \ldots + A_n\, dx_n) = \int \Sigma A_i\, dx_i$$

ait même valeur pour F et F_0, et soit invariant intégral; mais il peut arriver aussi que l'intégrale

$$\int \sqrt{\Sigma B_i\, dx_i^2 + 2\Sigma C_{ik}\, dx_i\, dx_k}$$

où les B et les C sont comme les A des fonctions de $x_1, x_2, \ldots, x_n$; il peut arriver, dis-je, que cette intégrale ait même valeur pour F et F_0, et il serait facile d'imaginer d'autres exemples analogues.

Le nombre p s'appellera *l'ordre de l'invariant intégral*.

Relations entre les invariants et les intégrales.

237. Reprenons le système

$$(1) \qquad \frac{dx_1}{X_1} = \frac{dx_2}{X_2} = \ldots = \frac{dx_n}{X_n} = dt.$$

Si l'on savait l'intégrer, on saurait former tous ses invariants intégraux.

Si en effet l'intégration était effectuée, on pourrait en mettre le résultat sous la forme

$$(2) \qquad \begin{cases} y_1 = C_1, \\ y_2 = C_2, \\ \ldots\ldots\ldots \\ y_{n-1} = C_{n-1}, \\ z = t + C_n, \end{cases}$$

$C_1, C_2, \ldots, C_n$ étant des constantes arbitraires, les y et z étant des fonctions données des x.

Changeons de variables en prenant pour variables nouvelles, au lieu des x, les y et z.

Considérons alors un invariant intégral quelconque; cet invariant devra contenir sous le signe $\int$ (qui sera répété p fois si l'invariant est d'ordre p), il devra contenir, dis-je, une certaine expression, fonction des x et de leurs différentielles dx. Après le changement des variables, cette expression deviendra une fonction des y, de z, et de leurs différentielles dy et dz.

Pour passer d'un point de la figure F_0 au point correspondant de la figure F, il faut, sans changer les y, changer z en $z + t$. Donc, en passant d'un arc infiniment petit de F_0 à l'arc correspondant de F, les différentielles dy et dz ne changent pas (la quantité t qu'on ajoute à z est en effet la même pour les deux extrémités de l'arc); enfin, si l'on considère une figure infiniment petite F_0 d'un nombre quelconque de dimensions et la figure correspondante F, un produit d'un nombre (égal à celui des dimensions de F_0 et F) de différentielles dy ou dz ne changera pas non plus quand on passera d'une figure à l'autre.

En résumé, pour qu'une expression soit un invariant intégral, *il faut et il suffit que z n'y figure pas*; les y, les dy et dz peuvent y figurer d'une manière quelconque.

Considérons une expression de même forme que celle que nous avons envisagée dans le paragraphe précédent

$$(3) \qquad \int \Sigma A \, d\omega,$$

cette expression représente une intégrale d'ordre p, A est une fonction de $x_1, x_2, \ldots, x_n$. $d\omega$ est un produit de p différentielles prises parmi les n différentielles

$$dx_1, \quad dx_2, \quad \ldots, \quad dx_n.$$

Nous voulons savoir si c'est un invariant intégral; faisant le changement de variables indiqué plus haut, l'expression (3) deviendra

$$\int \Sigma B \, d\omega';$$

B est une fonction des y et de z, $d\omega'$ est un produit de p différentielles prises parmi les n différentielles

$$dy_1, \quad dy_2, \quad \ldots, \quad dy_{n-1}, \quad dz.$$

Pour que l'expression (3) soit un invariant intégral, il faut et il suffit que tous les B soient indépendants de z et ne *dépendent* que des y.

Reprenons de même, comme dans le numéro précédent, l'expression

$$(4) \qquad \int \sqrt{(\Sigma B_i \, dx_i)^2 + 2\Sigma C_{i,k} \, dx_i \, dx_k},$$

les B_i et les $C_{i,k}$ étant des fonctions des x.

Après le changement de variables, cette expression deviendra

$$\int \sqrt{(\Sigma B_i \, dx_i')^2 + 2\Sigma C_{i,k} \, dx_i' \, dx_k'};$$

j'ai posé, pour plus de symétrie dans les notations,

$$x_i = y_i \qquad (i = 1, 2, \ldots, n-1); \qquad x_n = z.$$

Pour que l'expression (4) soit un invariant intégral, il faut et il suffit que tous les B_i et les $C_{i,k}$ soient indépendants de z et ne dépendent que de y.

Invariants relatifs.

238. Nous sommes conduits maintenant à chercher à former les invariants intégraux relatifs aux variétés fermées. Supposons d'abord $p = 1$ et cherchons quelle est la condition pour que l'intégrale simple

$$(1) \qquad \int (A_1 \, dx_1 + A_2 \, dx_2 + \ldots + A_n \, dx_n)$$

soit un invariant intégral par rapport aux lignes fermées.

Faisons le changement de variables indiqué plus haut, notre intégrale deviendra

$$\int (B_1 \, dy_1 + B_2 \, dy_2 + \ldots + B_{n-1} \, dy_{n-1} + B_n \, dz),$$

ce que je puis encore écrire, en reprenant la notation plus symétrique de la fin du numéro précédent,

$$(1 \; bis) \qquad \int \Sigma B_i \, dx_i.$$

Cette intégrale simple, étendue à une variété fermée à une dimension, c'est-à-dire à une ligne fermée, peut être transformée par le

théorème de Stokes en une intégrale double étendue à une variété
non fermée à deux dimensions, c'est-à-dire à une surface non fermée; on a

$$(2) \qquad \int \Sigma\, \mathrm{B}_i\, dx'_i = \int \sum \left(\frac{d\mathrm{B}_i}{dx'_k} - \frac{d\mathrm{B}_k}{dx'_i} \right) dx'_i\, dx'_k.$$

Mais l'intégrale du second membre de (2) doit être un invariant
intégral absolu et non seulement par rapport aux variétés fermées.

Nous conclurons donc ceci :

Pour que (1) *soit un invariant intégral par rapport aux
lignes fermées, il faut et il suffit que les binomes*

$$\frac{d\mathrm{B}_i}{dx'_k} - \frac{d\mathrm{B}_k}{dx'_i}$$

soient tous indépendants de z.

De même et plus généralement soit

$$(3) \qquad \int \Sigma\, \mathrm{A}\, d\omega$$

une expression intégrale d'ordre p, de même forme d'ailleurs que
celles qui ont été envisagées dans les numéros précédents; nous
voulons savoir si c'est un invariant intégral par rapport aux
variétés fermées d'ordre p.

Nous supposons cette intégrale étendue à une variété fermée
quelconque d'ordre p; un théorème analogue à celui de Stokes
nous apprendra alors qu'elle peut être transformée en une intégrale d'ordre $p+1$ étendue à une variété quelconque, fermée ou
non, d'ordre $p+1$. L'intégrale transformée s'écrit

$$(4) \qquad \int \Sigma \Sigma_k \pm \frac{d\mathrm{A}}{dx_k}\, dx_k\, d\omega.$$

On prend toujours le signe $+$ si p est pair et alternativement
le signe $+$ et le signe $-$ si p est impair. [Je renverrai pour plus
de détails à mon Mémoire sur les résidus des intégrales doubles
(*Acta Mathematica*, tome VIII), et à mon Mémoire du Cahier du
Centenaire du *Journal de l'École Polytechnique*.]

La condition nécessaire et suffisante pour que (3) soit un inva-

riant intégral d'ordre p par rapport aux variétés fermées, c'est
que (4) soit un invariant intégral *absolu* d'ordre $p + 1$.

239. Reprenons l'expression (1) du numéro précédent et supposons que ce soit un invariant relatif, je veux dire un invariant
intégral par rapport aux lignes fermées.

Amenons-la à la forme (1 *bis*) par notre changement de variables.

Soit M_0 un point de F_0

$$y_1, y_2, \ldots, y_{n-1}, z$$

ses coordonnées (avec les nouvelles variables).

Soit M le point correspondant de F

$$y_1, y_2, \ldots, y_{n-1}, z + t$$

ses coordonnées. Les B_k seront des fonctions des y et de z, mais
je mettrai z en évidence, en écrivant B_k sous la forme

$$B_k(z).$$

Nous aurons alors, si la ligne F_0 est fermée,

$$\int \Sigma B_k(z + t)\, dx_k = \int \Sigma B_k(z)\, dx_k,$$

ce qui veut dire que l'expression

$$(3) \qquad \Sigma [B_k(z + t) - B_k(z)]\, dx_k$$

est une différentielle exacte que je pose égale à $d\mathrm{V}$; la fonction V dépendra non seulement des y et de z, mais encore de t.
Pour $t = 0$, elle doit se réduire à une constante.

Si nous supposons t infiniment petit et que nous appelions $B'_k(z)$
la dérivée de $B_k(z)$ par rapport à z, l'expression (3) se réduit à

$$\Sigma [t\,B'_k(z)]\, dx_k.$$

L'expression

$$(4) \qquad \Sigma B'_k(z)\, dx_k$$

est alors une différentielle exacte que je pose égale à $d\mathrm{U}$. La fonction U ainsi définie dépendra des y et de z, mais ne dépendra
plus de t. Je mettrai encore z en évidence en écrivant $U(z)$; il

vient alors

$$\frac{dV}{dt} = \int \Sigma B_k(z+t)\,dx'_k = \int dU(z+t) = U(z+t) + f(t).$$

$f(t)$ étant une fonction arbitraire de t.

Or $U(z)$ peut être regardé comme la dérivée par rapport à z d'une autre fonction $W(z)$ dépendant aussi des y et l'on aura

$$\frac{d}{dt} W(z+t) = U(z+t).$$

Comme d'autre part V doit se réduire à une constante pour $t = o$, nous conclurons finalement

$$V = W(z+t) - W(z) + \varphi(t).$$

$\varphi(t)$ désignant une fonction arbitraire de t seulement que l'on pourrait d'ailleurs supposer nulle sans restreindre essentiellement la généralité.

On trouve alors

$$B_k(z) = \frac{d}{dx_k} W(z) + C_k,$$

C_k étant indépendant de z, de sorte que l'expression (1 *bis*) se réduit à

$$\int dW + \int \Sigma C_k\,dx'_k,$$

la première intégrale étant celle d'une différentielle exacte et la seconde étant un invariant intégral absolu.

240. Traitons de même un invariant relatif d'ordre supérieur au premier; soit

$$\int \Sigma A \,d\omega$$

cet invariant qui, après le changement de variables, deviendra

$$\int \Sigma B \,d\omega'.$$

L'intégrale

$$(1) \qquad \int \Sigma [B(z+t) - B(z)]\,d\omega' = I$$

devra être nulle quelle que soit la variété fermée d'ordre p à laquelle on l'étende.

Elle devra donc satisfaire à certaines « conditions d'intégrabilité » analogues à celles qui expriment qu'une différentielle totale du premier ordre est une différentielle exacte.

Considérons maintenant une variété V de p dimensions, mais *non fermée* et limitée par une variété v de $p - 1$ dimensions qui lui servira de frontière.

L'intégrale (1), étendue à la variété V, ne sera pas nulle, mais si on la calcule pour d'autres variétés analogues V', V'', etc., ayant *même frontière* v, on trouvera la même valeur, c'est-à-dire que la valeur de l'intégrale (1) ne dépend que de la frontière v.

Elle est égale à une intégrale d'ordre $p - 1$,

$$(2) \qquad \mathrm{J} = \int \Sigma \mathrm{C} \, d\omega^{\flat}$$

étendue à la variété v et où $d\omega^{\flat}$ désigne un produit quelconque de $p - 1$ différentielles pendant que C est une fonction des y, de z et de t.

Cette intégrale (2) est évidemment une fonction de t, dépendant en outre de la variété v. Considérons sa dérivée par rapport à t; on aura

$$\frac{d\mathrm{J}}{dt} = \int \sum \frac{d\mathrm{C}}{dt} \, d\omega^{\flat} = \int \Sigma \mathrm{B}'(z + t) \, d\omega^{\flat}.$$

Cette dérivée, comme le montre sa dernière expression, ne change pas quand on y change t en $t - h$ et quand, en même temps, on transforme V (ou v) en y changeant partout z en $z + h$.

On en conclut que J est de la forme suivante

$$\mathrm{J} = \int \Sigma \mathrm{D}(z + t) \, d\omega^{\flat} - \int \Sigma \mathrm{D}(z) \, d\omega^{\flat},$$

$\mathrm{D}(z)$ étant une fonction de x, y, z.

L'intégrale

$$(3) \qquad \int \Sigma \mathrm{D}(z) \, d\omega^{\flat}$$

est d'ordre $p - 1$, mais on peut la transformer facilement en une intégrale d'ordre p; il suffit d'appliquer la transformation qui, dans le n° **238**, nous a permis de passer de l'intégrale (3) à l'intégrale (4), et qui est inverse de celle par laquelle, dans le présent numéro, nous avons passé de l'intégrale (1) à l'intégrale (2).

L'intégrale (3), étendue à la variété v, est donc égale à l'intégrale d'ordre p

$$(4) \qquad\qquad \int \Sigma\, \mathrm{E}(z)\, d\omega'$$

étendue à la variété V.

Nous dirons, par analogie avec la terminologie consacrée pour les intégrales simples, que l'intégrale (4) est une *intégrale de différentielle exacte*. Et en effet :

1° Elle est nulle pour toute variété fermée;

2° Elle est réductible à une intégrale d'ordre moindre.

Cela posé, on aura

$$\mathtt{J} = \int \Sigma\, \mathrm{E}(z+t)\, d\omega' - \int \Sigma\, \mathrm{E}(z)\, d\omega',$$

les intégrales sont étendues à la variété V.

Mais cette égalité peut encore s'écrire

$$\int \Sigma\, [\mathrm{B}(z+t) - \mathrm{E}(z+t)]\, d\omega' = \int \Sigma\, [\mathrm{B}(z) - \mathrm{E}(z)]\, d\omega',$$

et elle est vraie pour une variété V quelconque.

Cela veut dire que

$$\int \Sigma\, [\mathrm{B}(z) - \mathrm{E}(z)]\, d\omega'$$

est un invariant intégral absolu.

Nous arrivons donc au résultat suivant :

Tout invariant intégral relatif est la somme d'une intégrale de différentielle exacte et d'un invariant intégral absolu.

241. Nous avons vu au n° **238** comment, d'un invariant relatif d'ordre p, on pouvait déduire un invariant absolu d'ordre $p+1$.

Le même procédé est évidemment applicable aux invariants absolus, de sorte qu'on pourrait être tenté de l'appliquer de proche en proche et de construire successivement des invariants d'ordre $p+2$, $p+3$, ...

Mais on serait promptement arrêté dans cette voie.

Il y a un cas en effet où le procédé en question est illusoire, c'est celui où l'invariant que l'on veut transformer est une intégrale de différentielle exacte. L'invariant intégral auquel conduirait la transformation serait alors identiquement nul.

Si maintenant on transforme un invariant d'ordre p, on obtient un invariant d'ordre $p + 1$, mais cet invariant est une intégrale de différentielle exacte, de sorte que si l'on veut le transformer de nouveau, on tombe sur un résultat identiquement nul.

Relation entre les invariants et l'équation aux variations.

242. Reprenons le système

$$(1) \qquad \frac{dx_1}{X_1} = \frac{dx_2}{X_2} = \ldots = \frac{dx_n}{X_n} = dt.$$

Nous pouvons former les équations aux variations correspondantes telles qu'elles ont été définies au début du Chapitre IV.

Pour former ces équations, on change dans les équations (1) x_i en $x_i + \xi_i$ et l'on néglige les carrés des ξ_i; on trouve ainsi le système d'équations linéaires

$$(2) \qquad \frac{d\xi_k}{dt} = \frac{dX_k}{dx_1} \xi_1 + \frac{dX_k}{dx_2} \xi_2 + \ldots + \frac{dX_k}{dx_n} \xi_n.$$

Il y a, entre les intégrales des équations (2) et les invariants intégraux des équations (1), un lien intime qu'il est aisé d'apercevoir.

Soit

$$F(\xi_1, \xi_2, \ldots, \xi_n) = \text{const.},$$

une intégrale quelconque des équations (2). Ce sera une fonction homogène par rapport aux ξ, et dépendant d'ailleurs des x d'une manière quelconque. Je pourrai toujours supposer que cette fonction F est homogène de degré 1 par rapport aux ξ; car s'il n'en était pas ainsi, je n'aurais qu'à élever F à une puissance convenable pour trouver une fonction homogène du degré 1.

Considérons maintenant l'expression

$$(3) \qquad \int F(dx_1, dx_2, \ldots, dx_n),$$

je dis que c'est un invariant intégral du système (1).

J'observe d'abord que la quantité sous le signe $\int$

$$F(dx_1, dx_2, \ldots, dx_n)$$

est un infiniment petit du premier ordre, puisque dx_1, dx_2, ..., dx_n sont des infiniment petits du premier ordre et que F est homogène du premier ordre par rapport à ces quantités.

L'intégrale simple (3) est donc finie.

Cela posé, supposons d'abord que la figure F_0 se réduise à une ligne infiniment petite, dont les extrémités aient pour coordonnées

$$x_1, \quad x_2, \quad \ldots, \quad x_n;$$

$$x_1 + \xi_1, \quad x_2 + \xi_2, \quad \ldots, \quad x_n + \xi_n.$$

L'intégrale (3) se réduira à un seul élément et sera par conséquent égale à

$$F(\xi_1, \xi_2, \ldots, \xi_n).$$

Cette expression étant une intégrale des équations (2) demeurera constante et aura même valeur pour la ligne F_0 et pour la ligne F.

Si maintenant la ligne F_0 et par conséquent la ligne F sont finies, nous décomposerons la ligne F_0 en parties infiniment petites. L'intégrale (3), étendue à l'une de ces parties infiniment petites de F_0, sera égale à l'intégrale (3), étendue à la partie infiniment petite correspondante de F. L'intégrale étendue à la ligne F_0 tout entière sera égale à l'intégrale étendue à la ligne F tout entière.

Donc l'intégrale (3) est un invariant intégral.

C. Q. F. D.

Réciproquement, supposons que (3) soit un invariant intégral du premier ordre, je dis que

$$F(\xi_1, \xi_2, \ldots, \xi_n)$$

sera une intégrale des équations (2).

En effet, l'intégrale (3) doit être la même pour la ligne F_0 et pour la ligne F, quelles que soient ces lignes, et en particulier, si F_0 se réduit à un élément infiniment petit dont les extrémités ont pour coordonnées

$$x_i \quad \text{et} \quad x_i + \xi_i.$$

L'intégrale (3) se réduit alors, comme nous l'avons vu, à

$$(4) \qquad F(\xi_1, \xi_2, \ldots, \xi_n).$$

Comme l'intégrale est un invariant, cette expression (4) doit être constante.

C'est donc une intégrale des équations (2).   C. Q. F. D.

Ainsi, à chaque invariant intégral du premier ordre des équations (1) correspond une intégrale des équations (2) et réciproquement.

243. Voyons maintenant à quoi correspondent les invariants d'ordre supérieur au premier.

Considérons deux solutions particulières quelconques des équations (1); soient

$$(5) \qquad \begin{cases} \xi_1, & \xi_2, & \ldots, & \xi_n, \\ \xi'_1, & \xi'_2, & \ldots, & \xi'_n, \end{cases}$$

ces deux solutions.

Il peut exister des fonctions

$$F(x_i, \xi_i, \xi'_i)$$

qui dépendent à la fois des x_i, des ξ_i et des ξ'_i, et qui, quelles que soient les deux solutions choisies, se réduisent à des constantes indépendantes du temps.

En d'autres termes, la fonction F sera une intégrale du système

$$(6) \qquad \begin{cases} \dfrac{d\xi_k}{dt} = \dfrac{dX_k}{dx_1}\xi_1 + \dfrac{dX_k}{dx_2}\xi_2 + \ldots + \dfrac{dX_k}{dx_n}\xi_n, \\[2ex] \dfrac{d\xi'_k}{dt} = \dfrac{dX_k}{dx_1}\xi'_1 + \dfrac{dX_k}{dx_2}\xi'_2 + \ldots + \dfrac{dX_k}{dx_n}\xi'_n, \end{cases}$$

auquel satisfont les ξ_i et les ξ'_i.

Faisons une hypothèse plus particulière et supposons que F soit de la forme

$$\Sigma A_{ik}(\xi_i\xi'_k - \xi_k\xi'_i),$$

les A_{ik} étant fonctions des x seulement.

Je dis alors que l'intégrale double

$$J = \int \Sigma A_{ik}\, dx_i\, dx_k$$

est un invariant intégral des équations (1).

H. P. — III.   2

Supposons, en effet, que la figure F_0 se réduise à un parallélogramme infiniment petit dont les sommets ont pour coordonnées les valeurs pour $t = o$ de

$$x_i, \quad x_i + \xi_i, \quad x_i + \xi'_i, \quad x_i + \xi_i + \xi'_i.$$

La figure F sera aussi assimilable à un parallélogramme infiniment petit dont les sommets auront pour coordonnées les valeurs pour $t = t$ de

$$x_i, \quad x_i + \xi_i, \quad x_i + \xi'_i, \quad x_i + \xi_i + \xi'_i.$$

L'intégrale J se réduira à un seul élément qui aura précisément pour valeur

$$\Sigma A_{ik}(\xi_i \xi'_k - \xi_k \xi'_i),$$

et, comme cette expression est par hypothèse une intégrale du système (6), elle aura même valeur pour les deux figures F et F_0.

Supposons maintenant que F et F_0 soient deux surfaces finies; décomposons F_0 en parallélogrammes infiniment petits à chacun desquels correspondra un parallélogramme élémentaire de F. La valeur de J est donc la même pour chaque élément de F_0 et pour l'élément correspondant de F; elle est donc la même encore pour la surface F_0 entière et pour la surface F entière.

L'intégrale J est donc un invariant intégral.   C. Q. F. D.

La réciproque se démontrerait comme au numéro précédent.

244. Le théorème est évidemment général et s'applique aux invariants d'ordre supérieur à deux. Énonçons-le encore pour ceux d'ordre trois. Considérons trois solutions particulières des équations (2), ξ_i, ξ'_i, ξ''_i; ces trois solutions devront satisfaire au système

$$(7) \quad \begin{cases} \dfrac{d\xi_k}{dt} = \sum \dfrac{dX_k}{dx_i}\,\xi_i, \\[2mm] \dfrac{d\xi'_k}{dt} = \sum \dfrac{dX_k}{dx_i}\,\xi'_i, \\[2mm] \dfrac{d\xi''_k}{dt} = \sum \dfrac{dX_k}{dx_i}\,\xi''_i. \end{cases}$$

Si le système (7) admet une intégrale de la forme

$$(8) \quad \Sigma A_{i,k,l} \begin{vmatrix} \xi_i & \xi'_i & \xi''_i \\ \xi_k & \xi'_k & \xi''_k \\ \xi_l & \xi'_l & \xi''_l \end{vmatrix},$$

où les A sont fonctions des x, l'intégrale triple

$$(9) \qquad \int \Sigma A_{ikl} \, dx_i \, dx_k \, dx_l$$

sera un invariant intégral des équations (1) et réciproquement.

Transformation des invariants.

245. Les invariants étant ainsi ramenés aux intégrales de l'équation aux variations, on trouve facilement un très grand nombre de procédés qui permettent de transformer ces invariants.

Si l'on connaît un certain nombre d'invariants intégraux des équations

$$(1) \qquad \frac{dx_i}{dt} = X_i,$$

on déduira de chacun d'eux une intégrale des équations aux variations

$$(2) \qquad \frac{d\xi_i}{dt} = \sum \frac{dX_i}{dx_l} \xi_l,$$

En combinant entre elles ces diverses intégrales, on obtiendra une nouvelle intégrale des équations (2), d'où l'on déduira un nouvel invariant des équations (1).

Commençons par étudier le cas des invariants de premier ordre. Soient

$$\Phi_1, \Phi_2, \ldots, \Phi_p,$$

un certain nombre d'intégrales des équations (1), ces intégrales seront des fonctions des x_i seulement.

Soient maintenant

$$\int F_1(dx_i), \quad \int F_2(dx_i), \quad \ldots, \quad \int F_q(dx_i),$$

q invariants intégraux du premier ordre de ces mêmes équations (1)

Les fonctions sous le signe $\int$

$$F_1(dx_i), \quad F_2(dx_i), \quad \ldots, \quad F_q(dx_i)$$

dépendront des x_i et de leurs différentielles dx_i. Elles pourront dépendre des x_i d'une manière quelconque ; mais par rapport aux différentielles

$$dx_1, \quad dx_2, \quad \ldots, \quad dx_n,$$

elles devront être homogènes et du premier ordre.

Alors

$$F_1(\xi_i), \quad F_2(\xi_i), \quad \ldots, \quad F_q(\xi_i)$$

seront des intégrales des équations (2) et seront homogènes et du premier ordre par rapport aux ξ_i.

Soit maintenant

$$\Theta(\Phi_1, \Phi_2, \ldots, \Phi_p ; F_1, F_2, \ldots, F_q) = \Theta[\Phi_k, F_j],$$

une fonction des Φ et des F, dépendant des Φ d'une manière quelconque, mais homogène et du premier ordre par rapport aux F.

Alors

$$\Theta[\Phi_k, F_j(\xi_i)]$$

sera une nouvelle intégrale des équations (2) ; de plus ce sera une fonction homogène et du premier ordre par rapport aux ξ_i.

Il en résulte que

$$\int \Theta[\Phi_k, F_j(dx_i)]$$

est un invariant intégral du premier ordre des équations (1).

On aurait pu arriver tout aussi facilement au même résultat en transformant les invariants par le changement des variables du n° 237.

Par exemple

$$\int (F_1 + F_2 + \ldots + F_q)$$

et

$$\int \sqrt{F_1^2 + F_2^2 + \ldots + F_q^2}$$

seront des invariants intégraux.

246. Le même calcul peut s'appliquer aux invariants d'ordre plus élevé.

Soient encore

$$\Phi_1, \quad \Phi_2, \quad \ldots, \quad \Phi_p,$$

p intégrales des équations (1), et

$$\int F_1(dx_i dx_k), \quad \int F_2(dx_i dx_k), \quad \dots, \quad \int F_q(dx_i dx_k),$$

q invariants intégraux du second ordre. Les F seront des fonctions des x_i et des produits de différentielles

$$dx_i dx_k.$$

Elles seront homogènes et du premier ordre par rapport à ces produits.

Alors

$$F_j(\xi_i \xi'_k - \xi_k \xi'_i)$$

seront des intégrales du système (6).

Si alors

$$\theta(\Phi_h, F_j)$$

est une fonction quelconque des Φ et des F, homogène du premier ordre par rapport aux F, l'expression

$$\theta[\Phi_h, F_j(\xi_i \xi'_k - \xi'_i \xi_k)]$$

sera une intégrale des équations (6); elle sera de plus homogène et du premier ordre par rapport aux déterminants

$$\xi_k \xi'_i - \xi'_k \xi_i.$$

Il en résulte que l'intégrale double

$$\int \theta[\Phi_h, F_j(dx_i dx_k)]$$

sera un invariant intégral du second ordre des équations (1).

247. Nous avons ainsi le moyen, connaissant plusieurs invariants du même ordre, de les combiner de façon à obtenir d'autres invariants du même ordre.

Le même procédé permet, connaissant plusieurs invariants du même ordre, d'obtenir de nouveaux invariants d'ordre différent.

Soient, par exemple,

$$\int F_1(dx_i), \quad \int F_2(dx_i),$$

deux invariants intégraux du premier ordre; je suppose, ce qui
est le cas le plus général, que F_1 et F_2 sont des fonctions *linéaires*
et homogènes des différentielles dx_i.

Les expressions

$$F_1(\xi_i), \quad F_2(\xi_i)$$

seront homogènes et du premier ordre par rapport aux ξ_i et ce
seront des intégrales des équations (2).

De même

$$F_1(\xi'_i), \quad F_2(\xi'_i)$$

seront des intégrales des équations (6).

Il en résulte que

$$(10) \qquad\qquad F_1(\xi_i)F_2(\xi'_k) - F_1(\xi'_k)F_2(\xi_i)$$

sera une intégrale du système (6).

Comme F_1 et F_2 sont linéaires par rapport aux ξ_i, on aura

$$F_1(\xi_i + \xi'_i) = F_1(\xi_i) + F_1(\xi'_i); \qquad F_2(\xi_i + \xi'_i) = F_2(\xi_i) + F_2(\xi'_i).$$

Il en résulte que l'expression (10), qui d'ailleurs change de
signe quand on permute les ξ_i et les ξ'_i, ne change pas quand on
change ξ_i en $\xi_i + \xi'_i$.

Nous en conclurons que cette expression (10) est une fonction
linéaire et homogène des déterminants

$$\xi_i \xi'_k - \xi_k \xi'_i,$$

les coefficients dépendant des x seulement, mais non des ξ et des ξ'.

De cette expression (10) on pourra donc déduire un invariant
intégral du deuxième ordre des équations (1).

Soient maintenant

$$\int F_1(dx_i), \quad \int F_2(dx_i\, dx_k),$$

deux invariants intégraux des équations (1), le premier du premier
ordre et le second du deuxième ordre. Je supposerai que F_1 et F_2
sont des fonctions linéaires et homogènes, la première par rap-
port aux n différentielles dx_i, la seconde par rapport aux $\dfrac{n(n-1)}{2}$
produits

$$dx_i\, dx_k.$$

Les fonctions

$$F_1(\xi_i), \quad F_2(\xi_i\xi'_k - \xi_k\xi'_i)$$

seront des intégrales du système (6).

L'expression

$$(11) \quad \begin{cases} F_1(\xi_i)F_2(\xi'_i\xi''_k - \xi''_i\xi'_k) + F_1(\xi'_i)F_2(\xi''_i\xi_k - \xi_i\xi''_k) \\ \quad + F_1(\xi''_i)F_2(\xi_i\xi'_k - \xi'_i\xi_k) \end{cases}$$

sera une intégrale du système (7).

Il est aisé, d'autre part, de vérifier qu'elle sera linéaire et homogène par rapport aux déterminants

$$\begin{vmatrix} \xi_i & \xi'_i & \xi''_i \\ \xi_k & \xi'_k & \xi''_k \\ \xi_l & \xi'_l & \xi''_l \end{vmatrix}$$

On pourra donc en déduire un invariant intégral du troisième ordre.

Soient maintenant

$$\int F_1(dx_i\,dx_k), \quad \int F_2(dx_i\,dx_k),$$

deux invariants de deuxième ordre des équations (1).

Nous en déduirons deux intégrales des équations (6), à savoir

$$F_1(\xi_i\xi'_k - \xi_k\xi'_i), \quad F_2(\xi_i\xi'_k - \xi_k\xi'_i),$$

ce que je pourrai écrire, pour abréger,

$$F_1(\xi\xi'), \quad F_2(\xi\xi').$$

Alors l'expression

$$(12) \quad \begin{cases} F_1(\xi\xi')\,F_2(\xi''\xi''') + F_1(\xi''\xi''')\,F_2(\xi\xi') \\ + F_1(\xi\xi'')\,F_2(\xi'''\xi') - F_1(\xi'''\xi')\,F_2(\xi\xi'') \\ + F_1(\xi\xi''')\,F_2(\xi'\xi'') + F_1(\xi'\xi'')\,F_2(\xi\xi''') \end{cases}$$

sera une intégrale du système obtenu en adjoignant aux équations (7) les équations

$$\frac{d\xi''_i}{dt} = \sum \frac{dX_k}{dx_i}\,\xi''_k.$$

De plus, ce sera une fonction linéaire et homogène par rapport aux déterminants formés avec quatre des quantités ξ_i et les quantités ξ_i', ξ_i'', ξ_i''' correspondantes.

Je continue, bien entendu, à supposer que F_1 et F_2 sont homogènes et *linéaires* par rapport aux produits $dx_i\, dx_k$.

On pourra donc déduire de l'expression (12) un invariant intégral du quatrième ordre.

Il est à remarquer que cet invariant ne devient pas identiquement nul quand on suppose

$$F_1 = F_2.$$

L'expression (12), divisée par 2, se réduit alors à

$$F_1(\xi\xi')F_1(\xi''\xi''') - F_1(\xi\xi'')F_1(\xi'''\xi') + F_1(\xi\xi''')F_1(\xi'\xi'').$$

D'un invariant du deuxième ordre on peut donc toujours en déduire un du quatrième ordre; par le même procédé, on en obtiendrait un du sixième ordre; et, plus généralement, on en obtiendrait un d'ordre $2p$ ($2p$ étant un nombre pair quelconque).

248. Soit, en général,

$$\int F_1, \quad \int F_2,$$

deux invariants quelconques des équations (1), le premier d'ordre p, le second d'ordre q.

Je suppose que F_1 et F_2 soient des fonctions linéaires et homogènes, la première par rapport aux produits de p différentielles dx, la seconde par rapport aux produits de q différentielles.

Soient

$$\xi_i^{(1)}, \quad \xi_i^{(2)}, \quad \ldots, \quad \xi_i^{(p+q)},$$

$p + q$ solutions des équations (2). Ces solutions satisferont au système d'équations différentielles

$$(13)\quad \frac{d\xi_k^{(\mu)}}{dt} = \sum \frac{dX_k}{dx_i} \xi_i^{(\mu)} \qquad (i,\, k = 1,\, 2,\, \ldots,\, n;\ \mu = 1,\, 2,\, \ldots,\, p+q).$$

Soit alors F_1' ce que devient F_1 quand on y remplace chaque produit de p différentielles par le déterminant correspondant formé à l'aide des p solutions

$$\xi_i^{(1)}, \quad \xi_i^{(2)}, \quad \ldots, \quad \xi_i^{(p)}.$$

Soit de même F_2' ce que devient F_2 quand on y remplace chaque produit de q différentielles par le déterminant correspondant formé à l'aide des q solutions

$$\xi_2^{(p+1)}, \quad \xi_2^{(p+2)}, \quad \ldots, \quad \xi_2^{(p+q)}.$$

Alors le produit
$$F_1' F_2'$$
sera une intégrale du système (13).

Cela posé, faisons subir aux $p + q$ lettres

$$\xi_1^{(1)}, \quad \xi_1^{(2)}, \quad \ldots, \quad \xi_1^{(p+q)}$$

une permutation quelconque. Le produit $F_1' F_2'$ deviendra

$$F_1'' F_2''$$

et ce sera encore là une intégrale du système (13).

Nous affecterons ce produit du signe $+$, si la permutation considérée appartient au groupe alterné, c'est-à-dire si elle se ramène à un nombre pair de permutations entre deux lettres.

Nous affecterons, au contraire, le produit du signe $-$, si la permutation n'appartient pas au groupe alterné, c'est-à-dire si elle se ramène à un nombre impair de permutations entre deux lettres.

Dans tous les cas, l'expression

$$(14) \qquad\qquad\qquad \pm F_1'' F_2''$$

sera une intégrale du système (13).

Nous avons $(p + q)!$ permutations possibles ; nous obtiendrons donc $(p + q)!$ expressions analogues à (14). Mais il n'y en aura que

$$\frac{(p + q)!}{p!\, q!}$$

qui seront distinctes ; car l'expression (14) ne change pas quand on permute seulement entre elles les p lettres qui entrent dans F_1'', et entre elles, d'autre part, les q lettres qui entrent dans F_2''.

Faisons maintenant la somme de toutes les expressions (14). Nous aurons encore une intégrale de système (13). Mais cette intégrale sera linéaire et homogène par rapport aux déterminants d'ordre $p + q$ que l'on peut former avec les lettres

$$\xi_1^{(1)}, \quad \xi_1^{(2)}, \quad \ldots, \quad \xi_1^{(p+q)}.$$

On pourra donc en déduire un invariant d'ordre $p + q$ des équations (1).

Si $p = q$ et que F_1 soit identique avec F_2, l'invariant ainsi obtenu sera identiquement nul si p est impair; mais il n'en sera plus de même si p est pair ainsi que je l'ai expliqué à la fin du numéro précédent.

Autres relations entre les invariants et les intégrales.

249. Voyons maintenant comment, de la connaissance d'un certain nombre d'invariants, on peut déduire celle d'une ou plusieurs intégrales.

Je suppose d'abord que l'on connaisse deux invariants du $n^{\text{ième}}$ ordre

$$\int M \, dx_1 \, dx_2 \dots dx_n$$

et

$$\int M' \, dx_1 \, dx_2 \dots dx_n$$

où M et M' sont des fonctions des x; je dis que le rapport $\dfrac{M'}{M}$ sera une intégrale des équations (1).

En effet, considérons les équations aux variations (2) et soient

$$\xi_i^{(1)}, \quad \xi_i^{(2)}, \quad \dots \quad \xi_i^{(n)},$$

n solutions quelconques linéairement indépendantes de ces équations.

Ces n solutions satisferont à un système d'équations différentielles, analogue aux systèmes (6) et (7), que j'appellerai le système S.

Soit Δ le déterminant formé à l'aide des n^2 lettres $\xi_i^{(k)}$. Alors

$$M \Delta \quad \text{et} \quad M' \Delta$$

seront des intégrales du système S; il en sera donc de même du rapport

$$\frac{M'}{M}$$

et comme ce rapport ne dépend que des x et pas des ξ, il devra être une intégrale des équations (1).

On peut démontrer le même résultat d'une autre manière.

Faisons le changement de variables du n° 237. Nos deux invariants intégraux deviendront

$$\int MJ\, dy_1\, dy_2 \ldots dy_{n-1}\, dz,$$

et

$$\int M'J\, dy_1\, dy_2 \ldots dy_{n-1}\, dz,$$

J désignant le jacobien ou déterminant fonctionnel des variables anciennes x_1, x_2, ..., x_n par rapport aux variables nouvelles y_1, y_2, ..., y_{n-1}, z.

D'après le n° 237, MJ et M'J ne doivent dépendre que de

$$y_1,\ y_2,\ \ldots,\ y_{n-1};$$

il en est donc de même du rapport $\dfrac{M'}{M}$ et comme toute fonction des y_i est une intégrale des équations (1), ce rapport est une intégrale des équations (1).   C. Q. F. D.

250. On peut varier ce procédé de plusieurs manières.

Soient, par exemple,

$$\int F_1(dx_i),\quad \int F_2(dx_i),\quad \ldots,\quad \int F_p(dx_i),$$

p invariants linéaires du premier ordre. Supposons que l'on ait identiquement

$$F_1 = M_2 F_2 + M_3 F_3 + \ldots + M_p F_p,$$

les M_i dépendant seulement des x, et non des différentielles dx.

Je dis que les M_i, si $p \leqq n + 1$ seront des intégrales des équations (1).

En effet, soit A_{ik} le coefficient de dx_k dans F_i; on devra avoir

$$A_{1,k} = M_2 A_{2,k} + M_3 A_{3,k} + \ldots + M_p A_{p,k}.$$

Faisons le changement de variables du n° 237; nos invariants deviendront

$$\int F'_1(dx'_i),\quad \int F'_2(dx'_i),\quad \ldots,\quad \int F'_p(dx'_i).$$

Si d'ailleurs on pose

$$F_i = \Sigma A'_{ik}\, dx'_k,$$

on devra avoir

$$A'_{1\,k} = M_1 A'_{2\,k} + M_2 A'_{3\,k} + \ldots + M_p A'_{pk}.$$

Nous aurons là n équations linéaires d'où nous pourrons tirer les M_i pourvu que $p \leq n + 1$.

Or, d'après le n° **237**, les A'_{ik} ne dépendent que des y et pas de z; il en est donc de même des M_i ce qui veut dire que les M_i sont des intégrales des équations (1).

251. Soit maintenant

$$F(x_1, x_2, \ldots, x_n)$$

une intégrale; il est clair que

$$\int \left(\frac{d\mathrm{F}}{dx_1}\, dx_1 + \frac{d\mathrm{F}}{dx_2}\, dx_2 + \ldots + \frac{d\mathrm{F}}{dx_n}\, dx_n \right)$$

sera un invariant intégral du premier ordre.

On peut alors se poser la question suivante :

Considérons un invariant intégral du premier ordre

$$\int (A_1\, dx_1 + A_2\, dx_2 + \ldots + A_n\, dx_n)$$

et supposons que la quantité sous le signe $\int$ soit une différentielle exacte; quelle relation y aura-t-il entre l'intégrale de cette différentielle exacte et les intégrales des équations (1)?

Pour nous en rendre compte, faisons le changement de variables du n° **237**; notre invariant deviendra

$$\int d\mathrm{U} = \int (B_1\, dy_1 + B_2\, dy_2 + \ldots + B_{n-1}\, dy_{n-1} + C\, dz).$$

Les B et C devront dépendre des y mais pas de z.

Si cette expression $d\mathrm{U}$ est une différentielle exacte, la fonction U devra donc être de la forme

$$U = U_0 + z U_1,$$

U_0 et U_1 étant des intégrales de l'équation (1). On aura alors

$$\frac{dU}{dt} = U_1.$$

Or on a, si l'on revient aux anciennes variables x_i,

$$\frac{dU}{dt} = \frac{dU}{dx_1} X_1 + \frac{dU}{dx_2} X_2 + \ldots + \frac{dU}{dx_n} X_n.$$

Il résulte de là que

$$\frac{dU}{dx_1} X_1 + \frac{dU}{dx_2} X_2 + \ldots + \frac{dU}{dx_n} X_n$$

est une intégrale des équations (1). Si cette expression est nulle, on a

$$U_1 = 0, \qquad U = U_0,$$

et U est une intégrale des équations (1).

252. On pourrait multiplier les exemples de ce genre; je n'en citerai plus qu'un seul.

Considérons un invariant du premier ordre de la forme

$$\int \sqrt{\Sigma B_i\, dx_i^2 + 2\Sigma C_{ik}\, dx_i\, dx_k} = \int \sqrt{\Phi}.$$

Soit Δ le discriminant de la forme quadratique Φ.

Faisons le changement de variables du n° 237, notre invariant deviendra

$$\int \sqrt{\Sigma B_i'\, dx_i'^2 + 2\Sigma C_{ik}'\, dx_i'\, dx_k'} = \int \sqrt{\Phi'}.$$

Soit Δ' le discriminant de la forme quadratique Φ'.

Soit J le jacobien ou déterminant fonctionnel des x par rapport aux x'; on aura

$$\Delta' = \Delta J^2.$$

D'ailleurs Δ' sera manifestement (comme les B' et les C'), une intégrale des équations (1).

Soit, maintenant, un invariant du $n^{ième}$ ordre

$$\int M\, dx_1\, dx_2 \ldots dx_n.$$

Après le changement de variables du n° 237, il deviendra

$$\int MJ \, dx'_1 \, dx'_2 \ldots dx'_n,$$

et MJ devra être une intégrale des équations (1).

J'en conclus que

$$\frac{\Delta'}{M^2 J^2},$$

c'est-à-dire

$$\frac{\Delta}{M^3}$$

doit être une intégrale des équations (1).

Changements de variables.

253. Quand on change d'une manière quelconque les variables x_i sans toucher à la variable t, qui représente le temps, on n'a qu'à appliquer aux invariants intégraux les règles ordinaires du changement de variables dans les intégrales définies simples ou multiples. C'est ce que nous avons déjà fait plusieurs fois.

Mais quand on change la variable t, la difficulté est plus grande. Il aurait même semblé *a priori* que cette transformation ne dût conduire à aucun résultat.

Et en effet : considérons le système

$$(1) \qquad dt = \frac{dx_1}{X_1} = \frac{dx_2}{X_2} = \ldots = \frac{dx_n}{X_n}.$$

Introduisons une nouvelle variable t_1 définie par la relation

$$\frac{dt}{dt_1} = Z,$$

Z étant une fonction donnée de $x_1, x_2, \ldots, x_n$.

Le système (1) deviendra

$$(2) \qquad dt_1 = \frac{dx_1}{ZX_1} = \frac{dx_2}{ZX_2} = \ldots = \frac{dx_n}{ZX_n}.$$

Supposons que les valeurs initiales $x_1^0, x_2^0, \ldots x_n^0$ représentent les coordonnées d'un certain point M_0 de l'espace à n dimensions.

Si le mouvement de ce point est défini par les équations (1), t représentant le temps, ce point sera, à l'époque $t = \tau$, venu en M.

Si le mouvement est au contraire défini par les équations (2), t_1 représentant le temps, le point M_0 sera, à l'époque $t_1 = \tau$, venu en M'.

Considérons maintenant une figure F_0 occupée à l'instant zéro par différents points M_0.

Si le mouvement et la déformation de cette figure sont définis par les équations (1), elle sera, à l'époque $t = \tau$, devenue une figure nouvelle F.

Si le mouvement est défini par les équations (2), la figure F_0 sera, à l'époque $t_1 = \tau$, devenue une figure nouvelle F' différente de F.

Et non seulement F' sera différente de F, mais elle ne coïncidera pas non plus, en général, avec une des positions occupées par F à une époque différente de l'époque $t = \tau$.

Il semble donc que l'on ait profondément altéré les données du problème et l'on ne doit pas s'attendre à ce que des invariants de (1) on puisse déduire ceux de (2).

C'est cependant ce qui arrive pour les invariants d'ordre n.

Faisons le changement de variables du n° **237**; le système (1) deviendra

$$(1\,bis) \qquad dt = \frac{dy_1}{0} = \frac{dy_2}{0} = \ldots = \frac{dy_{n-1}}{0} = \frac{dz}{1},$$

et le système (2)

$$(2\,bis) \qquad dt_1 = \frac{dy_1}{0} = \frac{dy_2}{0} = \ldots = \frac{dy_{n-1}}{0} = \frac{dz}{Z},$$

Z doit alors être supposé exprimé en fonctions des y et de z.

Posons alors

$$z_1 = \int \frac{dz}{Z},$$

l'intégration se faisant par rapport à z (les y étant regardés comme des constantes), et à partir d'une origine quelconque pouvant dépendre des y.

Le système (2) deviendra

$$(2\,ter) \qquad dt_1 = \frac{dy_1}{0} = \frac{dy_2}{0} = \ldots = \frac{dy_{n-1}}{0} = \frac{dz_1}{1}$$

et aura même forme que (1 *bis*).

Soit alors

$$\int \mathrm{M}\, dx_1\, dx_2 \ldots dx_n,$$

un invariant d'ordre n des équations (1); par le changement de variables du n° 237, il deviendra

$$\int \mathrm{MJ}\, dy_1\, dy_2 \ldots dy_{n-1}\, dz,$$

J étant le jacobien des x par rapport aux y et à z, MJ devra être une fonction des y.

Alors

$$\int \mathrm{MJ}\, dy_1\, dy_2 \ldots dy_{n-1}\, dz,$$

sera un invariant des équations (2 *ter*);

$$\int \frac{\mathrm{MJ}}{Z}\, dy_1\, dy_2 \ldots dy_{n-1}\, dz$$

sera un invariant des équations (2 *bis*), et enfin

$$\int \frac{\mathrm{M}}{Z}\, dx_1\, dx_2 \ldots dx_n$$

sera un invariant des équations (2).

Remarques diverses.

253 *bis*. Considérons un système d'équations différentielles

(1) $$dx_i = \mathrm{X}_i\, dt,$$

et leurs équations aux variations

(2) $$d\xi_i = \Xi_i\, dt.$$

Supposons que les équations (1) admettent un invariant intégral du premier ordre

$$\int \Sigma \mathrm{A}_i\, dx_i;$$

l'expression $\Sigma \mathrm{A}_i \xi_i$ sera une intégrale des équations (2).

D'autre part, ces équations (2) admettront pour solution

$$\xi_i = \varepsilon X_i,$$

ε étant une constante infiniment petite quelconque.

En effet, soit

$$x_i = \varphi_i(t)$$

une solution quelconque des équations (1); si ε est une constante très petite,

$$x_i = \varphi_i(t+\varepsilon) = \varphi_i(t) + \varepsilon \frac{dx_i}{dt}$$

sera encore une solution des équations (1), et

$$\xi_i = \varphi_i(t+\varepsilon) - \varphi_i(t) = \varepsilon \frac{dx_i}{dt} = \varepsilon X_i$$

sera une solution des équations (2).

Il résulte de là que

$$\Sigma A_i \xi_i = \varepsilon \Sigma A_i X_i$$

doit être une constante.

Donc $\Sigma A_i X_i$ est une intégrale des équations (1).

Supposons maintenant que les équations (1) admettent un invariant intégral du second ordre

$$\iint \Sigma A_{ik}\, dx_i\, dx_k.$$

Alors

$$\Sigma A_{ik}(\xi_i \xi'_k - \xi_k \xi'_i)$$

sera une intégrale des équations (2) et des équations (2 *bis*) que l'on en déduit en changeant les ξ_i en ξ'_i.

Faisons-y

$$\xi'_i = \varepsilon X_i,$$

ε étant une constante. Cela est permis, car $\xi'_i = \varepsilon X_i$ est une solution de (2 *bis*).

Alors

$$\Sigma A_{ik}(\xi_i X_k - X_i \xi_k)$$

sera une intégrale de (2); ce qui montre que

$$\int \Sigma A_{ik}(X_k\, dx_i - X_i\, dx_k)$$

est un invariant intégral du premier ordre des équations (1).

H. P. — III. 3

Ce procédé permet donc de trouver un invariant d'ordre $n-1$, quand on en connaît un d'ordre n; le procédé peut quelquefois être illusoire parce que l'invariant ainsi trouvé peut être identiquement nul.

Envisageons maintenant un invariant de la forme suivante

$$\int \Sigma(A_i + t B_i)\,dx_i,$$

où A_i et B_i sont des fonctions des x; nous rencontrerons dans la suite des invariants de cette forme.

Alors

$$\Sigma(A_i + t B_i)\xi_i$$

sera une intégrale des équations (2); il en résulte que

$$\Sigma(A_i + t B_i)X_i$$

doit être une constante.

Soit, pour abréger,

$$\Phi = \Sigma A_i X_i; \qquad \Phi_1 = \Sigma B_i X_i,$$

l'expression

$$\Phi + t\Phi_1$$

doit être une constante, ce qui entraîne la condition

$$\frac{d\Phi}{dt} + t\frac{d\Phi_1}{dt} + \Phi_1 = 0,$$

ou bien

$$(3) \qquad \sum \frac{d\Phi}{dx_i} X_i + \Phi_1 + t \sum \frac{d\Phi_1}{dx_i} X_i = 0.$$

Les X_i, les A_i, les B_i sont des fonctions des x. Il en est donc de même de

$$\Phi, \quad \Phi_1, \quad \sum \frac{d\Phi}{dx_i} X_i, \quad \sum \frac{d\Phi_1}{dx_i} X_i.$$

L'identité (3) ne peut donc avoir lieu que si l'on a identiquement

$$\sum \frac{d\Phi_1}{dx_i} X_i = 0$$

et

$$\sum \frac{d\Phi}{dx_i} X_i + \Phi_1 = 0.$$

La première de ces relations nous apprend que Φ_1 est une intégrale des équations (1).

253 *ter*. Soit
$$\Phi = \text{const.}$$
une intégrale des équations (2); la fonction Φ doit être une forme, c'est-à-dire un polynome entier et homogène par rapport aux ξ_i, dont les coefficients dépendent d'ailleurs des x_i d'une façon quelconque.

Soit m le degré de ce polynome. L'expression
$$\int \sqrt[m]{\Phi'}$$

(où Φ' n'est autre chose que Φ où les ξ_i ont été remplacés par les différentielles dx_i), cette expression, dis-je, sera un invariant intégral des équations (1).

Cela posé, soit I un invariant quelconque de la forme Φ.

Faisons le changement de variables du n° 237, les équations (1) deviendront

(1 *bis*)
$$\frac{dy_i}{dt} = 0, \qquad \frac{dz}{dt} = 1,$$

et, si l'on désigne par η_i et ζ les variations de y_i et z, les équations aux variations de (1 *bis*) se réduiront à

$$\frac{d\eta_i}{dt} = \frac{d\zeta}{dt} = 0.$$

Avec ces nouvelles variables, Φ deviendra une forme Φ_0, entière, homogène et de degré m par rapport aux η_i et à ζ; les coefficients peuvent être des fonctions quelconques des y_i, mais d'après le théorème du n° 237, puisque nous avons affaire à un invariant intégral, ces coefficients ne peuvent pas dépendre de z.

Les x_i sont des fonctions des y et de z, et l'on en déduit entre les variations les relations suivantes

(4)
$$\xi_i = \sum \frac{dx_i}{dy_k}\eta_k + \frac{dx_i}{dz}\zeta.$$

Les ξ sont donc des fonctions linéaires des η et de ζ et le déterminant de ces équations linéaires (4) n'est autre chose que le jacobien des x par rapport à y et à z, jacobien que j'appelle J.

On passe ainsi de la forme Φ à la forme Φ_0 par la substitution linéaire (4) dont le déterminant est J.

Soit I_0 l'invariant de Φ_0 qui correspond à l'invariant I de Φ; on aura

$$I = I_0 J^p$$

p étant le degré de l'invariant.

Mais I_0 est une fonction des coefficients de Φ_0 et, par conséquent, une fonction des y, indépendante de z; c'est donc une intégrale des équations (1).

Soit M le dernier multiplicateur des équations (1) de telle façon que l'on ait

$$\sum \frac{d\mathrm{M}\mathrm{X}_i}{dx_i} = 0$$

et que

$$\int \mathrm{M}\, dx_1\, dx_2 \ldots dx_n$$

soit un invariant intégral d'ordre n.

Nous avons vu au n° 252 que MJ sera une intégrale des équations (1). Donc

$$I_0 (\mathrm{MJ})^p = I\mathrm{M}^p$$

sera une intégrale des équations (1). A chaque invariant de la forme Φ correspond donc une intégrale de ces équations.

Soit maintenant C un covariant de la forme Φ, de degré p par rapport aux coefficients de Φ et q par rapport aux variables ξ.

Si C_0 est le covariant correspondant de Φ_0, on aura

$$C = C_0 J^p.$$

Les coefficients de C_0 sont des fonctions des coefficients de Φ_0, ils sont donc indépendants de z; il en est de même de ceux de

$$C_0 (\mathrm{MJ})^p = C\mathrm{M}^p.$$

Donc $C\mathrm{M}^p$ est une intégrale des équations (2); donc

$$\int \sqrt[q]{C\mathrm{M}^p},$$

où C' n'est autre chose que C où les ξ_i ont été remplacés par dx_i,
est un invariant intégral des équations (1).

Voilà donc un moyen de former un grand nombre d'invariants
intégraux ; le cas particulier où p est nul (c'est-à-dire le cas des
invariants ou covariants dits *absolus*) mérite d'attirer l'attention ;
si C, par exemple, est un covariant absolu de Φ,

$$\int \sqrt{C'}$$

sera un invariant intégral des équations (1). On peut donc former
un nouvel invariant intégral sans connaître le dernier multiplicateur M.

Le même procédé s'applique aux invariants intégraux d'ordre
supérieur. Soit, par exemple, un invariant intégral du second ordre

$$\int \Sigma A_{ik}\, dx_i\, dx_k.$$

À cet invariant intégral se rattache la forme bilinéaire

$$\Phi = \Sigma A_{ik}(\xi_i \xi'_k - \xi_k \xi'_i)$$

qui est une intégrale des équations (2) et (2 *bis*).

Tout invariant ou covariant de cette forme, multiplié par une
puissance convenable de M, sera une intégrale des équations (2),
(2 *bis*) et donnera, par conséquent, naissance à un nouvel invariant intégral.

De même, si l'on a un système d'invariants intégraux, on en
déduira un système de formes analogues à Φ et qui seront des
intégrales des équations (2), (2 *bis*). À tout invariant de ce système de formes correspondra une intégrale des équations (1) ; à
tout covariant de ce système de formes correspondra un invariant
intégral des équations (1).

Soient, par exemple, F et F_1 deux formes quadratiques par
rapport aux ξ_i ; F' et F'_1 ce qu'elles deviennent quand on y remplace les ξ_i par les différentielles dx_i. Supposons que F et F_1
soient des intégrales de (2) et que, par conséquent,

$$\int \sqrt{F}, \quad \int \sqrt{F_1}$$

soient des invariants intégraux de (1).

Considérons la forme

$$F - \lambda F_1$$

où λ est une indéterminée. En écrivant que le discriminant de cette forme est nul, nous obtiendrons une équation algébrique de degré n en λ, dont les n racines seront évidemment des invariants absolus du système de formes F, F_1. Ce seront donc des intégrales des équations (1).

Mais ce n'est pas tout; soient λ_1, λ_2, ..., λ_n ces racines. F et F_1 pourront se mettre sous la forme

$$F = \lambda_1 A_1^2 + \lambda_2 A_2^2 + \ldots + \lambda_n A_n^2,$$
$$F_1 = A_1^2 + A_2^2 + \ldots + A_n^2,$$

A_1, A_2, ..., A_n étant des formes linéaires que l'on peut déterminer par des opérations purement algébriques.

A_1, A_2, ..., A_n peuvent être regardés comme des covariants de degré zéro du système F, F_1, de sorte que

$$\int A_1', \quad \int A_2', \quad \ldots, \quad \int A_n'$$

sont des invariants intégraux des équations (1), si l'on désigne par A_i' ce que devient A_i quand on y remplace les ξ_i par les différentielles dx_i.

Il y aurait exception pourtant si l'équation en λ avait des racines multiples. Si, par exemple, λ_1 était égal à λ_2, on ne pourrait plus affirmer que

$$\int A_1', \quad \int A_2'$$

sont des invariants intégraux, mais seulement que

$$\int \sqrt{A_1'^2 + A_2'^2}$$

est un invariant intégral.

Soient maintenant

$$\int \Sigma A_{ik} \, dx_i \, dx_k, \quad \int \Sigma B_{ik} \, dx_i \, dx_k,$$

deux invariants intégraux du second ordre. Les deux formes

bilinéaires

$$\Phi = \Sigma A_{ik}(\xi_i \xi'_k - \xi_k \xi'_i)$$
$$\Phi_1 = \Sigma B_{ik}(\xi_i \xi'_k - \xi_k \xi'_i)$$

seront des intégrales de (α) et ($2\ bis$).

Le cas le plus intéressant est celui où n est pair; soit donc $n = 2\,m$.

Considérons la forme

$$\Phi - \lambda \Phi_1$$

et égalons son déterminant à o. Nous aurons une équation algébrique en λ de degré $n = 2\,m$; mais le premier membre de cette équation est un carré parfait, de sorte qu'elle se réduit à une équation d'ordre m. Les m racines

$$\lambda_1, \quad \lambda_2, \quad \ldots, \quad \lambda_m$$

seront, pour la même raison que plus haut, des intégrales des équations (1).

Maintenant Φ et Φ_1 pourront se mettre sous la forme

$$\Phi = \sum_{i=1}^{i=m} \lambda_i (P_i Q'_i - Q_i P'_i)$$

$$\Phi_1 = \Sigma_i (P_i Q'_i - Q_i P'_i)$$

les P_i et les Q_i étant $2\,m$ polynômes linéaires par rapport aux ξ_i; et les P'_i et les Q'_i étant les mêmes polynômes où les ξ_m ont été remplacés par les ξ'.

Alors les expressions

$$P_1 Q'_1 - Q_1 P'_1, \quad P_2 Q'_2 - Q_2 P'_2, \quad \ldots, \quad P_m Q'_m - Q_m P'_m$$

seront des covariants du système Φ, Φ_1 et par conséquent des intégrales de (2), ($2\ bis$) auxquelles correspondront des invariants intégraux.

Il y aurait exception si l'équation en λ avait des racines multiples.

Si l'on avait, par exemple,

$$\lambda_1 = \lambda_2$$

on ne pourrait plus affirmer que les deux expressions

$$P_1 Q'_1 - P'_1 Q_1, \quad P_2 Q'_2 - P'_2 Q_2$$

sont des intégrales de (2), (2 *bis*) mais seulement que leur somme

$$P_1 Q'_1 - P'_1 Q_1 + P_2 Q'_2 - P'_2 Q_2$$

est une intégrale de (2), (2 *bis*).

CHAPITRE XXIII.

FORMATION DES INVARIANTS.

Emploi du dernier multiplicateur.

254. Il y a d'abord un invariant intégral qui se forme très aisément quand on connaît le dernier multiplicateur des équations différentielles.

Soient

$$(1) \qquad \frac{dx_1}{X_1} = \frac{dx_2}{X_2} = \ldots = \frac{dx_n}{X_n} = dt,$$

nos équations différentielles.

Supposons qu'il existe une fonction M de $x_1, x_2, \ldots, x_n$ et telle que l'on ait identiquement

$$\frac{d(MX_1)}{dx_1} + \frac{d(MX_2)}{dx_2} + \ldots + \frac{d(MX_n)}{dx_n} = o.$$

Cette fonction M est ce que l'on appelle *le dernier multiplicateur*.

Je dis alors que l'intégrale d'ordre n

$$J = \int M \, dx_1 \, dx_2 \ldots dx_n$$

est un invariant intégral. Supposons, en effet, que l'on ait intégré les équations (1), en exprimant $x_1, x_2, \ldots, x_n$ en fonctions de t et de n constantes d'intégration

$$z_1, z_2, \ldots, z_n;$$

l'intégrale J deviendra

$$J = \int M \, \Delta \, dz_1 \, dz_2 \ldots dz_n,$$

Δ étant le jacobien ou déterminant fonctionnel des x par rapport aux z; on aura alors

$$\frac{d\delta}{dt} = \int \frac{dM\,\Delta}{dt}\, dz_1\, dz_2 \ldots dz_n.$$

Or

$$\frac{dM\,\Delta}{dt} = M\,\frac{d\Delta}{dt} + \Delta\,\frac{dM}{dt};$$

$$\frac{dM}{dt} = \Sigma\, X_i\, \frac{dM}{dx_i}.$$

D'autre part,

$$\Delta = \left| \frac{dx_1}{dz_1},\ \frac{dx_2}{dz_1},\ \ldots,\ \frac{dx_n}{dz_1} \right|.$$

Je n'écris que la première ligne de ce déterminant; les autres s'en déduiraient en changeant z_1 en z_2, z_3, ..., z_n.

Donc $\Delta + dt\,\dfrac{d\Delta}{dt}$ devra être le jacobien des

$$x_i + dt\,\frac{dx_i}{dt} = x_i + X_i\, dt$$

par rapport aux z; ce sera le produit du jacobien des x_i par rapport aux z, c'est-à-dire de Δ, par le jacobien des $x_i + X_i\, dt$ par rapport aux x_i que j'appellerai D; j'écris

$$\Delta + dt\,\frac{d\Delta}{dt} = \Delta.\mathrm{D}.$$

Or, le jacobien D est facile à former; les éléments de la diagonale principale sont finis, celui qui appartient à la $i^{\text{ème}}$ ligne et à la $i^{\text{ème}}$ colonne s'écrit

$$1 + dt\,\frac{dX_i}{dx_i}.$$

Les autres éléments sont infiniment petits; celui qui appartient à la $i^{\text{ème}}$ ligne et à la $k^{\text{ème}}$ colonne $(i \gtrless k)$ s'écrit

$$dt\,\frac{dX_i}{dx_k}.$$

Il résulte de là qu'en négligeant les termes de l'ordre de dt^2, on aura

$$\mathrm{D} = 1 + dt \sum \frac{dX_i}{dx_i}.$$

d'où

$$\frac{d\Delta}{dt} = \Delta \sum \frac{dX_i}{dx_i}.$$

On en conclut

$$\frac{dM\Delta}{dt} = \Delta \Sigma X_i \frac{dM}{dx_i} + \Delta \Sigma M \frac{dX_i}{dx_i} = \Delta \sum \frac{d(MX_i)}{dx_i} = o,$$

d'où enfin

$$\frac{d\Delta}{dt} = o.$$

C. Q. F. D.

Équations de la Dynamique.

255. Dans le cas des équations de la Dynamique, il est aisé de former un grand nombre d'invariants intégraux. Nous avons appris, en effet, aux n°s 56 et suivants, à former un certain nombre d'intégrales de l'équation aux variations et nous avons appris dans le Chapitre précédent comment on peut en déduire des invariants intégraux.

Une première intégrale (équation 3, t. I, p. 167) est la suivante

$$\eta'_1 \xi_1 - \xi'_1 \eta_1 + \eta'_2 \xi_2 - \xi'_2 \eta_2 + \ldots = \text{const.}$$

L'invariant intégral qu'on en déduit est le suivant

$$J_1 = \int (dx_1\,dy_1 + dx_2\,dy_2 + \ldots + dx_n\,y_n).$$

Il est du deuxième ordre et fort important pour ce qui va suivre. Un peu plus loin (toujours p. 167, t. I), j'obtiens une seconde intégrale que j'écris

$$\Sigma \begin{vmatrix} \xi_i & \xi'_i & \xi''_i & \xi'''_i \\ \eta_i & \eta'_i & \eta''_i & \eta'''_i \\ \xi_k & \xi'_k & \xi''_k & \xi'''_k \\ \eta_k & \eta'_k & \eta''_k & \eta'''_k \end{vmatrix} = \text{const.}$$

L'invariant intégral que j'en déduis est du quatrième ordre et s'écrit

$$J_2 = \int \Sigma \, dx_i\,dy_i\,dx_k\,dy_k.$$

La sommation indiquée par le signe Σ s'étend aux $\frac{n(n-1)}{2}$ combinaisons des indices i et k.

De même, l'intégrale

$$J_2 = \int \Sigma \, dx_i \, dy_i \, dx_k \, dy_k \, dx_l \, dy_l,$$

où la sommation s'étend aux $\frac{n(n-1)(n-2)}{6}$ combinaisons des trois indices i, k et l, sera encore un invariant, et ainsi de suite.

Nous obtenons ainsi n invariants intégraux si nous avons n paires de variables conjuguées; l'un de ces invariants J_1 sera du second ordre, l'autre J_2 du quatrième, l'autre J_3 du sixième, ..., et le dernier J_n d'ordre $2n$.

Mais il ne faudrait pas croire que ces invariants sont tous distincts. A la fin du n° **247**, j'ai dit, en effet, qu'on peut toujours, d'un invariant du deuxième ordre, en déduire un du quatrième ordre, un du sixième et ainsi de suite. Les invariants J_1, J_2, .., J_n que je viens de définir ne sont autre chose que ceux que l'on peut déduire ainsi du premier d'entre eux.

Ces invariants peuvent se rattacher à un autre ordre de considérations; au commencement de la page 169, tome I, j'ai montré comment on pouvait déduire le théorème de Poisson de l'intégrale (3) de la page 167, ou, ce qui revient au même, de l'invariant intégral J_1.

En opérant de même sur l'invariant J_2, on trouverait un théorème analogue à celui de Poisson.

Soient

$$\Phi, \quad \Phi_1, \quad \Phi_2, \quad \Phi_3,$$

quatre intégrales des équations de la Dynamique.

Soit

$$\Delta_{ik}$$

le jacobien de ces quatre intégrales par rapport à

$$x_i, \quad y_i, \quad x_k, \quad y_k.$$

L'expression

$$\Sigma \Delta_{ik},$$

où la sommation s'étend à toutes les combinaisons des indices i, k, sera encore une intégrale.

On arriverait à un théorème analogue en partant de l'un quelconque des invariants J_2, J_4, ..., J_n.

Mais, d'après la remarque que je viens de faire à l'instant, tous ces théorèmes ne sont pas réellement distincts de celui de Poisson.

Cependant, parmi tous ces invariants, il y en a un auquel il convient d'attacher une grande importance, c'est le dernier d'entre eux

$$J_n = \int dx_1\,dy_1\,dx_2\,dy_2 \ldots dx_n\,dy_n.$$

On aurait pu l'obtenir par le procédé du numéro précédent: on sait, en effet, que les équations de la Dynamique admettent pour dernier multiplicateur l'unité.

256. Je suppose, maintenant, que les x désignent les coordonnées rectangulaires de n points dans l'espace, et je reprends les notations de la page 169 du Tome I.

Nous avons trouvé, page 170, l'intégrale suivante des équations aux variations

$$\sum \frac{Y\eta}{m} - \sum \frac{dV}{dx}\xi = \text{const.}$$

L'invariant intégral correspondant s'écrit

$$\int \sum \left(\frac{Y\,dy}{m} - \frac{dV}{dx}\,dx \right).$$

De même, à l'intégrale
$$\Sigma\,\xi_{1i} = \text{const.}$$
correspond l'invariant

$$\int (dy_{11} + dy_{12} + \ldots + dy_{1n})\xi$$

à l'intégrale
$$\Sigma(x_{1i}\gamma_{2i} - y_{1i}\xi_{2i} - x_{2i}\gamma_{1i} + y_{2i}\xi_{1i}) = \text{const.}$$
correspond l'invariant

$$\int \Sigma(x_{1i}\,dy_{2i} - y_{1i}\,dx_{2i} - x_{2i}\,dy_{1i} + y_{2i}\,dx_{1i}).$$

Mais tous ces invariants ne présentent pas grand intérêt puisqu'on peut les déduire immédiatement des intégrales des forces vives, du centre de gravité et des aires.

Il n'en est pas de même du suivant qui existe lorsque la fonction V est homogène par rapport aux x.

Nous avons vu, au n° 56, que si V est homogène de degré -1, les équations aux variations admettent pour intégrale

$$\Sigma(2x_{(i)}\eta_{(i)} + y_{(i)}\xi_{(i)}) = 3t\left[\sum\left(\frac{y_{(i)}\eta_{(i)}}{m_i} - \frac{dV}{dx_{(i)}}\xi_{(i)}\right)\right] + \text{const.},$$

ou, en supprimant les indices,

$$\Sigma(2x\eta + y\xi) = 3t\sum\left(\frac{y\eta}{m} - \frac{dV}{dx}\xi\right) + \text{const.}$$

Plus généralement, si V est homogène d'ordre p, on obtiendrait, par le même procédé, l'intégrale suivante

$$\Sigma(2x\eta - py\xi) = (2-p)t\sum\left(\frac{y\eta}{m} - \frac{dV}{dx}\xi\right) + \text{const.},$$

d'où l'invariant intégral

$$J = \int \Sigma(2x\,dy - py\,dx) + (p-2)t\int\sum\left(\frac{y\,dy}{m} - \frac{dV}{dx}\,dx\right),$$

invariant qui est d'une nature toute particulière puisqu'il dépend du temps.

La seconde intégrale peut s'écrire

$$\int d\sum\left(\frac{y^2}{2m} - V\right);$$

c'est donc une intégrale de différentielle exacte; et il est aisé de voir que

$$\sum\left(\frac{y^2}{2m} - V\right)$$

n'est autre chose que la constante des forces vives que j'appellerai C.

L'invariant J est du premier ordre; c'est donc une intégrale prise le long d'un arc de courbe quelconque. Soient donc C_0 et C_1 les valeurs de la constante des forces vives aux deux extrémités de cet arc.

Cet arc n'est autre chose que la figure que nous appelions F_0 dans le Chapitre précédent; quand cette figure se déforme pour devenir F, comme je l'ai expliqué au Chapitre précédent, C_2 et C_1 ne varieront pas.

Il résulte de cela que nous aurons

$$J = \int \Sigma(2x\,dy - py\,dx) + (p-2)t(C_1 - C_2).$$

L'intégrale

$$\int \Sigma(2x\,dy - py\,dx)$$

n'est donc pas constante quand la figure F (qui se réduit ici à un arc de courbe) se déforme; mais ses variations sont proportionnelles au temps.

L'intégrale est constante, si les deux extrémités de l'arc correspondent à une même valeur de la constante des forces vives.

Elle l'est encore, en particulier, si l'arc de courbe est fermé. Cette intégrale est donc ce que j'ai appelé, dans le Chapitre précédent, un *invariant relatif*.

Mais, si l'on suppose l'arc de courbe fermé, on peut ajouter sous le signe $\int$ une différentielle exacte quelconque sans changer la valeur de l'intégrale; ajouter, par exemple,

$$\Sigma(x\,dy + y\,dx),$$

avec un coefficient constant quelconque.

Ainsi les intégrales

$$\int \Sigma y\,dx, \quad \int \Sigma x\,dy$$

sont aussi des invariants relatifs.

Nous avons vu, au n° 238, que d'un invariant relatif du premier ordre on peut toujours déduire un invariant absolu du second ordre. L'invariant du second ordre que l'on obtient ainsi n'est autre chose que

$$J_1 = \int \Sigma\,dx\,dy,$$

que nous avons étudié plus haut.

Il est un cas où l'expression

$$\Sigma(2x\,dy - py\,dx),$$

qui figure sous le signe $\int$, devient une différentielle exacte. C'est celui où $p = -2$, ce qui arriverait si l'attraction, au lieu de suivre la loi de Newton, s'exerçait en raison inverse du cube de la distance. Alors

$$\int \Sigma(2x\,dy - py\,dx) = \Sigma 2xy.$$

$\Sigma 2xy$ est donc un polynome du premier degré par rapport au temps, et comme

$$\Sigma 2xy = \Sigma 2mx\,\frac{dx}{dt} = \frac{d}{dt}\,\Sigma mx^2,$$

l'expression Σmx^2 est un polynome du second degré par rapport au temps.

C'est le résultat auquel est parvenu Jacobi au début de ses *Vorlexungen*.

Mais, en général,

$$\Sigma(2x\,dy - py\,dx)$$

n'est pas une différentielle exacte.

Dans le cas particulier de l'attraction newtonienne, notre invariant prend la forme

$$\int \Sigma(2x\,dy + y\,dx) = 3t(C_1 - C_0).$$

Les invariants intégraux et les exposants caractéristiques.

257. On peut se demander s'il existe d'autres invariants intégraux algébriques que ceux que nous venons de former.

On pourrait appliquer, soit la méthode de Bruns, soit celle dont j'ai fait usage aux Chapitres IV et V; en effet, les invariants intégraux correspondent, comme nous l'avons vu, aux intégrales des équations aux variations et l'on pourrait appliquer à ces équations les mêmes procédés qu'aux équations du mouvement elles-mêmes.

Mais il vaut peut-être mieux modifier ces procédés, au moins dans la forme.

Soit un système quelconque d'équations différentielles

$$(1) \qquad\qquad \frac{dx_i}{dt} = X_i,$$

et leurs équations aux variations

$$(2) \qquad \frac{d\xi_i}{dt} = \sum \frac{dX_i}{dx_k}\xi_k$$

Cherchons d'abord les invariants intégraux du premier ordre de la forme

$$(3) \qquad \int (B_1\, dx_1 + B_2\, dx_2 + \ldots + B_n\, dx_n),$$

où l'expression sous le signe $\int$ est linéaire par rapport aux différentielles dx, et où les B sont fonctions algébriques des x.

Ces invariants correspondent aux intégrales linéaires des équations (2).

Quelles sont donc les conditions pour que les équations (2) admettent des intégrales linéaires par rapport aux ξ et algébriques par rapport aux x?

Supposons que l'on donne aux x des valeurs qui correspondent à une solution périodique de période T. Alors les coefficients des équations (2) seront des fonctions connues de t qui seront périodiques et de période T et l'on en tirera la solution générale des équations (2) sous la forme suivante

$$(4) \qquad \xi_i = \Sigma_k A_k e^{\alpha_k t}\varphi_{i,k}$$

les $\varphi_{i,k}$ étant des fonctions périodiques de t, les α_k seront les exposants caractéristiques et les A_k des constantes d'intégration.

Nous pourrons ensuite résoudre les équations linéaires (4) par rapport aux inconnues $A_k e^{\alpha_k t}$ et nous trouverons

$$(5) \qquad A_k e^{\alpha_k t} = \Sigma_i \xi_i \theta_{i,k}$$

les $\theta_{i,k}$ étant des fonctions périodiques de t.

Il y aura donc, entre les ξ, n relations de la forme (5) et il n'y en aura d'ailleurs pas d'autres.

Si les équations (1) et (2) admettent q intégrales *distinctes* linéaires par rapport aux ξ et algébriques par rapport aux x, il pourra se faire que quelques-unes de ces q intégrales cessent d'être distinctes quand on y remplace les x par les valeurs qui correspondent à *une* des solutions périodiques des équations (1).

Comment cela pourra-t-il se faire?

Soient

$$H_i = B_{i1}\xi_1 + B_{i2}\xi_2 + \ldots + B_{in}\xi_n = \text{const.} \qquad (i = 1, 2, \ldots, q)$$

ces q intégrales linéaires, où les B seront des fonctions algébriques des x et qui correspondront à q invariants intégraux de la forme (3).

Elles sont distinctes, c'est-à-dire qu'il n'y a pas entre elles de relations identiques de la forme

$$(6) \qquad \beta_1 H_1 + \beta_2 H_2 + \ldots + \beta_q H_q = 0,$$

où les coefficients β sont des constantes et qu'il n'y en a pas non plus de la forme

$$(6\ bis) \qquad \psi_1 H_1 + \psi_2 H_2 + \ldots + \psi_q H_q = 0,$$

les ψ étant des intégrales des équations (1).

Est-il possible alors qu'il y ait entre elles une relation de la forme

$$(6\ ter) \qquad \varphi_1 H_1 + \varphi_2 H_2 + \ldots + \varphi_q H_q = 0,$$

les φ étant fonctions quelconques des x seulement. D'après le n° 250, si une pareille relation avait lieu, les rapports des fonctions φ devraient être des intégrales des équations (1).

Nous aurions donc

$$\frac{\varphi_1}{\psi_1} = \frac{\varphi_2}{\psi_2} = \ldots = \frac{\varphi_q}{\psi_q},$$

les ψ étant des intégrales et par conséquent

$$\psi_1 H_1 + \psi_2 H_2 + \ldots + \psi_q H_q = 0,$$

ce qui est contraire à l'hypothèse.

Il ne peut donc pas y avoir entre les H_i de relation identique de la forme (6 *ter*).

Mais si l'on donnait aux x les valeurs qui correspondent à une solution particulière périodique ou non, il pourrait arriver que le premier membre de (6) s'annulât identiquement. Il arriverait alors que l'équation (6), qui n'est pas satisfaite identiquement *quels que soient les* x, le serait quand on remplacerait les x par des fonctions convenablement choisies de t, à savoir par celles de ces fonctions qui correspondent à une solution particulière.

J'appellerai *singulière* toute solution particulière pour laquelle cette circonstance se produira.

Cela posé, deux cas peuvent se présenter.

Ou bien les solutions périodiques des équations (1) sont toutes singulières.

Ou bien elles ne sont pas toutes singulières.

258. Considérons une solution singulière S.

Soit

$$\beta_1 B_{\lambda,1} + \beta_2 B_{\lambda,2} + \ldots + \beta_p B_{\lambda,p} = B_\lambda,$$

d'où

$$B_1 \xi_1 + B_2 \xi_2 + \ldots + B_n \xi_n = \beta_1 H_1 + \beta_2 H_2 + \ldots + \beta_p H_p.$$

Comme la relation (6) n'est pas *identiquement* vérifiée on n'a pas identiquement

$$(7) \qquad\qquad B_1 = B_2 = \ldots = B_n = 0,$$

mais comme la relation (6) doit être vérifiée par la solution S, ces relations (7) (qui d'après nos hypothèses sont algébriques) devront être satisfaites pour les valeurs des x qui correspondent à la solution S.

Soit maintenant

$$B_i' = X_1 \frac{dB_i}{dx_1} + X_2 \frac{dB_i}{dx_2} + \ldots + X_n \frac{dB_i}{dx_n},$$

puis

$$B_i'' = X_1 \frac{dB_i'}{dx_1} + X_2 \frac{dB_i'}{dx_2} + \ldots + X_n \frac{dB_i'}{dx_n}, \qquad \ldots.$$

La solution S devra évidemment satisfaire aux relations

$$(7\ bis) \qquad\qquad B_i' = 0 \qquad (i = 1, 2, \ldots, n),$$

puis aux relations

$$(7\ ter) \qquad\qquad B_i'' = 0 \qquad (i = 1, 2, \ldots, n)$$

et ainsi de suite.

Nous formerons donc successivement les relations (7), (7 *bis*), (7 *ter*), etc. et nous nous arrêterons quand nous serons arrivés à un système de relations qui ne seront que des conséquences de celles qui auront été précédemment formées.

Les relations (7), (7 *bis*), (7 *ter*), etc. seront algébriques d'après nos hypothèses, et leur ensemble formera ce que j'ai appelé au n° 11 un *système de relations invariantes*.

Si donc un système d'équations différentielles admet une solution périodique singulière, il admettra un système de relations invariantes algébriques.

Il est probable que le problème des trois corps n'admet pas de relations invariantes algébriques autres que celles qui sont déjà connues. Je ne suis pas toutefois encore en mesure de le démontrer.

Cela posé, supposons que nous ayons plusieurs solutions singulières; pour chacune d'entre elles on devra avoir

$$(8) \qquad \beta_1 B_{i,1} + \beta_2 B_{i,2} + \ldots + \beta_q B_{i,q} = 0.$$

Seulement les constantes β pourront ne pas être les mêmes pour deux solutions singulières différentes. Il n'est donc pas évident que ces deux solutions singulières devront satisfaire à un *même* système de relations invariantes. C'est cependant ce qui arrive ainsi que nous allons le démontrer.

Supposons, pour fixer les idées, $q = 4$; la suite des raisonnements serait la même dans le cas de $q > 4$. Considérons les n relations

$$(17) \qquad \beta_1 B_{i1} + \beta_2 B_{i2} + \beta_3 B_{i3} + \beta_4 B_{i4} = 0 \qquad (i = 1, 2, \ldots, n).$$

Formons le Tableau T des $4n$ coefficients B; tous les déterminants formés à l'aide de quatre colonnes de ce Tableau devront être nuls.

S'ils ne le sont pas identiquement, nous trouverons ainsi une ou plusieurs relations auxquelles devront satisfaire *toutes* les solutions singulières, où entreront seulement les x et où n'entreront pas les indéterminées β.

S'ils le sont identiquement, considérons trois des relations (17), nous en déduirons

$$\frac{M_1}{\beta_1} = \frac{M_2}{\beta_2} = \frac{M_3}{\beta_3} = \frac{M_4}{\beta_4},$$

les M étant des mineurs du premier ordre du Tableau T.

On aura donc

$$(18) \qquad M_1 H_1 + M_2 H_2 + M_3 H_3 + M_4 H_4 = 0.$$

Cette relation (18) devra être identique, car le coefficient de ξ_4 est un des déterminants du Tableau T que je suppose identiquement nuls.

Nous aurions donc là une relation de la forme (6 *ter*), ce qui est contraire à notre hypothèse, à moins que l'on n'admette que tous les M ne soient identiquement nuls.

Si tous les mineurs du premier ordre du Tableau T sont identiquement nuls, formons les mineurs du second ordre.

Soient M'_1, M'_2, M'_3 trois de ces mineurs obtenus en prenant dans le Tableau trois colonnes quelconques et en y supprimant les lignes 1 et 4 pour M'_1, 2 et 4 pour M'_2, 3 et 4 pour M'_3.

Il viendra

$$(19) \qquad M'_1 H_1 + M'_2 H_2 + M'_3 H_3 = 0.$$

Cette relation doit même être identique; car le coefficient de ξ_4 dans le premier membre est un des mineurs du premier ordre de T que je suppose tous identiquement nuls.

Ce serait donc encore une relation de la forme (6 *ter*), à moins que l'on ne suppose que tous les mineurs du second ordre M' ne soient identiquement nuls.

S'il en est ainsi, il viendra identiquement

$$B_{12} H_1 - B_{11} H_2 = 0,$$

ce qui est encore une relation de la forme (6 *ter*).

Il ne peut donc arriver que tous les déterminants du Tableau T s'annulent identiquement. Nous aurons donc au moins une relation (et, par conséquent, un système de relations invariantes), à laquelle *toutes* les solutions singulières des équations (1) devront satisfaire.

On pourrait conclure immédiatement que toutes les solutions des équations (1) ne peuvent être singulières.

Mais ce n'est pas tout; nous pouvons élargir notre définition des solutions singulières.

Nous venons de définir les solutions singulières par rapport à

q intégrales H_i des équations (2) linéaires par rapport aux ξ et correspondant à q invariants (linéaires et du premier ordre) des équations (1).

Nous pourrions définir absolument de la même manière les solutions singulières par rapport à q intégrales quelconques

$$H_1, \quad H_2, \quad \ldots, \quad H_q$$

des équations (2) et des équations (2 *bis*) obtenues en remplaçant les ξ par les ξ'.

Ces intégrales devront être homogènes et de même ordre, tant par rapport aux ξ que par rapport aux ξ'; ce seront des polynomes entiers par rapport à ces variables; mais elles ne seront pas forcément linéaires par rapport aux ξ; elles pourront donc correspondre à des invariants intégraux d'ordre supérieur, ou à des invariants intégraux du premier ordre, mais non linéaires.

De plus, ces intégrales devront être distinctes, c'est-à-dire qu'elles ne devront pas satisfaire *identiquement* à une relation de la forme (6), (6 *bis*) ou (6 *ter*).

Je dirai alors qu'une solution particulière S est singulière si, pour les valeurs de x qui correspondent à cette solution, une relation (6) est satisfaite.

Nous aurons alors

$$H_i = \Sigma B_{k,i} A_k,$$

A_k étant un monome formé par le produit d'un certain nombre de facteurs $\xi_1, \xi_2, \ldots, \xi_n, \xi'_1, \xi'_2, \ldots, \xi'_n$ élevés à une puissance convenable, et les $B_{k,i}$ étant des fonctions algébriques des x.

Nous poserons d'ailleurs, comme plus haut,

$$B_i = \beta_1 B_{i,1} + \beta_2 B_{i,2} + \ldots + \beta_q B_{i,q},$$

et nous n'aurons rien à changer aux raisonnements qui précèdent. Nous arriverons à la même conclusion.

Toutes les solutions singulières par rapport aux q intégrales H_i satisfont à un même système de relations invariantes algébriques.

Ces résultats sont encore vrais si l'on envisage des intégrales de la forme suivante

$$H_i = B_{1,i}\xi_1 + B_{2,i}\xi_2 + \ldots + B_{n,i}\xi_n + B_{n+1,i}t\xi'_1 + B_{n+2,i}t\xi'_2 + \ldots + B_{2n,i}t\xi'_n.$$

La définition des solutions singulières, par rapport à ces intégrales, sera encore la même et ces solutions singulières satisferont à un même système de relations invariantes algébriques.

On n'aurait qu'à répéter la démonstration qui précède sans y rien changer. Seulement, les coefficients des quantités $B_{i,k}$ qui joueraient dans cette démonstration le même rôle que les ξ pourraient être soit des ξ_i, soit des produits de ξ_i et de ξ_j, soit des produits de la forme $t\xi_i$.

259. Je ne veux pas entrer ici dans le détail des raisons qui me font regarder comme vraisemblable que, dans le cas du problème des trois corps, toutes les solutions périodiques ne peuvent pas être singulières.

Cela m'entraînerait beaucoup trop loin de mon sujet ; j'y reviendrai plus tard ; mais en attendant, je vais provisoirement admettre cette proposition en faisant seulement observer combien il est peu probable que toutes les solutions périodiques du problème des trois corps satisfassent à un système de relations invariantes, ce qui serait nécessaire d'après le numéro précédent pour qu'elles pussent être singulières. Reprenons les notations et le numérotage d'équations du n° 257.

Si les équations (1) et (2) admettent q intégrales distinctes linéaires par rapport aux ξ et algébriques par rapport aux x, ces q intégrales ne cesseront pas d'être distinctes quand on y remplacera les x par les valeurs qui correspondent à une solution périodique *non singulière*.

En écrivant que ces q intégrales sont des constantes, et remplaçant dans les équations ainsi obtenues les x par les valeurs correspondant à une solution périodique, on obtiendra q équations de la forme (5), mais où l'exposant z_1 sera nul. Ces q équations devront donc figurer parmi les équations (5). Donc *pour que les équations* (1) *admettent* q *invariants intégraux distincts linéaires par rapport aux* x, *il faut que, pour toute solution périodique non singulière,* q *des exposants caractéristiques* z_k *soient nuls.*

Cherchons maintenant les invariants intégraux de la forme

$$(7) \qquad \int \sqrt{\Sigma A_i \, dx_i^2 + 2B_{ik} \, dx_i \, dx_k} = \int \sqrt{F(dx_i)}.$$

Ces invariants correspondront aux intégrales des équations (1) et (2) qui sont quadratiques par rapport aux ξ. A l'invariant (7), correspondra, en effet, l'intégrale

$$F(\xi_i) = \text{const.}$$

qui devra être quadratique par rapport aux ξ et algébrique par rapport aux x. Remplaçons dans cette équation les x par les valeurs qui correspondent à une solution périodique non singulière; il viendra

$$(8) \qquad\qquad F^*(\xi_i) = \text{const.},$$

où F^* est un polynome quadratique homogène par rapport aux ξ, dont les coefficients sont des fonctions périodiques de t.

Toutes les équations de la forme (8) doivent pouvoir se déduire des équations (5) et cela de la manière suivante :

Dans le cas d'un problème de Dynamique et, en particulier, dans le cas du problème des trois corps, nous avons vu que les exposants caractéristiques sont deux à deux égaux et de signe contraire. Nous pouvons donc grouper les équations (5) par couples; soient

$$(5\ bis) \qquad\qquad A_k e^{\alpha_k t} = \Sigma_i \xi_i \theta_{ik},$$

$$(5\ ter) \qquad\qquad B_k e^{-\alpha_k t} = \Sigma_i \xi_i \theta'_{ik}.$$

En multipliant l'une par l'autre les équations (5 bis) et (5 ter), on obtiendra une équation de la forme (8), et toutes les équations de la forme (8) devront être des combinaisons linéaires des équations ainsi obtenues.

Si donc on suppose que les équations (1) ont la forme canonique des équations de la Dynamique et qu'elles contiennent p couples de variables conjuguées, nous aurons p couples d'équations analogues à (5 bis) et (5 ter) et, par conséquent, pour chaque solution périodique, il y aura p équations de la forme (8) linéairement indépendantes.

Parmi ces p équations et parmi leurs combinaisons linéaires, choisissons-en une; soit $F^*(\xi_i)$; opérons de même pour toutes les autres solutions périodiques; nous aurons alors un certain polynome $F^*(\xi_i)$, homogène et du deuxième degré par rapport aux ξ, et dont les coefficients seront des fonctions des x définies seulement pour les valeurs de x qui correspondent à une solution périodique.

Il reste à savoir si le choix peut être fait de telle façon que les coefficients de F soient des fonctions algébriques des x, ou même des fonctions continues des x. Je pose le problème sans chercher pour le moment à le résoudre.

Cherchons maintenant les invariants du deuxième ordre, c'est-à-dire ceux qui ont la forme d'une intégrale double

$$\int\int F,$$

où F est une fonction linéaire des produits $dx_i\,dx_k$ (les coefficients de cette fonction linéaire étant bien entendu des fonctions des x). Ces invariants du second ordre auront la signification suivante :

Reprenons les équations (1) et (2) (nous conserverons toujours le numérotage du n° 257) et formons en outre les équations

$$(2a) \qquad \frac{d\xi_i}{dt} = \sum \frac{dX_i}{da_k}\xi_k.$$

Elles nous conduiront à des équations analogues à (5) et que j'écrirai

$$(5a) \qquad A'_i e^{\alpha t} = \Sigma \xi'_k b_{ik}.$$

Elles ne différeront d'ailleurs des équations (5) que parce que les lettres y sont accentuées.

Les invariants du second ordre correspondront alors, d'après le Chapitre précédent, à celles des intégrales de (1), (2) et (2a) qui sont linéaires par rapport aux déterminants

$$\xi_i \xi'_k - \xi_k \xi'_i$$

et algébriques par rapport aux x.

Soit

$$F(\xi_i \xi'_k - \xi_k \xi'_i)$$

une de ces intégrales; si l'on y remplace les x par les valeurs qui correspondent à une solution périodique, on obtiendra une équation de la forme

$$(9) \qquad\qquad F^{\cdot}(\xi_i \xi'_k - \xi_k \xi'_i) = \text{const.},$$

où $F^{\cdot}$ sera une fonction linéaire par rapport aux déterminants

$$\xi_i \xi'_k - \xi_k \xi'_i$$

et dont les coefficients seront des fonctions périodiques de t.

Voici maintenant comment on pourra former toutes les relations de la forme (9) relatives à une solution périodique donnée.

Dans le cas des équations de la Dynamique, les équations $(5\,\alpha)$ se répartissent en couples comme les équations (5); soit

$$(5\,\alpha\ bis) \qquad\qquad A_k e^{\alpha t} = \Sigma \xi_i \theta_{ik},$$

$$(5\,\alpha\ ter) \qquad\qquad B_k e^{-\alpha t} = \Sigma \xi'_i \theta'_{ik},$$

un de ces couples; multiplions $(5\,\alpha\ bis)$ par $(5\ ter)$, $(5\,\alpha\ ter)$ par $(5\ bis)$ et retranchons; nous obtiendrons une équation de la forme (9). Chaque couple d'équations nous en donnera une, et toutes les autres équations de la forme (9) ne seront que des combinaisons linéaires de celles qu'on peut ainsi former.

Parmi toutes les équations de la forme (9) ainsi obtenues, choisissons-en une; opérons de même pour toutes les autres solutions périodiques; nous aurons alors une relation

$$F^{\cdot}(\xi_i \xi'_k - \xi_k \xi'_i) = \text{const.}$$

dont le premier membre sera une fonction linéaire des déterminants; les coefficients de cette fonction linéaire seront des fonctions des x définies seulement pour les valeurs des x qui correspondent à une solution périodique.

Il reste à savoir si le choix peut être fait de façon que ces coefficients soient des fonctions algébriques ou même des fonctions continues des x.

Revenons maintenant aux invariants du premier ordre linéaires. D'après le n° 29, la forme des équations (4) et par conséquent celle des équations (5) se trouve modifiée quand deux ou plusieurs des exposants caractéristiques deviennent égaux.

Si, par exemple, neuf de ces exposants sont égaux à zéro, on pourra écrire les équations (5) correspondantes sous la forme

$$(10) \qquad P_k = \Sigma_i \xi_i \theta_{ik}.$$

P_k désignant un polynome entier par rapport à t, ayant pour coefficients des constantes.

Ces polynomes sont de degré $q - 1$ au plus; et, pour préciser davantage, ces polynomes sont au nombre de q; le premier se réduit à une constante, le second est de degré un au plus, le troisième de degré deux au plus, et ainsi de suite, et enfin, le dernier de degré $q - 1$ au plus.

Dans le cas où le degré de ce dernier polynome atteint son maximum et est égal à $q - 1$, l'avant-dernier polynome est la dérivée du dernier, le $q - 2^e$ la dérivée du $q - 1^e$ et ainsi de suite.

Dans tous les cas, on peut répartir les q polynomes en plusieurs groupes; dans chaque groupe, le premier polynome se réduit à une constante et chacun d'eux est la dérivée du suivant.

Pour qu'il existe p invariants intégraux linéaires, il ne suffit donc pas que p des exposants caractéristiques soient nuls; il faut encore que p des polynomes P_k se réduisent à des constantes (ou, ce qui revient au même, que ces polynomes se répartissent au moins en p groupes).

Quelle est alors, au point de vue qui nous occupe, la signification des équations (10) où P_k ne se réduit pas à une constante?

Nous avons au n° 216 défini un invariant intégral dont le rôle est très important. Cet invariant est de la forme

$$\int F + t \int F_1,$$

F et F_1 étant des fonctions algébriques par rapport aux x, et linéaires par rapport aux différentielles dx.

Un pareil invariant correspond à une intégrale des équations (2) de la forme suivante

$$F + t F_1 = \text{const.},$$

où F et F_1 sont des fonctions algébriques par rapport aux x et linéaires par rapport aux ξ.

Si dans cette intégrale, je remplace les x par les valeurs qui correspondent à une solution périodique, il viendra

$$(11) \qquad\qquad F^{\star} + t F^{\star}_1 = \text{const.},$$

où $F^{\star}$ et $F^{\star}_1$ sont des fonctions linéaires par rapport aux ξ dont les coefficients sont des fonctions périodiques de t.

Voici maintenant comment on peut obtenir toutes les relations de la forme (11) en partant des équations (10).

Considérons deux polynomes P_k, le premier se réduisant à une constante, et le second étant du premier degré, le premier étant la dérivée du second. Les équations (10) correspondantes s'écriront

$$(10\ bis) \qquad\qquad A_1 = \Sigma \xi_i \theta_i$$

$$(10\ ter) \qquad\qquad A_2 + A_1 t = \Sigma \xi_i \theta'_i.$$

les θ_i et les θ'_i étant périodiques en t; on en déduit

$$\Sigma \xi_i \theta'_i - t \Sigma \xi_i \theta_i = \text{const.},$$

ce qui est une relation de la forme (11).

Remarquons encore que l'équation (10 bis), élevée au carré, nous fournit une relation de la forme (8) et que des équations (10 bis) et (10 ter) on peut déduire une relation de la forme (9), à savoir

$$(\Sigma \xi_i \theta'_i)(\Sigma \xi_i \theta_i) - (\Sigma \xi_i \theta_i)(\Sigma \xi_i \theta'_i) = \text{const.}$$

260. Appliquons ce qui précède au Problème des trois Corps, et cherchons quel peut être pour ce Problème le nombre maximum des invariants intégraux des diverses sortes étudiées dans le numéro précédent; à savoir :

Première sorte : invariants linéaires par rapport aux différentielles dx;

Deuxième sorte : invariants où la fonction sous le signe $\int$ est la racine carrée d'un polynome du second degré par rapport aux différentielles des x;

Troisième sorte : invariants du second ordre, linéaires par rapport aux produits de différentielles $dx_i dx_k$;

Quatrième sorte : invariants de la forme considérée à la fin du numéro précédent, c'est-à-dire de la forme

$$\int F + t \int F_1.$$

Ces diverses sortes d'invariants correspondent aux diverses sortes d'intégrales des équations (2) et (2 α), à savoir :

Première sorte : intégrales linéaires par rapport aux ξ;

Deuxième sorte : intégrales quadratiques par rapport aux ξ;

Troisième sorte : intégrales linéaires par rapport aux déterminants $\xi_i \xi_k - \xi_k \xi_i$;

Quatrième sorte : intégrales de la forme

$$F + t F_1,$$

F et F_1 étant linéaires par rapport aux ξ.

Nous pouvons regarder comme extrêmement vraisemblable que toutes les solutions périodiques du Problème des trois Corps ne sont pas singulières.

Dans le Problème des trois Corps, le nombre des degrés de liberté est six; le nombre des exposants caractéristiques est douze; d'après ce que nous avons vu au n° 78, il y en a six et six seulement qui s'annulent; les six autres sont deux à deux égaux et de signe contraire. Il y a donc six équations de la forme (10) et six polynomes P_i dont quatre de degré zéro et deux de degré un. Ou bien encore il y a trois couples d'équations de la forme (5 *bis*), (5 *ter*), quatre équations de la forme (10 *bis*), deux équations de la forme (10 *ter*).

Voyons donc combien il y aura au plus d'invariants de chaque sorte *indépendants*.

Je précise ce que j'entends par là; je ne regarderai pas comme indépendants n invariants de la première sorte

$$\int F_1, \quad \int F_2, \quad \ldots, \quad \int F_n,$$

ou n invariants de la seconde sorte

$$\int \sqrt{F_1}, \quad \int \sqrt{F_2}, \quad \ldots, \quad \int \sqrt{F_n},$$

ou n invariants de la troisième sorte

$$\int\!\int F_1, \quad \int\!\int F_2, \quad \ldots, \quad \int\!\int F_n,$$

ou n invariants de la quatrième sorte

$$\int F_1, \quad \int F_2, \quad \ldots, \quad \int F_n \qquad (F_i = F'_i + i F'_j),$$

quand il y aura entre F_1, F_2, ..., F_n une relation identique de
la forme

$$\Phi_1 F_1 + \Phi_2 F_2 + \ldots + \Phi_n F_n = 0,$$

Φ_1, Φ_2, ..., Φ_n étant des intégrales des équations (1).

Il est clair d'abord qu'il ne pourra pas y avoir plus de quatre
invariants de la première sorte, autant que d'équations (10 *bis*).
Ces quatre invariants sont déjà connus.

Il ne pourra pas y avoir plus de treize invariants de la seconde
sorte, dont trois proviendraient des trois couples d'équations de
la forme (5 *bis*), (5 *ter*) et les dix autres s'obtiendraient à l'aide
des carrés des quatre équations (10 *bis*) et de leurs produits deux
à deux. Ces dix derniers existent réellement; mais ils ne sont pas
indépendants des quatre invariants de la première sorte puisqu'on
peut les en déduire par le procédé du n° 243. Il pourrait donc y
avoir trois invariants nouveaux.

Il ne pourra pas y avoir plus de onze invariants de la troisième
sorte dont trois proviendraient des trois couples d'équations de
la forme (5 *bis*) (5 *ter*); six s'obtiendraient en combinant deux à
deux les quatre équations (10 *bis*); deux en combinant les deux
équations (10 *ter*) avec l'équation (10 *bis*) correspondante.

Sept de ces invariants sont connus; l'un est l'invariant J_1 du
n° 255, les six autres sont ceux qu'on déduit des quatre équations (10 *bis*), mais ils ne peuvent pas être regardés comme indépendants des quatre invariants de la première sorte puisqu'on
peut les en déduire par le procédé du n° 247.

Il pourrait donc y avoir quatre invariants nouveaux de la troisième sorte.

Enfin il ne peut pas y avoir plus de deux invariants de la quatrième sorte, autant que d'équations (10 *ter*).

L'un de ces invariants est connu, c'est celui du n° 256; il
pourrait encore y avoir un invariant nouveau.

Il est probable que ces invariants nouveaux, dont la discussion précédente n'exclut pas la possibilité, n'existent pas; mais pour le démontrer, il faudrait recourir à d'autres procédés, par exemple à des procédés analogues à la méthode de Bruns.

Emploi des variables képlériennes.

261. L'invariant de la quatrième sorte du n° **256** peut encore être mis sous une autre forme.

Soit un système quelconque d'équations canoniques

$$(1) \qquad \frac{dx_i}{dt} = \frac{dF}{dy_i}, \qquad \frac{dy_i}{dt} = -\frac{dF}{dx_i}.$$

Considérons l'intégrale suivante prise le long d'un arc de courbe quelconque

$$J = \int (x_1\,dy_1 + x_2\,dy_2 + \ldots + x_n\,dy_n).$$

Supposons que l'on écrive les équations de l'arc de courbe le long duquel on intègre en exprimant les x et les y en fonction d'un paramètre z et que les valeurs de ce paramètre qui correspondent aux extrémités de l'arc soient z_0 et z_1. L'intégrale J sera égale à

$$J = \int_{z_0}^{z_1} \left[\Sigma x \, \frac{dy}{dz} \right] dz.$$

Supposons que nous considérions notre arc de courbe comme la figure F du Chapitre précédent qui varie avec le temps et se réduit à F_0 pour $t = 0$.

Alors les x, les y et les fonctions des x et des y, telles que F, $\frac{dF}{dx}$, $\frac{dF}{dy}$, ... seront des fonctions de z et de t.

Il viendra

$$\frac{dJ}{dt} = \int \left[\sum \frac{dx}{dt} \frac{dy}{dz} \right] dz + \int \left[\Sigma x \, \frac{d^2 y}{dt\,dz} \right] dz$$

ou

$$\frac{dJ}{dt} = \int \left[\sum \frac{dF}{dy} \frac{dy}{dz} \right] dz - \int \left[\Sigma x \, \frac{d}{dz}\left(\frac{dF}{dx} \right) \right] dz$$

en intégrant par parties

$$\frac{dJ}{dt} = \int \left[\sum \frac{dF}{dy} \frac{dy}{dz} \right] dz + \int \left[\sum \frac{dF}{dx} \frac{dx}{dz} \right] dz - \left[\Sigma x \, \frac{dF}{dx} \right].$$

Or

$$\sum \frac{dF}{dy}\frac{dy}{dz} + \sum \frac{dF}{dz}\frac{dx}{dz} = \frac{dF}{dz},$$

donc

$$(2) \qquad \frac{dJ}{dt} = \left[F - \Sigma x \frac{dF}{dx} \right]_{x=x_0}^{x=x_1},$$

Si nous supposons que F soit homogène de degré p par rapport aux x, il viendra

$$\Sigma x \frac{dF}{dx} = pF.$$

Soit alors C la constante des forces vives de telle sorte que l'équation des forces vives s'écrive

$$F = C.$$

Soient C_0 et C_1 les valeurs de cette constante qui correspondent à x_0 et à x_1; il viendra

$$(3) \qquad \frac{dJ}{dt} = (1-p)(C_1 - C_0).$$

Donc J n'est pas un invariant proprement dit; mais sa dérivée, par rapport au temps, est constante et, pour nous servir de l'expression définie au numéro précédent, c'est un invariant de la quatrième sorte.

262. Supposons maintenant que F présente une autre sorte d'homogénéité.

Partageons les couples de variables conjuguées en deux classes, et désignons, par x_i, y_i les couples de variables conjuguées de la première classe, par x'_i, y'_i les couples de variables conjuguées de la seconde classe.

Je suppose que F soit homogène d'ordre p par rapport aux x_i, aux $(x'_i)^2$ et aux $(y'_i)^2$, de telle sorte que l'on ait

$$\Sigma x \frac{dF}{dx} + \frac{1}{2}\Sigma\left(x' \frac{dF}{dx'} - y' \frac{dF}{dy'} \right) = pF.$$

Posons alors

$$J = \int \left[\Sigma(x\,dy) + \frac{1}{2}\Sigma(x'\,dy' - y'\,dx') \right]$$

ou

$$J = \int_{z_0}^{z_1} \left[\Sigma x \frac{dy}{dz} + \frac{1}{2} \Sigma \left(x' \frac{dy'}{dz} - y' \frac{dx'}{dz} \right) \right] dz,$$

d'où

$$\frac{dJ}{dt} = \int \left[\Sigma \frac{dx}{dt} \frac{dy}{dz} + \frac{1}{2} \Sigma \left(\frac{dx'}{dt} \frac{dy'}{dz} - \frac{dy'}{dt} \frac{dx'}{dz} \right) \right] dz$$
$$+ \int \left[\Sigma x \frac{d^2 y}{dz\,dt} + \frac{1}{2} \Sigma \left(x' \frac{d^2 y'}{dz\,dt} - y' \frac{d^2 x'}{dz\,dt} \right) \right] dz$$

ou

$$\frac{dJ}{dt} = \int \left[\Sigma \frac{dF}{dy} \frac{dy}{dz} + \frac{1}{2} \Sigma \left(\frac{dF}{dx'} \frac{dx'}{dz} + \frac{dF}{dy'} \frac{dy'}{dz} \right) \right] dz$$
$$- \int \left[\Sigma x \frac{d}{dz} \frac{dF}{dx} + \frac{1}{2} \Sigma \left(x' \frac{d}{dz} \frac{dF}{dx'} + y' \frac{d}{dz} \frac{dF}{dy'} \right) \right] dz,$$

ou, en intégrant par parties,

$$\frac{dJ}{dt} = \int_{z_0}^{z_1} \Sigma \left(\frac{dF}{dx} \frac{dx}{dz} + \frac{dF}{dy} \frac{dy}{dz} + \frac{dF}{dx'} \frac{dx'}{dz} + \frac{dF}{dy'} \frac{dy'}{dz} \right) dz$$
$$- \left[\Sigma x \frac{dF}{dx} + \frac{1}{2} \Sigma \left(x' \frac{dF}{dx'} + y' \frac{dF}{dy'} \right) \right]_{z=z_0}^{z=z_1}$$

ou

$$\frac{dJ}{dt} = \left[F - pF \right]_{z=z_0}^{z=z_1}$$

ou enfin

$$\frac{dJ}{dt} = (1-p)(C_1 - C_0).$$

ce qui montre que J est encore un invariant de la quatrième sorte.

263. Appliquons ce qui précède au problème des trois corps et voyons ce que devient l'invariant du n° 256 avec les diverses variables choisies.

Au n° 11, nous avons pris comme variables

$$\beta L, \quad \beta G, \quad \beta\theta, \quad \beta L', \quad \beta G', \quad \beta'\theta',$$
$$l, \quad g, \quad \theta, \quad l', \quad g', \quad \theta'.$$

F est homogène de degré -2 par rapport aux variables de la première série; donc

$$\int [\beta(L\,dl + G\,dg + \theta\,d\theta) - \beta'(L'\,dl' + G'\,dg' + \theta'\,d\theta')] + 3t(C_1 - C_0)$$

sera un invariant.

La même homogénéité subsiste si l'on prend pour variables,
comme au n° 12,

$$\Lambda, \quad \mathrm{H}, \quad \mathrm{Z}, \quad \Lambda', \quad \mathrm{H}', \quad \mathrm{Z}',$$
$$\lambda, \quad h, \quad \zeta, \quad \lambda', \quad h', \quad \zeta'.$$

Donc

$$\int (\Lambda\, d\lambda + \mathrm{H}\, dh + \mathrm{Z}\, d\zeta + \Lambda'\, d\lambda' + \mathrm{H}'\, dh' + \mathrm{Z}'\, d\zeta') + 3\,t(\mathrm{C}_1 - \mathrm{C}_0)$$

sera un invariant.

Si l'on prend comme variables (*voir* n° 12)

$$\Lambda, \quad \Lambda', \quad \xi, \quad \xi', \quad p, \quad p',$$
$$\lambda, \quad \lambda', \quad \eta, \quad \eta', \quad q, \quad q',$$

la fonction F sera homogène de degré -2 par rapport aux Λ,
aux ξ, aux η, aux p et aux q.

Il en résulte que

$$\int \Sigma (2\Lambda\, d\lambda + \xi\, d\eta - \eta\, d\xi + p\, dq - q\, dp) + 6\,t(\mathrm{C}_1 - \mathrm{C}_0)$$

est un invariant.

Le signe Σ signifie qu'on doit ajouter à chaque terme celui qu'on
en déduit en accentuant les lettres. Ainsi

$$\Sigma \xi\, d\eta = \xi\, d\eta + \xi'\, d\eta'.$$

Si enfin, nous prenons les variables des n°ˢ 131 et 137

$$\Lambda, \quad \Lambda'; \quad \tau_i,$$
$$\lambda, \quad \lambda'; \quad \tau_i,$$

nous verrons de même que

$$\int \left[2\Lambda\, d\lambda + 2\Lambda'\, d\lambda' + \Sigma(\tau_i\, d\tau_i - \tau_i\, d\tau_i) \right] + 6\,t(\mathrm{C}_1 - \mathrm{C}_0)$$

sera un invariant de la quatrième sorte.

Remarque sur l'invariant du n° 256.

264. Au n° 256, nous avons envisagé le cas où les x désignent
les coordonnées de n points de l'espace et où les équations de la

Dynamique prennent la forme

$$m \frac{d^2 x}{dt^2} = \frac{dV}{dx},$$

V étant homogène de degré p par rapport aux x.

Nous avons vu que dans ce cas

$$J = \int \Sigma (2x \, dy + py \, dx) + (p - 2)t(C_1 - C_0)$$

est un invariant de la quatrième sorte.

Deux cas particuliers méritent quelque attention. Supposons

$$p = 2,$$

il vient alors

$$J = 2 \int \Sigma (x \, dy - y \, dx)$$

et J est un invariant de la première sorte.

C'est ce qui arrive en particulier quand on suppose plusieurs points matériels s'attirant en raison directe de la distance. La vérification est alors fort aisée.

On a, en effet, dans ce cas,

$$x = A \cos \lambda t + B \sin t$$

et

$$y = -m\lambda A \sin \lambda t + m\lambda B \cos \lambda t,$$

λ étant une constante absolue pendant que A et B sont des constantes d'intégration qui sont d'ailleurs différentes pour les différents couples de variables conjuguées. Il vient alors

$$dx = \cos \lambda t \, dA + \sin \lambda t \, dB,$$
$$dy = -m\lambda \sin \lambda t \, dA + m\lambda \cos \lambda t \, dB,$$

d'où

$$x \, dy - y \, dx = m\lambda (A \, dB - B \, dA),$$

ce qui montre que

$$J = 2\lambda \int \Sigma m (A \, dB - B \, dA)$$

est bien un invariant puisque le temps en a disparu et que les constantes d'intégration et leurs différentielles y figurent seules.

Soit maintenant $p = -2$; c'est un cas qui est réalisé en parti-

culier quand plusieurs points matériels s'attirent en raison inverse
du cube des distances.

L'invariant J devient alors

$$J = 2\int \Sigma(x\,dy + y\,dx) - 4t(C_1 - C_0).$$

Mais la quantité sous le signe $\int$ est la différentielle exacte de
l'expression

$$S = \Sigma xy,$$

de sorte que si l'on désigne par S_0 et S_1 les valeurs de S correspondant aux deux extrémités de l'arc d'intégration, il viendra

$$J = (2S_1 - 4C_1 t) + (2S_0 - 4C_0 t).$$

Si nous supposons en particulier que l'une des extrémités de l'arc
d'intégration corresponde à une situation particulière du système
où les n points matériels sont en repos et à une très grande distance
les uns des autres; les forces mutuelles seront très petites de sorte
que les vitesses de ces points matériels resteront très longtemps
très petites et les distances très grandes. Il en résulte que C_0 sera
nul, ainsi que S_0, aussi bien pour toutes les valeurs de t que pour
$t = 0$ et il restera

$$J = 2S_1 - 4C_1 t.$$

On aura donc

$$S = 2Ct + B,$$

B étant une nouvelle constante, et C celle des forces vives; ou bien

$$\Sigma xy = 2Ct + B,$$

ou

$$\Sigma mx\frac{dx}{dt} = 2Ct + B,$$

ou, en intégrant,

$$\sum \frac{mx^2}{2} = Ct^2 + Bt + A,$$

A étant une troisième constante.

C'est le résultat obtenu par Jacobi au début de ses *Vorlesungen über Dynamik*.

Cas du problème réduit.

265. On peut reprendre la question que nous avons traitée au n° 260, en prenant des problèmes se rattachant au problème des trois corps, mais un peu simplifiés.

J'envisagerai d'abord ce que j'appellerai le problème *restreint*, c'est-à-dire le problème du n° 9 où deux masses décrivent des circonférences concentriques pendant que la troisième masse infiniment petite se meut dans le plan de ces deux circonférences.

Le nombre des degrés de liberté est alors deux; il y a un couple de la forme (5 *bis*), (5 *ter*), une équation (10 *bis*) et une équation (10 *ter*) (*cf.* n° 259).

Nous pourrons donc avoir *au plus* un invariant de la première sorte, déjà connu, deux invariants de la deuxième sorte, dont un connu, deux invariants de la troisième sorte, dont un connu, un invariant de la quatrième sorte, déjà connu.

Nous pourrons également considérer le problème *plan*, c'est-à-dire le problème des trois corps se mouvant dans un même plan.

Enfin, nous pouvons supposer que l'on ait réduit le nombre des degrés de liberté par le procédé du n° 16; soit dans le cas du problème général; on arrivera alors à ce que j'appellerai le problème *général réduit*; soit dans le cas du problème plan; on arrivera alors à ce que j'appellerai le problème *plan réduit*.

La discussion à laquelle on serait conduit dans ces différents cas peut se résumer dans le Tableau suivant :

	PROBLÈMES				
	RESTREINT.	PLAN.	GÉNÉRAL.	PLAN RÉDUIT.	GÉNÉRAL RÉDUIT.
Nombre des degrés de liberté.	3	4	6	3	4
Nombre des couples (5 *bis*), (5 *ter*)................	1	2	3	2	3
Nombre des équations (10 *bis*).	1	2	4	1	1
Nombre des équations (10 *ter*).	1	2	2	1	1
Nombre *maximum* des invariants possibles :					
Première sorte............	1	3	4	1	1
Deuxième sorte............	2	5	13	3	4
Troisième sorte............	2	5	11	3	4
Quatrième sorte............	1	2	0	1	1
Nombre *maximum* des invariants *nouveaux* possibles :					
Première sorte............	0	0	0	0	0
Deuxième sorte............	1	2	3	2	3
Troisième sorte............	1	3	4	2	3
Quatrième sorte............	0	1	1	0	0

CHAPITRE XXIV.

USAGE DES INVARIANTS INTÉGRAUX.

Procédés de vérification.

266. Dans le Tome II nous avons exposé différents procédés pour trouver des séries qui satisfont formellement aux équations du problème des trois Corps. Comme ces séries peuvent avoir une grande importance pratique et qu'on ne les obtient qu'au prix de calculs longs et difficiles, tous les moyens que l'on peut trouver de vérifier ces calculs peuvent être précieux ; la considération des invariants intégraux nous en fournit un qui n'est pas sans intérêt.

Appelons $x_i (i = 1, 2, 3, 4, 5, 6)$ les coordonnées des deux planètes (qui doivent être rapportées, comme nous l'avons dit au n° 11 et comme nous l'avons toujours fait depuis, la première au Soleil, la seconde au centre de gravité de la première et du Soleil) ; appelons, d'autre part, y_i les composantes de leurs quantités de mouvement ; ces quantités x_i et y_i peuvent être développées en séries de la manière suivante :

Rappelons les résultats des Chapitres XIV et XV, et en particulier ceux du n° 155. Dans ces Chapitres, au lieu des douze variables x_i et y_i que je viens de définir, nous avons employé, pour définir les positions des deux planètes, douze autres variables

$$\lambda_1, \ \lambda'_1, \ \lambda_2, \ \lambda'_2, \ \sigma_1, \ \sigma_2, \ \sigma_3, \ \sigma_4, \ \tau_1, \ \tau_2, \ \tau_3, \ \tau_4.$$

Nous avons introduit en outre six arguments

$$w_1, \ w_2, \ w'_1, \ w'_2, \ w'_3, \ w'_4,$$

en posant

$$w_i = n_i t + \varpi_i ; \qquad w'_i = n'_i t + \varpi'_i,$$

et six autres constantes d'intégration

$$\lambda_0, \ \lambda'_0, \ x_1^0, \ x_2^0, \ x_3^0, \ x_4^0,$$

et nous avons vu alors que l'on peut satisfaire aux équations du mouvement de la manière suivante.

Les quantités

$$A, \quad A', \quad \lambda_1 - w_1, \quad \lambda'_1 - w'_1, \quad \tau_i, \quad \tau'_i$$

sont développables suivant les puissances de μ et des $x_i'^0$. Chaque terme est périodique par rapport aux w et aux w' et dépend en outre des deux constantes d'intégration A_0 et A'_0.

Les constantes n_i et n'_i sont développables suivant les puissances de μ et des $x_i'^0$ et dépendent en outre de A_0 et A'_0.

Les w_i et les w'_i sont six constantes d'intégration.

Enfin

$$A \, d\lambda + A' \, d\lambda'_1 + \Sigma \tau_i \, d\tau'_i$$

est une différentielle exacte lorsqu'on y remplace les douze variables A, λ, σ et τ par leurs développements et que dans ces développements on regarde les w et les w' comme six variables indépendantes et les six quantités A_0, A'_0, $x_i'^0$ comme des constantes.

Nos quantités x_i et y_i que je viens de définir s'expriment aisément à l'aide des douze variables A, λ, σ et τ.

On conclura que x_i et y_i peuvent être développés en séries procédant suivant les puissances de μ et des $x_i'^0$ ainsi que suivant les cosinus et les sinus des multiples des w et des w'; chaque coefficient dépendant en outre de A_0 et A'_0.

De plus l'expression

$$\Sigma x_i \, dy_i$$

sera une différentielle exacte si l'on regarde les w et les w' comme six variables indépendantes et A_0, A'_0, $x_i'^0$ comme des constantes.

Les séries ainsi obtenues, il est à peine besoin de le rappeler, ne sont pas convergentes; elles n'ont de valeur qu'au point de vue du calcul formel, ce qui leur donne cependant une certaine utilité pratique, comme je l'ai expliqué au Chapitre VIII.

Néanmoins si l'on substitue ces développements aux x_i et aux y_i dans l'expression d'un invariant intégral, le résultat de cette substitution devra encore, au moins au point de vue formel, satisfaire aux conditions auxquelles doit satisfaire un invariant intégral, et c'est ce qui va me fournir le procédé de vérification sur lequel je désire attirer l'attention.

267. Nous avons vu plus haut que

$$(1) \qquad \int \Sigma(2x\,dy + y\,dx) - 3t(c_1 - c_0)$$

est un invariant intégral.

Nous allons, pour nous servir de cet invariant, faire un changement de variables analogue à celui du n° **237**.

Posons, pour plus de symétrie dans les notations,

$$w_i' = w_{i+2} \quad (i = 1, 2, 3, 4), \qquad n_i' = n_{i+2}, \qquad m_i' = m_{i+2},$$

$$\Lambda_0 = \xi_1, \quad \Lambda_0' = \xi_2; \qquad x_i'^0 = \xi_{i+2}.$$

Nous avons vu que l'on pouvait développer les x et les y en séries dépendant des w, des w', de Λ_0, Λ_0' et des $x_i'^0$; c'est-à-dire, avec nos nouvelles notations, des w_i et des ξ_i ($i = 1, 2, 3, 4, 5, 6$).

Nous pouvons alors prendre pour variables nouvelles les ξ_i et les w_i et alors les équations différentielles du mouvement prendront la forme

$$(2) \qquad \frac{d\xi_i}{0} = \frac{dw_i}{n_i} = dt$$

[de même qu'au n° **237** les équations (1) devenaient, après le changement de variables,

$$\frac{dy_i}{0} = \frac{dz}{1} = dt$$

ainsi que nous l'avons vu].

Les n_i sont fonctions des ξ_i seulement.

Mais il vaut mieux encore prendre d'autres variables; en effet, les six n_i étant fonctions des six ξ_i seulement, rien n'empêche, au lieu des ξ_i et des w_i, de prendre comme variables les n_i et les w_i, de sorte que les équations différentielles deviennent

$$(3) \qquad \frac{dn_i}{0} = \frac{dw_i}{n_i} = dt.$$

Un invariant intégral du premier ordre prendra la forme

$$J = \int (\Sigma A_i\,dn_i + \Sigma B_i\,dw_i),$$

les A et les B étant des fonctions des n_i et des w_i.

Je pourrai supposer que la figure F est un arc de courbe dont les équations, variables avec le temps, sont de la forme suivante

$$n_i = f_i(\alpha, t); \qquad w_i = f'_i(\alpha, t),$$

les variables n_i et w_i étant exprimées en fonctions du temps t et d'un paramètre α qui varie de α_0 à α_1 quand on parcourt l'arc F tout entier. L'équation de l'arc F_0 sera alors

$$n_i = f_i(\alpha, 0); \qquad w_i = f'_i(\alpha, 0).$$

Ces conventions faites, je puis écrire

$$J = \int_{\alpha_0}^{\alpha_1} \left(\Sigma A_i \frac{dn_i}{d\alpha} + \Sigma B_i \frac{dw_i}{d\alpha} \right) d\alpha,$$

d'où

$$\frac{dJ}{dt} = \int d\alpha \sum \left(\frac{dA_i}{dt} \frac{dn_i}{d\alpha} + \frac{dB_i}{dt} \frac{dw_i}{d\alpha} + A_i \frac{d^2 n_i}{dt\, d\alpha} + B_i \frac{d^2 w_i}{dt\, d\alpha} \right).$$

Or, on a

$$\frac{dA_i}{dt} = \Sigma n_k \frac{dA_i}{dw_k},$$
$$\frac{dB_i}{dt} = \Sigma n_k \frac{dB_i}{dw_k},$$

$$\frac{d^2 n_i}{dt\, d\alpha} = 0; \qquad \frac{d^2 w_i}{dt\, d\alpha} = \frac{dn_i}{d\alpha},$$

d'où enfin

$$\frac{dJ}{dt} = \int \Sigma_i \left[dn_i \left(\Sigma_k n_k \frac{dA_i}{dw_k} + B_i \right) - dw_i \Sigma_k n_k \frac{dB_i}{dw_k} \right].$$

Si J est un invariant intégral absolu, on devra donc avoir

$$(4) \qquad\qquad \Sigma_k n_k \frac{dB_i}{dw_k} = 0,$$

$$(5) \qquad\qquad \Sigma_k n_k \frac{dA_i}{dw_k} = - B_i.$$

Examinons maintenant ce qui arrive dans le cas où les A et les B sont des fonctions périodiques des w et peuvent, par conséquent, être développés en séries trigonométriques.

Considérons d'abord l'équation (4) et soient

$$B_i = \Sigma \left[b \cos(m_1 w_1 + \ldots + m_6 w_6) + b' \sin(m_1 w_1 + \ldots + m_6 w_6) \right],$$

les b et les b' dépendant des n_i.

L'équation (4) devient

$$\Sigma(m_1 n_1 + \ldots + m_6 n_6)[-b \sin(m_1 w_1 + \ldots + m_6 w_6)$$
$$+ b'\cos(m_1 w_1 + \ldots + m_6 w_6)] = 0,$$

ce qui ne peut avoir lieu que si

$$(6) \qquad m_1 n_1 + \ldots + m_6 n_6 = 0,$$

ou si

$$b = b' = 0.$$

Or, les m sont des entiers constants, les n sont nos variables indépendantes entre lesquelles il ne peut y avoir aucune relation linéaire; l'équation (6) entraîne donc

$$m_1 = m_2 = \ldots = m_6 = 0.$$

Cela signifie que le développement trigonométrique de B_i se réduit à son terme tout connu; c'est-à-dire que B_i est une fonction des n_i seulement, indépendante des w.

Passons maintenant à l'équation (5); soit

$$A_i = \Sigma(a\cos\omega + a'\sin\omega),$$

en écrivant, pour abréger, ω au lieu de

$$m_1 w_1 + \ldots + m_6 w_6.$$

L'équation (5) s'écrit alors

$$\Sigma(m_1 n_1 + \ldots + m_6 n_6)(-a \sin\omega + a'\cos\omega) = -B_i.$$

Considérons d'abord un terme dépendant des w, c'est-à-dire tel que $m_1, m_2, \ldots, m_6$ ne s'annulent pas à la fois. On aura

$$m_1 n_1 + \ldots + m_6 n_6 \gtrless 0.$$

Dans le second membre B_i ne dépend pas des w; ce second membre ne contient donc ni terme en $\cos\omega$, ni terme en $\sin\omega$. Il résulte de là que

$$a = a' = 0.$$

Donc A_i ne dépend pas des w et se réduit au terme tout connu de son développement trigonométrique, terme qui dépend seulement des n_i.

Mais alors l'équation (5) se réduit à

$$B_i = 0.$$

En général, tout invariant intégral absolu linéaire et du premier ordre, où l'expression sous le signe $\int$ est algébrique par rapport aux x et aux y et, par conséquent, périodique par rapport aux w, devra être de la forme

$$\int \Sigma A_i \, dn_i,$$

les A_i ne dépendant que des n_i; c'est, en effet, ce qui arrive pour les invariants absolus que nous connaissons et qui s'obtiennent d'ailleurs en différentiant les intégrales des aires, celles des forces vives ou du mouvement du centre de gravité.

Mais l'invariant *relatif*

$$J = \int \Sigma (2x \, dy + y \, dx)$$

mérite plus d'attention. Nous avons vu que

$$J = 3t(C_1 - C_0)$$

(où C_0 et C_1 sont les valeurs de la constante des forces vives aux deux extrémités de l'arc F_0) est un invariant intégral. On aura donc

$$(7) \qquad \frac{dJ}{dt} = 3(C_1 - C_0) = 3 \int dC.$$

Si nous posons encore

$$J = \int \Sigma (A_i \, dn_i + B_i \, dw_i),$$

l'équation (7) deviendra

$$\int \Sigma_i \left[dn_i \left(\Sigma_k n_k \frac{dA_i}{dw_k} + B_i \right) + dw_i \Sigma_k n_k \frac{dB_i}{dw_k} \right] = 3 \int \sum_i \frac{dC}{dn_i} \, dn_i,$$

car la constante des forces vives C est fonction des n_i seulement.

Les équations (4) et (5) devront donc être remplacées par les suivantes

$$(4 \ bis) \qquad \Sigma_k n_k \frac{d\mathrm{B}_i}{dw_k} = 0,$$

$$(5 \ bis) \qquad \Sigma_k n_k \frac{d\mathrm{A}_i}{dw_k} = 3 \frac{d\mathrm{C}}{dn_i} - \mathrm{B}_i.$$

Les A et les B doivent être des fonctions périodiques des w.

Si nous traitons les équations $(4 \ bis)$ et $(5 \ bis)$ comme nous avons traité les équations (4) et (5), nous reconnaîtrons :

1° Que les B_i sont indépendants des w ;

2° Que les A_i sont indépendants des w ;

3° Que

$$3 \frac{d\mathrm{C}}{dn_i} = \mathrm{B}_i.$$

On trouve donc, en définitive,

$$\Sigma(2x \, dy + y \, dx) = \Sigma \mathrm{A}_i \, dn_i + 3 \sum \frac{d\mathrm{C}}{dn_i} \, dw_i,$$

les A_i dépendant des n_i seulement.

En d'autres termes, les expressions

$$\Sigma_i \left(2 x_i \frac{dy_i}{dn_k} + y_i \frac{dx_i}{dn_k} \right)$$

ou

$$(8) \qquad \Sigma_i \left(2 x_i \frac{dy_i}{d\xi_k} + y_i \frac{dx_i}{d\xi_k} \right)$$

ne dépendent pas des w et sont fonctions seulement, soit des ξ, soit des n, suivant qu'on exprime tout en fonction des ξ et des w, ou en fonction des n et des w.

De même, on aura

$$(9) \qquad \Sigma_i \left(2 x_i \frac{dy_i}{dw_k} + y_i \frac{dx_i}{dw_k} \right) = 3 \frac{d\mathrm{C}}{dn_k}.$$

Les x_i, les y_i et C sont, comme je l'ai dit, développés suivant les puissances de μ et des x_i^0. Les expressions (8) et les deux membres des égalités (9) sont donc aussi développables suivant les puissances de ces quantités.

Tous les termes des développements des expressions (8), suivant les puissances de μ et des $x_i^{\prime 0}$, devront donc être indépendants des w.

D'autre part, chaque terme de développement du premier membre de (9) devra être égal au terme correspondant du second membre.

Nous avons ainsi un très grand nombre de procédés de vérification pour nos calculs.

268. J'ai dit que

$$\Sigma\, x_i\, dy_i$$

est une différentielle exacte si l'on regarde les ξ_i comme des constantes, et les w comme des variables indépendantes.

Nous trouvons, en effet, alors

$$\int \Sigma(2x\,dy + y\,dx) = 3 \int \Sigma \frac{dC}{dn_i}\, dw_i,$$

ou comme les $\frac{dC}{dn_i}$ ne dépendent que des ξ et doivent être, par conséquent, regardés comme des constantes

$$\int \Sigma(2x\,dy + y\,dx) = 3 \sum \frac{dC}{dn_i}\, w_i,$$

d'où

$$\int \Sigma x\,dy + \int \Sigma(x\,dy + y\,dx) = 3 \sum \frac{dC}{dn_i}\, w_i,$$

d'où enfin

$$(10) \qquad \int \Sigma x\,dy = 3 \sum \frac{dC}{dn_i}\, w_i - \Sigma xy.$$

Revenons pour un instant aux notations du n° 162. Dans ce numéro, comme dans le n° 152, nous avons pris comme variables

$$(11) \qquad \begin{cases} \Lambda, & \Lambda', & z_i, \\ \lambda_1, & \lambda'_1, & z_i, \end{cases}$$

nous avons posé

$$dS = (\Lambda - \Lambda_{00})\,d\lambda_1 + (\Lambda' - \Lambda'_{00})\,d\lambda'_1 + \Sigma z_i\,dz_i - d(\sigma_1^{\prime 1}\,\tau_i).$$

D'un autre côté les variables (11), de même que les variables x_i, y_i, sont des variables conjuguées. Il en résulte, ainsi que j'ai eu plusieurs fois l'occasion de l'expliquer, que l'expression

$$\Sigma x_i\,dy_i - \Lambda\,d\lambda_1 - \Lambda'\,d\lambda'_1 - \Sigma z_i\,dz_i = dU$$

est une différentielle exacte. J'ajouterai qu'on formera facilement la fonction U qui peut, par conséquent, être regardée comme une fonction connue des x_i et des y_i.

On a alors

$$(12) \qquad S = 3 \sum \frac{dC}{dn_i} w_i - \Sigma xy - U - \Lambda_{3\beta}\lambda_i - \Lambda'_{3\beta}\lambda'_i - \eta_i^2 \tau_i.$$

Comme dans l'application du procédé du Chapitre XV on est conduit à former la fonction S, l'équation (12) nous fournit, sous une forme nouvelle, la vérification cherchée.

Rapport avec un théorème de Jacobi.

269. On sait que Jacobi a démontré au début de ses *Vorlesungen über Dynamik* que, dans le cas de l'attraction newtonienne, la valeur moyenne de l'énergie cinétique est égale, à un facteur constant près, à la valeur moyenne de l'énergie potentielle, en admettant, bien entendu, que les coordonnées puissent être exprimées par des séries trigonométriques de même forme que celles que nous étudions ici.

Ce théorème de Jacobi se rattache directement à ce qui précède. Les équations du mouvement peuvent s'écrire

$$m_i \frac{dx_i}{dt} = y_i, \qquad \frac{dy_i}{dt} = \frac{dV}{dx_i},$$

d'où

$$\sum \frac{y_i^2}{2m_i} - V = C.$$

Alors $-V$ représente l'énergie potentielle, C l'énergie totale, et

$$\sum \frac{y_i^2}{2m_i}$$

l'énergie cinétique.

D'autre part, V étant homogène de degré -1, on aura

$$-V = \sum \frac{dV}{dx_i} x_i = \Sigma x_i \frac{dy_i}{dt},$$

$$\sum \frac{y_i^2}{2m_i} = \frac{1}{2} \Sigma y_i \frac{dx_i}{dt}.$$

L'équation des forces vives peut donc s'écrire

$$\frac{1}{2} \Sigma y_i \frac{dx_i}{dt} + \Sigma x_i \frac{dy_i}{dt} = C.$$

Reprenons, d'autre part, les équations (9) du n° **217** et ajoutons-les, après les avoir respectivement multipliées par n_k; il viendra

$$\Sigma_i \left(2 x_i \Sigma_k n_k \frac{dy_i}{d\omega_k} + y_i \Sigma_k n_k \frac{dx_i}{d\omega_k} \right) = 3 \Sigma_k n_k \frac{dC}{dn_k}.$$

Si l'on observe que

$$\Sigma n_k \frac{dx}{d\omega_k} = \frac{dx}{dt}$$

$\left(\text{puisque } \dfrac{d\omega_k}{dt} = n_k\right)$, on conclura que

$$\Sigma \left(2 x_i \frac{dy_i}{dt} + y_i \frac{dx_i}{dt} \right) = 3 \Sigma n_k \frac{dC}{dn_k}.$$

En comparant avec l'équation des forces vives, on trouve

$$\Sigma n_k \frac{dC}{dn_k} = \frac{2}{3} C,$$

ce qui montre que C doit être homogène de degré $\frac{2}{3}$ par rapport aux n_k, ce qui pourrait se voir d'ailleurs directement. Maintenant, la valeur moyenne d'une fonction U, que je représenterai par la notation [U], sera nulle si U est la dérivée d'une fonction périodique; on aura donc

$$\Sigma \left[y_i \frac{dx_i}{dt} + x_i \frac{dy_i}{dt} \right] = 0$$

et, en rapprochant de l'équation des forces vives, on tire

$$\left[\frac{1}{2} \Sigma y_i \frac{dx_i}{dt} \right] = - C,$$

$$\left[\Sigma x_i \frac{dy_i}{dt} \right] = 2 C,$$

d'où

$$\frac{\left[\displaystyle\sum \frac{y_i^2}{2 m_i} \right]}{[-V]} = -\frac{1}{2}.$$

C'est le théorème de Jacobi.

En considérant les dérivées partielles $\dfrac{dz}{d\varpi_i}$ au lieu des dérivées totales $\dfrac{dz}{dt}$ on arriverait à des résultats analogues. On trouverait

$$\Sigma_i\left(x_i\frac{dy_i}{d\varpi_i} - y_i\frac{dx_i}{d\varpi_i}\right) = 0,$$

et par conséquent

$$\left[\Sigma_i y_i\frac{dx_i}{d\varpi_i}\right] = \tfrac{1}{2}\frac{dC}{d\varpi_i},$$

$$\left[\Sigma_i y_i\frac{dx_i}{d\varpi_i}\right] = -\tfrac{1}{2}\frac{dC}{d\varpi_i}.$$

Application au problème des deux corps.

270. Les considérations précédentes s'appliquent en particulier au problème des deux corps. Considérons une planète et le Soleil et rapportons la planète à des axes de direction fixe passant par le Soleil; envisageons par conséquent le mouvement relatif de la planète, par rapport au Soleil.

Soient x_1, x_2, x_3 les trois coordonnées de la planète; y_1, y_2, y_3 les trois composantes de la quantité de mouvement.

Soient ξ, η, ζ les trois coordonnées de la planète, rapportées à des axes particuliers, à savoir : le grand axe de l'orbite, une parallèle au petit axe et une perpendiculaire au plan de l'orbite, on aura

$$x_1 = h_1\xi + h'_1\eta + h''_1\zeta,$$
$$x_2 = h_2\xi + h'_2\eta + h''_2\zeta,$$
$$x_3 = h_3\xi + h'_3\eta + h''_3\zeta,$$

les h étant des constantes liées par les relations bien connues qui expriment que la transformation des coordonnées est orthogonale.

On aura de même

$$y_i = \mu h_i\frac{d\xi}{dt} + \mu h'_i\frac{d\eta}{dt} + \mu h''_i\frac{d\zeta}{dt},$$

μ étant la masse de la planète.

Maintenant il est clair que ζ est nul et que ξ et η sont des fonctions d'un seul argument ϖ, qui est l'anomalie moyenne, et de deux constantes, qui sont le grand axe a et l'excentricité e.

D'autre part les h sont des fonctions des trois angles d'Euler.

ou, plus généralement, de trois fonctions quelconques ω_1, ω_2, ω_3 de ces trois angles.

Ainsi les x et les y sont fonctions de ω, de a, de e et des ω.

On aura alors, en appelant C la constante des forces vives et n le moyen mouvement,

$$\sum\left(2\,x_i\frac{dy_i}{da}-y_i\frac{dx_i}{d\omega}\right)=3\frac{dC}{dn}$$

et, d'autre part, les expressions

$$\sum\left(2x_i\frac{dy_i}{da}-y_i\frac{dx_i}{da}\right)$$

$$\sum\left(2x_i\frac{dy_i}{de}-y_i\frac{dx_i}{de}\right)$$

$$\sum\left(2x_i\frac{dy_i}{d\omega_k}-y_i\frac{dx_i}{d\omega_k}\right)$$

doivent être indépendantes de w.

Quelques-uns de ces énoncés étaient évidents d'avance et ne nous fournissent pas de vérification nouvelle.

En effet, les $\dfrac{dx_i}{d\omega_k}$ sont des fonctions linéaires des x, dont les coefficients dépendent des ω et qui sont telles que

$$\Sigma_i x_i\frac{dx_i}{d\omega_k}=0.$$

Il en résulte que nous pouvons écrire l'identité suivante

$$x_1\frac{dx_1}{d\omega_k}+x_2\frac{dx_2}{d\omega_k}+x_3\frac{dx_3}{d\omega_k}=\begin{vmatrix} x_1 & x_2 & x_3 \\ x_1 & x_2 & x_3 \\ \varphi_1^k & \varphi_2^k & \varphi_3^k \end{vmatrix},$$

les x étant des constantes *quelconques* et les φ_i^k des fonctions données des ω; on aura de même

$$x_1\frac{dy_1}{d\omega_k}+x_2\frac{dy_2}{d\omega_k}+x_3\frac{dy_3}{d\omega_k}=\begin{vmatrix} x_1 & x_2 & x_3 \\ y_1 & y_2 & y_3 \\ \varphi_1^k & \varphi_2^k & \varphi_3^k \end{vmatrix}.$$

Il en résulte que l'on a

$$\sum\left(2x_i\frac{dy_i}{d\omega_k}+y_i\frac{dx_i}{d\omega_k}\right)=\begin{vmatrix} x_1 & x_2 & x_3 \\ y_1 & y_2 & y_3 \\ \varphi_1^k & \varphi_2^k & \varphi_3^k \end{vmatrix}.$$

Cette expression doit se réduire à une constante indépendante de w et, comme nous avons trois relations analogues que l'on obtient en faisant $k = 1, 2, 3$, nous pouvons écrire

$$y_1 z_2 - y_2 z_1 = \text{const.}$$
$$y_3 z_2 - y_2 z_3 = \text{const.}$$
$$y_2 z_1 - y_1 z_2 = \text{const.}$$

Mais ce n'est pas là un résultat nouveau; ce sont les équations des aires.

Examinons maintenant l'expression

$$\sum \left(2 x_i \frac{dy_i}{da} - y_i \frac{dx_i}{da} \right).$$

Voyons comment les x et les y dépendent de a. Les x contiennent a en facteur et les y contiennent an, car on a

$$y_i = a \frac{dx_i}{dt} = a n \frac{dx_i}{da'}.$$

On a donc

$$\frac{dx_i}{da} = \frac{x_i}{a}; \qquad \frac{dy_i}{da} = \frac{y_i}{a} + \frac{y_i}{n}\frac{dn}{da'}.$$

Notre expression devient donc

$$\Sigma x_i y_i \left(\frac{3}{a} + \frac{2}{n}\frac{dn}{da} \right).$$

Il est aisé de vérifier qu'elle est nulle; on a en effet, d'après la troisième loi de Kepler,

$$n^2 a^3 = \text{const.,}$$

d'où

$$\frac{2 dn}{n} + \frac{3 da}{a} = 0,$$

Nous n'obtenons pas encore ainsi un procédé nouveau de vérification.

Il reste à examiner les deux expressions

$$\sum \left(2 x_i \frac{dy_i}{dw} - y_i \frac{dx_i}{dw} \right) = W,$$
$$\sum \left(2 x_i \frac{dy_i}{de} - y_i \frac{dx_i}{de} \right) = E.$$

Nous n'avons plus à faire varier que e et w; nous n'aurons donc plus à faire varier les ω, c'est-à-dire la direction du grand axe de l'orbite. Nous pouvons donc choisir des axes particuliers et faire

$$x_1 = \xi = a\left[-\frac{3}{2}e + \Sigma J_{p-1}(pe)\frac{\cos p\omega}{p}\right],$$
$$x_2 = \eta = a\sqrt{1-e^2}\left[\Sigma J_{p-1}(pe)\frac{\sin p\omega}{p}\right],$$
$$x_3 = \zeta = 0,$$

Les fonctions J sont les fonctions de Bessel ; sous le signe Σ l'indice p prend toutes les valeurs entières depuis $-\infty$ jusqu'à $+\infty$, à l'exception de la valeur 0.

Nous déduirons de là

$$y_1 = -\mu a n \Sigma J_{p-1}(pe)\sin p\omega$$
$$y_2 = \mu a n \sqrt{1-e^2}\,\Sigma J_{p-1}(pe)\cos p\omega.$$

L'expression W devient alors, en supprimant le facteur commun $\mu a^2 n$,

$$3e\,\Sigma J_{p-1}\,p\cos p\omega - 2\Sigma J_{p-1}\frac{\cos p\omega}{p}\,\Sigma J_{p-1}\,p\cos p\omega - [\Sigma J_{p-1}\sin p\omega]^2$$
$$-2(1-e^2)\Sigma J_{p-1}\frac{\sin p\omega}{p}\,\Sigma J_{p-1}\,p\sin p\omega + (1-e^2)[\Sigma J_{p-1}\cos p\omega]^2 = W.$$

J'ai écrit partout, pour abréger un peu, J_{p-1} au lieu de $J_{p-1}(pe)$.

On doit avoir

$$W = 3\frac{dC}{dn}.$$

Or

$$C = -\frac{m\mu}{2a}, \qquad n^2 a^3 = m,$$

m désignant la masse du Soleil plus celle de la planète ; on a donc

$$C = -\frac{\mu}{2}m^{\frac{2}{3}}n^{\frac{2}{3}}$$

et

$$3\frac{dC}{dn} = -\mu m^{\frac{2}{3}}n^{-\frac{1}{3}} = -\mu a^2 n.$$

Mais, comme

$$W = \mu a^2 n W,$$

il viendra

$$W = -1.$$

En identifiant les termes semblables on a une série de relations entre les fonctions de Bessel J.

L'étude de l'expression E nous conduirait à une série de relations analogues où entreraient cette fois les fonctions de Bessel J et leurs dérivées premières.

271. On pourrait multiplier ces applications particulières; on pourrait par exemple, après avoir traité comme nous venons de le faire dans le numéro précédent le cas du mouvement képlérien, c'est-à-dire après avoir tenu compte des termes du degré o par rapport aux masses troublantes, appliquer les mêmes principes à l'ensemble des termes du degré 1. On serait sans nul doute conduit à des relations intéressantes.

On pourrait également étudier, par le même procédé, les équations des variations séculaires que nous avons traitées au Chapitre X. On aurait alors avantage, au lieu de l'invariant intégral

$$\int \Sigma(z_i\, d\varphi_i + y_i\, dx_i),$$

à se servir des invariants analogues que nous avons définis aux n°s 261, 262, 263.

Nous laisserons toutes ces questions de côté.

Application aux solutions asymptotiques.

272. Appliquons encore ces principes aux solutions asymptotiques. Prenons pour variables les coordonnées x_i et les

$$y_i = m_i \frac{dx_i}{dt};$$

Considérons l'invariant

$$J = \int \Sigma(x\, dy - y\, dx);$$

nous savons que si C est la constante des forces vives, et si C_1 et C_0 sont les valeurs de cette constante aux deux extrémités de la ligne d'intégration, on aura

$$(1) \qquad J - 3t(C_1 - C_0) = \text{const.}$$

Si nous envisageons un système de solutions asymptotiques, il se présentera sous la forme suivante : les x_i et les y_i seront développés suivant les puissances de

$$A_1 e^{\alpha_1 t}, \quad A_2 e^{\alpha_2 t}, \quad \ldots, \quad A_k e^{\alpha_k t},$$

les coefficients étant périodiques en $t + h$, où

$$A_1, \quad A_2, \quad \ldots, \quad A_k, \quad h$$

sont $k + 1$ constantes arbitraires.

Si l'on substitue ces valeurs des x_i et des y_i dans l'équation des forces vives, le premier membre se trouve aussi développé suivant les puissances de

$$A_1 e^{\alpha_1 t}, \quad A_2 e^{\alpha_2 t}, \quad \ldots, \quad A_k e^{\alpha_k t},$$

les coefficients étant périodiques en $t + h$; et, comme il doit être indépendant de t, il en résulte qu'il le sera également de A_1, A_2, ..., A_k et h.

Si donc on substitue les valeurs des x_i et des y_i dans l'équation (1), on voit qu'on aura

$$C_1 = C_0,$$

et par conséquent

$$J = \text{const.}$$

Dans J l'expression sous le signe $\int$ se trouve développée suivant les puissances de

$$A_1 e^{\alpha_1 t}, \quad A_2 e^{\alpha_2 t}, \quad \ldots, \quad A_k e^{\alpha_k t};$$

les coefficients sont périodiques en $t + h$; elle dépend linéairement des $k + 1$ différentielles

$$dA_1, \quad dA_2, \quad \ldots, \quad dA_k, \quad dh.$$

On devra donc avoir

$$(2) \qquad \begin{cases} \Sigma\left(2x \dfrac{dy}{dA_i} + y \dfrac{dx}{dA_i}\right) = \text{const.}, \\ \Sigma\left(2x \dfrac{dy}{dh} + y \dfrac{dx}{dh}\right) = \text{const.} \end{cases}$$

Les premiers membres des équations (2) se trouvent développés suivant les puissances des $A_i e^{\alpha_i t}$; tous les termes de ce développement doivent être nuls, sauf le terme tout connu. On

obtient ainsi une foule de relations entre les coefficients du développement des x_i suivant les puissances des $A_i e^{\alpha t}$.

Je me bornerai, à titre d'exemple, à envisager le premier terme
et j'écrirai

$$x_i = X_i + Z_i A e^{\alpha t}$$

X_i et Z_i étant périodiques en $t + h$.

On en déduit

$$y_i = m_i [X_i' + A e^{\alpha t}(Z_i' + \alpha Z_i)]$$

X_i' et Z_i' désignent les dérivées de X_i et Z_i.

On a alors, en négligeant toujours les termes en $e^{2\alpha t}$, etc.,

$$\Sigma\left(\alpha x \frac{dy}{dA} - y\frac{dx}{dA}\right) = \Sigma m e^{\alpha t}[\alpha X(Z' + \alpha Z) - X'Z]$$

On a donc

$$\Sigma m(\alpha XZ' - \alpha\alpha XZ + X'Z) = 0,$$

ce qui nous donne une première relation entre les coefficients X_i
et Z_i.

La relation

$$\Sigma\left(\alpha x \frac{dy}{dh} + y\frac{dx}{dh}\right) = \text{const.}$$

nous en fournirait une autre, mais qui, en réalité, ne serait pas
distincte de la première, puisqu'en la combinant avec cette première relation on trouverait une équation qui est une conséquence immédiate du principe des forces vives.

CHAPITRE XXV.

INVARIANTS INTÉGRAUX ET SOLUTIONS ASYMPTOTIQUES.

Retour sur la méthode de Bohlin.

273. Je suis obligé, avant d'aller plus loin, de compléter quelques-uns des résultats des Chapitres VII, XIX et XX. Je veux d'abord résumer les résultats que je veux comparer et qui vont me servir de point de départ.

Au Chapitre VII nous avons vu que si un système

$$(1) \qquad \frac{dx_i}{dt} = X_i \qquad (i = 1, 2, \ldots, n)$$

admet une solution périodique

$$(2) \qquad x_i = x_i^0,$$

et si l'on pose

$$x_i = x_i^0 + \xi_i,$$

les ξ_i seront développables suivant les puissances croissantes de

$$(3) \qquad A_1 e^{z_1 t}, \quad A_2 e^{z_2 t}, \quad \ldots, \quad A_n e^{z_n t},$$

les coefficients étant des fonctions périodiques de t; les A_i sont des constantes d'intégration, les z_i sont les exposants caractéristiques de la solution périodique (2).

Les séries satisfont toujours formellement aux équations (1); elles sont convergentes à certaines conditions que nous avons énoncées au n° 105.

Il y a exception dans le cas où nous pouvons avoir entre les exposants z, une relation de la forme

$$(4) \qquad \gamma \sqrt{-1} + \Sigma z\beta - z_i = 0$$

les coefficients β étant entiers, positifs ou nuls, le coefficient γ entier positif ou négatif. (Cf. t. I, p. 338, ligne 5; en écrivant cette relation, j'ai supposé que l'unité de temps était choisie de telle sorte que la période de la solution (z) soit égale à 2π.]

S'il y a une relation de la forme (4), les ξ ne seront plus développables suivant les puissances des quantités (3), mais suivant les puissances de ces quantités (3) et de t.

C'est précisément ce qui arrive si les équations (1) ont la forme canonique des équations de la Dynamique. Dans ce cas, en effet, deux des exposants sont nuls et les autres sont deux à deux égaux et de signe contraire.

Dans le cas des équations de la Dynamique [ou plus généralement quand il y a une relation de la forme (4)], nous avons pu encore obtenir un résultat; il suffit de donner aux constantes d'intégration A des valeurs particulières de façon à annuler celles de ces constantes qui correspondent à un exposant nul, et l'une des deux qui correspondent à chaque couple d'exposants égaux et de signe contraire. [Plus généralement on annulerait la constante A correspondant à l'un des exposants qui figurent dans la relation de la forme (4); de telle façon qu'entre les exposants correspondant aux constantes A qui ne sont pas nulles, il n'y ait plus de relation de cette forme.]

Par exemple si

$$z_1 = z_2 = 0, \quad z_3 = -z_4, \quad z_5 = -z_6, \quad \ldots, \quad z_{n-1} = -z_n \quad (n\,\text{pair})$$

on fera

$$A_1 = A_2 = 0, \quad A_3 = 0, \quad A_5 = 0, \quad \ldots, \quad A_{n-1} = 0.$$

Les ξ seront alors encore développables suivant les puissances de celles des quantités (3) qui ne sont pas nulles; seulement on n'aura plus ainsi la solution générale des équations (1), mais une solution particulière dépendant d'un nombre de constantes arbitraires inférieur à n (à savoir $\dfrac{n-1}{2}$ dans le cas général des équations de la Dynamique).

C'est ainsi que nous sommes arrivés aux solutions asymptotiques : nous y sommes parvenu en annulant un certain nombre de constantes A, non seulement celles que nous avons égalées à zéro pour la raison que je viens de dire, mais celles que nous avons dû annuler pour satisfaire aux conditions de convergence du n° **105**.

Je ne m'occupe pas pour le moment du développement des ξ suivant les puissances de μ ou de $\sqrt{\mu}$.

Au Chapitre XIX j'ai étudié la méthode de M. Bohlin, qui n'est au fond qu'une application de la méthode de Jacobi, puisque le problème est ramené à la recherche d'une fonction S satisfaisant à une équation aux dérivées partielles. Seulement cette fonction S est mise sous une forme qui est particulièrement appropriée au cas où il y a approximativement entre les moyens mouvements une relation linéaire à coefficients entiers. Les cas qui doivent nous intéresser le plus sont ceux qui sont voisins de celui que j'ai appelé le *cas limite* (n° **207**). Nous avons vu dans ce numéro que la fonction S est développable suivant les puissances de $\sqrt{\mu}$, sous la forme

$$S = S_0 + \sqrt{\mu}\,S_1 + \mu S_2 + \ldots$$

et que

$$\frac{dS_p}{dy_h}$$

est périodique de période 2π par rapport à

$$y_1, \quad y_2, \quad \ldots, \quad y_n$$

(en reprenant les notations du numéro cité).

Mais les résultats peuvent être simplifiés par le changement de variables exposé aux n°s **209** et **210**.

Au n° **206** j'ai défini $n+1$ fonctions

$$\eta, \quad \zeta, \quad \xi$$

périodiques par rapport aux variables

$$y_1, \quad y_2, \quad \ldots, \quad y_n$$

et que j'ai regardées comme des généralisations des solutions périodiques.

Nous avons posé ensuite au n° **210**

$$x_1 = x'_1 + \eta, \qquad y'_1 = y_1 - \zeta, \qquad y'_i = y_i \qquad (i>1)$$

$$x_i = x'_i - \xi_i + y'_1 \frac{d\eta}{dy'_i} - x'_1 \frac{d\zeta}{dy'_i}.$$

Avec les nouvelles variables x'_i, y'_i les équations conservent la forme canonique; seulement les nouvelles équations admettront les relations invariantes suivantes

$$x'_1 = x'_2 = y'_1 = 0,$$

qui pourront par rapport aux nouvelles équations canoniques être regardées comme des généralisations des solutions périodiques au même titre que

$$x_1 = z_1, \qquad y_1 = \zeta_1, \qquad x_1 = \xi_1,$$

pour les anciennes.

Nous pouvons donc, *sans restreindre la généralité*, supposer que nos équations canoniques admettent comme relations invariantes

$$x_1 = x_2 = y_1 = 0.$$

S'il en est ainsi, nous avons vu au n° **210** que $y_1 = 0$ est un zéro simple pour les dérivées $\dfrac{dS_2}{dy_1}$ et un zéro double pour les dérivées $\dfrac{dS_i}{dy_1}$ $(i > 1)$.

Ainsi S, ou plutôt $S - S_0$, peut se développer suivant les puissances de y_1 et le développement commencera par un terme du deuxième degré; nous aurons

$$(5) \qquad\qquad S = S_0 + \Sigma_2 y_1^2 + \Sigma_3 y_1^3 + \Sigma_4 y_1^4 + \dots$$

les Σ étant des séries dépendant de $y_2, y_3, \dots, y_n$ et développées suivant les puissances de $\sqrt{\mu}$; on voit en outre que les Σ sont des fonctions périodiques de $y_2, y_3, \dots, y_n$.

Cela malheureusement ne nous suffit pas pour notre objet.

La fonction S définie par l'équation (5) ne dépend, en effet, que de $n - 1$ constantes arbitraires

$$x_1^0, \quad x_2^0, \quad \dots, \quad x_n^0,$$

tandis qu'il en faudrait n pour la solution complète du problème.

Pour une étude plus approfondie, nous aurons recours au changement de variables du n° **206**. Si nous adoptons les notations de ce numéro, c'est-à-dire si nous posons

$$z_1 = \frac{1}{2}\int \frac{dy_1}{\sqrt{x_1 - \frac{1}{2}}}, \qquad z_2 = y_1 - \frac{y_1}{X}\frac{dB}{dx_1}, \qquad \dots$$

si nous définissons comme dans le numéro cité les variables x'_0

u_1, v_1, les fonctions T et V; les dérivées de V par rapport à v_1 et aux z_i seront des fonctions périodiques des z_i (*Cf.* t. II, p. 361).

Examinons plus particulièrement les équations qui sont au début de la page 363 (t. II) et qui s'écrivent

$$y_1 = \theta(v_1, y_2, y_3, \ldots, y_n),$$
$$x_k = \zeta_k(v_1, y_1, y_2, \ldots, y_n)$$

puis, regardant y_2, y_3, $\ldots$, y_n comme des constantes, envisageons, toujours comme dans le numéro cité, les équations

$$y_1 = \theta(v_1), \qquad x_1 = \zeta_1(v_1).$$

Quand nous ferons varier v_1, le point (x_1, y_1) décrira une courbe que je veux étudier. Supposons que, ne faisant pas varier les constantes x'_2, x'_3, $\ldots$, x'_n, nous fassions au contraire varier x'_1, nous obtiendrons une infinité de courbes correspondant aux diverses valeurs de x'_1.

Nous avons supposé plus haut qu'on avait les relations invariantes

$$x_1 = x_i = y_i = 0$$

qui sont comme une généralisation des solutions périodiques.

A ces relations correspondra le point

$$x_1 = y_1 = 0,$$

c'est-à-dire l'origine des coordonnées. C'est dans le voisinage de ce point que je voudrais étudier nos courbes.

Donnons à x'_1 la valeur qui correspond à la fonction S particulière définie par l'équation (5), nous aurons

$$x_1 = 2\Sigma_2 y_1 + 3\Sigma_3 y_1^2 + \ldots.$$

La courbe correspondante passe donc par l'origine; on obtiendrait une seconde courbe passant par l'origine en changeant $\sqrt{\mu}$ en $-\sqrt{\mu}$.

Nous avons donc deux courbes se croisant à l'origine; les centres courbes pourront passer près de l'origine, mais sans l'atteindre et sans se couper mutuellement; de telle façon que l'ensemble de nos courbes rappellera, par sa forme générale dans le voisinage immédiat de l'origine, la figure formée par une série d'hyperboles ayant mêmes asymptotes et par leurs asymptotes.

274. Pour mieux étudier ces courbes et les fonctions S correspondantes restreignons-nous d'abord au cas où il n'y a que deux degrés de liberté.

Supposons qu'on ait fait le changement de variables du n° 208 de telle façon que

$$x_1 = x_2 = y_1 = o$$

soit une solution périodique, cela revient à dire que pour

$$x_1 = x_2 = y_1 = o$$

on a

$$\frac{dF}{dy_1} = \frac{dF}{dy_2} = \frac{dF}{dx_1} = o.$$

Développons F suivant les puissances croissantes de x_1, x_2 et y_1. Le terme de degré o ne dépendrait que de y_2 et comme on devrait avoir

$$\frac{dF}{dy_2} = o$$

il se réduirait à une constante. Comme F n'est définie qu'à une constante près, nous pouvons supposer que ce terme de degré zéro est nul.

Cherchons les termes du premier degré; comme

$$\frac{dF}{dx_1} = \frac{dF}{dy_1} = o$$

il n'y aura d'autres termes du premier degré qu'un terme en x_2.

Posons maintenant

$$x_1 = \varepsilon x_1', \qquad y_1 = \varepsilon y_1', \qquad x_2 = \varepsilon^2 x_2', \qquad y_2 = y_2'.$$

On voit que F est divisible par ε^2 et que, si l'on pose

$$F = \varepsilon^2 F,$$

les équations conservent la forme canonique et deviennent

(1) $$\frac{dx_i'}{dt} = \frac{dF'}{dy_i'}, \qquad \frac{dy_i'}{dt} = -\frac{dF}{dx_i'}.$$

D'ailleurs F' sera développable suivant les puissances de ε sous la forme

$$F' = F'_0 + \varepsilon F'_1 + \varepsilon^2 F'_2 + \ldots;$$

F' sera développable d'autre part suivant les puissances de x'_1, x'_2, y'_1 les coefficients étant des fonctions périodiques de y'_2. On aura enfin

$$F'_0 = H x'_2 + A x'^2_1 + 2 B x'_1 y'_1 + C y'^2_1$$

H, A, B et C étant des fonctions périodiques de y'_2.

Nous allons appliquer à nos équations une méthode analogue à celle de Bohlin, où le paramètre ε jouera le même rôle que jouait dans le Chapitre XIX le paramètre μ.

Supprimons nos accents devenus inutiles et écrivons x_i, y_i, F, F_i au lieu de x'_i, y'_i, F', F'_i.

Je dis d'abord que je puis toujours supposer

$$H = 1.$$

Si en effet il n'en était pas ainsi je prendrais pour variables nouvelles

$$x^*_2 = H x_2, \qquad y^*_2 = \int \frac{dy_2}{H}.$$

La forme canonique des équations n'en serait pas altérée puisque

$$x^*_2 dy^*_2 - x_2 dy_2 = 0$$

est une différentielle exacte.

De plus y^*_2 s'augmente d'une constante quand y_2 augmente de 2π; je puis toujours choisir l'unité de temps de telle façon que cette constante soit égale à 2π. Alors toute fonction périodique de période 2π de y_2 sera une fonction période 2π de y^*_2. La forme de la fonction F ne sera donc pas changée; seulement le premier terme $H x_2$ se réduira à x^*_2.

Supposons donc $H = 1$.

Je dis maintenant qu'on peut supposer

$$A = C = 0, \qquad B = \text{const.}$$

Formons en effet nos équations canoniques (1) en supposant $\varepsilon = 0$, il viendra

$$\frac{dy_2}{dt} = -1, \quad \frac{dx_1}{dt} = -\frac{dx_1}{dy_2} = 2(Bx_1 - Cy_1)$$

$$\frac{dy_1}{dt} = -\frac{dy_1}{dy_2} = -2(Ax_1 + By_1)$$

et une équation en $\dfrac{dx_2}{dt}$ que je puis remplacer par l'équation des forces vives

$$x_2 + Ax_1^2 + 2Bx_1y_1 - Cy_1^2 = \text{const.}$$

Les équations

$$\frac{dx_1}{dy_2} = -2(Bx_1 + Cy_1), \qquad \frac{dy_1}{dy_2} = 2(Ax_1 + By_1)$$

sont des équations linéaires à coefficients périodiques. En vertu du n° **29** elles auront pour solution générale

$$x_1 = \alpha\varphi + \alpha_1\psi, \qquad y_1 = \alpha\varphi_1 + \alpha_1\psi_1,$$
$$\alpha = xe^{\lambda x}, \qquad \alpha_1 = \beta e^{\lambda x},$$

où φ, ψ, φ_1, ψ_1 sont des fonctions périodiques de y_2; α et β des constantes d'intégration; a et b des constantes.

Il est aisé de voir que $b = -a$ et que $\varphi\psi_1 - \psi\varphi_1$ est une constante que je puis supposer égale à 1.

Cela posé, faisons un nouveau changement de variables en faisant

$$x_1 = x_1'\varphi + y_1'\psi, \qquad y_1 = x_1'\varphi_1 + y_1'\psi_1,$$
$$x_2 = x_2' - Hx_1'^2 + 2Kx_1'y_1' - Ly_1'^2, \qquad y_2 = y_2'$$

H, K, L étant des fonctions de y_2 choisies de manière que la forme canonique des équations ne soit pas altérée. Il suffit pour cela que

$$x_1\,dy_1 - x_1'\,dy_1' + x_2\,dy_2 - x_2'\,dy_2'$$

soit une différentielle exacte.

Or on voit que $x_1\,dy_1 - x_1'\,dy_1'$ est égal à une différentielle exacte augmentée de

$$-\frac{dy_2}{2}\left[x_1'^2(\varphi_1\varphi' - \varphi\varphi_1') + y_1'^2(\psi_1\psi' - \psi\psi_1') + 2x_1'y_1'(\varphi_1\psi' - \psi\varphi_1')\right];$$

φ', φ_1', ... désignent les dérivées de φ, φ_1, ... par rapport à y_2.

Il suffit donc, pour que la forme canonique des équations ne soit pas altérée, de prendre

$$2H = \varphi_1\psi' - \varphi\psi_1'; \quad 2K = \varphi_1\phi' - \phi\varphi_1'; \quad 2L = \psi_1\psi' - \psi\psi_1'$$

On voit que H, K, L sont des fonctions périodiques de y_2, d'où il suit que la forme de la fonction F ne sera pas non plus altérée.

Mais, si nous supposons $\varepsilon = 0$, nos équations doivent admettre comme solution
$$x_1' = 2e^{-at}; \quad y_1' = \beta e^{-at},$$
d'où
$$B = -\frac{a}{2}, \quad A = C = 0.$$

Nous pouvons donc, sans restreindre la généralité, supposer
$$H = 1, \quad A = C = 0, \quad B = \text{const.},$$
d'où (puisque nous avons supprimé les accents)
$$F_0 = x_2 + 2B x_1 y_1$$

C'est ce que nous ferons désormais.

Faisons encore un changement de variables en posant
$$x_1 y_1 = u, \quad \log\frac{y_1}{x_1} = 2v.$$

Comme
$$x_1\, dy_1 - u\, dv = \frac{d(x_1 y_1)}{2}$$

est une différentielle exacte, la forme canonique ne sera pas altérée.

Il vient d'ailleurs
$$x_1 = e^v\sqrt{u}, \quad y_1 = e^{-v}\sqrt{u}.$$

La fonction F est alors développable suivant les puissances de
$$\varepsilon, \ x_2, \ \sqrt{u}, \ e^v, \ e^{-v}, \ e^{iy_2}, \ e^{-iy_2}.$$

On a d'ailleurs
$$F_0 = x_2 + 2Bu.$$

Mettons donc F sous la forme
$$F(x_2, u; y_2, v)$$

et définissons une fonction S par l'équation de Jacobi

$$F\left(\frac{dS}{dy_2}, \frac{dS}{dx}; x_2, \varepsilon\right) = C,$$

C étant une constante. Développons S et C suivant les puissances de ε

$$S = S_0 + \varepsilon S_1 + \varepsilon^2 S_2 + \ldots,$$
$$C = C_0 + \varepsilon C_1 + \varepsilon^2 C_2 + \ldots$$

Nous aurons pour déterminer S_0, S_1, S_2, ..., par récurrence, les équations suivantes

$$(2) \quad \left\{ \begin{aligned}
\frac{dS_0}{dy_2} + \varepsilon B \frac{dS_0}{dx} &= C_0, \\
\frac{dS_1}{dy_2} + \varepsilon B \frac{dS_1}{dx} &= \Phi + C_1, \\
\frac{dS_2}{dy_2} + \varepsilon B \frac{dS_2}{dx} &= \Phi + C_2.
\end{aligned} \right.$$

Je désigne, comme je l'ai déjà fait bien des fois, toute fonction connue par Φ ; dans la seconde équation (2) je regarde S_0 comme connue ; dans la troisième je regarde S_0 et S_1 comme connues et ainsi de suite.

Nous prendrons

$$S_0 = \alpha_0 y_2 + \beta_0 x$$

avec la condition

$$\alpha_0 + \varepsilon B \beta_0 = C_0.$$

Comme C_0 est arbitraire, les deux constantes α_0 et β_0 peuvent être choisies arbitrairement. Il importe toutefois de ne pas prendre $\beta_0 = 0$. Voici pourquoi.

Supposons qu'on ait démontré que

$$\frac{dS_0}{dx} + \varepsilon \frac{dS_1}{dx} + \ldots + \varepsilon^p \frac{dS_p}{dx}$$

est développable suivant les puissances de

$$\lambda, e^{\lambda x}, e^{2\lambda x},$$

nous pourrons (si β_0 n'est pas nul) en conclure qu'il en est de même de

$$\sqrt{\frac{dS_0}{dy_2} + \varepsilon \frac{dS_1}{dx} + \ldots + \varepsilon^p \frac{dS_p}{dx}}$$

puisque la quantité sous le radical se réduit à β_0 pour $\varepsilon = 0$. Nous ne pourrions plus tirer cette conclusion si β_0 était nul : or il importe de pouvoir la tirer, à cause de la présence du radical $\sqrt{\mu}$ dans F.

Considérons maintenant la seconde équation (2). La fonction Φ qui y entre dépend de v et de y_2 et est de la forme suivante

$$\Phi = \Sigma A_{m,n} e^{mv + iny_2} + A_{00}.$$

Les coefficients A sont des constantes pouvant dépendre de α_0 et β_0. Les indices m et n peuvent prendre toutes les valeurs entières, positives, négatives ou nulles. J'ai mis en évidence, en le faisant sortir du signe Σ, le terme où ces deux indices sont nuls.

La seconde équation (2) nous donne alors

$$S_1 = \alpha_1 y_2 + \beta_1 v + \sum \frac{A_{mn} e^{mv+iny_2}}{in + 2Bm}$$

avec la condition

$$\alpha_1 + 2B\beta_1 = A_{00} + C_1.$$

Sauf cette condition, les constantes α_1, β_1 et C_1 sont arbitraires; je supposerai donc

$$\alpha_1 = \beta_1 = 0.$$

Je déterminerai S_2 par la troisième équation (2); cette équation étant tout à fait de même forme que la seconde, se traitera de la même manière, et ainsi de suite.

En résumé, les dérivées $\frac{dS}{dy_2}$ et $\frac{dS}{dv}$ sont développables suivant les puissances de

$$\varepsilon, \quad e^{\pm v}, \quad e^{\pm iy_2}.$$

Si l'on compare cette analyse avec celle du n° 125, on voit qu'il y a entre elles une analogie parfaite. Seulement, au lieu de n'avoir que des exponentielles imaginaires

$$e^{\pm iy_1}, \quad e^{\pm iy_2}, \quad \ldots, \quad e^{\pm iy_n},$$

nous avons ici des exponentielles réelles

$$e^{\pm v}.$$

275. Une fois la fonction S déterminée, nous pouvons, par l'application de la méthode de Jacobi, arriver à des séries analogues à celles du n° 127.

La fonction S dépend de v, de y_2 et des deux constantes α_0 et β_0. La constante des forces vives

$$C = C_0 + \varepsilon C_1 + \ldots$$

est fonction de α_0 et de β_0.

On a alors, comme solution de nos équations différentielles canoniques, les équations suivantes

$$x_2 = \frac{dS}{dy_2}; \quad u = \frac{dS}{dv}; \quad n_1 t + \varpi_1 = \frac{dS}{d\alpha_0}; \quad n_2 t + \varpi_2 = \frac{dS}{d\beta_0};$$

$$n_1 = -\frac{dC}{d\alpha_0}; \quad n_2 = -\frac{dC}{d\beta_0},$$

où ϖ_1 et ϖ_2 sont deux nouvelles constantes d'intégration.

Je vois d'abord que n_1 et n_2, qui dépendent d'ailleurs de α_0 et β_0, sont développables suivant les puissances de ε.

D'autre part, S est développable suivant les puissances de ε, et, si je fais $\varepsilon = 0$, j'ai comme première approximation

$$x_2 = \frac{dS_0}{dy_2} = \alpha_0; \quad u = \frac{dS_0}{dv} = \beta_0;$$

$$n_1 t + \varpi_1 = \frac{dS_0}{d\alpha_0} = y_2; \quad n_2 t + \varpi_2 = \frac{dS_0}{d\beta_0} = v.$$

On a quatre équations d'où l'on peut tirer x_2, u, y_2 et v développés suivant les puissances de ε et dépendant d'ailleurs de α_0, β_0, $n_1 t + \varpi_1$, $n_2 t + \varpi_2$.

Par un raisonnement tout pareil à celui du n° 127, on verrait que

$$x_2, \quad u, \quad y_2 - (n_1 t + \varpi_1), \quad v - (n_2 t + \varpi_2)$$

sont développables suivant les puissances de

$$\varepsilon, \quad e^{\pm i(n_1 t + \varpi_1)}, \quad e^{\pm(n_2 t + \varpi_2)}.$$

Il en sera de même d'ailleurs de $\sqrt{u}$, x_1 et y_1.

Je pourrais même ajouter que toutes ces quantités sont développables suivant les puissances de

$$\varepsilon, \quad \alpha_0, \quad e^{\pm i(n_1 t + \varpi_1)}, \quad \sqrt{\beta_0}\, e^{(n_2 t + \varpi_2)}, \quad \sqrt{\beta_0}\, e^{-(n_2 t + \varpi_2)},$$

et, en effet, $S - S_0$ est développable suivant les puissances de

$$\varepsilon, \quad \alpha_0, \quad e^{\pm i y_2}, \quad \sqrt{\beta_0}\, e^{v}, \quad \sqrt{\beta_0}\, e^{-v}.$$

Si nous posons un instant

$$y_2 - (n_1 t + \varpi_1) = z_2, \qquad v - (n_2 t + \varpi_2) = z_4,$$

les deux équations

$$n_1 t + \varpi_1 = \frac{dS}{dx_4}, \qquad n_2 t + \varpi_2 = \frac{dS}{dx_5},$$

prendront la forme

$$(3) \qquad\qquad z_2 = \varepsilon \psi_1, \qquad z_4 = \varepsilon \psi_2,$$

ψ_1 et ψ_2 étant développables selon les puissances de

$$x_1, \quad x_3, \quad e^{\pm(n_1 t + \varpi_1)}, \quad \sqrt{\beta_0}\, e^{n_2 t + \varpi_2}, \quad \sqrt{\beta_0}\, e^{-n_2 t + \varpi_2}, \quad z_2, \quad z_4$$

[et, en effet, on a par exemple

$$\sqrt{\beta_0}\, e^{v} = \sqrt{\beta_0}\, e^{n_2 t + \varpi_2}\left(1 + \frac{z_4}{1} + \frac{z_4^2}{1.2} + \frac{z_4^3}{1.2.3} + \ldots\right),$$

et des formules analogues pour $e^{\pm v_1}$, et $\sqrt{\beta_0}\, e^{-v}$].

Il suffit alors, pour démontrer la proposition énoncée, d'appliquer aux équations (3) le théorème du n° 30.

Comparons maintenant le résultat obtenu avec celui du Chapitre VII que j'ai rappelé au début du présent Chapitre.

Nous avons vu dans ce Chapitre VII que, dans le voisinage de la solution périodique

$$x_1 = y_1 = x_2 = 0,$$

les variables x_1, y_1, x_2, y_2 sont développables suivant les puissances de

$$e^{n_1 t + \varpi_1}, \qquad A\, e^{n_1' t}, \qquad A'\, e^{-n_1' t}, \qquad \text{et} \qquad t;$$

A, A' sont des constantes d'intégration; n_1' et n_2' sont des constantes absolues, dépendant seulement de la période de la solution périodique et de ses exposants caractéristiques.

Nous venons de voir que ces mêmes variables doivent être développables suivant les puissances de

$$e^{n_1 t + \varpi_1}, \qquad \sqrt{\beta_0}\, e^{n_2 t + \varpi_2}, \qquad \sqrt{\beta_0}\, e^{-n_2 t + \varpi_2}.$$

Les deux résultats sont évidemment d'accord; en effet, nous pouvons d'abord poser

$$A = \sqrt{\beta_0}\, e^{\varpi_2}, \qquad A' = \sqrt{\beta_0}\, e^{-\varpi_2}.$$

D'autre part, n_1 et n_2 sont des constantes, mais qui sont développables suivant les puissances de ε, α_0 et β_0, et qui se réduisent à n'_1 et n'_2 pour $\varepsilon = \alpha_0 = \beta_0 = 0$.

Nous pouvons alors écrire, par exemple,

$$e^{n_1 t} = e^{n'_1 t} . e^{(n_1 - n'_1) t},$$

et développer ensuite le second facteur suivant les puissances de ε, α_0, β_0; ce second facteur se trouvera alors, en outre, développé suivant les puissances de t.

C'est pour cela que, dans le Chapitre VII, nous avions vu le temps t et ses puissances sortir des signes exponentiels et trigonométriques, ce qui pouvait, dans certains cas, produire une difficulté; l'analyse précédente montre que cette difficulté était purement artificielle.

Si je veux maintenant comparer notre résultat avec ceux du Chapitre XIX, j'envisagerai les courbes

$$y_1 = \varphi(x_1), \qquad x_1 = \varphi_1(y_1)$$

dont j'ai rappelé la définition à la fin du n° 273. Pour obtenir les équations de ces courbes, je n'ai qu'à prendre les expressions de x_1 et y_1 et à y donner à α_0, β_0, $n_1 t + \varpi_1$ une valeur constante. Alors y_1 et x_1 sont développables suivant les puissances de

$$e^{n_2 t + \varpi_2}.$$

En faisant varier $n_2 t + \varpi_2$, on voit bien que les courbes ont la forme que j'ai décrite à la fin du n° 273.

Je rappellerai, en terminant, que tous ces résultats ne sont vrais qu'au point de vue formel; les séries ne sont convergentes que dans le cas des solutions asymptotiques dont on obtient les équations en faisant

$$\beta_0 = 0, \qquad \varpi_2 = -\infty,$$

je veux dire en faisant

$$\sqrt{\beta_0}\, e^{\varpi_2} = A, \qquad \sqrt{\beta_0}\, e^{-\varpi_2} = 0,$$

ou bien encore en faisant

$$\beta_0 = 0, \qquad \varpi_2 = -\infty;$$

je veux dire en faisant

$$\sqrt{\beta_0}\,e^{\varpi_2} = A, \qquad \sqrt{\beta_0}\,e^{-\varpi_2} = A',$$

A et A' désignant des constantes finies.

276. Passons au cas où il y a plus de deux degrés de liberté. Les résultats précédents peuvent se généraliser de deux manières différentes.

Il nous suffira, pour l'expliquer, de supposer trois degrés de liberté. Il peut arriver qu'on veuille étudier nos équations dans le voisinage d'un système de relations invariantes

$$x_1 = x_2 = x_3 = y_1 = 0,$$

jouant le rôle d'une généralisation des solutions périodiques au sens du n° 209.

Il peut arriver aussi qu'on veuille les étudier dans le voisinage d'une véritable solution périodique

$$x_1 = x_2 = x_3 = y_1 = y_2 = 0.$$

Dans le premier cas, il y a quatre relations invariantes et une relation linéaire entre les moyens mouvements, relation que nous avons, en employant au besoin le changement de variables du n° 202 mise sous la forme

$$n_1 = 0.$$

Dans le second cas, il y a cinq relations invariantes, et deux relations linéaires entre les moyens mouvements, que nous avons mises sous la forme

$$n_1 = 0, \qquad n_2 = 0.$$

Nous commencerons par le premier cas et nous poserons

$$F = \varepsilon^2 F'; \qquad x_1 = \varepsilon x'_1, \qquad y_1 = \varepsilon y'_1, \qquad x_2 = \varepsilon^2 x'_2, \qquad x_3 = \varepsilon^2 x'_3;$$

les équations restent canoniques et F' devient développable suivant les puissances de ε, sous la forme

$$F' = F'_0 + \varepsilon F'_1 + \ldots\ldots$$

On a d'ailleurs

$$F'_0 = h_2 x'_2 + h_3 x'_3 + A x_1'^2 + 2B x'_1 y'_1 + C y_1'^2,$$

ou, en supprimant les accents devenus inutiles.

$$F_4 = h_2 x_2 + h_3 x_3 + A x_1^2 + 2 B x_1 y_1 + C y_1^2.$$

Les fonctions h_2, h_3, A, B, C ne dépendent que de y_2 et de y_3 et sont périodiques de période 2π par rapport à ces deux variables.

Je vais recommencer les changements de variables du n° 274; tout ce que j'en ai dit reste vrai, *mais seulement au point de vue formel.*

Pour que je puisse appliquer les principes du calcul formel, il faut qu'il y ait un paramètre par rapport aux puissances duquel s'effectuent les développements. Ici ce sera le paramètre μ.

En effet, F et par conséquent h_2, h_3, A, B, C sont développables suivant les puissances entières de μ. J'ajoute que, pour $\mu = 0$, B et C se réduisent à 0 et que h_2, h_3, A se réduisent à des constantes que j'appelle h_2^0, h_3^0 et A_0.

Cherchons à intégrer les équations suivantes

$$(1) \qquad \frac{dy_2}{dt} = -h_2, \qquad \frac{dy_3}{dt} = -h_3.$$

Je cherche à faire l'intégration de telle manière que

$$y_2 - y_2', \quad y_3 - y_3'$$

soient des fonctions périodiques de période 2π de deux variables nouvelles y_2' et y_3' qui devront elles-mêmes être de la forme

$$y_2' = n_2 t + \varpi_2, \qquad y_3' = n_3 t + \varpi_3;$$

n_2 et n_3 sont des constantes développables suivant les puissances de μ; ϖ_2 et ϖ_3 sont des constantes d'intégration.

Les équations (1) prennent alors la forme

$$(2) \qquad n_2 \frac{dy_2}{dy_2'} + n_3 \frac{dy_2}{dy_3'} = -h_2, \qquad n_2 \frac{dy_3}{dy_2'} + n_3 \frac{dy_3}{dy_3'} = -h_3.$$

Nous poserons

$$h_i = h_i^0 + \mu h_i^{(1)} + \mu^2 h_i^{(2)} + \dots,$$
$$y_i = y_i^0 + \mu y_i^{(1)} + \mu^2 y_i^{(2)} + \dots,$$
$$n_i = n_i^0 + \mu n_i^{(1)} + \mu^2 n_i^{(2)} + \dots$$

et nous supposerons que les $n_i^{(k)}$ sont des constantes; que les h_i^0

sont des fonctions périodiques de y_2 et de y_3 (les h_i^0 se réduisant à des constantes comme nous l'avons vu) et enfin que les $y_i^{(k)}$ sont des fonctions périodiques de y_2' et y_3', sauf les y_1^0 qui se réduiront à y_1'.

Nous égalerons, dans les équations (2), les équations des puissances semblables de μ et nous aurons une suite d'équations qui nous permettront de déterminer par récurrence les $y_i^{(k)}$ et les $n_i^{(k)}$.

Ces équations s'écrivent

$$(3)\quad\begin{cases} n_2^0\,\dfrac{dy_1^0}{dy_2} + n_3^0\,\dfrac{dy_1^0}{dy_3} = -h_1^0,\\[2mm] n_2^0\,\dfrac{dy_1^{(1)}}{dy_2} + n_3^0\,\dfrac{dy_1^{(1)}}{dy_3} + n_2^1\,\dfrac{dy_1^0}{dy_2} + n_3^1\,\dfrac{dy_1^0}{dy_3} = \Phi,\\[2mm] n_2^0\,\dfrac{dy_1^{(2)}}{dy_2} + n_3^0\,\dfrac{dy_1^{(2)}}{dy_3} + n_2^1\,\dfrac{dy_1^{(1)}}{dy_2} + n_3^{(1)}\,\dfrac{dy_1^{(1)}}{dy_3} = \Phi,\\[2mm] \dots\dots\dots\dots\dots\dots\dots \end{cases}$$

Je désigne par Φ toute fonction connue; dans la deuxième équation, je regarde comme connus les $y_i^{(0)}$ et les $n_i^{(0)}$; dans la troisième, les y_i^0, les $y_i^{(1)}$, les n_i^0 et les $n_i^{(1)}$ et ainsi de suite.

On a d'abord

$$y_2^0 = y_2, \qquad y_3^0 = y_3, \qquad n_2^0 = -h_2^0, \qquad n_3^0 = -h_3^0,$$

de sorte que les équations (3) se réduisent à

$$(3\ bis)\quad\begin{cases} n_2^0\,\dfrac{dy_1^{(1)}}{dy_2} + n_3^0\,\dfrac{dy_1^{(1)}}{dy_3} + n_2^{(1)} = \Phi,\\[2mm] n_2^0\,\dfrac{dy_1^{(2)}}{dy_2} + n_3^0\,\dfrac{dy_1^{(2)}}{dy_3} + n_2^{(2)} = \Phi, \end{cases}$$

auxquelles il faut adjoindre les équations

$$(3\ ter)\quad\begin{cases} n_2^0\,\dfrac{dy_3^{(1)}}{dy_2} + n_3^0\,\dfrac{dy_3^{(1)}}{dy_3} + n_3^{(1)} = \Phi, \end{cases}$$

déduites de la seconde équation (2), comme les équations (3 *bis*) le sont de la première équation (2).

Toutes ces équations s'intégreront de la même manière; soit par exemple la première équation (3 *bis*). La fonction Φ qui y entre (comme d'ailleurs toutes les autres fonctions Φ) est périodique en y_2' et y_3'. Nous égalerons $n_2^{(1)}$ à la valeur moyenne de cette fonction et il nous sera facile ensuite, par le procédé que nous avons déjà appliqué tant de fois, de satisfaire à notre équation par une fonction y''_2 périodique en y'_2 et y'_3.

Ayant ainsi déterminé y_2 et y_3 en fonctions de y'_2 et y'_3, je pose

$$x'_2 = x_2 \frac{dy_2}{dy'_2} + x_3 \frac{dy_3}{dy'_2},$$
$$x'_3 = x_2 \frac{dy_2}{dy'_3} + x_3 \frac{dy_3}{dy'_3}.$$

Il est clair que

$$x'_2 dy'_2 + x'_3 dy'_3 - x_2 dy_2 - x_3 dy_3,$$

qui est nul, est une différentielle exacte et, par conséquent, que la forme canonique des équations n'est pas altérée quand on prend pour variables nouvelles x'_2, x'_3, y'_2, y'_3 au lieu de x_2, x_3, y_2, y_3.

La forme de la fonction F n'est pas non plus altérée, mais on voit qu'on a identiquement

$$-n_2 x'_2 - n_3 x'_3 = h_2 x_2 + h_3 x_3,$$

ce qui montre que les coefficients de x'_2 et de x'_3 se réduisent à des constantes.

Je puis donc toujours supposer que h_2 et h_3 sont des constantes.

C'est ce que je ferai désormais.

Soit maintenant à intégrer les équations

$$\frac{dx_1}{dt} = 2(Bx_1 + Cy_1), \qquad \frac{dy_1}{dt} = -2(Ax_1 + By_1),$$

ou, ce qui revient au même,

$$(4) \quad \begin{cases} h_2 \dfrac{dx_1}{dy_2} + h_3 \dfrac{dx_1}{dy_3} = -2(Bx_1 + Cy_1), \\ h_2 \dfrac{dy_1}{dy_2} + h_3 \dfrac{dy_1}{dy_3} = 2(Ax_1 + By_1). \end{cases}$$

Cherchons à satisfaire à ces équations en posant

$$x_1 = e^{\alpha t} z, \qquad y_1 = e^{\alpha t} s,$$

α étant une constante, z et s des fonctions périodiques de y_2 et y_3.

Les équations deviendront

$$(4\ bis)\quad
\begin{cases}
h_3\,\dfrac{dz}{dy_2} + h_3\,\dfrac{dz}{dy_3} - az = -2(Bz + Cs), \\[2ex]
h_2\,\dfrac{ds}{dy_2} - h_3\,\dfrac{ds}{dy_3} - as = \quad 2(Az + Bs).
\end{cases}$$

Développons A, B, C suivant les puissances de μ sous la forme

$$A = A_0 + \mu A_2 + \dots,$$
$$B = B_0 + \mu B_2 + \dots,$$
$$C = C_0 + \mu C_2 + \dots.$$

Remarquons que A_0 est une constante et que $B_0 = C_0 = 0$. Développons de même h_2 et h_3

$$h_i = h_i^0 + \mu h_i^1 + \dots.$$

Les coefficients de ces développements sont des quantités connues. Développons d'autre part les inconnues z, s et a suivant les puissances croissantes de $\sqrt{\mu}$ sous la forme

$$a = a_1\sqrt{\mu} + a_2\mu + a_3\mu\sqrt{\mu} + \dots,$$
$$z = z_1\sqrt{\mu} + z_2\mu + z_3\mu\sqrt{\mu} + \dots,$$
$$s = s_0 + s_1\sqrt{\mu} + s_2\mu + \dots.$$

Afin de présenter les équations sous une forme plus symétrique, j'écrirai le développement de A sous la forme

$$A = A_0 + A_1\sqrt{\mu} + A_2\mu + A_3\mu\sqrt{\mu} + A_4\mu^2 + \dots.$$

Il faudra seulement se rappeler que A_1, A_3, A_5, ... sont nuls. De même pour les développements de B et de C.

Cela posé, j'égale dans les équations $(4\ bis)$ les coefficients des puissances semblables de μ. J'appellerai $(4\ bis\ p)$ les deux équations obtenues en égalant d'une part les coefficients de $\mu^{\frac{p+1}{2}}$ dans la première équation $(4\ bis)$ et, d'autre part, les coefficients de $\mu^{\frac{p}{2}}$ dans la seconde équation $(4\ bis)$.

Les équations $(4\ bis\ 0)$ et $(4\ bis\ 1)$ détermineront a_1, s_0 et z_1;

Les équations $(4\ bis\ 1)$ et $(4\ bis\ 2)$ détermineront a_2, s_1 et z_2;

Les équations $(4\ bis\ 2)$ et $(4\ bis\ 3)$ détermineront a_3, s_2 et z_3,

et ainsi de suite.

Je veux dire que les équations (4 *bis* p) détermineront s_p et s_{p+1} à une constante près, qu'elles détermineront a_p et compléteront la détermination de s_{p-1} et s_p que les (4 *bis* p − 1) ne nous avaient fait connaître qu'à une constante près.

Si l'on se rappelle que

$$B_0 = B_1 = C_0 = C_1 = 0,$$

on voit que les équations (4 *bis* 0) s'écrivent

$$(4\ bis\ 0)\qquad
\begin{cases}
h_1^0 \dfrac{dz_1}{dy_1} + h_2^0 \dfrac{dz_1}{dy_2} = a_1 \\[2mm]
h_2^0 \dfrac{ds_0}{dy_2} + h_3^0 \dfrac{ds_2}{dy_3} = a_2
\end{cases}$$

les équations (4 *bis* 1) s'écrivent

$$(4\ bis\ 1)\qquad
\begin{cases}
h_1^0 \dfrac{ds_2}{dy_1} + h_2^0 \dfrac{ds_2}{dy_2} - a_1 s_1 = -2C_2 s_0 \\[2mm]
h_2^0 \dfrac{ds_1}{dy_2} + h_3^0 \dfrac{ds_1}{dy_3} - a_1 s_2 = 2A_0 s_1
\end{cases}$$

les équations (4 *bis* 2) s'écrivent

$$(4\ bis\ 2)\qquad
\begin{cases}
h_1^0 \dfrac{ds_3}{dy_1} + h_2^0 \dfrac{ds_3}{dy_2} - a_1 s_1 - a_1 s_2 = -2B_2 s_1 - 2C_2 s_1 - 2C_2 s_0 + \Phi, \\[2mm]
h_2^0 \dfrac{ds_3}{dy_2} + h_3^0 \dfrac{ds_3}{dy_3} - a_2 s_0 - a_1 s_1 = \quad 2A_0 s_2 + 2A_1 s_2 + 2B_2 s_0 + \Phi
\end{cases}$$

[les lettres Φ désignent des fonctions connues périodiques en y_1 et y_2, qui sont nulles dans les équations (4 *bis* 2), mais que j'écris néanmoins parce qu'elles apparaîtraient dans les équations suivantes].

Les équations (4 *bis* 0) nous apprennent que s_1 et s_0 sont des constantes. Passons ensuite aux équations (4 *bis* 1) et égalons les valeurs moyennes des deux membres, il vient

$$- a_1 s_1 = - 2 s_0 [C_2],$$
$$- a_1 s_2 = 2 A_0 s_0,$$

ce qui détermine a_1, s_0 et s_1; on trouve pour a_1 deux valeurs égales et de signe contraire. Les équations (4 *bis* 1) déterminent ensuite, à des constantes près, s_2 et s_1 qui sont des fonctions périodiques de y_2 et y_3. On peut donc regarder comme connus

$$z_1 - [z_2] \quad \text{et} \quad x_1 - [x_1].$$

Venons aux équations $(4\ bis\ 2)$ et égalons les valeurs moyennes des deux membres, on obtiendra deux équations d'où l'on pourra tirer σ_2, $[z_2]$ et $[x_1]$.

Les valeurs moyennes des deux membres étant égales, les équations $(4\ bis\ 2)$ nous donneront z_2 et x_2 à des constantes près sous la forme de fonctions périodiques de y_2 et y_3.

Et ainsi de suite.

Comme nous avons trouvé pour σ_1 deux valeurs, les équations $(4\ bis)$ admettront deux solutions. Soient

$$a = \sigma_1, \qquad z = \varphi, \qquad x = \varphi_1,$$
$$a = -\sigma_1, \qquad z = \psi, \qquad x = \psi_1$$

ces deux solutions. La solution générale des équations (4) sera

$$z_1 = A e^{at}\varphi + B e^{-at}\psi,$$
$$y_1 = A e^{at}\varphi_1 + B e^{-at}\psi_1.$$

On peut toujours supposer

$$\varphi\psi_1 - \varphi_1\psi = 1.$$

On verrait alors, comme au n° 274, que si l'on pose

$$x_1 = x'_1 \varphi + y'_1 \psi, \qquad\qquad\qquad y_1 = x'_1 \varphi_1 + y'_1 \psi_1,$$
$$x_2 = x'_2 + H_2 x'^2_1 + 2 K_2 x'_1 y'_1 + L_2 y'^2_1, \qquad y_2 = y'_2,$$
$$x_3 = x'_3 + H_3 x'^2_1 + 2 K_3 x'_1 y'_1 + L_3 y'^2_1, \qquad y_3 = y'_3,$$

et si H_2, K_2, L_2, H_3, K_3, L_3 sont des fonctions périodiques convenablement choisies de y_2 et y_3, la forme canonique des équations ne sera pas altérée.

La forme de F ne sera pas non plus altérée; mais B se réduirait à une constante, A et C à o.

On peut donc toujours supposer

$$B = \text{const.}, \quad A = C = o.$$

Le reste du calcul s'achèverait comme aux n°s 274 et 275 et l'on arriverait finalement à la conclusion suivante :

Les variables x_i et y_i peuvent se développer suivant les puissances de ε, $\sqrt{\mu}$, de trois constantes α_0, z'_0 et β_0, de $e^{\pm i(n_1 t + \varpi_1)}$, de $e^{\pm i(n_2 t - \varpi_2)}$, de $\sqrt{z'_{20}}\, e^{i(n_3 t + \varpi_3)}$, $\sqrt{\beta_0}\, e^{-i(n_3 t + \varpi_3)}$. Les constantes n_1, n'_1 et n_3 sont elles-mêmes développables suivant les puissances de ε, $\sqrt{\mu}$, z_0, z'_0 et β_0.

277. Passons au second mode de généralisation et supposons qu'on veuille étudier les équations dans le voisinage d'une véritable solution périodique mise sous la forme

$$x_1 = x_2 = x_3 = y_1 = y_2 = 0.$$

Nous poserons

$$F = \varepsilon^2 F', \quad x_1 = \varepsilon x'_1, \quad y_1 = \varepsilon y'_1, \quad x_2 = \varepsilon x'_2, \quad y_2 = \varepsilon y'_2,$$
$$x_3 = \varepsilon^2 x'_3, \quad y_3 = y'_3,$$

d'où

$$F' = F'_0 + \varepsilon F'_1 + \dots,$$

Les équations restent canoniques et l'on a

$$F'_0 = h x'_3 + \Phi(x'_1, y'_1, x'_2, y'_2),$$

Φ étant une forme quadratique homogène en x_1, y_1, x_2, y_2; les coefficients de Φ et h sont des fonctions périodiques de $y_3 = t$.

Nous supprimerons désormais les accents devenus inutiles et nous écrirons simplement

$$F_0 = h x_3 + \Phi(x_1, y_1, x_2, y_2).$$

On démontrerait comme aux n°s 274 et 276 que l'on peut toujours supposer que h se réduit à une constante.

Envisageons maintenant les équations

$$\frac{dy_3}{dt} = -h, \quad \frac{dx_1}{dt} = \frac{d\Phi}{dy_1}, \quad \frac{dy_1}{dt} = -\frac{d\Phi}{dx_1},$$
$$\frac{dx_2}{dt} = \frac{d\Phi}{dy_2}, \quad \frac{dy_2}{dt} = -\frac{d\Phi}{dx_2}.$$

Elles sont linéaires et à coefficients périodiques. Leur solution générale sera donc de la forme

$$x_1 = A_1 e^{at} \varphi_{1,1} + A_2 e^{-at} \varphi_{2,1} + A_3 e^{bt} \varphi_{3,1} + A_4 e^{-bt} \varphi_{4,1},$$
$$y_1 = A_1 e^{at} \varphi_{1,2} + A_2 e^{-at} \varphi_{2,2} + A_3 e^{bt} \varphi_{3,2} + A_4 e^{-bt} \varphi_{4,2},$$
$$x_2 = A_1 e^{at} \varphi_{1,3} + A_2 e^{-at} \varphi_{2,3} + A_3 e^{bt} \varphi_{3,3} + A_4 e^{-bt} \varphi_{4,3},$$
$$y_2 = A_1 e^{at} \varphi_{1,4} + A_2 e^{-at} \varphi_{2,4} + A_3 e^{bt} \varphi_{3,4} + A_4 e^{-bt} \varphi_{4,4}.$$

Les A sont des constantes d'intégration, les φ sont des fonctions périodiques de y_3.

Il est aisé de vérifier que l'expression

$$\varphi_{i,1}\varphi_{k,2}-\varphi_{i,2}\varphi_{k,1}+\varphi_{i,3}\varphi_{k,4}-\varphi_{i,4}\varphi_{k,3}$$

est nulle, sauf dans les deux cas suivants

$$i=1,\quad k=2;\qquad i=3,\quad k=4.$$

Dans ces deux cas, cette expression se réduit à une constante que je puis supposer égale à 1.

Posons maintenant

$$\begin{aligned}
x_1&=x'_1\varphi_{1,1}+y'_1\varphi_{2,1}+x'_2\varphi_{3,1}+y'_2\varphi_{4,1},\\
y_1&=x'_1\varphi_{1,2}+y'_1\varphi_{2,2}+x'_2\varphi_{3,2}+y'_2\varphi_{4,2},\\
x_2&=x'_1\varphi_{1,3}+y'_1\varphi_{2,3}+x'_2\varphi_{3,3}+y'_2\varphi_{4,3},\\
y_2&=x'_1\varphi_{1,4}+y'_1\varphi_{2,4}+x'_2\varphi_{3,4}+y'_2\varphi_{4,4}.
\end{aligned}$$

On voit alors que

$$\begin{aligned}
&x_1dy_1-y_1dx_1+x_2dy_2-y_2dx_2\\
&\quad=x'_1dy'_1-y'_1dx'_1+x'_2dy'_2-y'_2dx'_2+\psi dy_3,
\end{aligned}$$

où ψ est une forme quadratique homogène par rapport à x'_1, y'_1, x'_2, y'_2 dont les coefficients sont des fonctions périodiques de y_3.

Si alors nous posons

$$x_3=x'_3-\frac{\psi}{2},\qquad y_3=y'_3,$$

l'expression

$$x_1dy_1+x_2dy_2+x_3dy_3-x'_1dy'_1-x'_2dy'_2-x'_3dy'_3$$

sera une différentielle exacte et la forme canonique des équations n'est pas altérée.

La forme de la fonction F n'est pas altérée, seulement F_0 se réduit à

$$hx'_3+Ax'_1y'_1+Bx'_2y'_2,$$

où h, A et B sont des constantes.

On poserait ensuite

$$\begin{aligned}
x'_1y'_1&=u_1,\qquad \log\frac{y'_1}{x'_1}=2v_1,\\
x'_2y'_2&=u_2,\qquad \log\frac{y'_2}{x'_2}=2v_2.
\end{aligned}$$

et le calcul s'achèverait comme aux n°s 275 et 276 ; on arriverait à la conclusion suivante :

Les x_i et les y_i sont développables suivant les puissances de ε de trois constantes α_0, β_0 et β'_0, de $e^{\pm(n_1 t+\varpi_1)}$, de

$$\sqrt{\beta_0}\, e^{n_2 t+\varpi_2}, \quad \sqrt{\beta_0}\, e^{-(n_2 t+\varpi_2)},$$
$$\sqrt{\beta'_0}\, e^{n'_2 t+\varpi'_2}, \quad \sqrt{\beta'_0}\, e^{-(n'_2 t+\varpi'_2)}.$$

Les exposants n_1, n_2 et n'_2 sont eux-mêmes développables suivant les puissances de ε, α_0, β_0 et β'_0.

Cette généralisation s'applique immédiatement quand il y a n degrés de liberté ; le premier cas, celui du numéro précédent, correspond à celui où il y a $n+1$ relations invariantes et une seule relation linéaire entre les moyens mouvements. C'est celui qui nous a occupés au Chapitre XIX.

Le second cas, celui du présent numéro, correspond à celui où il y a $2n-1$ relations invariantes définissant une véritable solution périodique et où il y a $n-1$ relations linéaires entre les moyens mouvements. C'est celui des solutions asymptotiques qui nous a occupés au Chapitre VII.

Mais il y a des cas intermédiaires où l'on a $n-q$ relations invariantes, et q relations linéaires entre les moyens mouvements. Alors les x_i et les y_i peuvent se développer suivant les puissances positives ou négatives de q exponentielles réelles et de $n-q$ exponentielles imaginaires.

Relation avec les invariants intégraux.

278. Supposons donc que les équations canoniques

$$(1) \qquad \frac{dx_i}{dt} = \frac{dF}{dy_i}; \qquad \frac{dy_i}{dt} = -\frac{dF}{dx_i} \qquad (i = 1, 2, \ldots, n)$$

admettent une solution périodique de la forme suivante

$$x_i = \varphi_i(t+h), \qquad y_i = \psi_i(t+h),$$

où h est une constante d'intégration ; et soit T la période, de telle façon que φ_i et ψ_i soient développables en séries procédant suivant les sinus et cosinus des multiples de $\frac{2\pi}{T}(t+h)$.

Considérons les solutions voisines de cette solution périodique ; elles pourront, d'après ce qui précède, être mises sous la forme suivante : x_i et y_i seront développés suivant les puissances de $2n - 2$ quantités conjuguées deux à deux et que j'appelle

$$A_1 e^{\alpha_1 t}, \qquad A'_1 e^{-\alpha_1 t}$$
$$A_2 e^{\alpha_2 t}, \qquad A'_2 e^{-\alpha_2 t}$$
$$\dots\dots\dots \qquad \dots\dots\dots$$
$$A_{n-1} e^{\alpha_{n-1} t}, \qquad A'_{n-1} e^{-\alpha_{n-1} t}.$$

Les A et les A' sont des constantes arbitraires d'intégration ; les exposants α peuvent se développer eux-mêmes suivant les puissances de $A_1 A'_1, A_2 A'_2, \dots, A_{n-1} A'_{n-1}$.

De plus les coefficients du développement de x_i et de y_i sont des fonctions périodiques de $t + h$, de période T. Ces coefficients (de même que les exposants α) dépendent en outre de la constante des forces vives C.

Nous savons qu'il existe un invariant intégral

$$(2) \qquad \int \Sigma \, dx_i \, dy_i,$$

d'où il résulte que, si β et γ sont deux constantes d'intégration, on devra avoir

$$\Sigma \left(\frac{dx_i}{d\beta} \frac{dy_i}{d\gamma} - \frac{dx_i}{d\gamma} \frac{dy_i}{d\beta} \right) = \text{const.}$$

On pourra écrire cette équation sous une autre forme ; supposons qu'on donne à β un accroissement $\delta\beta$ et qu'il en résulte pour $x_i, y_i, A_i e^{\alpha_i t}, \dots$ des accroissements

$$\delta x_i, \quad \delta y_i, \quad \delta A_i e^{\alpha_i t}, \quad \dots$$

Supposons d'autre part que l'on donne à γ un accroissement $\delta'\gamma$ et qu'il en résulte pour $x_i, y_i, \dots$ des accroissements

$$\delta' x_i, \quad \delta' y_i, \quad \dots$$

Notre équation s'écrira

$$(3) \qquad \Sigma (\delta x_i \, \delta' y_i - \delta y_i \, \delta' x_i) = \text{const.}$$

Le second nombre est une constante ; je veux dire que c'est une fonction des constantes d'intégration multipliée par $\delta\beta \, \delta'\gamma$.

Or on a évidemment

$$\delta A e^{\alpha t} = e^{\alpha t}(\delta A + t\,\delta\alpha).$$

D'autre part

$$\delta x_i = \frac{dx_i}{dC}\delta C + \frac{dx_i}{dh}\delta h + \sum \frac{dx_i}{d(A_k e^{\alpha_k t})}\delta A_k e^{\alpha_k t} + \sum \frac{dx_i}{d(A'_k e^{-\alpha_k t})}\delta A'_k e^{-\alpha_k t},$$

$$\delta\alpha = \frac{d\alpha}{dC}\delta C + \sum \frac{d\alpha}{d(A_k A'_k)}\delta(A_k A'_k).$$

On voit ainsi que δx_i et δy_i sont de la forme suivante

$$\delta y_i = \eta_i + t\eta_{1,i}, \qquad \delta' y_i = \eta'_i + t\eta'_{1,i},$$
$$\delta x_i = \xi_i + t\xi_{1,i}, \qquad \delta' x_i = \xi'_i + t\xi'_{1,i},$$

où ξ_i, $\xi_{1,i}$, η_i, $\eta_{1,i}$ sont linéaires par rapport à δC, δh, et aux $\delta A e^{\alpha t}$, $\delta A' e^{-\alpha t}$; et d'autre part développables suivant les puissances des $A e^{\alpha t}$ et des $A' e^{-\alpha t}$ et suivant les sinus et les cosinus des multiples de $\frac{2\pi}{T}(t+h)$. On trouverait aisément les expressions de $\delta' x_i$, $\delta' y_i$; il suffit de changer δ en δ' dans celles de δx_i et δy_i. On voit alors que l'on pourra écrire l'équation (3) sous la forme

$$D + Et + Ft^2 = \text{const.},$$

où

$$D = \Sigma(\xi_i\eta'_i - \xi'_i\eta_i),$$
$$E = \Sigma(\xi_i\eta'_{1,i} - \xi'_i\eta_{1,i} + \xi_{1,i}\eta'_i - \xi'_{1,i}\eta_i),$$
$$F = \Sigma(\xi_{1,i}\eta'_{1,i} - \xi'_{1,i}\eta_{1,i})$$

sont développés suivant les puissances des $A e^{\alpha t}$, $A' e^{-\alpha t}$ et les sinus et cosinus des multiples de $\frac{2\pi}{T}(t+h)$ et sont d'autre part bilinéaires par rapport aux

$$\delta A e^{\alpha t}, \quad \delta A' e^{-\alpha t}, \quad \delta C, \quad \delta h,$$
$$\delta' A e^{\alpha t}, \quad \delta' A' e^{-\alpha t}, \quad \delta' C, \quad \delta' h.$$

Le premier membre devant être indépendant de t, nous aurons d'abord

$$E = F = 0,$$

ce qui nous fournit déjà certaines relations de vérification auxquelles doivent satisfaire les développements des x_i et des y_i.

Ensuite D doit être indépendant de t; il sera donc linéaire par rapport aux déterminants suivants

$$(4)\quad\begin{cases}\delta A_k \delta' A'_k - \delta' A_k \delta A'_k,\\ A_k A'_j (\delta A_k \delta' A_j - \delta A_j \delta' A_k),\\ A'_k (\delta A_k \delta' C - \delta' A_k \delta C),\\ A'_k (\delta A_k \delta' h - \delta' A_k \delta h)\\ (\delta C \delta' h - \delta' \delta C h)\end{cases}$$

(ou par rapport aux déterminants analogues déduits des premiers en permutant A_k avec A'_k, ou A_j avec A'_j).

Les coefficients seront développés suivant les puissances des $A_k A'_k$ et dépendront en outre de C.

Le temps en effet doit disparaître. Les exponentielles doivent donc disparaître; ce qui ne peut arriver que si chaque facteur $A e^{\alpha t}$ est multiplié par un facteur $A' e^{-\alpha t}$, ou $\delta A' e^{-\alpha t}$, ou $\delta' A' e^{-\alpha t}$.

On peut déduire de là une nouvelle série de relations de vérification.

279. Parmi les exposants α_k les uns sont imaginaires, les autres réels; parmi ces derniers les uns sont positifs, les autres négatifs. Mais comme entre deux exposants égaux et de signe contraire je puis arbitrairement choisir celui que j'appelle α_k, je ne restreindrai pas la généralité en supposant que α_k est positif s'il est réel.

Annulons maintenant les coefficients A_k qui correspondent à un exposant imaginaire, ou à un exposant positif.

Alors on aura, si α_k est réel,

$$A_k = o, \qquad A'_k \gtrless o$$

et si α_k est imaginaire

$$A_k = A'_k = o.$$

Je ferai en outre

$$C = C_o,$$

C_o étant la valeur de la constante des forces vives qui correspond à la solution périodique envisagée.

Nos séries deviennent alors convergentes et représentent les solutions asymptotiques que nous avons étudiées au Chapitre VII. Elles contiennent comme constantes arbitraires h et les A'_k qui correspondent aux exposants négatifs.

Nous aurons donc $2n$ égalités qui exprimeront les x_i et les y_i en fonctions de t et de ces constantes h et A'_k. Si entre ces $2n$ égalités nous éliminons t, h et les A'_k, nous aurons entre les x_i et les y_i un certain nombre de relations invariantes.

Si un ensemble de valeurs des x_i et des y_i est regardé comme représentant un point dans l'espace à $2n$ dimensions, ces relations invariantes représentent une certaine variété V de cet espace; c'est ce que j'appellerai la *variété asymptotique*.

Reprenons l'invariant intégral

$$\int \Sigma \, dx_i \, dy_i$$

et étendons l'intégration à une portion de cette variété asymptotique V. En d'autres termes, supposons que tous les systèmes de valeurs des x_i et des y_i, qui font partie du domaine d'intégration, satisfassent à nos relations invariantes.

Je dis que l'invariant intégral sera nul.

Il me suffit de démontrer que

$$\Sigma(\delta x_i \delta' y_i - \delta y_i \delta' x_i) = 0,$$

et cela est évident, car on a

$$A_k = 0, \qquad C = C_0,$$

d'où

$$\delta A_k = 0, \qquad \delta C = 0,$$
$$\delta' A_k = 0, \qquad \delta' C = 0,$$

ce qui montre que toutes les expressions (4) s'annulent. Nous aurions pu également faire

$$C = C_0,$$
$$A_k \gtrless 0, \qquad A'_k = 0 \qquad (\text{pour } z_k \text{ réel}),$$
$$A_k = A'_k = 0 \qquad (\text{pour } z_k \text{ imaginaire}).$$

Nous aurions obtenu une nouvelle série de solutions asymptotiques et, par conséquent, une nouvelle variété asymptotique à laquelle les mêmes conclusions s'appliqueraient.

Ce que nous avons fait pour l'invariant (2), on pourrait le faire pour un invariant bilinéaire quelconque (invariant de la troisième sorte, n° 260), c'est-à-dire de la forme

$$(5) \qquad \iint \Sigma B\, dx_i dx_k.$$

où B est une fonction des x_i et des y_i et où, sous le signe Σ, une ou deux des différentielles dx_i, dx_k peut être remplacée par dy_i ou dy_k.

L'expression

$$\Sigma B (\delta x_i \delta' x_k - \delta x_k \delta' x_i)$$

serait encore linéaire par rapport aux quantités (4). Cela s'appliquerait encore à un invariant quadratique (invariant de la deuxième sorte, n° 260) de la forme

$$(6) \qquad \int \sqrt{\Sigma B\, dx_i dx_k}.$$

où B est fonction des x_i et des y_i et où, sous le signe Σ, une ou deux des différentielles dx_i, dx_k peut être remplacée par dy_i, dy_k.

On verrait que l'expression

$$\Sigma B\, \delta x_i \delta x_k$$

doit être linéaire par rapport aux expressions

$$(4\ bis) \qquad \left\{ \begin{array}{l} \delta A_k\, \delta A'_k, \\ A_k A_i\, \delta A_k\, \delta A_i, \\ A_k\, \delta A_k\, \delta C, \\ \delta C\, \delta h. \end{array} \right.$$

et de celles qu'on en peut déduire en permutant A_k et A_i, A'_k et A'_i.

Pour toute variété asymptotique, l'invariant (5) comme l'invariant (6) doivent s'annuler.

Autre mode de discussion.

280. La même étude peut être poussée plus loin, en la présentant sous une autre forme.

Nous supposerons, par exemple, que nous avons affaire à un problème de Dynamique, que les x_i sont les coordonnées des divers points matériels du système et que les variables conjuguées y_i sont les composantes de leurs quantités de mouvement. Nous nous proposerons d'étudier les invariants intégraux algébriques par rapport aux x_i et aux y_i et de voir, s'il peut en exister d'autre que celui qui est connu et qui s'écrit

$$\int\int \Sigma\, dx_i\, dy_i.$$

Nous avons vu que, dans le voisinage d'une solution périodique, les x_i et les y_i peuvent se développer suivant les puissances des $Ae^{\alpha t}$, ... Nous allons de nouveau envisager ces développements; mais nous pourrons supposer que la valeur de la constante des forces vives qui correspond à la solution périodique est nulle, de sorte que les développements procéderont non seulement suivant les puissances des $Ae^{\alpha t}$, mais encore suivant celles de C. Ils dépendront en outre de $t + h$.

En égalant les x_i et les y_i à ces développements, on obtient $2n$ équations, que nous allons résoudre par rapport aux $Ae^{\alpha t}$, à C et à $t + h$.

Il vient

$$(7)\qquad \begin{cases} A_k e^{\alpha_k t} = f_k, \\ A'_k e^{-\alpha_k t} = f'_k, \\ C = \Phi, \\ \alpha_0 t + \beta_0 = \dfrac{2\pi}{T}(t + h) = \Theta. \end{cases}$$

Nous remarquerons que α_0 comme α_k est développable suivant les puissances de C et des $A_k A'_k$; et l'on voit que f_k, f'_k, Φ, $\cos\Theta$, $\sin\Theta$ sont des fonctions uniformes des x_i et des y_i dans le voisinage de la solution périodique. De plus, les x_i et les y_i peuvent se développer suivant les puissances des f_k, des f'_k et de Φ et suivant les sinus et les cosinus des multiples de Θ.

D'autre part l'expression

$$(3)\qquad \Sigma(\delta x_i \delta' y_i - \delta y_i \delta' x_i)$$

qui correspond à l'invariant (2) ou les expressions analogues qui correspondraient à un autre invariant bilinéaire de la forme (5) devra être développable suivant les puissances des f_k, f'_k, Φ et bilinéaire par rapport à

$$\begin{array}{cccc} \delta f_k, & \delta f'_k, & \delta\Phi, & \delta\Theta, \\ \delta' f_k, & \delta' f'_k, & \delta'\Phi, & \delta'\Theta. \end{array}$$

De plus, quand on y remplace f_k, f'_k, Φ, Θ par leurs valeurs (7), cette expression doit devenir indépendante de t. Or le temps t pourrait s'y introduire de trois manières :

1° Sous la forme exponentielle ;

2° Sous la forme de cosinus ou sinus des multiples de $(t+h)$;

3° En dehors des signes exponentiels et trigonométriques (et, comme nous allons le voir, au second degré au plus).

Il ne doit y entrer d'aucune de ces trois manières.

1° Pour qu'il n'y entre pas sous la forme exponentielle, il faut et il suffit que l'expression soit linéaire par rapport aux quantités suivantes analogues à (4)

$$(8) \quad \left\{ \begin{array}{c} \delta f_k \delta' f'_k - \delta' f_k \delta f'_k, \\ f_k f'_j (\delta f_k \delta' f'_j - \delta f'_j \delta' f_k), \\ f'_k (\delta f_k \delta'\Phi - \delta' f_k \delta\Phi), \\ f'_k (\delta f_k \delta'\Theta - \delta' f_k \delta\Theta), \\ (\delta\Phi \delta'\Theta - \delta'\Phi \delta\Theta), \end{array} \right.$$

les coefficients étant développables suivant les puissances des f_k, f'_k et de Φ.

2° Pour que t n'y entre pas sous la forme trigonométrique, il faut et il suffit que notre expression ne dépende pas de Θ, mais seulement de ses variations $\delta\Theta$, $\delta'\Theta$.

3° Il nous reste à déterminer la condition pour que t n'y entre pas en dehors des signes exponentiels et trigonométriques. Remarquons que l'on a

$$(9) \quad \left\{ \begin{array}{l} \delta f_k = e^{\alpha_k t}(\delta A_k + A_k t\, \delta\alpha_k), \\ \delta f'_k = e^{-\alpha_k t}(\delta A'_k - A'_k t\, \delta\alpha_k), \\ \delta\Phi = \delta C, \qquad \delta\Theta = \delta\varpi_0 + t\, \delta\alpha_0. \end{array} \right.$$

Nous distinguerons dans notre expression des termes de cinq sortes, selon qu'ils contiendront en facteur une quantité (8) figurant dans la première, deuxième, troisième, quatrième ou cinquième ligne du Tableau (8).

Cela posé, si nous remplaçons δf_k, ... par leurs valeurs (9), nous verrons que les termes des cinq sortes contiendront respectivement en facteur

$$
\begin{cases}
(\delta A_k \delta' A_j - \delta A_j \delta' A_k) - t(\delta x_k \delta'(A_j A_k) - \delta' x_k \delta(A_j A_k)), \\
A_k A_j(\delta A_k \delta A_j - \delta A_j \delta' A_k) \\
\quad + A_j A_k t[A_k(\delta x_k \delta' A_j - \delta' x_k \delta A_j) - A_j(\delta x_j \delta' A_k - \delta' x_j \delta A_k)] \\
\quad + A_k A_j A_j A_k t^2 \delta x_k \delta' x_j - \delta x_j \delta' x_k), \\
A_k(\delta A_k \delta' C - \delta' A_k \delta C) + A_k A_j t(\delta x_k \delta' C - \delta' x_k \delta C), \\
A_k(\delta A_k \delta' B_k - \delta' A_k \delta B_k) + A_k A_j t(\delta x_k \delta' B_k - \delta' x_k \delta B_k) \\
\quad + A_k t(\delta A_k \delta' x_k - \delta' A_k \delta x_k) + A_k A_j t^2(\delta x_k \delta' x_k - \delta' x_k \delta x_k), \\
(\delta C \delta' B_k - \delta' C \delta B_k) + t(\delta C \delta' x_k - \delta' C \delta x_k).
\end{cases}
\tag{19}
$$

On voit que le temps pourrait entrer au second degré.

Faisons d'abord disparaître les termes en t^2; ils ne peuvent provenir que des termes de la deuxième sorte et de la quatrième sorte.

Je dis que le coefficient de

$$t^2(\delta x_k \delta' x_j - \delta x_j \delta' x_k)$$

doit s'annuler.

En effet, les accroissements virtuels des constantes étant arbitraires, nous pourrons supposer que tous les δx_j s'annulent à l'exception de δx_k, et de même que tous les $\delta' x_j$ s'annulent à l'exception de $\delta' x_j$.

Tous les termes en t^2 s'annulent alors, à l'exception du terme en

$$t^2(\delta x_k \delta' x_j - \delta x_j \delta' x_k).$$

Il y aurait exception s'il existait une relation entre les $n - 1$ exposants x_i; on ne pourrait plus en effet supposer que tous les δx_j s'annulent sauf un, sans que ce dernier s'annule lui-même.

Maintenant il y a quatre termes de la seconde sorte qui donnent des termes en

$$t^2(\delta x_k \delta' x_j - \delta x_j \delta' x_k).$$

Je les écrirai pour abréger sous la forme

$$\psi_1 \omega_1 + \psi_2 \omega_2 + \psi_3 \omega_3 + \psi_4 \omega_4;$$

les ψ sont développés suivant les puissances des f_i, f_i et de Φ. Je désigne par ω_i l'expression qui figure à la seconde ligne du

Tableau (8) :

ω_2 se déduit de ω_1 en permutant f_k et $f_{k'}$,
ω_3 se déduit de ω_1 en permutant f_j et $f_{j'}$,
ω_4 se déduit de ω_1 en faisant à la fois ces deux permutations.

Pour que les termes en t^2 disparaissent, il faut et il suffit que

$$(11) \qquad \psi_1 - \psi_3 - \psi_2 + \psi_4 = 0.$$

Si cette condition est remplie, nos quatre termes

$$\psi_1 \omega_1 + \psi_2 \omega_2 + \psi_3 \omega_3 + \psi_4 \omega_4$$

nous donneront comme termes en t

$$(\psi_1 - \psi_3)\, t\, A_k A_k' \{\delta x_k\, \delta'(A_j A_j') - \delta' x_k\, \delta(A_j A_j')\}$$
$$+ (\psi_2 - \psi_4)\, t\, A_j A_j' \{\delta x_j\, \delta'(A_k A_k') - \delta' x_j\, \delta(A_k A_k')\}.$$

Considérons maintenant les termes de la quatrième sorte que nous associerons deux par deux ; soit un groupe de deux termes

$$\psi_1 \omega_1 + \psi_2 \omega_2,$$

où ψ_1 et ψ_2 sont développables suivant les puissances de C et des $A_k A_k'$; où ω_1 est l'expression qui figure à la quatrième ligne du Tableau (10) et où ω_2 est celle qu'on en déduit en permutant A_k et A_k' et changeant x_k en $-x_k$.

Pour que les termes en t^2 disparaissent, il faut que

$$\psi_1 = \psi_2$$

et alors les termes en t se réduisent à

$$\psi_1 t \{\delta(A_k A_k')\, \delta' x_k - \delta'(A_k A_k')\, \delta x_k\}.$$

281. Maintenant nos termes en t procèdent suivant les puissances de C, des $A_k A_k'$; et suivant les δ et les δ' de x_0, x_k, C, $A_k A_k'$. Il nous reste à faire disparaître ces termes ; je vais écrire qu'ils sont nuls quand on y fait

$$C = 0, \qquad A_k A_k' = 0,$$

sans supposer bien entendu que δC, $\delta' C$, $\delta A_k A_k'$, $\delta' A_k A_k'$ soient nuls.

Soit dans notre invariant B_k ce que devient le coefficient du terme en $(\delta f_k\, \delta' f_k - \delta f_k'\, \delta' f_k)$ quand on y fait $C = A_k A_k' = 0$,

Soit D_k ce que devient le coefficient du terme en

$$f'_k(\delta f_k \delta'\theta - \delta\theta\, \delta' f_k)$$

et D_0 ce que devient celui du terme en

$$(\delta\Phi\, \delta'\theta - \delta\theta\, \delta'\Phi).$$

Nous devrons avoir identiquement

$$\begin{aligned}&\Sigma B_k[\delta x_k\, \delta'(A_k A'_k) - \delta' x_k\, \delta(A_k A'_k)]\\&\quad + \Sigma D_k[\delta(A_k A'_k)\delta' x_0 - \delta'(A_k A'_k)\delta x_0] + D_0(\delta C\, \delta' x_0 - \delta' C\, \delta x_0) = 0.\end{aligned}$$

Écrivons, pour abréger, γ_k au lieu de $A_k A'_k$, γ_0 au lieu de C et

$$\partial(u, v)$$

au lieu de

$$\delta u\, \delta' v - \delta v\, \delta' u;$$

il viendra

$$\Sigma B_k \partial(x_k, \gamma_k) + \Sigma D_k \partial(\gamma_k, x_0) + D_0 \partial(\gamma_0, x_0) = 0$$

ou bien

$$\Sigma\Sigma B_k \frac{dx_k}{d\gamma_j} \partial(\gamma_j, \gamma_k) + \Sigma\Sigma D_k \frac{dx_0}{d\gamma_j} \partial(\gamma_k, \gamma_j) + \Sigma D_0 \frac{dx_0}{d\gamma_j} \partial(\gamma_0, \gamma_j) = 0.$$

Sous le signe Σ ou $\Sigma\Sigma$, k peut prendre les valeurs $1, 2, \ldots, n-1$ et j les valeurs $0, 1, 2, \ldots, n-1$.

En égalant à zéro le coefficient de $\partial(\gamma_j, \gamma_k)$, on trouve

$$(12) \qquad B_k \frac{dx_k}{d\gamma_j} - B_j \frac{dx_j}{d\gamma_k} - D_k \frac{dx_0}{d\gamma_j} + D_j \frac{dx_0}{d\gamma_k} = 0.$$

En égalant à zéro le coefficient de $\partial(\gamma_0, \gamma_j)$, on trouve

$$(12\ bis) \qquad B_j \frac{dx_j}{d\gamma_0} - D_j \frac{dx_0}{d\gamma_0} + D_0 \frac{dx_0}{d\gamma_j} = 0.$$

Ces équations expriment que

$$(13) \qquad -D_0 x_0\, d\gamma_0 + \Sigma(B_k x_k - D_k x_0)\, d\gamma_k$$

est une différentielle exacte.

Dans les équations (12) et (12 *bis*) il faut faire $\gamma_j = 0$; les $\frac{dx}{d\gamma}$ sont donc des constantes; les x_j sont donc des fonctions linéaires des γ; en réalité, comme nous l'avons vu, les x peuvent être développés suivant les puissances des γ; mais le résultat que nous

venons d'obtenir n'est vrai que si l'on néglige les carrés des γ et
si l'on arrête les développements des z aux termes du premier
degré. De plus, les B et les D sont des constantes. L'expression (13) est donc la différentielle exacte d'un polynome du
deuxième degré.

Pour pousser plus loin cette étude, exprimons les z_k non plus
en fonctions de

$$\gamma_0, \gamma_1, \dots, \gamma_{n-1}$$

mais de

$$z_0, \gamma_1, \dots, \gamma_{n-1}$$

et, pour éviter toute confusion, représentons par des ∂ les dérivées prises par rapport aux nouvelles variables et par des d les
dérivées prises par rapport aux anciennes.

On voit alors que

$$\Sigma B_k z_k \, d\gamma_k + dz_n \Sigma D_j \gamma_j$$

est une différentielle exacte, ce qui entraîne les conditions

$$(14) \qquad B_k \frac{\partial z_k}{\partial \gamma_l} = B_l \frac{\partial z_l}{\partial \gamma_k}.$$

Si l'on connaît les relations entre les z et les γ, ces équations
nous permettront de déterminer les coefficients B_l.

Nous pouvons exprimer $\Sigma D_j \gamma_j$ en fonction des variables

$$z_0, \gamma_1, \gamma_2, \dots, \gamma_{n-1}$$

en écrivant

$$\Sigma D_j \gamma_j = E_0 z_0 + \Sigma E_k \gamma_k.$$

Les E_k nous seront donnés par les équations

$$(14\ bis) \qquad E_k = B_0 \frac{\partial z_k}{\partial z_0},$$

et E_0 pourra être choisi arbitrairement.

Il faut d'abord que les équations (14) soient compatibles, ce
qui pour $n > 3$ exige certaines conditions

$$(15) \qquad \frac{\partial z_k}{\partial \gamma_l}\frac{\partial z_l}{\partial \gamma_j}\frac{\partial z_j}{\partial \gamma_k} = \frac{\partial z_l}{\partial \gamma_k}\frac{\partial z_j}{\partial \gamma_l}\frac{\partial z_k}{\partial \gamma_j}.$$

Ces conditions (15) seront toujours remplies puisqu'il y a toujours un invariant intégral

$$\int \Sigma \, dx_i \, dy_i$$

S'il y a plusieurs invariants intégraux qui ne s'annulent pas identiquement pour la solution périodique envisagée, à chacun de ces invariants devra correspondre un système de valeurs des coefficients B_i et E_i.

Si les équations (14) admettent q solutions linéairement indépendantes, on pourra calculer les valeurs correspondantes des E_i à l'aide des équations (14 *bis*), et comme E_0 reste arbitraire, nous aurons $q + 1$ systèmes de valeurs, linéairement indépendants, des coefficients B_i et E_i.

Nous pourrons donc avoir $q + 1$ invariants intégraux distincts (si la solution périodique considérée n'est pas singulière au sens donné à ce mot au n° 257), mais nous ne pourrons pas en avoir davantage.

282. J'ai dit plus haut que les conditions (15) étaient certainement remplies; il pourrait rester un doute sur ce point; et en effet si les équations (14) comportent q solutions distinctes, il peut y avoir $q + 1$ invariants; si donc il n'y a qu'un invariant, on pourrait supposer $q = 0$; la présence d'un seul invariant

$$\int \Sigma \, dx_i \, dy_i$$

ne suffirait donc pas pour permettre d'affirmer que les équations (14) comportent certainement une solution.

C'est ce doute qu'il me reste à dissiper.

J'observe d'abord que dans le cas du problème des trois corps, il y a non pas un, mais deux invariants intégraux.

Nous avons, en effet, dans le Tome I, Chapitre IV, étudié les équations aux variations de ce problème.

Nous avons obtenu pages 170 et 172 les intégrales suivantes

$$(1) \qquad \sum \frac{y\eta}{m} - \sum \frac{dV}{dx}\xi = \text{const.}$$

$$(2) \qquad \Sigma(2x\eta + y\xi) - 3t\left(\sum \frac{y\eta}{m} - \sum \frac{dV}{dx}\xi \right) = \text{const.}$$

On trouverait de même

$$(1\ bis) \qquad \sum \frac{yx'}{m} - \sum \frac{dN}{dx}\,\xi = \text{const.}$$

$$(2\ bis) \qquad \Sigma(2xx' + y\xi) - 3t\left(\sum \frac{yx'}{m} - \sum \frac{dN}{dx}\,\xi\right) = \text{const.}$$

Multiplions ($2\ bis$) par (1), ($1\ bis$) par (2) et retranchons, il viendra

$$(16) \qquad \begin{cases} \sum\left(\dfrac{yx'}{m} - \dfrac{dN}{dx}\,\xi\right)\Sigma(2xx' + y\xi) \\[2mm] -\sum\left(\dfrac{yx'}{m} - \dfrac{dN}{dx}\,\xi\right)\Sigma(2xx'\eta + y\xi) = \text{const.} \end{cases}$$

Le premier membre est linéaire par rapport aux déterminants de la forme

$$y_i\eta_k - y_k\eta_i, \quad \eta_i\xi_k - \eta_k\xi_i, \quad \xi_i\xi_k - \xi_k\xi_i.$$

Nous avons donc une intégrale des équations aux variations et nous pourrons en déduire un nouvel invariant intégral bilinéaire.

Dans le cas du problème des trois corps, on a donc au moins $q = 1$, et l'on peut être assuré que les conditions (15) sont remplies.

283. En est-il encore de même dans le cas général? Supposons qu'elles ne le soient pas. Alors tous les coefficients que nous avons appelés B_i doivent être nuls ainsi que tous les E_k, à l'exception de E_0.

Donc quand on donne aux x_i et aux y_i les valeurs qui correspondent à la solution périodique envisagée, c'est-à-dire quand on fait

$$C = A_k A'_k = 0,$$

les coefficients des termes en $\delta f_k \delta' f_k - \delta f'_k \delta f_k$ doivent s'annuler, et il ne reste que les termes en

$$f_k(\delta f_k \delta' \Theta - \delta \Theta \delta' f_k)$$
$$(\delta \Phi \delta' \Theta - \delta \Theta \delta' \Phi),$$

Notre invariant devrait donc s'annuler quand on aurait

$$\delta \Theta = \delta' \Theta = 0.$$

Or ce n'est pas le cas de l'invariant

$$\int \Sigma\, dx_i\, dy_i,$$

auquel correspond l'expression

$$\Sigma(\delta x_i \delta' y_i - \delta y_i \delta' x_i):$$

Soit, en effet,

$$\begin{aligned} \delta\theta &= \Sigma a_i \delta x_i + \Sigma b_i \delta y_i, \\ \delta'\theta &= \Sigma a_i \delta' x_i + \Sigma b_i \delta' y_i. \end{aligned}$$

On devrait avoir une égalité de la forme

$$\begin{aligned} \Sigma(\delta x_i \delta' y_i - \delta y_i \delta' x_i) = {} & \Sigma(a_i \delta x_i + b_i \delta y_i)\Sigma(c_i \delta' x_i + e_i \delta' y_i) \\ & - \Sigma(a_i \delta' x_i + b_i \delta' y_i)\Sigma(c_i \delta x_i + e_i \delta y_i). \end{aligned}$$

Or cela est impossible puisque le premier membre est une forme bilinéaire de déterminant 1 et le second une forme bilinéaire de déterminant 0.

Nous devons donc conclure que les conditions (15) sont toujours remplies.

284. Recherchons maintenant si les équations (14) peuvent admettre plusieurs solutions.

Soient

$$\begin{matrix} B_1, & B_2, & \ldots, & B_n, \\ B'_1, & B'_2, & \ldots, & B'_n \end{matrix}$$

ces deux solutions, et supposons que l'on n'ait pas

$$\frac{B_k}{B'_k} = \frac{B_i}{B'_i};$$

alors les deux équations

$$B_k \frac{dx_k}{dy_i} = B_i \frac{dx_i}{dy_k},$$

$$B'_k \frac{dx_k}{dy_i} = B'_i \frac{dx_i}{dy_k}$$

entraîneront

$$\frac{dx_k}{dy_i} = \frac{dx_i}{dy_k} = 0.$$

Alors les indices

$$1, \quad \ldots, \quad n$$

se répartiront en un certain nombre de groupes, autant qu'il y a de valeurs différentes pour le rapport $\dfrac{B_i}{B_k}$; deux indices appartiendront au même groupe s'ils correspondent à une même valeur du rapport $\dfrac{B_i}{B_k}$.

Alors, pour que z_k dépende de γ_i (ou z_i de γ_k), il faut que les indices i et k appartiennent au même groupe.

Supposons, pour fixer les idées, qu'il y ait deux groupes seulement comprenant respectivement les indices

$$1, 2, \ldots, p,$$

$$p+1, p+2, \ldots, n-1.$$

Alors

$$z_1, z_2, \ldots, z_p$$

dépendront seulement de

$$z_0, \gamma_1, \gamma_2, \ldots, \gamma_{(p)}$$

et

$$z_{p+1}, z_{p+2}, \ldots, z_{n-1}$$

dépendront seulement de

$$z_0, \gamma_{p+1}, \gamma_{p+2}, \ldots, \gamma_{(n-1)}.$$

Il y a alors ce fait que les exposants caractéristiques α_i forment plusieurs groupes indépendants; de telle façon que les α_k d'un groupe ne dépendent pas des produits $A_j A_j'$ relatifs à un autre groupe.

Les solutions périodiques pour lesquelles cette circonstance se produira (ou pour lesquelles il y aurait une relation entre les α_k) pourront s'appeler *particulières*.

Nous arrivons donc à la conclusion suivante :

Pour qu'il y eût d'autre invariant algébrique que ceux que nous connaissons, il faudrait, ou bien que toutes les solutions périodiques fussent particulières, ou bien qu'elles fussent toutes singulières au sens du n° 257.

Je n'entreprendrai pas de démontrer que cette circonstance ne peut se présenter dans le problème des trois corps; mais cela paraîtra bien invraisemblable.

Invariants quadratiques.

285. Étudions maintenant au même point de vue les invariants quadratiques, c'est-à-dire les invariants intégraux de la forme

$$\int \sqrt{F},$$

où F est une forme quadratique par rapport aux différentielles dx_i, dy_i.

Soit

$$F = \Sigma H\, dx_i\, dx_k,$$

où les H sont des fonctions des x et des y et où le produit $dx_i dx_k$ peut être remplacé dans certains termes par le produit $dx_i dy_k$ ou $dy_i dy_k$.

Nous pourrons alors écrire l'équation suivante analogue à l'équation (3) du n° 278

$$(1) \qquad \Sigma H\, \delta x_i\, \delta x_k = \text{const.}$$

D'autre part, nous avons trouvé au n° 278

$$\delta x_i = \xi_i + t\xi_{i,i}, \qquad \delta y_i = \eta_i + t\eta_{i,i}.$$

Nous pourrons alors écrire l'équation (1) sous la forme

$$D + E t + F t^2 = \text{const.,}$$

où D, E, F sont développés suivant les puissances des $\mathrm{A}\,e^{xt}$, $\mathrm{A}'e^{-xt}$ et des sinus et cosinus des multiples de $\dfrac{2\pi}{T}(t+h)$ et sont, d'autre part, quadratiques par rapport aux

$$\delta\mathrm{A}\,e^{xt}, \quad \delta\mathrm{A}'e^{-xt}, \quad \delta C, \quad \delta h.$$

On devra donc avoir

$$E = F = 0,$$

et de plus D devra être indépendant de t, ce qui montre que D devra être linéaire par rapport aux expressions suivantes

$$\delta A_k \delta A'_k,$$
$$A_k A'_j \delta A_k \delta A_j,$$
$$A'_k \delta A_k \delta C,$$
$$A'_k \delta A_k \delta h,$$
$$\delta C \delta h,$$

ou par rapport aux expressions qu'on en déduit en permutant A_k et A'_k, ou A_j et A'_j.

Les coefficients seront développés suivant les puissances des produits $A_k A'_k$ et de C (si l'on suppose que la solution périodique corresponde à la valeur zéro de la constante des forces vives).

286. Revenons aux équations (7) du n° 280 et raisonnons comme dans ce n° 280; nous verrons que l'expression

$$\Pi = \Sigma H \delta x_i \delta x_i,$$

quand on y remplace les x_i et les y_i par leurs développements en fonctions des f_k, f'_k, Φ et Θ, devra satisfaire aux conditions suivantes :

1° Elle devra être linéaire par rapport aux quantités suivantes

$$(8\ bis)\qquad \begin{cases} \delta f_k \delta f'_k, \\ f_k f'_j \delta f_k \delta f_j, \\ f_k \delta f_k \delta \Phi, \\ f_k \delta f_k \delta \Theta, \\ \delta \Phi \delta \Theta, \\ \delta \Phi^2 \delta \Theta^2, \end{cases}$$

les coefficients étant développés suivant les puissances des $f_k f'_k$ et de Φ.

2° Elle ne dépendra pas de Θ, mais seulement de $\delta\Theta$.

3° Si ces conditions sont remplies, l'expression Π ne contiendra le temps ni sous la forme exponentielle, ni sous la forme trigonométrique.

Il reste à chercher la condition pour que le temps n'y entre pas non plus en dehors des signes exponentiels et trigonométriques.

Reprenons les équations (9) du n° 280; nous verrons qu'aux

divers termes du Tableau (8 *bis*) correspondent les termes suivants

$$
(10\ bis)\quad \begin{cases}
\delta A_k\,\delta A'_k + t(A_k\,\delta A'_k\,\delta\alpha_k - A'_k\,\delta A_k\,\delta\alpha_k) - A_k A'_k t^2 (\delta\alpha_k)^2, \\
A'_k A'_j\,\delta A_k\,\delta A_j + A'_k A'_j t (A_k\,\delta\alpha_k\,\delta A_j + A_j\,\delta\alpha_j\,\delta A_k) \\
\quad - A_k A'_k A_j A'_j t^2\,\delta\alpha_k\,\delta\alpha_j, \\
A'_k\,\delta A_k\,\delta C + A_k A'_k t\,\delta\alpha_k\,\delta C, \\
A'_k\,\delta A_k\,\delta\beta_0 + A'_k t(\delta A_k\,\delta\alpha_0 + A_k\,\delta\alpha_k\,\delta\beta_0) + A_k A'_k t^2\,\delta\alpha_k\,\delta\alpha_0, \\
\delta C\,\delta\beta_0 + t\,\delta C\,\delta\alpha_0; \qquad \delta C^2, \qquad \delta\beta_0^2 + 2t\,\delta\beta_0\,\delta\alpha_0 + t^2\,\delta\alpha_0^2.
\end{cases}
$$

Faisons d'abord disparaître les termes en t^2.

L'ensemble de ces termes est une forme quadratique par rapport à

$$\delta\alpha_0,\quad \delta\alpha_1,\quad \ldots,\quad \delta\alpha_{n-1}.$$

Cette forme quadratique doit être identiquement nulle.

Le coefficient de $\delta\alpha_k\,\delta\alpha_j\,t^2$ devra donc être nul. Or, il y a quatre termes qui pourraient introduire le produit $t^2\,\delta\alpha_k\,\delta\alpha_j$: ce sont les termes en

$$f_k f_j\,\delta f_k\,\delta f_j,\quad f_k f'_j\,\delta f_k\,\delta f'_j,\quad f'_k f_j\,\delta f'_k\,\delta f_j,\quad f'_k f'_j\,\delta f'_k\,\delta f'_j.$$

Désignons pour abréger ces quatre expressions par ω_1, ω_2, ω_3, ω_4; l'ensemble de nos quatre termes s'écrira alors

$$\psi_1\omega_1 + \psi_2\omega_2 + \psi_3\omega_3 + \psi_4\omega_4,$$

ψ_1, ψ_2, ψ_3 et ψ_4 étant développables suivant les puissances des $f_k f'_k$ et de Φ. Pour que le coefficient de $t^2\,\delta\alpha_k\,\delta\alpha_j$ disparaisse on devra avoir identiquement

$$\psi_1 + \psi_2 + \psi_3 + \psi_4 = 0.$$

De même le coefficient de $t^2\,\delta^2\alpha_k$ devra s'annuler; or il provient des termes en

$$\delta f_k\,\delta f'_k,\quad f_k^2\,\delta f'^2_k,\quad f'^2_k\,\delta f_k^2.$$

Désignons pour abréger ces trois expressions par ω'_1, ω'_2, ω'_3 et l'ensemble des trois termes par

$$\psi'_1\omega'_1 + \psi'_2\omega'_2 + \psi'_3\omega'_3,$$

ψ'_1, ψ'_2, ψ'_3 étant développables, suivant les puissances des $f_k f'_k$ et de Φ.

Pour que le coefficient de $t^2 \delta^2 z_k$ disparaisse on devrait avoir

$$(11) \qquad f_k f_k (\psi_2' + \psi_3') - \psi_1' = 0.$$

Pour la solution périodique on a

$$f_1 = f_1' = f_2 = f_2' = \ldots = f_{n-1} = f_{n-1}' = 0.$$

Tous les termes qui contiennent en facteur l'une des expressions qui figurent à la 2ᵉ, 3ᵉ ou 4ᵉ lignes du Tableau (8 *bis*) doivent alors s'annuler, car chacune de ces expressions contient en facteur f_k ou f_k'.

Les seuls termes de l'expression II qui ne s'annulent pas pour la solution périodique sont donc les termes en

$$\delta f_k \delta f_k, \quad \delta \Phi \delta \Theta, \quad \delta \Phi^2, \quad \delta \Theta^2.$$

L'équation (11) montre que ψ_1' contient en facteur $f_k f_k$: donc le terme $\psi_1' \delta f_k \delta f_k'$ doit s'annuler également. Il ne reste plus que les termes en

$$\delta \Phi^2, \quad \delta \Phi \delta \Theta, \quad \delta \Theta^2.$$

Le premier ne contient pas t, le second le contient au 1ᵉʳ degré, le troisième au 2ᵉ degré.

Ce troisième terme étant le seul qui contienne t^2 doit être nul; s'il est nul, le deuxième terme étant le seul qui contienne t sera nul également.

En définitive, tous les termes de II s'annulent pour la solution périodique sauf le terme en $\delta \Phi^2$.

Or, dans le problème général de la Dynamique, de même que dans les cas du problème des trois corps que nous avons appelés le *problème restreint*, le *problème général réduit* et le *problème plan réduit*, nous connaissons un invariant quadratique et nous n'en connaissons qu'un.

Si j'écris l'équation des forces vives sous la forme

$$F = \text{const},$$

cet invariant n'est autre chose que

$$\int \sqrt{(dF)^2},$$

c'est à cet invariant que correspond le terme en $\delta \Phi^2$ qui ne s'annule pas.

Si donc il existe un invariant quadratique, autre que celui qui est connu, cet invariant devra s'annuler pour tous les points de la solution périodique.

En d'autres termes, cette solution périodique devra être singulière au sens du n° 257, en ce qui concerne cet invariant.

Il y aurait exception si les n exposants

$$\alpha_0, \quad \alpha_1, \quad \alpha_2, \quad \ldots, \quad \alpha_{n-1}$$

n'étaient pas indépendants les uns des autres, mais s'il y avait une relation entre eux. Dans ce cas, en effet, le coefficient de t^2, qui est une forme quadratique par rapport aux n variables

$$\delta x_0, \quad \delta x_1, \quad \ldots, \quad \delta x_{n-1},$$

pourrait s'annuler identiquement sans que tous ses coefficients fussent nuls puisque ces n variables ne seraient plus indépendantes.

En résumé, *pour qu'il y eût d'autres invariants quadratiques que ceux que nous connaissons, il faudrait que toutes les solutions périodiques fussent singulières ou particulières.*

Il n'est pas très vraisemblable qu'il en soit ainsi pour le problème des trois corps.

Cas du problème restreint.

287. On peut imaginer un autre mode de discussion que nous n'appliquerons qu'au cas du problème restreint. La discussion du n° 257 a laissé subsister la possibilité de deux invariants quadratiques dont un est connu. Supposons que ces deux invariants quadratiques existent et soit H la forme quadratique correspondant à l'un de ces invariants. D'après ce qui précède H pourra contenir des termes en

$$(1) \qquad \begin{cases} \delta f_1 \delta f_2, \quad f_1 \delta f_2 \delta \varpi, \quad f_2 \delta f_1 \delta \varpi, \quad f_1 \delta f_1 \delta \varpi, \quad f_2 \delta f_2 \delta \varpi, \\ f_1^2 \delta f_2^2, \quad f_2^2 \delta f_1^2, \quad \delta \varpi^2, \quad \delta \varpi \delta \theta, \quad \delta \mu^2. \end{cases}$$

D'autre part, H est une forme quadratique par rapport aux quantités

$$\delta x_1, \quad \delta x_2, \quad \delta y_1, \quad \delta y_2.$$

dont les coefficients sont des fonctions algébriques en x_1, x_2, y_1, y_2.

Voici quelles seront les variables x_i et y_i que nous choisirons. Dans ce problème, que j'appelle *restreint*, deux des corps décrivent des circonférences concentriques et le troisième dont la masse est nulle se meut dans le plan de ces circonférences. Je rapporterai ce troisième corps à des axes mobiles tournant d'un mouvement uniforme autour du centre de gravité des deux premiers; l'un de ces axes coïncidera constamment avec la droite qui joint ces deux premiers corps. J'appellerai x_1 et x_2 les coordonnées du troisième corps par rapport à ces axes mobiles, et y_1 et y_2 les projections de la vitesse absolue sur les axes mobiles.

Posons alors

$$\Phi = F + \omega G,$$

où F et G désignent la fonction des forces vives et la fonction des aires dans le mouvement absolu, et où ω désigne la vitesse angulaire de rotation des deux premiers corps autour de leur centre de gravité commun. Les équations prendront la forme canonique

$$\frac{dx_i}{dt} = \frac{d\Phi}{dy_i}, \qquad \frac{dy_i}{dt} = -\frac{d\Phi}{dx_i}.$$

L'intégrale $\Phi = $ const. n'est autre chose que « l'intégrale de Jacobi » (*cf*. Tome I, n° 9, page 25).

Cela posé, notre expression H sera une forme quadratique en

$$\delta x_1, \ \delta x_2, \ \delta y_1, \ \delta y_2,$$

dont les coefficients seront algébriques en x_i et y_i. Si nous supposons que les quatre variables x et y sont liées par la relation

$$\Phi = \text{const.},$$

qui entraîne la suivante

$$\delta\Phi = 0,$$

nos quatre variables δx_i, δy_i ne seront plus indépendantes; on pourra éliminer l'une d'entre elles, et H deviendra une forme quadratique ternaire.

Considérons un point de la solution périodique; pour ce point on aura

$$f_1 = f'_1 = 0.$$

Toutes les expressions (1) s'annuleront donc à l'exception de

$$\delta f_1 \delta f'_1, \quad \delta\Theta^2, \quad \delta\Phi\delta\Theta \quad \text{et} \quad \delta\Phi^2.$$

Si l'on suppose $\delta\Phi = 0$, elles s'annuleront toutes à l'exception de

$$\delta f_1 \delta f'_1 \quad \text{et} \quad \delta\Theta^2.$$

Soit donc, pour un point de la solution périodique,

$$\Pi = B\,\delta f_1 \delta f'_1 + C\,\delta\Theta^2.$$

L'ensemble des termes en t^2 se réduira donc, pour ce même point, à

$$-B f_1 f'_1 t^2 \delta z_1^2 + C t^2 \delta z_2^2$$

(*cf.*, *supra*, Tableau 10 *bis*) et, puisque $f_1 = f'_1 = 0$, à

$$C t^2 \delta z_2^2.$$

Les termes en t^2 doivent disparaître; celui-ci est le seul qui ne s'annule pas pour le point considéré; tous les autres sont nuls, *quand même on ne s'assujettirait pas à la condition* $\delta\Phi = 0$, car $\delta\Phi\delta\Theta$ et $\delta\Phi^2$ ne donnent pas de termes en t^2.

Or δz_0 n'est pas identiquement nul. On a, pour un point de la solution périodique,

$$\frac{dz_2}{df_1} = \frac{dz_0}{df'_1} = \frac{dz_2}{d\Theta} = 0,$$

mais on ne saurait avoir $\frac{dz_0}{d\Phi} = 0$; ce serait supposer qu'il y a une infinité continue de solutions périodiques de même période, ce qui n'a pas lieu.

On peut remarquer toutefois que $\frac{dz_0}{d\Phi}$ contient en facteur la petite quantité, que je désigne par μ, c'est-à-dire la masse du second corps, et par conséquent que δz_0 s'annule pour $\mu = 0$, c'est-à-dire dans le mouvement képlérien.

Les termes en t^2 ne peuvent donc disparaître que si l'on a

$$C = 0,$$

d'où

$$\Pi = B\,\delta f_1 \delta f'_1.$$

Mais cette dernière égalité montrerait que Π se réduit à une forme quadratique binaire et par conséquent que son discriminant est nul. *Ainsi le discriminant Δ de H devrait s'annuler pour tous les points de toutes les solutions périodiques.*

288. Mais une relation algébrique telle que

$$\Delta = 0$$

ne peut pas, à moins de se réduire à une identité, être vraie pour tous les points de toutes les solutions périodiques.

En effet, adjoignons à la relation

(2) $$\Delta = 0$$

deux autres relations

(3) $$F = \beta, \qquad G = \gamma$$

(où β et γ sont deux constantes arbitraires, F et G les deux fonctions ainsi désignées dans le numéro précédent) et une quatrième relation algébrique quelconque

(4) $$H = 0,$$

le nombre des solutions de ces quatre équations algébriques sera limité quelles que soient les constantes β et γ.

Considérons maintenant une solution périodique, les variables x_i et y_i seront développées suivant les puissances de μ, sous la forme

(5) $$\begin{cases} x_i = x_i^0 + \mu x_i^1 + \dots \\ y_i = y_i^0 + \mu y_i^1 + \dots \end{cases}$$

De même F sera développable suivant les puissances de μ et l'on aura

$$F = F_0 + \mu F_1 + \dots$$

G et H seront indépendants de μ.

Reste Δ; je dis que cette fonction, qui par hypothèse est algébrique en x_i et y_i, dépend de même algébriquement de μ.

En effet, en exprimant que

$$\int \sqrt{H}$$

est un invariant intégral, on sera conduit à certaines relations où entreront les coefficients de H, leurs dérivées et les coefficients des équations différentielles du mouvement.

Nous avons supposé que H est une fonction algébrique des x_i et des y_i; nous pouvons supposer que cette fonction algébrique entre comme cas particulier dans un type déterminé, ne contenant pas μ explicitement, mais dépendant algébriquement d'un certain nombre de paramètres arbitraires. Alors $\int \sqrt{H}$ ne serait pas un invariant intégral quels que soient ces paramètres, mais seulement quand ces paramètres prendront certaines valeurs particulières, *dépendant de μ*.

En exprimant que $\int \sqrt{H}$ est un invariant intégral, on est conduit à certaines équations algébriques entre μ et ces paramètres; ces équations devront être compatibles et il est clair qu'on en tirera les paramètres en fonctions algébriques de μ.

Les coefficients de la forme H et Δ seront donc aussi algébriques en μ.

L'équation $\Delta = 0$ est donc algébrique en μ; et nous pouvons supposer qu'on lui a fait subir une transformation telle que le premier membre soit un polynome entier en μ.

Nous écrirons donc

$$\Delta = \Delta_0 + \mu \Delta_1 + \mu^2 \Delta_2 + \ldots$$

De plus, Δ_0 ne sera pas identiquement nul, à moins que Δ ne le soit. Si, en effet, Δ_0 s'annulait, Δ contiendrait un facteur μ, que l'on pourrait faire disparaître.

La fonction Δ doit s'annuler quand on y remplace x_i et y_i par les développements (5). Elle devient alors développable suivant les puissances de μ et, le terme indépendant de μ devant s'annuler, on aura

$$(2\ bis) \qquad\qquad \Delta_0(x_i^0, y_i^0) = 0.$$

Remarquons maintenant que l'on doit avoir

$$(3\ bis) \qquad\qquad \begin{cases} F_0(x_i^0, y_i^0) = \beta_0, \\ G_0(x_i^0, y_i^0) = \gamma_0, \end{cases}$$

β_0 et γ_0 étant des constantes. Il suffit, pour s'en assurer, de se souvenir que, pour $\mu = 0$, le mouvement se réduit au mouvement képlérien.

Prenons maintenant, par exemple,

$$H = x_1'^2 + x_2'^2 - 1$$

et écrivons l'équation

$$(4\ bis) \qquad\qquad (x_1^0)^2 + (x_1^1)^2 = 1.$$

Observons ensuite que, si l'on suppose $\mu = 0$, le troisième corps décrira une ellipse képlérienne; soient ξ et η les coordonnées de ce corps, non par rapport aux axes mobiles, mais par rapport aux axes de symétrie de cette ellipse.

Les équations de l'ellipse képlérienne s'écriront alors

$$(6) \qquad \begin{cases} \xi = \xi_0 + \xi_1 \cos\varphi + \xi_2 \cos 2\varphi + \dots, \\ \eta = \quad\ \ \eta_1 \sin\varphi + \eta_2 \sin 2\varphi + \dots. \end{cases}$$

Les coefficients ξ_k, η_k dépendront de deux constantes qui sont le grand axe et l'excentricité de l'ellipse, et par conséquent de β_0 et γ_0. On aura d'ailleurs

$$\varphi = n_1 t + \varpi_1,$$

où le moyen mouvement n_1 dépend de β_0 et où ϖ_1 est une nouvelle constante d'intégration.

L'intersection de l'ellipse (6) avec le cercle

$$\xi^2 + \eta^2 = 1$$

aura lieu en deux points qui seront donnés par les équations

$$(7) \qquad \xi = \cos\theta, \qquad \eta = \pm \sin\theta, \qquad \varphi = \pm \varphi_0.$$

On aura ensuite

$$(8) \qquad \begin{cases} x_1^0 = \xi \cos(\omega t + \varpi_2) + \eta \sin(\omega t + \varpi_2), \\ x_1^1 = \xi \sin(\omega t + \varpi_2) - \eta \cos(\omega t + \varpi_2), \end{cases}$$

où ϖ_2 est une nouvelle constante d'intégration.

On obtiendra les solutions de l'équation $(4\ bis)$ en combinant les équations (7) et (8), ce qui donne

$$x_1^0 = \cos\left[\theta + \frac{\omega}{n_1}(\varphi_0 + 2k\pi - \varpi_1) + \varpi_2\right],$$

$$x_1^1 = \cos\left[-\theta + \frac{\omega}{n_1}(-\varphi_0 + 2k\pi - \varpi_1) + \varpi_2\right]$$

(k étant un entier quelconque).

Pour que la solution soit périodique, il faut et il suffit que le rapport $\frac{\omega}{\alpha_1}$ soit commensurable. Mettons ce rapport sous la forme d'une fraction réduite à sa plus simple expression et soit D son dénominateur. On voit que l'équation (4 *bis*) admettra 2D solutions distinctes.

Les équations (2 *bis*), (3 *bis*) et (4 *bis*) ne devraient admettre qu'un nombre limité de solutions quelles que soient les constantes β_0 et γ_0. Or je puis choisir β_0 de telle sorte que $\frac{\omega}{\alpha_1}$ ait telle valeur que je veux et, par conséquent, que D soit aussi grand que je veux.

Cela ne peut arriver que si Δ_1 et par conséquent si Δ est identiquement nul.

Par conséquent le discriminant de la forme H est identiquement nul et cette forme doit se réduire à une forme binaire.

On démontrerait de la même manière qu'au sens du n° 257 il ne peut pas arriver que toutes les solutions périodiques soient singulières.

La démonstration n'est ainsi donnée que dans un cas très particulier, mais on peut entrevoir la possibilité d'une extension au cas général.

289. La forme H, regardée comme forme binaire, doit se réduire à

$$B \, \delta f_1 \, \delta f_1$$

pour un point d'une solution périodique; la forme binaire sera donc définie (c'est-à-dire égale à la somme de deux carrés) si la solution périodique est stable, c'est-à-dire si les exposants caractéristiques sont imaginaires; elle sera indéfinie (c'est-à-dire égale à la différence de deux carrés) si la solution périodique est instable, c'est-à-dire si les exposants caractéristiques sont réels.

Supposons encore μ très petit et reprenons l'équation (4 *bis*).

D'après les principes du Chapitre III (n° 42), pour une valeur donnée de β_0, nous aurons au moins deux solutions périodiques dont une stable et une instable. Soient

$$\varpi'_1, \quad \varpi'_2; \qquad \varpi''_1, \quad \varpi''_2$$

les valeurs correspondantes des constantes ϖ_1 et ϖ_2.

Soient

$$\theta + \frac{\omega}{n_1}(\varphi_0 - \varpi'_1) + \varpi'_2 = \psi',$$

$$\theta + \frac{\omega}{n_1}(\varphi_0 - \varpi''_1) + \varpi''_2 = \psi'',$$

l'équation (4 *bis*) nous donnera, pour la première solution périodique,

$$x_1^0 = \cos\left(\psi' + \frac{2k\omega\pi}{n_1}\right)$$

et pour la seconde

$$x_1^0 = \cos\left(\psi'' + \frac{2k\omega\pi}{n_1}\right).$$

Nous pourrons, sans restreindre la généralité, supposer $\psi'' > \psi'$ et d'ailleurs ψ' et ψ'' compris entre o et $\frac{2\pi}{D}$. Alors la forme H sera

définie pour $x_1^0 = \cos\left(\psi' + \frac{2\pi}{D}\right)$,

indéfinie pour $x_1^0 = \cos\left(\psi'' + \frac{2\pi}{D}\right)$,

définie pour $x_1^0 = \cos\left(\psi' + \frac{4\pi}{D}\right)$,

indéfinie pour $x_1^0 = \cos\left(\psi'' + \frac{4\pi}{D}\right)$,

. . . .

définie pour $x_1^0 = \cos(\psi' + 2\pi)$,

indéfinie pour $x_1^0 = \cos(\psi'' + 2\pi)$;

ce qui montre que le discriminant de H considéré comme forme binaire doit s'annuler au moins 2D fois, d'où l'on conclurait, comme plus haut, qu'il est identiquement nul.

La forme H se réduit donc à un carré; donc, comme elle doit être égale à

$$B\,\delta f_1\,\delta f'_1$$

pour tous les points d'une solution périodique, elle devrait s'annuler pour tous ces points.

Le même raisonnement montrerait encore qu'elle est identiquement nulle.

En résumé, au moins pour le cas particulier du problème restreint, il n'y a pas d'autre invariant quadratique que celui qui est connu.

CHAPITRE XXVI.

STABILITÉ A LA POISSON.

Diverses définitions de la stabilité.

290. Le mot *stabilité* a été entendu sous les sens les plus différents, et la différence de ces divers sens deviendra manifeste si l'on se rappelle l'histoire de la Science.

Lagrange a démontré qu'en négligeant les carrés des masses, les grands axes des orbites demeurent invariables. Il voulait dire par là qu'avec ce degré d'approximation les grands axes peuvent se développer en séries dont les termes sont de la forme

$$A \sin(\alpha t + \beta),$$

A, α et β étant des constantes.

Il en résulte que, si ces séries sont uniformément convergentes, les grands axes demeurent compris entre certaines limites : le système des astres ne peut donc pas passer par toutes les situations compatibles avec les intégrales des forces vives et des aires, et de plus il repassera une infinité de fois aussi près que l'on voudra de sa situation initiale.

C'est la stabilité complète.

Poussant plus loin l'approximation, Poisson a annoncé ensuite que la stabilité subsiste quand on tient compte des carrés des masses et qu'on en néglige les cubes.

Mais cela n'avait pas le même sens.

Il voulait dire que les grands axes peuvent se développer en séries contenant non seulement des termes de la forme

$$A \sin(\alpha t + \beta),$$

mais des termes de la forme

$$At \sin(nt + \beta).$$

La valeur du grand axe éprouve alors de continuelles oscillations, mais rien ne prouve que l'amplitude de ces oscillations ne croît pas indéfiniment avec le temps.

Nous pouvons affirmer que le système repassera toujours une infinité de fois aussi près qu'on voudra de sa situation initiale; mais non qu'il ne s'en éloignera pas beaucoup.

Le mot de *stabilité* n'a donc pas le même sens pour Lagrange et pour Poisson.

Encore convient-il d'observer que les théorèmes de Lagrange et de Poisson comportent une importante exception : ils ne sont plus vrais si le rapport des moyens mouvements est commensurable.

Les deux géomètres n'en concluent pas moins à la stabilité parce qu'il est *infiniment peu probable* que ce rapport soit exactement commensurable.

Il y a donc lieu de définir exactement la stabilité.

Pour qu'il y ait stabilité complète dans le problème des trois corps, il faut trois conditions :

1° Qu'aucun des trois corps ne puisse s'éloigner indéfiniment;

2° Que deux des corps ne puissent se choquer et que la distance de ces deux corps ne puisse descendre au-dessous d'une certaine limite;

3° Que le système vienne repasser une infinité de fois aussi près que l'on veut de sa situation initiale.

Si la troisième condition est seule remplie, sans que l'on sache si les deux premières le sont, je dirai qu'il y a seulement *stabilité à la Poisson*.

Il y a un cas où, depuis longtemps, on a démontré que la première condition est remplie. Nous allons voir que la troisième l'est également. Quant à la deuxième, je ne puis rien dire.

Ce cas est celui du problème du n° 9, où l'on suppose que les trois corps se meuvent dans un même plan, que la masse du troisième est nulle, que les deux premiers décrivent des circonférences concentriques autour de leur centre de gravité commun. C'est ce que j'appellerai, pour abréger, le *problème restreint*.

Mouvement d'un liquide.

291. Pour mieux faire comprendre le principe de la démonstration je vais d'abord prendre un exemple simple.

Considérons un liquide enfermé dans un vase de forme invariable et qu'il remplit complètement. Soient x, y, z les coordonnées d'une molécule liquide, u, v, w les composantes de sa vitesse, de telle façon que les équations du mouvement s'écrivent

$$(1) \qquad \frac{dx}{u} = \frac{dy}{v} = \frac{dz}{w} = dt.$$

Les composantes u, v, w sont des fonctions que je suppose données de x, y, z et t.

Je supposerai le mouvement permanent de telle façon que u, v, w ne dépendent que de x, y et z.

Comme le liquide est incompressible, on aura

$$\frac{du}{dx} + \frac{dv}{dy} + \frac{dw}{dz} = 0.$$

En d'autres termes, le volume

$$\int dx\, dy\, dz$$

est un invariant intégral.

Étudions la trajectoire d'une molécule quelconque ; je dis que cette molécule repassera une infinité de fois aussi près que l'on voudra de sa position initiale. Plus exactement, soit U un volume quelconque intérieur au vase et aussi petit que l'on voudra ; je dis qu'il y aura des molécules qui traverseront une infinité de fois ce volume.

Soit U_0 un volume quelconque intérieur au vase ; les molécules liquides qui remplissent ce volume à l'instant o rempliront à l'instant τ un certain volume U_1, à l'instant 2τ un certain volume $U_2, \ldots,$ à l'instant $n\tau$ un certain volume U_n.

L'incompressibilité du liquide ou, ce qui revient au même, l'existence de l'invariant intégral nous montre que tous les volumes

$$U_0, \quad U_1, \quad U_2, \quad \ldots, \quad U_n$$

sont égaux entre eux.

Soit V le volume total du vase, si

$$V < (n+1)U_0,$$

on aura

$$V < U_0 + U_1 + U_2 + \ldots + U_n.$$

Il est donc impossible que tous ces volumes U_0, U_1, ..., U_n soient tous extérieurs les uns aux autres; il faut que deux au moins d'entre eux, U_i et U_k, par exemple, aient une partie commune.

Je dis que, si U_i et U_k ont une partie commune, il en sera de même de U_0 et U_{k-i} (en supposant par exemple $k > i$). Soit en effet M un point commun à U_i et à U_k; la molécule qui est au point M à l'instant $i\tau$ est à l'instant o en un point M_0 appartenant à U_0, puisque le point M appartient à U_i.

De même la molécule qui est au point M à l'instant $k\tau$ est à l'instant $(k-i)\tau$ au point M_0, puisque le mouvement est permanent; elle est, d'autre part, à l'instant o, en un point M_1 appartenant à U_0 puisque M appartient à U_k et nous devons en conclure en outre que M_0 appartient à U_{k-i}.

Donc U_{k-i} et U_0 ont des points communs.   C. Q. F. D.

On peut donc choisir le nombre α de telle sorte que U_0 et U_α aient une partie commune.

Soit U_0' cette partie commune, et formons U_1', U_2', ... avec U_0' comme nous avons formé U_1, U_2, ... avec U_0. Nous pourrons trouver un nombre β tel que U_0' et U_β' aient une partie commune.

Soit U_0'' cette partie commune.

Nous pourrons trouver un nombre γ tel que U_0'' et U_γ'' aient une partie commune.

Et ainsi de suite.

Il résulte de là que U_0'' fait partie de U_0', U_0'' de U_0', U_0''' de U_0'', ...
En général, U_0^{p+1} fera partie de U_0^p. Quand le nombre p croît indéfiniment, le volume U_0^p devient donc de plus en plus petit.

D'après un théorème bien connu, il y aura au moins un point, peut-être plusieurs, peut-être une infinité qui appartiendront à la fois à U_0, à U'_a, à U''_a, ..., et à $U_a^{(p)}$, quelque grand que soit p.

Cet ensemble de points que j'appelle E sera en quelque sorte la limite vers laquelle tend le volume $U_a^{(p)}$, quand p croit indéfiniment.

Il pourra se composer de points isolés; mais il pourra en être autrement; il pourra arriver, par exemple, que E soit une région de l'espace de volume fini.

Une molécule qui sera à l'intérieur de U_a, et, par conséquent, de U_a à l'époque zéro, sera à l'intérieur de U_0 à l'époque $-\alpha\tau$.

Une molécule qui sera à l'intérieur de U'_a, et, par conséquent, de U'_a à l'époque zéro, sera à l'intérieur de U_a à l'époque $-\beta\tau$ et, par conséquent, à l'intérieur de U_0 à l'époque $-(\alpha+\beta)\tau$.

Une molécule qui sera à l'intérieur de U''_a à l'époque zéro, sera à l'intérieur de U'_a à l'époque $-\gamma\tau$, à l'intérieur de U_a à l'époque $-(\beta+\gamma)\tau$ et à l'intérieur de U_0 à l'époque $-(\alpha+\beta+\gamma)\tau$.

Comme U''_a, U'_a, U_0 font partie de U_a, cette molécule sera à quatre époques différentes (multiples de τ) à l'intérieur de U_a.

De même, et plus généralement, une molécule qui se trouvera à l'intérieur de $U_a^{(p)}$ à l'époque zéro, se sera trouvée à p époques différentes antérieures (qui seront égales à des multiples négatifs de τ) à l'intérieur de U_a.

Et comme E fait partie de $U_a^{(p)}$, quelque grand que soit p, il en résulte qu'une molécule, qui, à l'époque zéro, fait partie de E, traverse U_a à une infinité d'époques différentes, toutes égales à un multiple négatif de τ.

Il y a donc des molécules qui traversent le volume U_a une infinité de fois, et cela quelque petit que soit ce volume.

C. Q. F. D.

Les équations

$$\frac{dx}{u} = \frac{dy}{v} = \frac{dz}{w} = dt$$

deviennent

$$\frac{dx}{-u} = \frac{dy}{-v} = \frac{dz}{-w} = dt,$$

quand on change t en $-t$; elles conservent donc la même forme.

En conséquence, de même que nous venons de démontrer qu'il y a des molécules qui traversent U_a une infinité de fois *avant l'époque zéro*, nous aurions pu démontrer qu'il y des molécules qui traversent U_0 une infinité de fois *après l'époque zéro*.

Le raisonnement qui précède nous fait connaître les époques où U_0 est traversé par une molécule qui, à l'époque zéro, fait partie de E.

Étant à l'intérieur de E et, par conséquent, de U'_0 et de U_α à l'époque zéro, elle sera à l'intérieur de U_0 à l'époque

$$- \alpha\tau,$$

Étant à l'intérieur de E et, par conséquent, de U''_0 et de U_β à l'époque zéro, elle sera à l'intérieur de U'_0 et de U_α à l'époque

$$- \beta\tau,$$

et à l'intérieur de U_0 à l'époque

$$-(\alpha + \beta)\tau.$$

Elle sera donc à l'intérieur de U_0 aux deux époques $- \beta\tau$ et $-(\alpha + \beta)\tau$.

Comme elle fait partie de E et de U'''_0 à l'époque zéro, elle fera partie de U''_0 à l'époque $- \gamma\tau$, de U'_0 à l'époque $-(\beta + \gamma)\tau$, de U_0 à l'époque $-(\alpha + \beta + \gamma)\tau$, de sorte qu'elle traversera U_0 aux trois époques

$$- \gamma\tau, \quad -(\beta + \gamma)\tau, \quad -(\alpha + \beta + \gamma)\tau.$$

A l'époque $- \gamma\tau$ elle fait partie de U''_0 et, par conséquent, de U'_0 et de U_α ; à l'époque

$$-(\alpha + \gamma)\tau$$

elle fera donc encore partie de U_0.

En résumé, cette molécule devra traverser U_0 aux diverses époques

$$
\begin{array}{llll}
- \alpha\tau, & - \beta\tau, & - \gamma\tau, & \ldots, \\
-(\alpha + \beta)\tau, & -(\beta + \gamma)\tau, & -(\alpha + \gamma)\tau, & \ldots, \\
-(\alpha + \beta + \gamma)\tau, & \ldots\ldots & \ldots\ldots & \ldots, \\
\ldots\ldots & \ldots\ldots & \ldots\ldots & \ldots,
\end{array}
$$

le coefficient de $- \tau$ étant ainsi une combinaison quelconque des nombres α, β, γ, ...

Quelles sont maintenant, parmi toutes ces époques, celles où la

H. P. — III.   10

molécule sera non seulement à l'intérieur de U_0, mais à l'intérieur de U_0'.

Il est aisé de voir qu'il suffit de prendre les combinaisons où n'entre pas le nombre 2.

Les époques où la molécule sera à l'intérieur de U_0'' correspondront de même aux combinaisons où n'entrent ni le nombre α, ni le nombre β.

292. Reprenons les volumes

$$(1) \qquad U_0, \quad U_1, \quad U_2, \quad \ldots, \quad U_n.$$

Je conviendrai de dire, pour abréger le langage, que chacun d'eux est le *conséquent* de celui qui est placé avant lui dans la suite (1) et l'*antécédent* de celui qui est placé après lui.

De même, U_2, U_3 seront le deuxième, le troisième conséquent de U_0.

Je puis prolonger la suite (1), au delà de U_n, en construisant les conséquents successifs de U_n

$$U_{n+1}, \quad U_{n+2}, \quad \ldots.$$

Je puis également la prolonger vers la gauche et construire les antécédents successifs de U_0

$$U_{-1}, \quad U_{-2}, \quad \ldots.$$

de telle sorte que les molécules qui sont dans U_0, à l'époque zéro, sont dans U_{-1} à l'époque $-\tau$ et dans U_{-2} à l'époque -2τ.

Cela posé, si je désigne toujours par V le volume total du vase et par k un entier quelconque; si l'on a

$$kV < (n+1)U_0,$$

il y aura des points qui feront partie à la fois de $k+1$ volumes de la série (1).

En effet, la somme des volumes de la série (1) est égale à $(n+1)U_0$; si aucun point ne pouvait faire partie à la fois de plus de k de ces volumes, cette somme devrait être plus petite que kV.

Nous pourrons donc trouver dans la série (1) $k+1$ volumes

$$U_{x_0}, \quad U_{x_1}, \quad U_{x_2}, \quad \ldots, \quad U_{x_k},$$

qui auront une partie commune.

J'en déduis que les $k+1$ volumes

$$U_0, \quad U_{x_1-x_0}, \quad U_{x_2-x_0}, \quad \ldots \quad U_{x_k-x_0}$$

ont une partie commune.

Soit, par exemple, $k=2$,

$$2V < (n+1)U_2,$$

on pourra trouver trois volumes

$$U_\alpha, \quad U_\beta, \quad U_\gamma$$

qui auront une partie commune; les indices α, β, γ satisfaisant aux conditions

$$0 \leq \alpha \leq n; \quad 0 \leq \beta \leq n; \quad 0 \leq \gamma \leq n; \quad \alpha < \beta < \gamma.$$

On en déduit que les trois volumes

$$U_\alpha, \quad U_{\beta-\alpha}, \quad U_{\gamma-\alpha}$$

ont une partie commune, et qu'il en est de même des trois volumes

$$U_{\alpha-\beta}, \quad U_0, \quad U_{\gamma-\beta}$$

ou des trois volumes

$$U_{\alpha-\gamma}, \quad U_{\beta-\gamma}, \quad U_0.$$

293. Nous avons vu plus haut qu'il y a des molécules qui traversent U_0 une infinité de fois *avant l'époque zéro*, et d'autres qui traversent U_0 une infinité de fois *après l'époque zéro*. Je me propose d'établir qu'il y en a qui traversent U_0 une infinité de fois, *tant avant qu'après l'époque zéro*.

Soit U_a un volume quelconque; d'après le numéro précédent nous pouvons toujours trouver deux nombres a et α, le premier négatif, le second positif et tels que les trois volumes

$$U_a, \quad U_0, \quad U_\alpha$$

aient une partie commune. Soit U'_0 cette partie commune.

Toute molécule qui sera dans U'_0 à l'époque zéro, sera dans U_0 aux trois époques

$$-\alpha\tau, \quad 0, \quad -a\tau.$$

De ces trois époques, la première est négative, la dernière positive.

Notre molécule traversera donc U_0 au moins une fois avant l'époque zéro et au moins une fois après cette époque.

Opérant ensuite sur U_0^τ comme sur U_0, nous trouverons deux nombres b et β, le premier négatif, le second positif et tels que les trois volumes

$$U_b^\tau, \quad U_0^\tau, \quad U_\beta^\tau$$

aient une partie commune. Soit $U_0^{\tau'}$ cette partie commune.

Toute molécule qui sera dans U_0^τ à l'époque zéro sera dans U_0 aux trois époques

$$-\alpha\tau, \quad 0, \quad -a\tau,$$

et, par conséquent, dans U_0 aux cinq époques

$$-(\alpha+\beta)\tau, \quad -\beta\tau, \quad 0, \quad -b\tau, \quad -(a+b)\tau.$$

De ces époques les deux premières sont négatives, les deux dernières positives.

Toute molécule qui sera dans U_0^τ à l'époque 0, traversera U_0 au moins deux fois avant l'époque zéro, et au moins deux fois après cette époque.

Et ainsi de suite.

On formerait $U_0^{\tau''}$ avec $U_0^{\tau'}$, $U_0^{\tau'''}$ avec $U_0^{\tau''}$, et l'on verrait que toute molécule qui sera dans $U_0^{(p)}$ à l'époque 0, traverse U_0 au moins p fois avant l'époque zéro et au moins p fois après cette époque.

Mais U_0^τ fait partie de U_0, U_0^τ de U_0^τ, et ainsi de suite. Il y aura donc un ensemble de points E (comprenant au moins un point) et qui fera partie à la fois de tous les volumes $U_0^{(p)}$ quel que soit p.

Toute molécule qui, à l'époque zéro, sera à l'intérieur de E sera donc également à l'intérieur de

$$U_0, \quad U_0^\tau, \quad U_0^{\tau'}, \quad \ldots, \quad U_0^{(p)}, \quad ad \; inf.$$

puisque E fait partie de tous ces volumes.

Elle traversera donc U_0 une infinité de fois avant l'époque 0, et une infinité de fois après cette époque.

Il existe donc des molécules qui traversent U_0 une infinité de fois tant avant qu'après l'époque zéro.   C. Q. F. D.

294. L'ensemble E, tel qu'il a été défini dans le n° 291 (de même que l'ensemble E considéré dans le numéro précédent), peut se composer d'un seul point (quoique, bien entendu, il y ait toujours une infinité de molécules qui traversent U_0 une infinité de fois).

Il peut se composer d'un nombre fini de points ou d'un nombre infini de points discrets.

On pourrait aussi supposer que cet ensemble E possède un volume fini; voyons quelles seraient les conséquences de cette hypothèse. Raisonnons sur l'ensemble E défini dans le n° 291.

Je considère la suite des nombres entiers

$$\alpha, \quad \beta, \quad \ldots$$

définis dans ce numéro et je dis que l'on a

$$\beta \geq \alpha.$$

En effet, U_β est le premier des conséquents de U_α qui a une partie commune avec U_0.

U_β est le premier des conséquents de U_β qui a une partie commune avec U_0.

Mais U_α fait partie de U_0, et U_β de U_β. Si donc U_β a une partie commune avec U_0, c'est que U_β est un des conséquents de U_0 qui a une partie commune avec U_0. Cela entraîne l'inégalité

$$\alpha \leq \beta.$$

On trouverait de même

$$\beta \leq \gamma \leq \delta \leq \ldots.$$

Les nombres α, β, γ, δ, ... vont donc toujours en croissant, ou, du moins, ne décroissent jamais.

D'autre part, nous avons, d'après le n° 291,

$$1 + \alpha < \frac{V}{U_0}; \quad 1 + \beta < \frac{V}{U_0}; \quad 1 + \gamma < \frac{V}{U_0}.$$

On a évidemment

$$U_0 > U_\beta > U_\gamma > \ldots.$$

et, si E a un volume fini que j'appelle aussi E, il vient, quel que soit p,

$$E < U_0^p$$

puisque E fait partie de U_0^p.

Les nombres α, β, γ, ... sont donc tous plus petits que

$$\frac{V}{E} - 1.$$

Ils ne peuvent donc croître au delà de toute limite et nous pouvons conclure que, dans la suite des nombres α, β, ..., à partir d'un certain rang, tous les termes sont égaux entre eux.

Supposons qu'à partir du p^e rang, tous ces termes soient égaux à λ.

Alors $U_0^{(p)}$ et $U_\lambda^{(p)}$ auront une partie commune qui sera $U_0^{(p+1)}$, $U_0^{(p+1)}$ et $U_\lambda^{(p+1)}$ auront une partie commune qui sera $U_0^{(p+2)}$ et ainsi de suite.

Soit E_λ le λ^e conséquent de E.

E est l'ensemble des points qui font partie à la fois de U_0, U_0', U_0'', ..., $ad\ inf.$; E_λ sera l'ensemble des points qui font partie à la fois de U_λ, U_λ', U_λ'', ...; je pourrais dire aussi que E est l'ensemble des points qui font partie à la fois de

$$(1) \qquad U_0^{(p+1)}, \quad U_0^{(p+2)}, \quad \ldots$$

puisque chacune des régions U_0, U_0', ... n'est qu'une portion de la précédente. De même E_λ est l'ensemble des points qui font partie à la fois de

$$(2) \qquad U_\lambda^{(p)}, \quad U_\lambda^{(p+1)}, \quad \ldots$$

Mais $U_0^{(p+1)}$ est une partie de $U_\lambda^{(p)}$, $U_0^{(p+2)}$ est une partie de $U_\lambda^{(p+1)}$, ...; chaque terme de la série (2) est une partie du terme correspondant de la série (1). Donc E est une partie de E_λ ou coïncide avec E_λ.

Or, nous avons supposé que E était une certaine région de l'espace ayant un volume fini. Le fluide étant incompressible, son λ^e conséquent E_λ devra être aussi une certaine région de l'espace ayant le *même* volume. E ne peut donc être une partie de E_λ. Donc E et E_λ coïncide.

Si donc on suppose que E soit une certaine région de l'espace ayant un volume fini, il faut admettre que E coïncide avec l'un de ses conséquents.

295. Voici quelques théorèmes qui sont presque évidents et

que je me borne à énoncer. Soient

$$U_{z_1}, \quad U_{z_2}, \quad \ldots, \quad U_{z_\mu}, \quad \ldots,$$

ceux des conséquents de U_0 qui ont une partie commune avec U_0; les nombres z_μ sont rangés par ordre de grandeur croissante; on aura

$$1 + z_\mu \lessgtr \mu \frac{V}{U}.$$

Soient ensuite

$$U_{\gamma_1}, \quad U_{\gamma_2}, \quad \ldots, \quad U_{\gamma_p},$$

μ conséquents de U_0, ayant une partie commune entre eux et avec U_0. Je choisis ces nombres γ de façon que γ_μ soit aussi petit que possible; on aura

$$1 + z_\mu \lessgtr 1 + \gamma_\mu \lessgtr \mu \frac{V}{U}.$$

Si nous reprenons les notations du n° **291**, et que nous désignions par U_α le premier conséquent qui ait une partie commune avec U_0, par U'_0 cette partie commune, par U_β le premier conséquent de U'_0 qui ait une partie commune avec U''_0; je dis que, si β n'est pas égal à α, on aura

$$\beta \gtrless z\alpha;$$

et, en effet, $U_{\beta-\alpha}$ aura une partie commune avec U_0.

Probabilités.

296. Nous avons vu au n° **291** qu'il y a des molécules qui traversent U_0 une infinité de fois. D'autre part, en général, il y en a d'autres qui ne traversent U_0 qu'un nombre fini de fois. Je me propose de montrer que ces dernières doivent être regardées comme exceptionnelles ou, pour préciser davantage, que la *probabilité* pour qu'une molécule ne traverse U_0 qu'un nombre fini de fois est infiniment petite, *si l'on admet* que cette molécule est à l'intérieur de U_0 à l'origine du temps. Mais il faut d'abord que j'explique le sens que j'attache au mot *probabilité*. Soit $\varphi(x, y, z)$ une fonction quelconque positive des trois coordonnées x, y, z; je conviendrai de dire que la probabilité pour qu'à l'instant $t = 0$

une molécule se trouve à l'intérieur d'un certain volume est proportionnelle à l'intégrale

$$I = \int \varphi(x, y, z)\, dx\, dy\, dz$$

étendue à ce volume. Elle est égale, par conséquent, à l'intégrale I divisée par la même intégrale étendue au vase V tout entier.

Nous pouvons choisir arbitrairement la fonction φ, et la probabilité se trouve ainsi complètement définie; comme la trajectoire d'une molécule ne dépend que de sa position initiale, la probabilité pour qu'une molécule se comporte de telle ou telle manière est une quantité entièrement définie dès qu'on a choisi la fonction φ.

Cela posé, je prendrai d'abord tout simplement $\varphi = 1$, et je chercherai la probabilité p pour qu'une molécule ne traverse pas plus de k fois la région U_0 entre l'époque $-n\tau$ et l'époque zéro.

Soit donc τ_0 une région faisant partie de U_0 et définie par la propriété suivante. Toute molécule qui à l'origine du temps sera à l'intérieur de τ_0 ne traversera pas U_0 plus de k fois entre les époques $-n\tau$ et o.

Si nous admettons que notre molécule est à l'intérieur de U_0 à l'époque zéro, la probabilité cherchée sera

$$(1) \qquad\qquad p = \frac{\tau_0}{U_0}.$$

Soient

$$\tau_1,\ \tau_2,\ \ldots,\ \tau_n$$

les n premiers conséquents de τ_0. Il ne pourra pas y avoir de région commune à plus de k des $n+1$ régions

$$\tau_0,\ \tau_1,\ \tau_2,\ \ldots,\ \tau_n.$$

sans quoi, toute molécule qui, à l'époque zéro, se trouverait dans cette région commune traverserait τ_0 et, par conséquent, U_0 plus de k fois entre les époques $-n\tau$ et o.

On a donc

$$(n+1)\tau_0 < kV,$$

et, par conséquent,

$$p < \frac{kV}{(n+1)U_0}.$$

Quelque petit que soit U_0, quelque grand que soit k, on pourra toujours prendre n assez grand pour que le second membre de cette inégalité soit aussi petit que l'on veut. Donc, quand n tend vers l'infini, p tend vers zéro.

Donc, la probabilité pour qu'une molécule qui, à l'origine du temps, se trouve dans la région U_0 ne traverse pas cette région plus de k fois entre les époques $-\infty$ et 0, cette probabilité, dis-je, est infiniment petite.

De même, est infiniment petite la probabilité pour que cette molécule ne traverse pas cette région plus de k fois entre les époques 0 et $+\infty$.

Faisons maintenant $n = k^3 + x$. La probabilité pour que notre molécule ne traverse pas U_0 plus de k fois, entre les époques $-(k^3 + x)\tau$ et 0, sera plus petite que

$$\frac{kV}{(k^3 + x + 1)U_0}.$$

Elle tend donc vers zéro quand k croît indéfiniment.

La probabilité P pour que notre molécule ne traverse pas U_0 une infinité de fois, entre les époques $-\infty$ et 0, est donc infiniment petite.

Et, en effet, cette probabilité P est la somme des probabilités pour que la molécule traverse U_0 une fois seulement, pour qu'elle traverse U_0 deux fois et deux fois seulement, pour qu'elle traverse U_0 trois fois et trois fois seulement, etc.

Or, la probabilité pour que la molécule traverse U_0 k fois et k fois seulement, entre les époques $-\infty$ et 0, est évidemment plus petite que la probabilité pour qu'elle traverse U_0 k fois ou moins de k fois entre les époques $-(k^3 + x)\tau$ et 0, plus petite par conséquent que

$$\frac{kV}{(k^3 + x + 1)U_0}.$$

La probabilité totale P est donc plus petite que

$$P < \frac{V}{(x+2)U_0} + \frac{2V}{(x+9)U_0} + \dots + \frac{kV}{(k^3 + x + 1)U_0} + \dots.$$

La série du second membre est uniformément convergente. Chacun des termes tend vers zéro quand x tend vers l'infini. Donc la somme de la série tend vers zéro. Donc P est infiniment petit.

De même, est infiniment petite la probabilité pour que notre molécule ne traverse pas U_0 une infinité de fois entre les époques o et $+ \infty$.

Les mêmes résultats subsistent quand, au lieu de prendre $\varphi = 1$, on fait tout autre choix pour la fonction φ.

L'égalité (1) doit alors être remplacée par la suivante

$$ P = \frac{J(\tau_0)}{J(U_0)}, $$

où $J(\tau_0)$ et $J(U_0)$ désignent l'intégrale J étendue respectivement aux régions τ_0 et U_0.

Je suppose que la fonction φ est continue; par conséquent elle ne devient pas infinie; et je puis lui assigner une limite supérieure μ; on aura alors

$$ J(\tau_0) < \mu \tau_0, $$

et puisque

$$ (n+1)(\tau_0) < kV, $$

on en déduira

$$ P < \frac{\mu k V}{(n+1)J(U_0)}. $$

Quelque petit que soit $J(U_0)$, quelque grand que soit k, on pourra toujours prendre n assez grand pour que le second membre de cette inégalité soit aussi petit que l'on veut. Nous retombons donc sur les mêmes résultats *qui sont ainsi indépendants du choix de la fonction φ.*

En résumé, les molécules qui ne traversent U_0 qu'un nombre fini de fois sont exceptionnelles au même titre que les nombres commensurables qui ne sont qu'une exception dans la série des nombres, pendant que les nombres incommensurables sont la règle.

Si donc Poisson a cru pouvoir répondre affirmativement à la question de la stabilité telle qu'il l'avait posée, bien qu'il eût exclu les cas où le rapport des moyens mouvements est commensurable, nous aurons de même le droit de regarder comme démontrée la stabilité telle que nous la définissons, bien que nous soyons forcés d'exclure les molécules exceptionnelles dont nous venons de parler.

J'ajouterai que l'existence des solutions asymptotiques prouve suffisamment que ces molécules exceptionnelles existent réellement.

Extension des résultats précédents.

297. Jusqu'ici nous nous sommes bornés à un cas très particulier, celui d'un liquide incompressible enfermé dans un vase, c'est-à-dire, pour parler le langage analytique, celui des équations

$$\frac{dx}{X} = \frac{dy}{Y} = \frac{dz}{Z},$$

où X, Y, Z sont trois fonctions liées entre elles par la relation

$$\frac{dX}{dx} + \frac{dY}{dy} + \frac{dX}{dz} = 0$$

et telles qu'en tous les points d'une surface fermée (celle du vase) on ait

$$lX + mY + nZ = 0,$$

l, m, n étant les cosinus directeurs de la normale à cette surface fermée.

Mais tous les résultats précédents sont encore vrais dans des cas beaucoup plus étendus sans qu'il y ait rien à y changer, non plus qu'aux raisonnements qui y conduisent.

Soient n variables $x_1, x_2, \ldots, x_n$, satisfaisant aux équations différentielles

$$(1) \qquad pt = \frac{dx_1}{X_1} = \frac{dx_2}{X_2} = \ldots = \frac{dx_n}{X_n},$$

où $X_1, X_2, \ldots, X_n$ sont n fonctions uniformes quelconques, satisfaisant à la condition

$$\frac{dMX_1}{dx_1} + \frac{dMX_2}{dx_2} + \ldots + \frac{dMX_n}{dx_n} = 0,$$

de telle façon que les équations (1) admettent l'invariant intégral

$$(2) \qquad \int M\, dx_1\, dx_2 \ldots dx_n.$$

Je suppose de plus que M est positif; nous dirons alors que les équations (1) admettent un invariant intégral positif.

Je suppose encore que les équations (1) soient telles que si le point $(x_1, x_2, \ldots, x_n)$ se trouve à l'origine du temps à l'intérieur d'un certain domaine V (qui joue le même rôle que jouait tout à l'heure le vase où le liquide est enfermé) il restera indéfiniment à l'intérieur de ce domaine.

Je suppose enfin que l'intégrale

$$\int M\, dx_1\, dx_2 \ldots\, dx_n$$

étendue à ce domaine est finie.

Dans ces conditions, si l'on considère un domaine U_0 contenu dans V, on pourra choisir d'une infinité de manières la position initiale du point $(x_1, x_2, \ldots, x_n)$ de telle sorte que ce point traverse une infinité de fois ce domaine U_0. Si ce choix de la position initiale est fait au hasard à l'intérieur de U_0, la probabilité pour que le point $(x_1, x_2, \ldots, x_n)$ ne traverse pas une infinité de fois le domaine U_0 sera infiniment petite.

En d'autres termes, si les circonstances initiales ne sont pas exceptionnelles, au sens que j'ai donné plus haut à ce mot, le point $(x_1, x_2, \ldots, x_n)$ repassera une infinité de fois aussi près que l'on voudra de sa position initiale.

Il n'y a d'ailleurs rien à changer aux démonstrations qui précèdent. Nous retrouverons, par exemple, l'inégalité

$$V < (n+1)U_0,$$

où V et U_0 désigneront l'intégrale (2) étendue respectivement aux domaines V et U_0.

Nous pourrons en déduire les mêmes conséquences; en effet, l'intégrale (2) étant par hypothèse essentiellement positive jouira de la même propriété que le volume, à savoir qu'étendue à un domaine tout entier, elle sera plus grande qu'étendue seulement à une partie de ce domaine.

298. Comment verrons-nous maintenant s'il existe un domaine V tel que le point $(x_1, x_2, \ldots, x_n)$ reste toujours à l'intérieur de ce domaine s'il y est à l'origine des temps.

Supposons que les équations (1) admettent une intégrale

$$F(x_1, x_2, \ldots, x_6) = \text{const.}$$

Considérons le domaine V défini par les inégalités

$$h < F < h',$$

où h et h' sont deux constantes quelconques, aussi rapprochées qu'on le voudra.

Il est clair que si ces inégalités sont satisfaites à l'origine des temps, elles le seront toujours. Le domaine V satisfait donc bien aux conditions proposées.

Application au problème restreint.

209. Nous allons appliquer ces principes au problème restreint du n° 9; une masse nulle, mouvement des deux autres masses circulaire, inclinaison nulle. Si nous rapportons la masse nulle dont nous étudions le mouvement à deux axes mobiles tournant, autour du centre de gravité commun des deux autres masses, avec une vitesse angulaire constante n égale à celle de ces deux autres masses; si nous désignons par ξ, η les coordonnées de la masse nulle par rapport aux deux axes mobiles, et par V la fonction des forces, les équations du mouvement s'écriront

$$\frac{d\xi}{dt} = \xi', \qquad \frac{d\eta}{dt} = \eta',$$

$$(1) \qquad \frac{d\xi'}{dt} = 2n\eta' + n^2\xi + \frac{dV}{d\xi},$$

$$\frac{d\eta'}{dt} = -2n\xi' + n^2\eta + \frac{dV}{d\eta},$$

et l'on voit tout de suite qu'elles admettent un invariant intégral positif

$$(2) \qquad \int d\xi \, d\eta \, d\xi' \, d\eta'.$$

D'autre part, elles admettent l'intégrale de Jacobi

$$(3) \qquad \frac{\xi'^2 + \eta'^2}{2} = V + \frac{n^2}{2}(\xi^2 + \eta^2) + h,$$

h étant une constante.

Comme $\xi'^2 + \eta'^2$ est essentiellement positif, on doit avoir

$$(4) \qquad\qquad V + \frac{n^2}{2}(\xi^2 + \eta^2) > -h.$$

Nous sommes donc conduits à construire les courbes

$$V + \frac{n^2}{2}(\xi^2 + \eta^2) = \text{const.}$$

Le premier membre de la relation (4) est essentiellement positif, car nous avons

$$V = \frac{m_1}{r_1} + \frac{m_2}{r_2},$$

où m_1 et m_2 sont les masses des deux corps principaux, r_1 et r_2 leurs distances à la masse nulle. Le premier membre de (4) devient infini pour $r_1 = 0$, pour $r_2 = 0$ ainsi qu'à l'infini; il doit donc avoir *au moins* un minimum et deux points où ses deux dérivées premières s'annulent sans qu'il y ait ni maximum, ni minimum.

Plus généralement, s'il y a n minima ou maxima relatifs il y aura $n+1$ points où les deux dérivés s'annulent sans qu'il y ait ni maximum ni minimum.

Mais il est évident que ces points où les deux dérivées s'annulent correspondent à ces solutions particulières du problème des trois corps que Laplace a étudiées dans le Chapitre VI du Livre X de sa *Mécanique céleste*.

Or on obtient deux de ces points, en construisant sur $m_1 m_2$ un triangle équilatéral, soit au-dessus, soit au-dessous de la droite $m_1 m_2$ que nous prenons pour axe des ξ. Le troisième sommet de ce triangle est une des solutions de la question.

Tous les autres points satisfaisant à la question sont sur l'axe des ξ. Or il est aisé de voir que le premier membre de (4), quand ξ varie de $-\infty$ à $+\infty$, présente trois minima et trois seulement, le premier entre l'infini et la masse m_1, le second entre les deux masses m_1 et m_2, le troisième entre l'infini et la masse m_2.

En effet la dérivée $\dfrac{dV}{d\xi} + n^2 \xi$ ne s'annule (pour $\eta = 0$) qu'une seule fois dans chacun de ces intervalles, puisqu'elle est la somme de trois termes qui sont tous croissants.

Les équations

$$\frac{dV}{d\xi} + n^2\xi = \frac{dV}{d\eta} - n^2\eta = 0$$

qui expriment que le premier membre de (4) a ses deux dérivées nulles, n'ont donc que cinq solutions, à savoir les points B_1 et B_2, sommets des triangles équilatéraux, les points A_1, A_2 et A_3 situés sur l'axe des ξ; nous supposerons que ces points s'y rencontrent dans l'ordre suivant

$$-\infty, \quad A_1, \quad m_1, \quad A_3, \quad m_2, \quad A_2, \quad +\infty.$$

Il reste à savoir quels sont ceux de ces points qui correspondent à un minimum, nous savons d'avance qu'il y en a deux.

Remarquons que si nous faisons varier d'une manière continue les deux masses m_1 et m_2, un quelconque des cinq points A et B correspondra toujours à un minimum ou n'y correspondra jamais. On ne pourrait, en effet, passer d'un cas à l'autre que si le hessien du premier membre de (4) s'annulait, c'est-à-dire si deux des points A et B se confondaient, ce qui n'arrivera jamais.

Il suffira donc d'examiner un cas particulier, par exemple celui où $m_1 = m_2$. Dans ce cas, la symétrie suffit pour nous avertir que les deux solutions A_1 et A_2 doivent être de même nature, de même que les deux solutions B_1 et B_2; ce sont donc A_1 et A_2 seulement, ou bien B_1 et B_2 seulement qui correspondent à un minimum. Donc A_3 ne correspond pas à un minimum.

On reconnaîtrait que A_3 ne correspond pas à un minimum.

Les deux minima correspondent donc à B_1 et B_2.

Supposons maintenant m_1 beaucoup plus petit que m_2, ce qui est le cas de la nature.

Pour des valeurs suffisamment grandes de $-h$, la courbe

$$V + \frac{n^2}{2}(\xi^2 + \eta^2) = -h$$

se composera de trois branches fermées C_1 entourant m_1, C_2 entourant m_2 et C_3 entourant C_1 et C_2. Pour des valeurs plus petites, elle comprendra deux branches fermées, C_1 entourant m_1 et m_2, C_2 entourant C_1.

Pour des valeurs plus petites encore, nous aurions une seule branche fermée laissant m_1 et m_2 en dehors, et entourant B_1 et B_2.

Enfin pour des valeurs encore plus petites, nous aurons deux courbes fermées symétriques l'une de l'autre entourant respectivement B_1 et B_2.

Ce que nous allons dire s'applique seulement aux deux premiers cas; nous laisserons donc de côté les deux derniers.

Dans le premier cas, l'ensemble des points satisfaisant à l'inégalité (4) se décompose en trois ensembles partiels : celui des points intérieurs à C_1, celui des points intérieurs à C_2, celui des points extérieurs à C_3.

Dans le deuxième cas, l'ensemble des points satisfaisant à (4) se décompose en deux ensembles partiels : celui des points intérieurs à C_1, celui des points extérieurs à C_2.

Ce que nous allons dire ne s'applique ni dans le premier cas à l'ensemble des points extérieurs à C_3, ni dans le deuxième à celui des points extérieurs à C_2.

Cela s'appliquera au contraire, dans le premier cas, à celui des points intérieurs à C_1 ou à celui des points intérieurs à C_2 et, dans le deuxième cas, à celui des points intérieurs à C_1.

Considérons, pour fixer les idées, le premier cas et l'ensemble des points intérieurs à C_1.

Nous prendrons alors comme domaine V le domaine défini par les inégalités

$$(5) \qquad +h+\varepsilon > \frac{\xi'^2+\eta'^2}{2} - V - \frac{n^2}{2}(\xi^2+\eta^2) > +h-\varepsilon.$$

Nous supposerons ε très petit et que h ait une valeur telle que nous soyons placés dans le premier cas; enfin, pour achever de définir le domaine V, nous assujettirons le point (ξ, η) à se trouver à l'intérieur de la courbe C_2.

Il est clair alors que, si le point (ξ, η, ξ', η') se trouve dans le domaine V à l'origine du temps, il y restera toujours.

Pour montrer que les résultats des paragraphes précédents sont applicables au cas qui nous occupe, il nous reste à faire voir que l'intégrale

$$(2) \qquad \int d\xi\, d\eta\, d\xi'\, d\eta'$$

étendue au domaine V est finie.

Comment cette intégrale pourrait-elle devenir infinie? La

courbe C_2 étant fermée, ξ et η, sont limités; l'intégrale ne peut donc devenir infinie que si ξ' et η' sont infinis. Mais, à cause des inégalités (5), ξ' et η' ne peuvent devenir infinis que si

$$V + \frac{n^2}{2}(\xi^2 + \eta^2)$$

devient infini, ou, puisque ξ et η sont limités, si V devient infini.

Or V devient infini pour $r_1 = 0$ et pour $r_2 = 0$. Mais, comme le point m_1 est extérieur à C_2, nous n'avons qu'à examiner le cas de

$$r_2 = 0.$$

Évaluons donc la portion de l'intégrale qui est voisine du point m_2. Si r_2 est très petit, $\xi^2 + \eta^2$ est sensiblement égal à $(O\,m_1)^2$, le terme $\frac{m_1}{r_1}$ est aussi sensiblement constant; de sorte que, si nous posons

$$h + \frac{n^2}{2}(\xi^2 + \eta^2) + \frac{m_1}{r_1} = H,$$

H pourra être regardée comme une constante.

Si alors nous posons

$$(\xi - O\,m_2) = r_2 \cos\omega, \quad \eta = r_2 \sin\omega; \qquad \xi' = \rho \cos\varphi, \quad \eta' = \rho \sin\varphi,$$

les inégalités (5) deviendront

$$(5\ bis)\qquad\qquad H + \varepsilon > \frac{\rho^2}{2} - \frac{m_1}{r_2} > H - \varepsilon$$

et l'intégrale (2) deviendra

$$(2\ bis)\qquad\qquad \int \rho\, r_2\, d\rho\, dr_2\, d\omega\, d\varphi.$$

Nous adjoindrons aux inégalités (5 bis) l'inégalité

$$r_2 < \alpha,$$

α étant très petit, puisque c'est la partie de l'intégrale voisine de m_2 qu'il s'agit d'évaluer et que l'autre partie est certainement finie.

Si nous intégrons d'abord par rapport à ω et à φ, l'intégrale (2 bis) deviendra

$$(2\ ter)\qquad\qquad 4\pi^2 \int \rho\, r_2\, d\rho\, dr_2.$$

H. P. — III.   11

Intégrons d'abord par rapport à ρ. Il faut calculer l'intégrale

$$\int \rho\, d\rho = \frac{\rho^2}{2},$$

prise entre les limites

$$\rho = \sqrt{2\left(H - \varepsilon - \frac{m_2}{r_2}\right)} \quad \text{et} \quad \rho = \sqrt{2\left(H - \varepsilon + \frac{m_2}{r_2}\right)},$$

ce qui donne ε.

L'intégrale ($2\ ter$) se réduit donc à

$$\tfrac{1}{4}\pi^2\varepsilon \int_0^\alpha r_2\, dr_2 = 2\pi^2\tfrac{1}{2}\varepsilon^2 ;$$

elle est donc finie.

Les théorèmes démontrés plus haut s'appliquent donc au cas qui nous occupe. La masse nulle repassera une infinité de fois aussi près que l'on voudra de sa position initiale, si l'on n'est pas placé dans certaines conditions initiales exceptionnelles dont la probabilité est infiniment petite.

Si donc, dans le problème restreint, on suppose que les conditions initiales soient telles que le point ξ, η doive rester à l'intérieur d'une courbe fermée C_1 ou C_2, la première des conditions de la stabilité telles qu'elles ont été définies au n° 290 se trouve remplie.

Mais de plus la troisième l'est également : il y a donc *stabilité à la Poisson*.

300. Le résultat serait évidemment le même quelle que soit la loi d'attraction.

Si, en effet, le mouvement d'un point matériel ξ, η est régi par les équations

$$\frac{d^2\xi}{dt^2} = \frac{dV}{d\xi}, \qquad \frac{d^2\eta}{dt^2} = \frac{dV}{d\eta}$$

ou dans le cas du mouvement relatif par les équations

$$\frac{d^2\xi}{dt^2} - 2n\frac{d\eta}{dt} = \frac{dV}{d\xi},$$

$$\frac{d^2\eta}{dt^2} + 2n\frac{d\xi}{dt} = \frac{dV}{d\eta},$$

de manière que l'intégrale des forces vives s'écrive

$$\frac{1}{2}\left[\left(\frac{d\xi}{dt}\right)^2 + \left(\frac{d\eta}{dt}\right)^2\right] - V = h$$

et si la fonction V et la constante h sont telles que les valeurs de ξ et de η restent limitées, il y aura stabilité à la Poisson.

Mais ce n'est pas tout, il en est encore de même dans un cas plus étendu.

Soient $x_1, x_2, \ldots, x_n$ les coordonnées de $\frac{n}{3}$ points matériels.

Soit V la fonction des forces dépendant de ces n variables.

Soient $m_1, m_2, \ldots, m_n$ les masses correspondantes, de telle façon que nous désignons indifféremment par m_1, m_2 ou par m_3 la masse du point matériel dont les coordonnées sont x_1, x_2 et x_3.

Les équations s'écriront

$$m_i\frac{d^2x_i}{dt^2} = \frac{dV}{dx_i}$$

et l'intégrale des forces vives s'écrira

$$\sum\frac{m_i}{2}\left(\frac{dx_i}{dt}\right)^2 = V + h.$$

Si la fonction V et la constante h sont telles que, en vertu de cette égalité, les coordonnées x_i soient limitées, il y aura stabilité à la Poisson.

En effet, ce qu'il s'agit de démontrer, c'est que l'invariant intégral

$$\int dx'_1\,dx'_2\ldots dx'_n\,dx_1\,dx_2\ldots dx_n \qquad \left(x'_i = \frac{dx_i}{dt}\right)$$

est fini quand l'intégration est étendue au domaine que j'ai appelé V et qui est défini par les inégalités

$$(1) \qquad V + h - \varepsilon < \sum\frac{m_i}{2}\left(\frac{dx_i}{dt}\right)^2 < V + h + \varepsilon.$$

Appelons A l'intégrale

$$\int dx'_1\,dx'_2\ldots dx'_n,$$

étendue au domaine défini par l'inégalité

$$\sum\frac{m_i}{2}\,x_i'^2 < 1.$$

La même intégrale étendue au domaine

$$\sum \frac{m_i}{2} x_i^2 < \mathrm{R}^2$$

sera évidemment

$$\mathrm{AR}^n.$$

Étendue au domaine défini par les inégalités (1), elle sera

$$\mathrm{A}\left[(\mathrm{V}+h-\varepsilon)^{\frac{n}{2}}-(\mathrm{V}+h-\varepsilon)^{\frac{n}{2}}\right],$$

ou, puisque ε est très petit,

$$n\mathrm{A}\varepsilon(\mathrm{V}+h)^{\frac{n}{2}-1}.$$

Notre invariant intégral est donc égal à

$$(2) \qquad n\mathrm{A}\varepsilon \int (\mathrm{V}+h)^{\frac{n}{2}-1}\, dx_1\, dx_2 \ldots dx_n,$$

l'intégration devant être étendue à tous les points tels que $\mathrm{V}+h$ soit positif.

D'après mon hypothèse, le domaine $\mathrm{V}+h > 0$ est limité.

Il sera alors aisé de reconnaître si l'intégrale (2) est finie ou infinie.

Elle sera toujours finie si $n = 2$; car alors l'exposant de $\mathrm{V}+h$ est nul.

Supposons maintenant que n soit > 2 et que $\mathrm{V}+h$ devienne infiniment grand d'ordre p quand la distance des deux points x_1, x_2, x_3 et x_4, x_5, x_6 devient infiniment petite du premier ordre.

Alors la quantité sous le signe $\int$ dans l'intégrale (2) est de l'ordre

$$p\left(\frac{n}{2}-1\right).$$

La variété

$$x_1 = x_4, \qquad x_2 = x_5, \qquad x_3 = x_6$$

a $n-3$ dimensions; l'intégrale est d'ordre n; la condition pour que l'intégrale soit finie s'écrit donc

$$n-(n-3) > p\left(\frac{n}{2}-1\right).$$

d'où

$$p < \frac{6}{n-2}.$$

C'est là la condition pour qu'il y ait stabilité à la Poisson.

Application au problème des trois corps.

301. Les considérations qui précèdent s'appliquent au cas où l'équation

$$(\text{1}) \qquad \sum \frac{m_i}{2}\left(\frac{dx_i}{dt}\right)^2 = V - h$$

entraîne comme conséquence que les x_i ne peuvent varier qu'entre des limites finies.

Malheureusement, il n'en est pas ainsi dans le problème des trois corps. J'adopterai les notations du n° 11; je désignerai par x_1, x_2, x_3 les coordonnées du second corps par rapport au premier; par x_4, x_5, x_6 celles du troisième par rapport au centre de gravité des deux premiers; par a, b, c les distances des trois corps, par M_1, M_2, M_3 leurs masses, et enfin par

$$m_1 = m_2 = m_3 = \beta,$$
$$m_4 = m_5 = m_6 = \beta'$$

les quantités que j'ai appelées β et β' au n° 11.

Nous aurons alors

$$V = \frac{M_1 M_2}{a} + \frac{M_2 M_3}{b} + \frac{M_1 M_3}{c}.$$

L'égalité (1) entraîne l'inégalité

$$(\text{2}) \qquad V + h > 0.$$

La fonction V est essentiellement positive; si donc la constante h est positive, l'inégalité sera toujours satisfaite; mais la question est de savoir si l'on peut donner à h des valeurs négatives assez petites pour que l'inégalité ne puisse être satisfaite que pour des valeurs *limitées* des coordonnées x_i. Cela revient à demander si l'inégalité

$$(3) \qquad \frac{M_2 M_3}{a} + \frac{M_3 M_1}{b} + \frac{M_1 M_2}{c} + h > 0$$

jointe à celles qui sont imposées aux trois côtés d'un triangle

$$(4) \qquad a + b > c, \quad b + c > a, \quad a + c > b,$$

ne peut être satisfaite que pour des valeurs finies de a, b, c.
Prenons $a = c$ et très grand; prenons b très petit; les inégalités (4) seront vérifiées d'elles-mêmes.

Quant à l'inégalité (3), qui devient

$$\frac{M_1 M_2 + M_1 M_3}{a} + \frac{M_2 M_1}{b} + h > 0,$$

elle peut, quel que soit h, être satisfaite par des valeurs aussi
grandes que l'on veut de a.

Quelque petit que soit h, quelque grand que soit a, on peut
toujours prendre b assez petit pour que le premier membre soit
positif.

L'existence des intégrales des aires ne modifie pas cette conclusion; ces intégrales s'écrivent, en effet :

$$(5) \qquad \begin{cases} \beta(x_2 x'_3 - x_3 x'_2) + \beta'(x_5 x'_6 - x_6 x'_5) = a_1, \\ \beta(x_3 x'_1 - x_1 x'_3) + \beta'(x_6 x'_4 - x_4 x'_6) = a_2, \\ \beta(x_1 x'_2 - x_2 x'_1) + \beta'(x_4 x'_5 - x_5 x'_4) = a_3. \end{cases}$$

En vertu de ces équations, on a

$$(6) \qquad \frac{\beta}{2}(x'^2_1 + x'^2_2 + x'^2_3) + \frac{\beta'}{2}(x'^2_4 + x'^2_5 + x'^2_6) > \frac{a_1^2 + a_2^2 + a_3^2}{2 I},$$

où I est le moment d'inertie qu'aurait un système formé de deux
points matériels dont les masses seraient β et β' et les coordonnées
par rapport à trois axes fixes x_1, x_2, x_3; x_4, x_5, x_6; le moment
d'inertie, dis-je, que ce système aurait par rapport à la droite,
qui servirait d'axe instantané de rotation à un solide, qui coïnciderait momentanément avec ce système et tournerait de façon
que les constantes des aires soient les mêmes que pour le système.

L'inégalité (2) doit alors être remplacée par la suivante

$$(2 \, bis) \qquad V + h > \frac{a_1^2 + a_2^2 + a_3^2}{2 I}.$$

Mais cette inégalité, comme l'inégalité (2) elle-même, peut être satisfaite par des valeurs des x_i aussi grandes que l'on veut; car, pour des valeurs très grandes des x_i, le moment d'inertie I est très grand et, le second membre étant très voisin de zéro, on retombe sur l'inégalité (2).

Nous devons donc conclure que les considérations du numéro précédent ne sont pas applicables.

Pour mieux nous en rendre compte, calculons l'invariant intégral

$$\int dx'_1\, dx'_2 \ldots dx'_i\, dx_1\, dx_2 \ldots dx_n,$$

en l'étendant à un domaine défini par les inégalités suivantes

$$(7) \quad \begin{cases} h - \varepsilon < T - V < h + \varepsilon, \\ a_1 - \varepsilon_1 < \quad K_1 < a_1 + \varepsilon_1, \\ a_2 - \varepsilon_2 < \quad K_2 < a_2 + \varepsilon_2, \\ a_3 - \varepsilon_3 < \quad K_3 < a_3 + \varepsilon_3. \end{cases}$$

Les ε sont des quantités très petites; les K_i sont les premiers membres des égalités (5), et T est la force vive réduite, c'est-à-dire le premier membre de (6).

Intégrons d'abord par rapport aux x'_i, nous trouverons

$$\frac{b_1^4 \pi}{(\beta\beta)^{\frac{1}{2}}}\, \varepsilon_1 \varepsilon_2 \varepsilon_3 \int \left(V - h - \frac{a_1^2 + a_2^2 + a_3^2}{2\,\mathrm{I}} \right)^{\frac{3}{2}} \frac{dx_1\, dx_2 \ldots dx_3}{\sqrt{\mathrm{I}_1\,\mathrm{I}_2\,\mathrm{I}_3}};$$

I_1, I_2 et I_3 représentant les trois moments d'inertie principaux du système.

Je remarque en passant que, si l'on choisit les axes de coordonnées parallèles aux axes principaux d'inertie, on aura, d'après la définition de I :

$$\frac{a_1^2}{\mathrm{I}_1} + \frac{a_2^2}{\mathrm{I}_2} + \frac{a_3^2}{\mathrm{I}_3} = \frac{a_1^2 + a_2^2 + a_3^2}{\mathrm{I}}.$$

On voit que l'intégrale, qui est étendue à tous les systèmes de valeurs tels que

$$V - h - \frac{a_1^2 + a_2^2 + a_3^2}{2\,\mathrm{I}} > 0,$$

est infinie, bien que le dénominateur $\sqrt{\mathrm{I}_1\,\mathrm{I}_2\,\mathrm{I}_3}$ devienne infini quand l'un des points x_1, x_2, x_3 ou x_4, x_5, x_6 s'éloigne indéfiniment. Et en effet le champ d'intégration est alors triplement infini et le dénominateur ne devient que doublement infini.

302. Mais si les considérations des numéros précédents ne sont plus applicables, on peut néanmoins tirer de l'existence de l'invariant intégral certaines conclusions qui ne sont pas sans intérêt.

Supposons donc que la distance b de deux des corps devienne petite et que le troisième corps s'éloigne indéfiniment. Le troisième corps, à cause de sa grande distance, cessera de troubler le mouvement des deux premiers qui deviendra sensiblement elliptique.

Ce troisième corps décrira d'ailleurs sensiblement une hyperbole autour du centre de gravité des deux premiers.

Pour bien faire comprendre ma pensée, je vais d'abord prendre un exemple simple : je suppose un corps décrivant une hyperbole autour d'un point fixe. L'hyperbole se compose de deux branches ; l'une de ces branches est le prolongement *analytique* de l'autre, bien que pour le mécanicien la trajectoire ne se compose que d'une seule branche.

Nous pouvons alors nous demander si, dans le cas du problème des trois corps, la trajectoire admet un prolongement analytique et comment on peut le définir.

Les coordonnées du second corps par rapport au premier sont x_1, x_2, x_3; celles du troisième par rapport au centre de gravité des deux premiers sont x_4, x_5, x_6, de sorte que nous sommes ramené à envisager le mouvement de deux points fictifs dont les coordonnées par rapport à trois axes fixes sont x_1, x_2, x_3 pour le premier et x_4, x_5, x_6 pour le second.

Le premier de ces points décrira sensiblement une ellipse, le second sensiblement une hyperbole, et il ira en s'éloignant indéfiniment sur l'une des branches de cette hyperbole. Pour avoir le prolongement analytique cherché, construisons la seconde branche de cette hyperbole et associons-la à l'ellipse décrite par le premier point.

Considérons alors deux trajectoires particulières de notre système. Pour la première, les conditions initiales du mouvement seront telles que si t est positif et très grand, le point x_4, x_5, x_6 se trouve très voisin de la première branche de l'hyperbole et le point x_1, x_2, x_3 très voisin de l'ellipse, de telle façon que la distance de ces deux points, soit à l'hyperbole, soit à l'ellipse, tende vers zéro quand t croît indéfiniment.

Prenons l'asymptote de l'hyperbole pour axe des x_1, et soit V la vitesse du point qui décrit cette hyperbole pour une valeur de t positive et très grande. Alors

$$x_1 - V t$$

tendra vers une limite finie et déterminée X quand t croîtra indéfiniment.

Soit de même n le moyen mouvement sur l'ellipse et l l'anomalie moyenne, la différence

$$l - nt$$

tendra vers une limite finie et déterminée l_0.

Si nous nous donnons l'ellipse et l'hyperbole et par conséquent V et n, si de plus nous nous donnons X et l_0, les conditions initiales du mouvement correspondant à la première trajectoire seront entièrement déterminées.

Considérons maintenant la seconde trajectoire et supposons que les conditions initiales du mouvement soient telles que, pour t négatif et très grand, le point x_4, x_5, x_6 soit très voisin de la seconde branche de l'hyperbole et le point x_1, x_2, x_3 très voisin de l'ellipse et que ces deux points se rapprochent indéfiniment de ces deux courbes quand t tend vers $-\infty$.

Les différences
$$x_4 - V t, \quad l - nt$$

tendent vers des limites finies et déterminées X' et l'_0 quand t tend vers l'infini.

Les conditions initiales correspondant à la seconde trajectoire sont entièrement définies quand on se donne l'ellipse, l'hyperbole, X' et l'_0.

Si l'on a

$$X = X', \quad l_0 = l'_0$$

les deux trajectoires pourront être regardées comme le prolongement analytique l'une de l'autre.

Considérons maintenant un système d'équations différentielles

$$(1) \qquad \frac{dx_i}{dt} = X_i \qquad (i = 1, 2, \ldots, n),$$

où les fonctions X_i, qui dépendent seulement de $x_1, x_2, \ldots, x_n$, satisfont à la relation

$$\sum \frac{dX_i}{dx_i} = 0;$$

ces équations admettront l'invariant intégral

$$(2) \qquad \int dx_1\, dx_2 \ldots dx_n.$$

Supposons que nous sachions d'une façon quelconque que le point $x_1, x_2, \ldots, x_n$ doive rester à l'intérieur d'un certain domaine V analogue au domaine V envisagé dans les numéros précédents, mais s'étendant indéfiniment de telle sorte que l'intégrale (2) étendue à ce domaine soit infinie. Les conclusions des nᵒˢ 297 et 298 ne seront plus applicables.

Mais remplaçons les équations (1) par les suivantes

$$(1\ bis) \qquad \frac{dx_i}{dt'} = \frac{X_i}{M} = X_i',$$

où M est une fonction donnée quelconque de $x_1, x_2, \ldots, x_n$. Le point $x_1, x_2, \ldots, x_n$, dont le mouvement est défini par les équations (1 bis), décrira les mêmes trajectoires que celui dont le mouvement est défini par les équations (1). Les équations différentielles de ces trajectoires sont en effet, dans un cas comme dans l'autre,

$$\frac{dx_1}{X_1} = \frac{dx_2}{X_2} = \ldots = \frac{dx_n}{X_n}.$$

Mais, si j'appelle P le point dont le mouvement est défini par les équations (1) et P' celui dont le mouvement est défini par les équations (1 bis), nous voyons que ces deux points décrivent la même trajectoire, mais suivant des lois différentes.

Si j'appelle t l'époque où P passe en un point de sa trajectoire et t' l'époque où P' passe en ce même point, ces deux époques seront reliées par la relation

$$\frac{dt}{dt'} = \frac{1}{M},$$

On a d'ailleurs

$$\sum \frac{d(MX_i)}{dx_i} = 0.$$

ce qui veut dire que les équations

(1 *bis*)
$$\frac{dx_i}{dt} = X_i$$

admettent l'invariant intégral

(2 *bis*)
$$\int M\, dx_1\, dx_2 \ldots dx_n.$$

Supposons que la fonction M soit toujours positive et qu'elle tende vers zéro quand le point $x_1, x_2, \ldots, x_n$ s'éloigne indéfiniment, *et cela assez rapidement pour que l'intégrale (2 bis) étendue au domaine V soit finie.*

Les conclusions des nᵒˢ 297 et suivants sont applicables aux équations (1 *bis*). Ces équations (1 *bis*) jouissent donc de la stabilité à la Poisson. Comme, d'ailleurs, elles définissent les mêmes trajectoires que les équations (1), on peut dire, dans un certain sens, que les trajectoires du point P jouissent aussi de la stabilité à la Poisson.

Je précise ma pensée.

Nous avons

(3)
$$t = \int_0^r \frac{dr}{M}.$$

Comme M est essentiellement positif, t croîtra avec r; mais, comme M peut s'annuler, il peut arriver que l'intégrale du second membre de (3) soit infinie.

Supposons, par exemple, que M s'annule pour r = T; alors t sera infini pour

$$r = T \qquad \text{ou pour} \qquad r > T.$$

Considérons la trajectoire du point P', nous pouvons la diviser en deux parties, la première que P' parcourt depuis l'époque t = 0 jusqu'à l'époque t = T, la seconde C' que P' parcourt depuis l'époque t = T jusqu'à t = ∞.

Le point P décrira la même trajectoire que P', mais il n'en décrira que la partie C, car il ne pourrait atteindre la partie C' qu'au bout d'un temps t infini.

Pour le mécanicien, la trajectoire de P ne se composerait donc que de C; pour l'analyste, elle se composerait non seulement de C, mais de C' qui en est le *prolongement analytique*.

Envisageons un point P, dont la position est définie comme il suit : le point P_1 occupera à l'instant t_1 la même position que le point P' à l'instant t'; quant à t_1, il sera défini par l'égalité

$$t_1 = \int_{t_0}^{T} \frac{dt'}{M} \qquad (\text{où } t_0 > T).$$

Le mouvement du point P_1 se fera encore conformément aux équations (1), et ce point P_1 décrira C', de telle façon que les trajectoires des points P et P_1 pourront être regardées comme le prolongement analytique l'une de l'autre.

Supposons maintenant que le point P soit, à l'origine des temps, à l'intérieur d'un certain domaine U_0. Si les circonstances initiales du mouvement ne sont pas exceptionnelles, au sens donné à ce mot au n° 296, la trajectoire du point P et *ses prolongements analytiques successifs* viendront recouper une infinité de fois le domaine U_0, quelque petit qu'il soit. Mais il peut se faire que le point P ne rentre jamais dans ce domaine, parce que ce domaine est recoupé, non par la trajectoire proprement dite du point P, mais par ses prolongements analytiques.

303. Cela s'applique au problème des trois corps.

Nous avons vu plus haut qu'on devait envisager l'intégrale

$$\int dx_1 \ldots dx_6 \, dx'_1 \ldots dx'_6,$$

que nous avons d'ailleurs ramenée à l'intégrale sextuple

$$\int \left(V + h - \frac{a_1^2 + a_2^2 + a_3^2}{2I}\right)^{\frac{3}{2}} \frac{dx_1 \, dx_2 \ldots dx_6}{\sqrt{I_1 I_2 I_3}}.$$

Mais nous avons vu que cette intégrale, étendue au domaine V, est infinie et c'est ce qui nous a empêché de conclure à la stabilité à la Poisson.

Écrivons les équations du mouvement sous la forme

$$\frac{dx_i}{dt} = X_i, \qquad \frac{dx'_i}{dt} = Y_i,$$

les X_i et les Y_i étant des fonctions des x_i et des x'_i.

Soit alors

$$M = \frac{1}{(x_1^2 + x_2^2 + x_3^2 + \ldots + x_n^2 + 1)^2}$$

et écrivons les équations nouvelles

$$\frac{dx_i}{dt'} = \frac{X_i}{M}, \qquad \frac{dx'_i}{dt'} = \frac{Y_i}{M}.$$

Les équations nouvelles admettront comme invariant intégral

$$\int M \, dx_1 \ldots dx_n \, dx'_1 \ldots dx'_n$$

ou bien

$$\int \left(V + h - \frac{a_1^2 + a_2^2 + a_3^2}{2 \, l} \right)^{\frac{3}{2}} \frac{dx_1 \, dx_2 \ldots dx_n}{\sqrt{I_1 I_2 I_3}} \, M.$$

Or *cette intégrale est finie*.

Si donc la situation initiale du système est telle que le point P de l'espace à 12 dimensions dont les coordonnées sont

$$x_1, \ x_2, \ \ldots, \ x_n, \ x'_1, \ x'_2, \ \ldots, \ x'_n$$

que ce point P, dis-je, soit à l'origine du temps à l'intérieur d'un certain domaine U_0, la trajectoire de ce point et ses prolongements analytiques, tels que nous les avons définis à la fin du n° 302, recouperont une infinité de fois ce domaine U_0, à moins que la situation initiale du système ne soit exceptionnelle, au sens donné à ce mot au n° 296.

304. Il semble d'abord que cette conséquence ne puisse intéresser que l'analyste et n'ait aucune signification physique. Mais cette manière de voir ne serait pas tout à fait justifiée.

On peut conclure, en effet, que si le système ne repasse pas une infinité de fois aussi près que l'on veut de sa position primitive, l'intégrale

$$\int_{t=t_0}^{t=\alpha} \frac{dt}{(x_1^2 + x_2^2 + \ldots + x_q^2 + 1)^2}$$

sera finie.

Cette proposition est vraie, en laissant de côté certaines trajectoires exceptionnelles, dont la probabilité est nulle, au sens donné à ce mot au n° 296.

Si cette intégrale est finie, on conclura que le temps pendant lequel le périmètre du triangle des trois corps reste inférieur à une quantité donnée est toujours fini.

CHAPITRE XXVII.

THÉORIE DES CONSÉQUENTS.

305. Nous pouvons encore tirer de la théorie des invariants intégraux d'autres conclusions qui nous seront utiles dans la suite, en la présentant sous une forme un peu différente.

Commençons par examiner un exemple simple. Soit un point dont les coordonnées dans l'espace soient x, y et z et dont le mouvement soit défini par les équations

$$(1) \qquad \frac{dx}{dt} = X, \qquad \frac{dy}{dt} = Y, \qquad \frac{dz}{dt} = Z.$$

X, Y et Z sont des fonctions données et uniformes de x, y, z; supposons d'abord que X et Y s'annulent tout le long de l'axe des z, de telle façon que

$$x = y = 0$$

soit une solution des équations (1).

Posons ensuite

$$x = \rho \cos \omega, \qquad y = \rho \sin \omega,$$

les équations (1) deviendront

$$(2) \qquad \frac{d\rho}{dt} = R, \qquad \frac{d\omega}{dt} = \Omega, \qquad \frac{dz}{dt} = Z,$$

où R, Ω et Z sont des fonctions de ρ, ω et z, périodiques de période 2π par rapport à ω.

Nous conviendrons de ne donner à ρ que des valeurs positives, et nous pourrons le faire sans difficulté puisque $x = y = 0$ est une solution.

Je suppose maintenant de plus que Ω ne puisse jamais s'annuler et, par exemple, reste toujours positif; alors ω sera toujours croissant avec t.

Imaginons qu'on ait intégré les équations (2) et qu'on en présente la solution sous la forme suivante

$$\rho = f_1(\omega, a, b), \qquad z = f_2(\omega, a, b).$$

Les lettres a et b représentent des constantes d'intégration.
Soit

$$\rho_0 = f_1(0, \quad a, b), \qquad z_0 = f_2(0, \quad a, b),$$
$$\rho_1 = f_1(2\pi, a, b), \qquad z_1 = f_2(2\pi, a, b).$$

Soient M_0 le point dont les coordonnées sont

$$x = \rho_0, \qquad y = 0, \qquad z = z_0,$$

et M_1 celui dont les coordonnées sont

$$x = \rho_1, \qquad y = 0, \qquad z = z_1.$$

Ces deux points appartiennent tous deux au demi-plan des xz situé du côté des x positifs.

Le point M_1 sera dit le *conséquent* de M_0.

Ce qui justifie cette dénomination, c'est que, si l'on considère le faisceau des courbes qui satisfont aux équations différentielles (1); si, par le point M_0, on fait passer une courbe et qu'on la prolonge jusqu'à ce qu'elle rencontre de nouveau le demi-plan $(y = 0, x > 0)$, cette nouvelle rencontre aura lieu en M_1.

Si l'on trace dans ce demi-plan une figure quelconque F_0, les conséquents des différents points de F_0 formeront une figure F_1, que l'on appellera la *conséquente* de F_0.

Il est clair que ρ_1 et z_1 sont des fonctions continues de ρ_0 et de z_0.

Donc, la conséquente d'une courbe continue sera une courbe continue, celle d'une courbe fermée sera une courbe fermée, celle d'une aire n fois connexe sera une aire n fois connexe.

Supposons maintenant que les trois fonctions X, Y et Z soient liées par la relation

$$\frac{d\,MX}{dx} + \frac{d\,MY}{dy} + \frac{d\,MZ}{dz} = 0,$$

où M est une fonction positive et uniforme de x, y, z.

Les équations (1) admettront alors l'invariant intégral

$$\int M\,dx\,dy\,dz$$

et les équations (2) admettront

$$\int M \rho\, d\rho\, d\omega\, dz.$$

Considérons maintenant les équations

$$(3) \qquad \frac{d\rho}{d\omega} = \frac{R}{\Omega}, \qquad \frac{dz}{d\omega} = \frac{Z}{\Omega}, \qquad \frac{d\omega}{d\omega} = 1,$$

où ω est regardé comme la variable indépendante.

Elles admettront évidemment l'invariant intégral

$$(4) \qquad \int M \Omega \rho\, d\rho\, d\omega\, dz$$

(*Cf.* n° 253).

Comme M, Ω et ρ ont été supposés plus haut essentiellement positifs, c'est un invariant intégral positif.

Soient F_0 une aire quelconque située dans le demi-plan

$$(\omega = 0, \quad z > 0),$$

et F_1 sa conséquente.

Soient J_0 l'intégrale

$$(5) \qquad \int M \Omega \rho\, d\rho\, dz,$$

étendue à l'aire plane F_0, et J_1 la même intégrale étendue à l'aire plane F_1.

Soit alors Φ_0 le volume engendré par l'aire F_0 quand on la fait tourner autour de l'axe des z d'un angle infiniment petit ε, l'intégrale (4) étendue à Φ_0 sera évidemment $J_0 \varepsilon$.

Soit de même Φ_1 le volume engendré par l'aire F_1 quand on la fait tourner autour de l'axe des z d'un angle ε, l'intégrale (4) étendue à Φ_1 sera $J_1 \varepsilon$.

L'invariant intégral (4) devant avoir même valeur pour Φ_0 et pour Φ_1, on doit avoir

$$J_0 = J_1.$$

Ainsi, *l'intégrale* (5) *a même valeur pour une aire quelconque et sa conséquente.*

C'est une nouvelle forme de la propriété fondamentale des invariants intégraux.

H. P. — III.

306. Soit alors une courbe fermée C_0 située dans le demi-plan $(y = o, \ x > o)$ et enveloppant une aire F_0. Soit C_1 la conséquente de C_0, ce sera aussi une courbe fermée qui enveloppera une aire F_1, et cette aire F_1 sera la conséquente de F_0.

Si l'intégrale (5), étendue à F_0 et à F_1, a pour valeur J_0 et J_1, on aura

$$J_0 = J_1,$$

et il suit de là que F_0 ne pourra être une partie de F_1, et F_1 une partie de F_0.

Quatre hypothèses peuvent être faites sur la position relative des deux courbes fermées C_0 et C_1.

1° C_1 est intérieur à C_0;

2° C_0 est intérieur à C_1;

3° Les deux courbes sont extérieures l'une à l'autre;

4° Les deux courbes se coupent.

L'équation $J_0 = J_1$ exclut les deux premières de ces hypothèses.

Si, pour une raison quelconque, la troisième se trouve également exclue, on sera certain que les deux courbes se coupent.

Supposons, par exemple, que X, Y, Z dépendent d'un paramètre arbitraire μ, et que, pour $\mu = o$, C_0 soit sa propre conséquente; alors, pour les valeurs très petites de μ, C_0 différera très peu de C_1; il ne pourra donc pas arriver que les deux courbes C_0 et C_1 soient extérieures l'une à l'autre, et il faudra qu'elles se coupent.

Courbes invariantes.

307. J'appellerai *courbe invariante* toute courbe qui sera sa propre conséquente.

Il est aisé de former des courbes invariantes; soient, en effet, M_0 un point quelconque du demi-plan, M_1 son conséquent; joignons M_0 à M_1 par un arc de courbe quelconque C_0; soit C_1 le conséquent de C_0, C_2 celui de C_1, et ainsi de suite. L'ensemble des arcs de courbe C_0, C_1, C_2, ... constituera évidemment une courbe invariante.

Mais nous serons amenés aussi à envisager des courbes invariantes dont la génération sera plus naturelle.

Supposons que les équations (1) admettent une solution périodique. Soient

$$(6) \qquad x = \varphi_1(t), \qquad y = \varphi_2(t), \qquad z = \varphi_3(t)$$

les équations de cette solution périodique, de telle façon que les fonctions φ_i soient périodiques en t, de période T.

Je suppose que, quand t augmente de T, ω augmente de 2π.

Les équations (6) représentent une courbe; soit M_0 le point où cette courbe coupe le demi-plan; ce point M_0 sera évidemment son propre conséquent.

Supposons maintenant qu'il existe des solutions asymptotiques très voisines de la solution périodique (6). Soient

$$(7) \qquad x = \Phi_1(t), \qquad y = \Phi_2(t), \qquad z = \Phi_3(t)$$

les équations de ces solutions.

Les fonctions Φ_i seront développables suivant les puissances de $A e^{\alpha t}$, les coefficients étant eux-mêmes des fonctions périodiques de t. Dans cette expression, α est un exposant caractéristique, A est une constante d'intégration.

Dans les équations (7), les trois coordonnées x, y, z se trouvent donc exprimées en fonction de deux paramètres, A et t; ces équations représentent donc une surface que l'on peut appeler la *surface asymptotique*. Cette surface asymptotique va passer par la courbe (6); puisque les équations (7) se réduisent aux équations (6), quand on y fait $A = 0$.

La surface asymptotique va couper le demi-plan suivant une certaine courbe qui passe par le point M_0 et qui est manifestement une courbe invariante.

308. Considérons une courbe invariante K. Je suppose que X, Y, Z dépendent du paramètre μ, ainsi d'ailleurs que la courbe K.

Je suppose que pour $\mu = 0$, la courbe K soit fermée, mais qu'elle cesse de l'être pour les petites valeurs de μ.

Soit A_0 un point de K. La position de ce point dépendra de μ; pour $\mu = 0$, la courbe K est fermée, de sorte que, après avoir parcouru cette courbe à partir de A_0, on revient au point A_0; si μ est *très petit*, il n'en sera plus de même, mais on reviendra passer *très près* de A_0; il y aura donc sur la courbe K un arc de courbe différent de celui où se trouve A_0, mais qui viendra passer très près de A_0. Soit B_0 le point de cet arc de courbe qui est le plus voisin de A_0.

Je joins $A_0 B_0$.

Soient A_1 et B_1 les conséquents de A_0 et B_0; ces deux points se trouveront sur K; soit $A_1 B_1$ la courbe conséquente de la petite droite $A_0 B_0$.

Nous aurons à envisager la courbe fermée C_0 qui se compose de l'arc $A_0 M B_0$ de la courbe K compris entre A_0 et B_0, et de la petite droite $A_0 B_0$. Quelle sera sa conséquente?

Supposons, pour fixer les idées, que les quatre points A_1, A_0, B_1, B_0 se succèdent sur K dans l'ordre $A_1 A_0 B_1 B_0$.

La conséquente C_1 de C_0 se composera de l'arc $A_1 M B_1$ de la courbe K et du petit arc $A_1 B_1$, conséquent de la petite droite $A_0 B_0$.

On peut faire plusieurs hypothèses :

1° *Le petit quadrilatère curviligne $A_0 B_0 A_1 B_1$ est convexe,* je veux dire qu'aucun de ses côtés curvilignes ne présente de point double et que les seuls points communs à deux côtés sont les sommets. Dans cette hypothèse, la courbe se présenterait comme l'indique l'une des deux figures suivantes

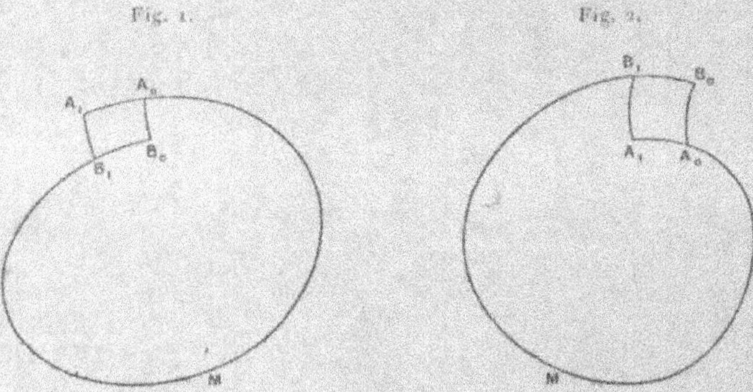

Cette hypothèse doit être rejetée, car il est manifeste que l'intégrale J est plus grande dans le cas de la *fig.* 1 pour C_1 que pour C_0, et plus petite dans le cas de la *fig.* 2.

2° *L'arc $A_0 A_1$ ou $B_0 B_1$ a un point double.* — S'il en était ainsi sur la courbe invariante K, il devrait y avoir un point double sur l'arc qui joint un point quelconque de la courbe à son premier conséquent; nous *supposerons* qu'il n'en est pas ainsi; et, en effet, cette circonstance ne se présentera dans aucune des applications que j'ai en vue; elle ne s'appliquera pas, en particulier, dans le cas de la courbe invariante engendrée par une *surface asymptotique* ainsi que je l'ai expliqué à la fin du numéro précédent. Il est aisé de constater, en effet, que la surface asymptotique ne présente pas de ligne double si l'on se borne à la portion de cette surface qui correspond aux petites valeurs des quantités que j'ai appelées plus haut $A e^{st}$.

D'autre part, la droite $A_0 B_0$ n'a pas de point double, et il doit en être de même de sa conséquente $A_1 B_1$. En résumé, nous supposerons que les quatre côtés de notre quadrilatère n'ont pas de point double.

3° *L'arc $A_0 A_1$ coupe l'arc $B_0 B_1$.* — (Ce cas contient comme cas particulier celui où la courbe K serait fermée.) Nos courbes présentent alors l'aspect de la *fig*. 3.

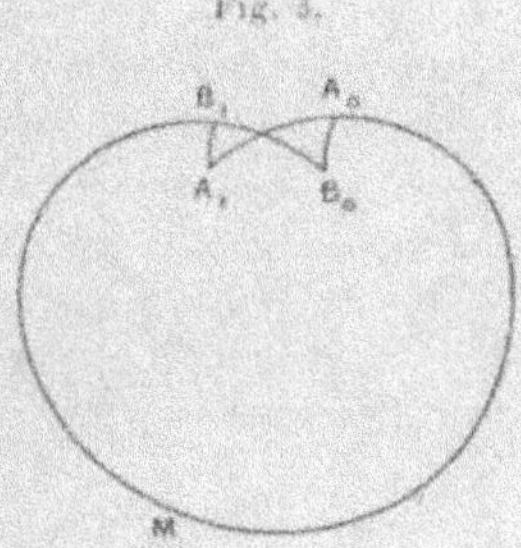

Fig. 3.

4° *L'arc $A_0 B_0$ coupe son conséquent $A_1 B_1$.* — Nos courbes présenteraient alors l'aspect de la *fig*. 4.

Il y a des cas où l'hypothèse doit être rejetée. Supposons, par exemple, que X, Y, Z dépendent d'un paramètre μ; que pour $\mu = 0$ la courbe K soit fermée et que chacun de ses points soit son propre conséquent, de telle façon que pour $\mu = 0$ les quatre sommets du quadrilatère se confondent.

Alors les quatre distances $A_0 B_0$, $A_1 B_1$, $A_1 A_0$, $B_1 B_0$ seront des infiniment petits si μ est l'infiniment petit principal. Supposons que $A_1 A_0$ soit un infiniment petit d'ordre p, $A_0 B_0$ un infiniment petit d'ordre q, et que q soit plus grand que p.

Comme $A_1 B_1$ est le conséquent de $A_0 B_0$, la longueur de l'arc $A_1 B_1$ devra être d'ordre q. Soit alors C l'un des points d'intersection de $A_0 B_0$. Dans le triangle mixtiligne dont deux côtés sont les droites $A_1 A_0$ et $A_0 C$ et le troisième côté l'arc de courbe $A_1 C$

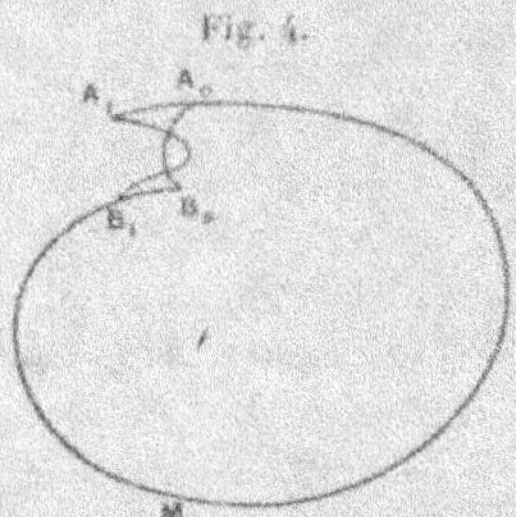

Fig. 4.

faisant partie de $A_1 B_1$; le côté $A_1 C$ est plus grand que la différence des deux autres; il devrait donc être d'ordre p et nous avons vu qu'il doit être d'ordre q.

L'hypothèse doit donc être rejetée.

5° *Deux côtés adjacents du quadrilatère se coupent, par exemple* $A_1 A_0$ *et* $A_1 B_1$. — Il faut alors que $A_0 B_0$, qui est l'antécédent de $A_1 B_1$, coupe lui-même K; si A'_0 est l'intersection de $A_0 B_0$ avec K et A'_1 celle de $A_1 B_1$ avec l'arc $A_0 A_1$, A'_1 sera le conséquent de A'_0 et nous tomberons sur la figure suivante.

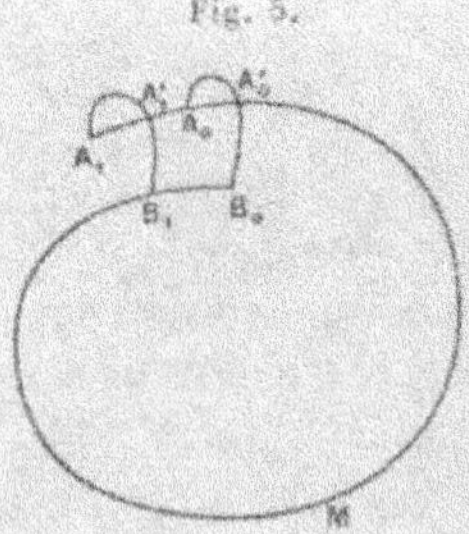

Fig. 5.

Il est manifeste que A'_0 et A'_1 peuvent jouer le même rôle que A_0 et A_1 et que l'on retombe sur le premier cas.

Cette nouvelle hypothèse doit donc être rejetée.

En résumé les deux arcs $A_0 A_1$ et $B_0 B_1$ se couperont toutes les fois que pour une raison ou pour une autre les hypothèses 2° et 4° devront être rejetées.

Il resterait à examiner le cas où les points A_1, A_0, B_1, B_0 se suivraient sur K dans un ordre différent. Les ordres $B_1 B_0 A_1 A_0$, $B_0 B_1 A_0 A_1$, $A_0 A_1 B_0 B_1$ ne diffèrent pas essentiellement de celui que nous venons d'étudier.

Les ordres tels que $A_1 B_1 B_0 A_0$, $A_1 B_0 B_1 A_0$, $A_1 B_0 A_0 B_1$, ... ne se présenteront pas dans les applications qui vont suivre; nous supposerons toujours en effet que si, μ est très petit, les distances $A_0 A_1$ et $B_0 B_1$ sont très petites par rapport à la longueur des arcs $A_0 M B_0$ ou $A_1 M B_1$.

Il reste l'ordre $A_1 A_0 B_0 B_1$ ou les ordres équivalents; nous n'en parlerons pas non plus; il est clair que, s'il se présente, il y aura sur l'arc $A_0 M B_0$ un point qui sera son propre conséquent.

309. Supposons par exemple que les équations (1) admettent une solution périodique

$$(6) \qquad x = \varphi_1(t), \quad y = \varphi_2(t), \quad z = \varphi_3(t)$$

et des solutions asymptotiques

$$(7) \qquad x = \Phi_1(t), \quad y = \Phi_2(t), \quad z = \Phi_3(t).$$

Supposons que les équations (1) dépendent d'un paramètre très petit μ et que X, Y, Z soient développables suivant les puissances de ce paramètre.

Supposons que, pour $\mu = 0$, les solutions asymptotiques (7) se réduisent à des solutions périodiques. Voici comment cela pourra se faire. Nous avons dit que les Φ_i sont développables suivant les puissances de Ae^{zt}, les coefficients étant eux-mêmes des fonctions périodiques de t. Mais l'exposant z dépend de μ; supposons qu'il s'annule pour $\mu = 0$; alors pour $\mu = 0$ les fonctions Φ_i deviendront des fonctions périodiques de t et les solutions (7) se réduiront à des solutions périodiques.

La surface asymptotique va couper le demi-plan suivant une

certaine courbe C_0 qui passe par le point M_0, intersection du demi-plan avec la courbe gauche (6).

La courbe C_0 est manifestement invariante, comme je l'ai dit à la fin du n° 307; pour $\mu = 0$, chacun des points de C_0 est son propre conséquent.

Je supposerai de plus que, pour $\mu = 0$, la courbe C_0 est fermée.

Reportons-nous au Chapitre VII, tome I; nous avons vu aux n°s 107 et suivants que, dans le cas de la Dynamique, les exposants caractéristiques sont développables suivant les puissances de $\sqrt{\mu}$ et sont d'ailleurs deux à deux égaux et de signe contraire. Nous supposerons qu'il en est ainsi.

Nous avons alors en réalité deux surfaces asymptotiques correspondant aux deux exposants égaux et de signe contraire α et $-\alpha$; nous avons donc deux courbes C_0 qui iront se couper au point M_0.

Nous distinguerons quatre branches de courbe

$$C'_0, \quad C''_0, \quad C'_1, \quad C''_1$$

aboutissant toutes quatre au point M_0; C'_0 et C''_0 correspondront à l'exposant α, C'_1 et C''_1 à l'exposant $-\alpha$.

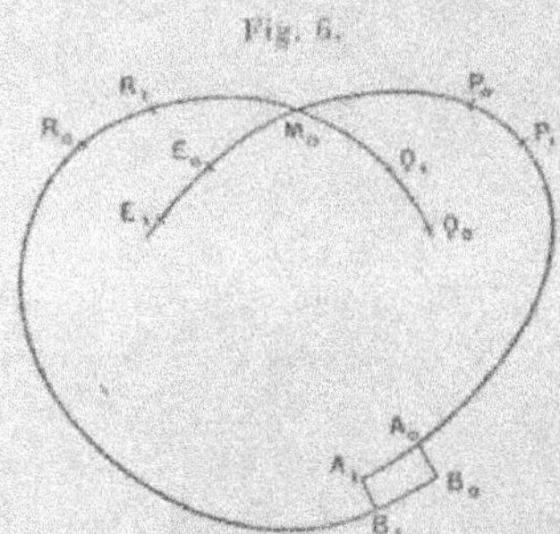

Fig. 6.

Ces diverses branches de la courbe sont représentées sur la *fig.* 6. La branche C'_0 est la branche $M_0 P_0 P_1 A_0 A_1$, la branche C''_0 est la branche $M_0 E_0 E_1$; la branche C'_1 est la branche $M_0 Q_1 Q_0$ et la branche C''_1 est la branche $M_0 R_1 R_0 B_1 B_0$.

Ces quatre branches de courbe sont évidemment invariantes.

Maintenant, pour $\mu = 0$, C'_0 se confond avec C'_1, C''_0 avec C''_1 et (si nous supposons que, pour $\mu = 0$, la courbe C_0 que nous appellerons alors C_0^0 est fermée) ces quatre branches de courbe iront s'appliquer sur la courbe fermée C_0^0.

On peut déduire de là que, pour μ très petit, ces branches de courbe différeront peu les unes des autres; que C_0 s'écartera peu de C_1, C_0^1 de C_1^1 et que C_0 suffisamment prolongé ira passer très près de C_1^1 suffisamment prolongé.

J'ai marqué sur la figure divers points de ces branches de courbe et leurs conséquents. Ainsi A_1, B_1, E_1, P_1, Q_1, R_1 sont respectivement les conséquents de A_0, B_0, E_0, P_0, Q_0, R_0.

Ce que nous remarquerons d'abord, c'est que les points A_1, A_0, B_1, B_0 se succèdent bien (comme nous l'avons supposé au début du n° 308) dans l'ordre $A_1 A_0 B_1 B_0$ quand on parcourt de A_1 à B_0 la courbe invariante formée des deux branches C_0^1 et C_1^1.

Cette courbe invariante n'est pas fermée, mais elle diffère peu de la courbe fermée C_0^0.

Examinons, en ce qui la concerne, les cinq hypothèses du n° 308. La première, comme nous l'avons vu, doit toujours être rejetée. La seconde ne se présentera pas non plus.

Elle ne pourrait se présenter, en effet, que si la surface asymptotique (γ) avait une ligne double.

Nous avons dit que les Φ_i sont développables suivant les puissances de $A e^{\alpha t}$; soit donc

$$\Phi_i = \Phi_i^0 + A e^{\alpha t}\Phi_i^1 + A^2 e^{2\alpha t}\Phi_i^2 + \ldots.$$

Si notre surface avait une ligne double, cette ligne double devrait satisfaire aux équations (1); en effet, la surface asymptotique est engendrée par une infinité de lignes satisfaisant à ces équations de telle sorte que, si deux nappes de cette surface venaient à se couper, l'intersection ne pourrait être autre chose qu'une de ces lignes.

Comme Φ_i dépend à la fois du temps t et du paramètre A, nous mettrons ce fait en évidence en écrivant

$$\Phi_i = \Phi_i(t, A).$$

S'il y avait une ligne double, nous devrions avoir les trois identités

$$\Phi_i(t, A) = \Phi_i(t, B) \qquad (i = 1, 2, 3).$$

où A et B sont deux constantes et où t' est une fonction de t; ces trois identités devraient subsister quel que soit t.

En différentiant, on aura

$$\frac{d\Phi_i}{dt} = \frac{d\Phi_i}{dt'}\frac{dt'}{dt}.$$

Mais, en vertu des équations (1), on aura

$$\frac{d\Phi_1}{dt} = X[\Phi_1(t, A), \Phi_2(t, A), \Phi_3(t, A)]$$

et de même

$$\frac{d\Phi_1}{dt'} = X[\Phi_1(t', B), \Phi_2(t', B), \Phi_3(t', B)],$$

d'où

$$\frac{d\Phi_i}{dt} = \frac{d\Phi_i}{dt'}, \qquad \frac{dt'}{dt} = 1,$$

d'où

$$t' = t + h,$$

h étant une constante.

On tirerait de là

$$\Phi_i^0(t) + A e^{\lambda t}\Phi_i^1(t) + A^2 e^{2\lambda t}\Phi_i^2(t) = \Phi_i^0(t+h) + C e^{\lambda t}\Phi_i^1(t+h) + \dots$$

où

$$C = B e^{\lambda h}.$$

L'identité devant être vraie pour $t = -\infty$, d'où

$$A e^{\lambda t} = C e^{\lambda t} = 0,$$

il vient

$$\Phi_i^0(t) = \Phi_i^0(t+h),$$

d'où $h = 0$, d'où

$$\Phi_i^0(t) + A e^{\lambda t}\Phi_i^1(t) + \dots = \Phi_i^0(t) + C e^{\lambda t}\Phi_i^1(t) + \dots$$

ou

$$A\Phi_i^1(t) + A^2 e^{\lambda t}\Phi_i^2(t) + \dots = C\Phi_i^1(t) + C^2 e^{\lambda t}\Phi_i^2(t) + \dots$$

ou, en faisant encore $t = -\infty$,

$$A = C = B.$$

Les deux valeurs A et B étant égales, il n'y a pas de ligne double.

C. Q. F. D.

La troisième hypothèse est celle qu'il convient d'adopter.

Passons à la quatrième; pour voir si elle doit être rejetée, il faut chercher à se rendre compte de l'ordre de grandeur des distances $A_1 A_0$ et $A_0 B_0$: c'est ce que nous ferons dans les diverses applications qui vont suivre.

Enfin, la cinquième hypothèse se ramène toujours à la première, comme nous l'avons vu.

Extension des résultats précédents.

310. Nous avons fait plus haut sur les équations (1) des hypothèses très particulières; mais toutes ne sont pas également nécessaires.

Considérons, en effet, un domaine D *simplement connexe* et faisant partie du demi-plan $(y = 0, x > 0)$, et supposons que l'on sache d'une manière quelconque que, si le point (x, y, z) se trouve à l'origine du temps en un point M_0 de ce domaine, ω va en croissant constamment de 0 à 2π quand t croît de 0 à t_0; de telle façon que la courbe satisfaisant aux équations (1) et passant par le point M_0, en la supposant prolongée depuis ce point M_0 jusqu'à sa nouvelle rencontre avec le demi-plan, n'est jamais tangente à un plan passant par l'axe des z.

Alors on pourra définir, comme au n° 305, le conséquent du point M_0, et il est clair que tout ce qui précède sera encore applicable aux figures qui se trouvent à l'intérieur du domaine D.

Il ne sera pas nécessaire que les courbes qui satisfont aux équations (1) et qui viennent rencontrer le demi-plan en dehors de D soient assujetties à ne jamais être tangentes à un plan passant par l'axe des z. Il ne sera pas nécessaire non plus que $x = y = 0$ soit une solution des équations (1).

Alors, si C_0 est une courbe fermée intérieure à D et si C_1 est sa conséquente, les deux courbes seront extérieures l'une à l'autre ou se couperont.

Les résultats du n° 308 seront également applicables aux courbes invariantes qui ne sortiront pas du domaine D; et, si même une courbe invariante sort du domaine D quand elle est suffisamment prolongée, les résultats seront encore applicables à la portion de cette courbe qui est intérieure à ce domaine.

311. Considérons maintenant, au lieu d'un domaine plan D, une aire courbe S simplement connexe. Par un point M_0 de cette aire courbe faisons passer une courbe γ satisfaisant aux équations (1) et prolongeons cette courbe jusqu'à ce qu'elle rencontre de nouveau S; le nouveau point d'intersection M_1 pourra encore s'appeler le conséquent de M_0.

Si nous considérons deux points, M_0 et M'_0, très voisins l'un de l'autre, leurs conséquents seront, en général, très voisins l'un de l'autre; il y aurait exception si le point M_1 se trouvait sur le bord de S, ou si la courbe γ touchait la surface au point M_1 ou au point M_0. Sauf ces cas d'exception, les coordonnées de M_1 sont des fonctions analytiques des coordonnées de M_0.

Pour éviter ces cas d'exception, je considérerai un domaine D faisant partie de S et tel que la courbe γ, issue d'un point M_0 intérieur à D, vienne recouper S en un point M_1 qui ne vienne jamais sur le bord de S; tel aussi que la courbe γ ne touche S ni en M_0, ni en M_1. Je supposerai enfin que ce domaine D est simplement connexe.

Adoptons un système particulier de coordonnées que j'appellerai, par exemple, ξ, η et ζ et pour lesquelles je supposerai seulement ce qui suit :

$1°$ Quand $|\xi|$ et $|\eta|$ seront plus petits que 1, les coordonnées rectangulaires x, y et z seront des fonctions analytiques et uniformes de ξ, η et ζ, qui seront périodiques de période 2π par rapport à ζ.

$2°$ A un point (x, y, z) de l'espace ne pourra correspondre plus d'un système de valeurs de ξ, η, ζ tel que

$$(\lambda) \qquad |\xi| < 1, \quad |\eta| < 1, \quad 0 < \zeta < 2\pi.$$

$3°$ Quand on fait $\zeta = 0$, ou $\zeta = 2\pi$ et qu'on fait varier ξ et η de -1 à $+1$, le point x, y, z décrit la surface S, ou une portion de cette surface comprenant le domaine D.

$4°$ Des conditions (1) et (2) il résulte que le déterminant fonctionnel Δ de ξ, η, ζ par rapport à x, y, z n'est jamais infini ni nul quand les inégalités (λ) sont remplies.

5° On peut transformer les équations (1) en les mettant sous la forme

$$(1\ bis) \qquad \frac{d\xi}{dt} = \Xi, \qquad \frac{d\eta}{dt} = H, \qquad \frac{d\zeta}{dt} = Z^*.$$

Je supposerai que Z^* reste positif pour

$$|\xi| < 1, \qquad |\eta| < 1, \qquad \zeta = 0.$$

Les équations (1 *bis*) admettront l'invariant intégra

$$\int \frac{M}{\Delta} \, d\xi \, d\eta \, d\zeta,$$

et les équations

$$(3\ bis) \qquad \frac{d\xi}{d\zeta} = \frac{\Xi}{Z^*}, \qquad \frac{d\eta}{d\zeta} = \frac{H}{Z^*}, \qquad \frac{d\zeta}{d\zeta} = 1$$

admettront l'invariant intégral

$$\int \frac{MZ^*}{\Delta} \, d\xi \, d\eta \, d\zeta$$

Soit F_0 une figure quelconque faisant partie de D et F_1 sa conséquente; supposons que les différents points de F_0 et de F_1 se déplacent de telle façon que ξ et η restent constants et que ζ croisse de 0 à ε, ε étant très petit; la figure F_0 engendrera un volume Φ_0 et la figure F_1 engendrera un volume Φ_1; l'intégrale

$$\int \frac{MZ^*}{\Delta} \, d\xi \, d\eta \, d\zeta = \varepsilon \int \frac{MZ^*}{\Delta} \, d\xi \, d\eta$$

aura même valeur pour Φ_0 et pour Φ_ε; donc l'intégrale double

$$\int \frac{MZ^*}{\Delta} \, d\xi \, d\eta$$

analogue à l'intégrale (5) du n° 305, aura même valeur pour F_0 et F_1. Elle est d'ailleurs essentiellement positive.

Il résulte de là que les résultats du n° 306 sont applicables aux courbes fermées C_0 situées à l'intérieur de D, et que ceux du n° 308 sont applicables aux courbes invariantes K, ou du moins à la portion de ces courbes qui est à l'intérieur de D.

Même une courbe invariante sort du domaine D quand elle est suffisamment prolongée, les résultats seront encore applicables à la portion de cette courbe qui est intérieure à ce domaine.

Application aux équations de la Dynamique.

312. Soit F une fonction des quatre variables x_1, x_2, y_1, y_2; formons les équations canoniques

$$(1) \qquad \frac{dx_i}{dt} = \frac{dF}{dy_i}, \qquad \frac{dy_i}{dt} = -\frac{dF}{dx_i}.$$

Je supposerai, comme je le fais d'ordinaire :

1° Que F est une fonction périodique de y_1 et y_2;

2° Que F dépend d'un paramètre μ et est développable suivant les puissances de ce paramètre sous la forme

$$F = F_0 + \mu F_1 + \mu^2 F_2 + \ldots;$$

3° Que F_0 est fonction seulement de x_1 et de x_2.

Cela posé, nous aurons l'intégrale

$$(2) \qquad\qquad\qquad F = C,$$

C étant une constante.

Cela posé, donnons à C une valeur déterminée une fois pour toutes et soit M un point mobile dont les coordonnées rectangulaires sont

$$[1 + \varphi(x_1)\cos y_1]\cos y_2, \quad [1 + \varphi(x_1)\cos y_1]\sin y_2, \quad \varphi(x_1)\sin y_1.$$

La fonction $\varphi(x_1)$ est une fonction de x_1 que je me réserve de déterminer plus complètement dans la suite.

Supposons d'abord que F, qui dépendra de x_2 d'une manière quelconque, soit développable suivant les puissances croissantes de $x_1 \cos y_1$ et $x_1 \sin y_1$. Il en résultera que, pour $x_1 = 0$, la fonction F ne dépendra plus de y_1 et, d'autre part, que la fonction F ne changera pas quand on changera x_1 en $-x_1$ et y_1 en $y_1 + \pi$. Nous supposerons alors que $\varphi(x_1)$ est une fonction *impaire* de x_1 qui croît de 0 à 1 quand x_1 croît de 0 à $+\infty$; on pourra prendre par exemple

$$\varphi(x_1) = \frac{x_1}{\sqrt{1 + x_1^2}}.$$

Si l'on adopte cette hypothèse, le point M sera toujours à l'intérieur d'un tore de rayon 1, tangent à l'axe des z.

À chaque point M intérieur à ce tore, correspondront une infinité de systèmes de valeurs de x_1, y_1 et y_2; mais ces systèmes ne seront pas essentiellement distincts les uns des autres, puisqu'on passe de l'un à l'autre en augmentant y_1 ou y_2 d'un multiple de 2π ou en changeant x_1 en $-x_1$, et y_1 en $y_1 + \pi$.

Si l'on se donne x_1, y_1 et y_2, x_2 s'en déduira à l'aide de l'équation (2). Supposons que les variables x et y varient conformément aux équations (1), le point M correspondant décrira une certaine courbe que j'appellerai *trajectoire*.

Par chaque point intérieur au tore passe une trajectoire et une seule.

Il est aisé de voir quelle est la forme de ces trajectoires pour $\mu = 0$.

Pour $\mu = 0$, les équations différentielles se réduisent à

$$\frac{dx_i}{dt} = 0, \qquad \frac{dy_i}{dt} = -\frac{dF_0}{dx_i}.$$

Les x_i sont donc des constantes, ce qui montre que nos trajectoires sont situées sur des tores, et les y_i sont des fonctions linéaires du temps; car

$$-\frac{dF_0}{dx_i} = n_i,$$

ne dépendant que des x_i, est une constante.

Si le rapport $n_1 : n_2$ est commensurable, les trajectoires sont des courbes fermées; elles ne sont pas fermées, au contraire, si ce rapport est incommensurable.

Soient m_1, m_2, p_1, p_2 quatre entiers tels que

$$m_1 p_2 - m_2 p_1 = 1;$$

posons

$$\begin{aligned}
y_1' &= \ m_1 y_1 + m_2 y_2, \\
y_2' &= \ p_1 y_1 + p_2 y_2, \\
x_1' &= \ p_2 x_1 - p_1 x_2, \\
x_2' &= -m_2 x_1 + m_1 x_2.
\end{aligned}$$

L'identité

$$x_1' y_1' + x_2' y_2' = x_1 y_1 + x_2 y_2$$

montre qu'en passant des variables x_i, y_i aux variables x_i', y_i', on n'altère pas la forme canonique des équations.

Nous supposerons que n_2 ne s'annule pas quand x_1 reste inférieur à une certaine limite a. Alors $\dfrac{dy_2}{dt}$ conservera toujours le même signe et l'on aura, par exemple,

$$\frac{dy_2}{dt} > 0.$$

Cette inégalité, vraie pour $\mu = 0$, le sera encore pour les petites valeurs de μ.

Alors les relations

$$y_2 = 0, \qquad |x_1| < a - \varepsilon$$

définiront un certain domaine plan D qui aura d'ailleurs la forme d'un cercle.

Les trajectoires issues d'un point de ce domaine ne seront alors jamais tangentes à un plan passant par l'axe des z, du moins avant d'avoir recoupé de nouveau le demi-plan $y_2 = 0$. Notre domaine pourra donc jouer le rôle du domaine D du n° 310.

Les équations (1) admettent l'invariant intégral

$$\int dx_1\, dx_2\, dy_1\, dy_2,$$

d'où l'on déduit le suivant à l'aide de l'intégrale $F = \text{const.}$

$$J = - \int \frac{dx_1\, dy_1\, dy_2}{\dfrac{dF}{dx_2}}.$$

Mais $\dfrac{dF}{dx_2}$ est égal à $- \dfrac{dy_2}{dt}$ et par conséquent négatif. L'invariant J est alors un invariant positif.

Les résultats des n°ˢ 306 et 308 sont donc applicables aux courbes tracées dans le domaine D.

Cela posé, soit b une valeur de x_1 plus petite que $a - \varepsilon$ et telle que les valeurs correspondantes de n_1 et de n_2 satisfassent à la relation

$$m_1 n_1 + m_2 n_2 = 0,$$

où m_1 et m_2 sont deux entiers premiers entre eux.

La courbe

$$x_1 = b,$$

qui est une circonférence, sera une courbe invariante pour $\mu = 0$.

En supposant toujours $\mu = 0$, les trajectoires issues des divers points de cette circonférence auront pour équation générale

$$y_1 = n_1 t + \text{const.}, \qquad y_2 = n_2 t + \text{const.},$$

d'où

$$y_1 = \frac{n_1}{n_2} y_2 + \text{const.}$$

Pour avoir les conséquents successifs d'un point donné, il suffira de faire successivement

$$y_2 = 0, \qquad y_2 = 2\pi, \qquad y_2 = 4\pi, \qquad \ldots, \qquad y_2 = 2k\pi.$$

Pour passer d'un point à son conséquent il suffit donc d'augmenter y_1 de

$$\frac{2\pi n_1}{n_2} = -\frac{2\pi m_2}{m_1},$$

d'où il suit que tous les points de la circonférence invariante $x_1 = b$ coïncideront avec leur $m_1^{ième}$ conséquent.

Ce point et ses $m_1 - 1$ premiers conséquents sont distribués sur cette circonférence dans un ordre circulaire qu'il est aisé de retrouver quand on connaît les deux entiers m_1 et m_2; je l'appellerai l'ordre Ω.

Ne supposons plus $\mu = 0$; les équations (1), d'après le Chapitre III, admettront encore des solutions périodiques peu différentes des solutions

$$x_1 = b, \qquad y_1 = n_1 t + \text{const.}, \qquad y_2 = n_2 t + \text{const.}$$

Elles en admettront au moins deux dont l'une instable et l'autre stable. A chacune de ces solutions périodiques correspondra une trajectoire fermée; je considère une de ces trajectoires que j'appelle T et qui correspondra à une solution instable, afin que par T passent deux surfaces asymptotiques.

Soit M_0 le point où cette trajectoire perce le demi-plan $y_2 = 0$, M_1, M_2, ... ses conséquents successifs (*fig.* 7). Le point M_0 coïncidera avec son $m_1^{ième}$ conséquent M_{m_1}.

Je joins le point M_k au centre de la circonférence $x_1 = b$; le rayon ainsi mené coupera la circonférence en un point M'_k très voisin de M_k. Les divers points M'_k se succéderont sur la circonférence dans l'ordre circulaire Ω.

H. P. — III.

J'ai fait la figure en supposant, pour fixer les idées, $m_1 = 3$, $m_2 = 2$. La trajectoire fermée T coupe le demi-plan aux cinq points M_0, M_1, M_2, M_3, M_4. Par cette trajectoire passent deux surfaces asymptotiques qui se coupent.

L'intersection de ces surfaces asymptotiques avec le demi-plan se composera de diverses courbes; nous aurons deux courbes se coupant en M_0, deux en M_1, deux en M_2, deux en M_3, deux en M_4. Toutes ces courbes sont représentées sur la figure.

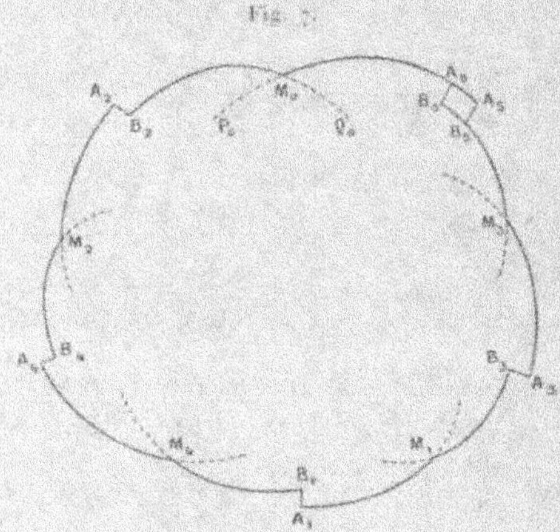

Fig. 7.

Considérons en particulier les deux courbes qui passent en M_0; nous distinguerons quatre branches de courbe, à savoir $M_0 A_0$, $M_0 B_2$, $M_0 P_0$, $M_0 Q_0$; les deux premières sont représentées en trait plein, les deux dernières en trait pointillé; la première et la troisième, comme la deuxième et la quatrième sont dans le prolongement l'une de l'autre.

De même à chacun des points M aboutiront quatre branches de courbe dont deux sont représentées en trait plein et deux en trait pointillé et qui sont deux à deux dans le prolongement l'une de l'autre.

Soit A_0 un point de la branche $M_0 B_0$; par A_0 menons un rayon allant au centre de la circonférence $x_1 = b$ et prolongeons ce rayon jusqu'en B_0 à sa rencontre avec la courbe en trait

plein $M_3 B_3$. Comme μ est très petit et que toutes nos courbes
diffèrent très peu de la circonférence $x_1 = b$, le segment $A_3 B_3$
sera très petit.

Nous voyons alors que $M_1 A_1$, $M_2 A_2$, $M_3 A_3$, $M_4 A_4$, $M_5 A_5$ sont
les conséquents successifs de $M_0 A_0$; que $M_1 B_1$, $M_0 B_2$, $M_1 B_3$,
$M_2 B_1$, $M_3 B_2$ sont ceux de $M_3 B_3$ et enfin que $A_1 B_1$, $A_2 B_2$, ...,
$A_5 B_5$ sont ceux de $A_0 B_0$.

Les arcs $A_1 B_1$, $A_2 B_2$, ..., $A_5 B_5$ ne sont plus rectilignes en
général, mais sont des arcs de courbe très petits.

La partie de la figure en trait plein reproduit alors les *fig.* 1
ou 2 du n° 308; et l'ensemble de nos courbes en trait plein
représente une courbe invariante K.

J'ai fait la figure dans la première hypothèse qui, comme nous
l'avons vu, doit être rejetée ainsi que la cinquième; d'après ce
que j'ai dit au n° 309, il en est de même de la deuxième.

Il faut examiner la quatrième avec plus de détail. Pour cela,
cherchons l'équation de nos surfaces asymptotiques. D'après ce
que nous avons vu au n° 207, cette équation peut s'obtenir de la
façon suivante :

On forme une fonction S qui est développable suivant les puissances de $\sqrt{\mu}$, de telle sorte que

$$S = S_0 + \sqrt{\mu}\,S_1 + \ldots + \mu^{\frac{p}{2}} S_p + \ldots$$

Quant à S_p, c'est une fonction périodique de période 2π par
rapport à y'_2 et 4π par rapport à y'_1.

Nous aurons ensuite

$$x_1 = \frac{dS}{dy'_1}, \quad x'_1 = \frac{dS}{dy'_2}$$

$$(4) \qquad x_1 = m_1 \frac{dS}{dy'_1} + m_2 \frac{dS}{dy'_2}.$$

L'équation (4) est l'équation de la surface asymptotique.

Si la série S était convergente, la périodicité des S_p entraînerait cette conséquence que nos courbes devraient être fermées
et que les deux points A_0 et B_0 coïncideraient. Mais il n'en est
pas ainsi (*cf.* n° 225, et sqq.).

Que signifie alors l'équation (4)? Elle ne peut être vraie qu'au
point de vue formel; c'est-à-dire que si Σ_p est la somme des $p + 1$

premiers termes de la série S de telle façon que

$$\Sigma_p = S_0 + \sqrt{\mu}\, S_1 + \ldots + \mu^{\frac{p}{2}} S_p,$$

l'équation

$$(\text{4 } bis) \qquad x_1 = m_1 \frac{d\Sigma_p}{dy'_1} + m_2 \frac{d\Sigma_p}{dy'_2}$$

sera vraie aux quantités près de l'ordre $\mu^{\frac{p+1}{2}}$.

Mais l'équation (4 *bis*) représente une surface fermée et p est aussi grand que l'on veut.

Nous devons donc conclure que la distance $A_0 B_0$ est un infiniment petit d'ordre infini (*cf.* n^os **225** et suivants). D'autre part, la distance $A_0 A_3$ (ou $B_0 B_3$) est de l'ordre de $\sqrt{\mu}$ et est par conséquent infiniment petit d'ordre $\frac{1}{2}$.

La distance $A_0 B_0$ est donc infiniment petite par rapport à $A_0 A_1$, ce qui montre que la quatrième hypothèse doit être rejetée.

La seule hypothèse possible est donc la troisième.

Donc les deux arcs $A_0 A_3$ et $B_0 B_3$ se coupent.

Application au problème restreint.

313. Je vais appliquer les principes précédents au problème du n° 9 et j'adopterai les notations de ce numéro; nous aurons par conséquent les équations canoniques

$$\frac{dx'_i}{dt} = \frac{dF}{dy'_i}, \qquad \frac{dy'_i}{dt} = -\frac{dF}{dx'_i},$$

où l'on a posé

$$(5) \qquad \begin{cases} x'_1 = L, & x'_2 = G, \\ y'_1 = l, & y'_2 = g - t \end{cases}$$

et, d'autre part,

$$F = R + G = F_0 + \mu F_1 + \ldots,$$

$$F_0 = \frac{1}{2 x'^2_1} + x'_2.$$

Posons maintenant

$$x_1 = L - G, \qquad\qquad x_2 = L + G,$$
$$2y_1 = l - g + t, \qquad 2y_2 = l + g - t.$$

les équations conserveront la forme canonique et deviendront

$$\frac{dx_1}{dt} = \frac{dF}{dy_1}, \quad \frac{dy_1}{dt} = -\frac{dF}{dx_1};$$

on aura d'ailleurs

$$F_0 = \frac{2}{(x_1+x_2)^2} + \frac{x_2-x_1}{2};$$

d'où

$$n_1 = \frac{-4}{(x_1+x_2)^3} - \frac{1}{2}, \qquad n_2 = \frac{-4}{(x_1+x_2)^3} - \frac{1}{2}.$$

Si nous supposons l'excentricité très petite, L et G différeront très peu en valeur absolue; donc l'une des deux quantités x_1 et x_2 est très petite.

J'observe de plus que les égalités

$$L = \sqrt{a}, \qquad G = \sqrt{a(1-e^2)},$$

montrent que G est toujours plus petit que L en valeur absolue. Donc x_1 et x_2 sont essentiellement positifs.

Supposons x_1 très petit, la fonction F sera une fonction de a et de $l - g - t$ développable en outre suivant les puissances de $e\cos g$ et de $e\sin g$. Ce sera donc aussi une fonction de x_2 et de y_2 développable en outre suivant les puissances de

$$\sqrt{x_1}\cos y_1 \qquad \text{et} \qquad \sqrt{x_1}\sin y_1.$$

Elle sera périodique de période 2π tant en y_1 qu'en y_2.

Si, au contraire, c'est x_2 qui est très petit, la fonction F sera une fonction de x_1 et de y_1, développable en outre suivant les puissances de

$$\sqrt{x_2}\cos y_2 \qquad \text{et} \qquad \sqrt{x_2}\sin y_2.$$

Mais nous supposons nos quatre variables x et y liées par l'équation des forces vives

$$F = C;$$

cette équation se réduit approximativement à

$$F_0 = C.$$

Construisons la courbe $F_0 = C$ en prenant x_1 et x_2 comme les coordonnées d'un point dans un plan.

L'équation peut s'écrire

$$(x_1 + x_2)^2(2C + x_1 - x_2) = 4.$$

Cette courbe a deux asymptotes

$$x_1 + x_2 = 0, \qquad x_2 - x_1 = 2C$$

et elle est symétrique par rapport à la première de ces deux asymptotes.

Mais il importe de remarquer que la seule partie de la courbe qui nous soit utile est celle qui est située dans le premier quadrant

$$x_1 > 0, \quad x_2 > 0.$$

Suivant les valeurs de C, la courbe peut présenter une des formes représentées par les deux figures suivantes :

Fig. 8.

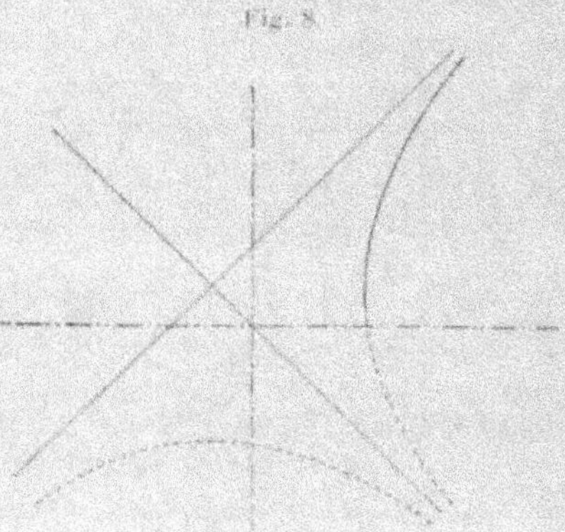

Les axes de coordonnées sont représentés en trait mixte, les asymptotes et les parties utiles de la courbe en trait plein, les parties inutiles de la courbe en trait pointillé.

Nous supposerons que l'on donne à C une valeur telle que la courbe présente la forme de la *fig.* 9 et qu'elle comprenne deux arcs utiles AB et CD. Nous n'envisagerons d'ailleurs que l'arc AB.

Remarquons que quand on parcourt cet arc AB, x_1 décroit constamment de OA à zéro, x_2 croît constamment de zéro à OB et $\frac{x_2}{x_1}$ croît constamment de zéro à $+\infty$.

Si nous construisons maintenant la courbe $F = C$ en regardant y_1 et y_2 comme des constantes et x_1 et x_2 comme les coordonnées d'un point dans un plan, la courbe différera peu de $F_0 = C$ et pourra encore être représentée par la *fig.* 9; elle aura un arc utile AB et quand on parcourra cet arc le rapport $\frac{x_2}{x_1}$ croîtra constamment de zéro à $+\infty$.

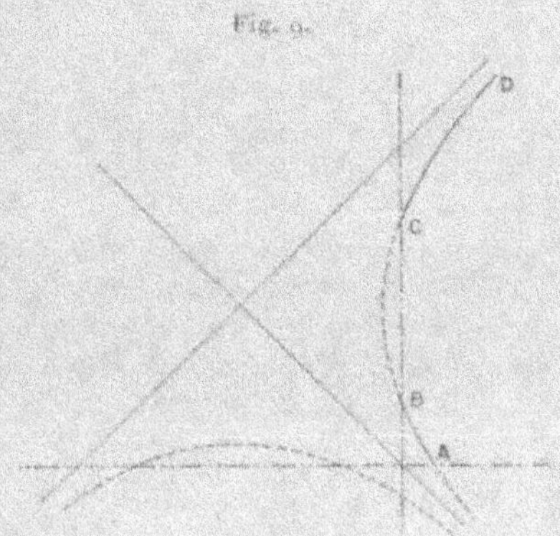

Fig. 9.

On est ainsi conduit au mode de représentation géométrique suivant : on représentera la situation du système par le point dont les coordonnées rectangulaires sont

$$\frac{\sqrt{x_2}\cos y_2}{\sqrt{x_2 + 4x_1 - 2\sqrt{x_1}\cos y_1}}, \quad \frac{\sqrt{x_2}\sin y_2}{\sqrt{x_2 + 4x_1 - 2\sqrt{x_1}\cos y_1}},$$

$$\frac{2\sqrt{x_1}\sin y_1}{\sqrt{x_2 + 4x_1 - 2\sqrt{x_1}\cos y_1}}.$$

Ces trois fonctions sont développables suivant les puissances de $\sqrt{x_1}\cos y_1$ et $\sqrt{x_1}\sin y_1$, si x_1 est très petit, et suivant celles de $\sqrt{x_2}\cos y_2$ et $\sqrt{x_2}\sin y_2$, si x_2 est très petit. Elles ne dépendent que du rapport $\frac{x_1}{x_2}$.

À chaque système de valeurs de y_1 et de y_2 et à chaque point de l'arc utile AB correspond ainsi un point de l'espace et un seul.

Le déterminant fonctionnel des trois coordonnées par rapport à y_1, y_2 et au rapport $\sqrt{\frac{x_1}{x_2}}$ conserve toujours le même signe.

Nous pouvons donc appliquer les résultats du numéro précédent à l'intérieur de tout domaine D où n_2 ne s'annule pas.

Or n_2 s'annule pour $x_1 + x_2 = 2$.

Mais si l'on a $x_1 + x_2 = 2$, $x_1 > 0$, $x_2 > 0$, on aura évidemment

$$\frac{2}{(x_1+x_2)^3} \cdot \frac{x_2-x_1}{2} < \frac{2}{(x_1+x_2)^2} \cdot \frac{x_2+x_1}{2} = \frac{3}{4}.$$

Or, le premier membre de cette égalité est F_0, et en construisant la courbe $F_0 = C$, nous avons supposé que nous nous trouvions dans le cas de la *fig.* 9; or le cas de la *fig.* 9 suppose

$$C > \frac{3}{4}.$$

Comme F_0 diffère très peu de F et par conséquent de C, nous ne pourrons avoir à la fois

$$C > \frac{3}{4}, \quad F_0 < \frac{3}{4}$$

$\left(\text{à moins que } C \text{ ne soit très voisin de sa limite } \frac{3}{4}, \text{ ce que nous ne supposerons pas}\right)$.

On n'aura donc pas, dans les conditions où nous nous sommes placés, $n_2 = 0$.

Ainsi les résultats du numéro précédent sont applicables et si l'on construit les surfaces asymptotiques et que l'on envisage l'intersection de ces surfaces avec le demi-plan $x_2 = 0$, les deux arcs analogues à ceux que nous avons appelés plus haut $A_0 A_2$ et $B_0 B_2$ se couperont.

J'ajouterai encore un mot :

Les coordonnées du troisième corps par rapport au grand et au petit axe de l'ellipse qu'il décrit sont, d'après une formule bien connue,

$$L^2(\cos l - \ldots),$$
$$LG(\sin l + \ldots),$$

On voit ainsi que, quand G change de signe, la seconde de ces coordonnées change de signe.

Il en résulte que la planète troublée circule dans le même sens que la planète troublante si G est positif et en sens contraire si G est négatif.

CHAPITRE XXVIII.

SOLUTIONS PÉRIODIQUES DU DEUXIÈME GENRE.

314. Considérons un système d'équations

$$(1) \qquad \frac{dx_i}{dt} = X_i \qquad (i = 1, 2, \ldots, n),$$

où les X_i sont des fonctions de $x_1, x_2, \ldots, x_n$, et de t, périodiques de période T par rapport à t.

Soit

$$(2) \qquad x_i = \varphi_i(t)$$

une solution périodique de période T des équations (1).

Nous allons chercher si les équations (1) admettent d'autres solutions périodiques, très voisines de (2) et dont la période soit multiple de T.

Ces solutions, si elles existent, s'appelleront *solutions périodiques du deuxième genre*.

Considérons une solution des équations (1), très voisine de (2). Soit

$$\varphi_i(0) + \beta_i$$

la valeur de x_i pour $t = 0$ et

$$\varphi_i(0) + \beta_i + \psi_i = \varphi_i(kT) + \beta_i + \psi_i$$

la valeur de x_i pour $t = kT$ (k étant un entier).

Les β_i et les ψ_i dont la définition est ainsi la même qu'au Chapitre III seront très petits et l'on verrait comme au Chapitre III que les ψ_i sont des fonctions des β_i développables suivant les puissances croissantes des β_i.

Pour que la solution soit périodique de période kT, il faut et

H. P. — III.   14

il suffit que

$$(3) \qquad \psi_1 = \psi_2 = \ldots = \psi_n = 0.$$

Les $\varphi_i(t)$ étant des fonctions périodiques, les ψ s'annulent avec les β.

Nous supposerons que les fonctions X_i qui figurent dans les équations (1) dépendent d'un certain paramètre μ. Alors, les fonctions $\varphi_i(t)$ dépendront non seulement de t, mais de μ; par rapport à t, elles seront périodiques de période T, T étant une constante indépendante de μ.

Dans ces conditions, les fonctions ψ, dont la définition reste la même, dépendront non seulement des β, mais de μ. Si nous regardons

$$\beta_1, \quad \beta_2, \quad \ldots, \quad \beta_n, \quad \mu$$

comme les coordonnées d'un point dans l'espace à $n + 1$ dimensions, les équations (3) représentent une courbe dans cet espace. A chaque point de cette courbe correspondra une solution périodique, de période kT.

Comme les ψ s'annulent tous, quand les β s'annulent tous à la fois, cette courbe comprendra la droite

$$(4) \qquad \beta_1 = \beta_2 = \ldots = \beta_n = 0.$$

Aux différents points de cette droite correspondra la solution (2) qui, étant une solution périodique de période T, est, par cela même, une solution périodique de période kT.

Mais nous devons nous demander s'il existe d'autres solutions périodiques, voisines de la première, ou, en d'autres termes, si la courbe (3) comprend, outre la droite (4), d'autres branches de courbe s'approchant très près de la droite (4).

En d'autres termes, y a-t-il des points de la droite (4) par où passent des branches de la courbe (3) autres que cette droite?

Soit

$$\beta_1 = \beta_2 = \ldots = \beta_n = 0, \qquad \mu = \mu_0$$

un point P de la droite (4).

Pour que par le point P passent plusieurs branches de courbe, *il faut qu'en ce point P le déterminant fonctionnel, ou jacobien, des ψ par rapport aux β, s'annule.*

Cette condition n'est d'ailleurs pas suffisante, comme nous le verrons plus loin, pour que par le point P passent plusieurs branches de courbe réelles.

Formons le déterminant des ψ par rapport aux β, ajoutons $- S$ à tous les termes de la diagonale principale et égalons à zéro le déterminant ainsi obtenu. Nous obtiendrons ainsi l'équation connue sous le nom d'*équation en* S.

Les racines de cette équation ($Cf.$ n° 60) sont

$$e^{\alpha T} - 1,$$

α étant l'un des exposants caractéristiques des équations (1).

Pour que le déterminant fonctionnel soit nul il faut et il suffit qu'une des racines soit nulle; on doit donc avoir

$$e^{k\alpha T} = 1,$$

ce qui veut dire que $k\alpha T$ soit un multiple de $2i\pi$.

Donc, pour que par le point P *passent plusieurs branches de courbe, il faut que l'un des exposants caractéristiques soit multiple de* $\frac{2i\pi}{kT}$.

315. Cette condition n'est pas suffisante et une discussion plus complète est nécessaire.

Posons

$$\mu = \mu_0 + \lambda,$$

et cherchons à développer les β suivant les puissances entières ou fractionnaires de λ.

Nous supposons que le jacobien des ψ par rapport aux β, est nul; ce jacobien s'annule pour $\lambda = 0$, mais ne sera pas en général identiquement nul; il faudrait pour cela que l'un des exposants caractéristiques fût constant, indépendant de μ et égal à un multiple de $\frac{2i\pi}{kT}$.

Nous supposerons donc que le jacobien s'annule pour $\lambda = 0$, mais que sa dérivée, par rapport à λ, ne s'annule pas.

De même, nous supposerons d'abord que les mineurs du premier ordre de ce jacobien ne s'annulent pas tous à la fois.

Dans ce cas, en vertu du théorème du n° 30, de $n - 1$ des

équations (3) on pourra tirer $n-1$ des quantités β en séries développées suivant les puissances entières de λ et de la $n^{\text{ième}}$ quantité β, par exemple de β_n.

Dans la $n^{\text{ième}}$ équation (3), substituons les valeurs de

$$\beta_1, \beta_2, \ldots, \beta_{n-1},$$

ainsi trouvées. Le premier membre de cette $n^{\text{ième}}$ équation se trouvera ainsi développé suivant les puissances de λ et de β_n; écrivons-la sous la forme

$$\Theta(\lambda, \beta_n) = 0.$$

J'observe d'abord que Θ doit être divisible par β_n, car la droite (4) doit faire partie de la courbe (3).

D'autre part, la dérivée de Θ par rapport à β_n doit s'annuler pour $\lambda = 0$, puisque le jacobien s'annule. Pour $\lambda = 0$, Θ ne contient donc pas de terme du premier degré; supposons qu'il ne contienne pas non plus de termes du deuxième, ..., du $p-1^{\text{ième}}$ degré, mais qu'il contienne un terme de degré p.

Enfin, comme la dérivée du jacobien par rapport à λ ne s'annule pas, nous aurons un terme en $\lambda \beta_n$.

Je puis donc écrire

$$\Theta = A\lambda\beta_n + B\beta_n^p + C,$$

C étant un ensemble de termes contenant en facteur β_n^{p+1}, $\lambda\beta_n^2$, ou $\lambda^2\beta_n$; et A et B étant des coefficients constants qui ne sont pas nuls.

On voit qu'on peut tirer de là β_n en série procédant suivant les puissances de $\lambda^{\frac{1}{p-1}}$ et la question est de savoir si cette série est réelle.

Si p est pair, ou si, p étant impair, A et B sont de signes contraires, la série est réelle et il existe des solutions périodiques du deuxième genre.

Si p est impair et si A et B sont de signes contraires, la série est imaginaire et il n'y a pas de solution périodique du deuxième genre.

Je suppose maintenant que non seulement le jacobien s'annule pour $\lambda = 0$, mais qu'il en soit de même de tous ses mineurs du premier, du second, etc., du $p-1^{\text{ième}}$ ordre. Je suppose toutefois que les mineurs du $p^{ième}$ ordre ne sont pas tous nuls à la fois.

Dans ces conditions, d'après le n° 57, il y aura non pas un, mais p exposants caractéristiques qui seront multiples de $\dfrac{2i\pi}{kT}$.

De $n - p$ des équations (3), on pourra alors tirer $n - p$ des quantités β sous la forme de séries développées suivant les puissances de λ et des p dernières quantités β.

Pour abréger le langage, je dirai les β' pour désigner les $n - p$ premières quantités β, et les β'' pour désigner les p dernières quantités β. Nous aurons donc les β' développées suivant les puissances de λ et des β''.

Substituons ces développements à la place des β' dans les p dernières équations (3), nous obtiendrons p équations

$$(5) \qquad \theta_1 = \theta_2 = \ldots = \theta_p = 0,$$

dont les premiers membres seront développables suivant les puissances de λ et des β''.

Le jacobien et ses mineurs des $p - 1$ premiers ordres étant nuls, ces premiers membres ne contiendront pas de termes du premier degré en β'' indépendants de λ. Il faut voir maintenant si les premiers membres des équations (5) contiendront des termes du premier degré par rapport aux β'' et en même temps du premier degré par rapport à λ.

Soit θ_i l'ensemble des termes de Θ_i qui sont du premier degré par rapport aux β''; il est clair que θ_i pourra se développer suivant les puissances de λ; soit

$$\theta_i = \theta_i^0 + \lambda\theta_i^1 + \lambda^2\theta_i^{2} + \ldots,$$

ce développement; les $\theta_i^{(k)}$ seront des polynomes homogènes du premier degré par rapport aux β''.

D'après ce qui précède, θ_i^0 sera identiquement nul; mais il faut voir s'il n'en est pas de même de θ_i^1.

Le jacobien des ψ par rapport aux β est égal à

$$\Pi(1 - e^{\alpha T}),$$

le produit indiqué par le signe Π s'étendant à n facteurs correspondant aux n exposants caractéristiques α.

Soient α_1, α_2, ..., α_n ces n exposants et soit

$$\varphi(\alpha) = (1 - e^{\lambda \alpha T});$$

le jacobien sera égal au produit

$$\varphi(\alpha_1)\varphi(\alpha_2)\ldots\varphi(\alpha_n).$$

Pour $\lambda = 0$, le jacobien s'annule ainsi que ses mineurs des $p - 1$ premiers ordres; il en résulte que p des exposants sont multiples de $\frac{2i\pi}{\lambda T}$. Donc, p des facteurs $\varphi(\alpha)$ s'annulent pour $\lambda = 0$ et sont, par conséquent, divisibles par λ. Le produit, c'est-à-dire le jacobien sera donc divisible par λ^p.

Nous supposerons que pour $\lambda = 0$, aucun des $\frac{d\alpha}{d\lambda}$ ne s'annule; c'est ce que nous avions déjà supposé plus haut. Dans ces conditions aucun des $\varphi(\alpha)$ n'est divisible par λ^2. Donc le produit n'est pas divisible par λ^{p+1}.

Ainsi, le jacobien est divisible par λ^p, mais pas par λ^{p+1}.

Il résulte de là que le déterminant des θ_j^i est différent de zéro, et par conséquent qu'aucun des θ_j^i ne s'annule identiquement.

Le cas le plus simple est celui où, pour $\lambda = 0$, les termes du deuxième degré ne disparaissent pas dans les Θ_i et où ces termes du deuxième degré ne peuvent pas s'annuler à la fois, à moins que tous les β'' ne s'annulent à la fois.

Soit alors ζ_i l'ensemble des termes du deuxième degré de Θ_i pour $\lambda = 0$.

Il suffira alors d'envisager les équations algébriques

$$\zeta_i + \lambda \theta_j^i = 0,$$

dont les premiers membres sont des polynomes homogènes du deuxième degré par rapport à λ et aux β''.

Si ces équations admettent des solutions réelles, nous aurons des solutions périodiques du deuxième genre.

Je ne développerai pas la discussion dans les autres cas, me réservant de la faire complètement en ce qui concerne les équations de la Dynamique.

Cas où le temps n'entre pas explicitement.

316. Supposons que les fonctions X_i qui figurent dans les équations (1) ne dépendent pas du temps t.

Dans ce cas, comme nous l'avons vu au n° 61, l'un des exposants caractéristiques est toujours nul.

D'autre part, si

$$x_i = \varphi_i(t)$$

est une solution périodique de période T, il en est de même de

$$x_i = \varphi_i(t + h)$$

quelle que soit la constante h.

Dans le numéro précédent, nous supposions qu'il y avait, quel que soit μ, une solution périodique

$$x_i = \varphi_i(t)$$

et la période ne pouvait être que T, puisque les X_i étaient des fonctions périodiques de t, de période T.

La période était donc indépendante de μ.

Il n'en est plus de même ici. Nous supposerons toujours que, quel que soit μ, les équations (1) admettent une solution périodique

$$x_i = \varphi_i(t).$$

Mais la période dépendra de μ en général. J'appellerai T la période, et T_0 la valeur de T pour $\mu = \mu_0$, c'est-à-dire pour $\lambda = 0$.

Nous modifierons alors un peu la définition des quantités β et ψ.

Nous désignerons toujours par $\varphi_i(0) = \beta_i$ la valeur de x_i pour $t = 0$; mais nous représenterons par $\varphi_i(0) + \beta_i + \psi_i$ la valeur de x_i pour $t = k(T + \tau)$ (et non pour $t = kT$).

Alors, les ψ_i seront des fonctions des $n + 2$ variables

$$\beta_1, \beta_2, \ldots, \beta_n, \tau, \lambda.$$

Si l'on continue à regarder les β et λ comme les coordonnées d'un point dans l'espace à $n + 1$ dimensions, les équations

$$(3) \qquad\qquad \psi_i = 0$$

représenteront alors non plus une courbe, mais une surface

puisque nous pouvons faire varier indépendamment et d'une manière continue les deux paramètres τ et λ.

Mais il importe de remarquer que sur cette surface sont tracées des courbes dont les divers points correspondent à des solutions périodiques qui ne peuvent pas être regardées comme essentiellement distinctes.

Si, en effet,

$$x_i = f_i(t)$$

est une solution périodique, il en sera de même de

$$x_i = f_i(t + h)$$

quelle que soit la constante h, et cette nouvelle solution ne sera pas réellement distincte de la première.

A la première correspond le point

$$\beta_i = f_i(0) - \varphi_i(0),$$

et à la seconde le point

$$\beta_i = f_i(h) - \varphi_i(0).$$

Quand on fait varier h d'une manière continue, le second point décrit une courbe dont les divers points ne correspondent pas ainsi à des solutions réellement distinctes.

En particulier, envisageons la solution

$$x_i = \varphi_i(t)$$

A cette solution correspondra le point

$$\beta_i = 0$$

qui appartient à la droite (4).

A la solution

$$x_i = \varphi_i(t + h),$$

qui n'est pas réellement distincte de la première, correspondra le point

$$(4 \ bis) \qquad \beta_i = \varphi_i(h) - \varphi_i(0),$$

qui appartient à une certaine surface (4 *bis*) faisant partie de la surface (3).

Il s'agit de savoir si la surface (3) contient des nappes autres que (4 *bis*) et s'approchant très près de (4 *bis*); c'est-à-dire s'il

y a sur la surface ($4\ bis$) des points par où passent d'autres nappes
de la surface (3) que la surface ($4\ bis$) elle-même.

Nous pourrons, sans restreindre la généralité, supposer $\beta_1 = 0$
(ou nous imposer une autre relation arbitraire entre les β).

En effet, les solutions

$$x_1 = f_1(t), \qquad x_1 = f_1(t - h)$$

ne sont pas réellement distinctes et il suffira d'envisager l'une
d'elles.

Nous pouvons donc choisir arbitrairement la constante h; et
nous pouvons le faire, par exemple, de telle façon que

$$f_1(h) = \varphi_1(0),$$

d'où

$$\beta_1 = 0.$$

c. q. f. d.

Si nous nous imposons cette condition $\beta_1 = 0$, les deux surfaces (3) et ($4\ bis$) se réduisent à des courbes et, en particulier,
la surface ($4\ bis$) se réduit à la droite (4).

Nous sommes amenés de nouveau à rechercher si par un point
de la droite (4) passe une autre branche de la courbe (3).

Pour cela, combinons l'équation $\beta_1 = 0$ avec les équations (3);
ces équations représenteront la courbe (3) ou une courbe dont la
courbe (3) n'est qu'une partie. Pour que cette courbe, dans le
domaine considéré, ne se réduise pas à la droite (4), il faut que
le jacobien de $\psi_1, \psi_2, \ldots, \psi_n, \beta_1$ par rapport à $\beta_1, \beta_2, \ldots, \beta_n, \tau$
et celui de $\psi_1, \psi_2, \ldots, \psi_n$ par rapport à $\beta_2, \beta_3, \ldots, \beta_n, \tau$ soit nul
pour $\lambda = 0$.

Comme rien ne distingue β_1 des autres β, les jacobiens des ψ
par rapport à τ et à $n - 1$ quelconques des β devront s'annuler
tous. C'est-à-dire que tous les déterminants contenus dans la
matrice des n° 38 et 63 doivent s'annuler à la fois. En raisonnant comme au n° 63, on verrait que l'équation en S doit avoir
deux racines nulles.

Il en résulte que deux des exposants caractéristiques devront
être multiples de $\dfrac{2i\pi}{kT}$. Cela est déjà vrai de l'un d'entre eux qui
est nul. Un second exposant devra être multiple de $\dfrac{2i\pi}{kT}$.

Si cette condition est remplie, nous formerons un système de

$n + 1$ équations comprenant les équations (3) et $\beta_i = 0$. Nous en tirerons τ et les β en séries développées suivant les puissances entières et fractionnaires de λ.

Si les séries sont réelles, il y aura des solutions périodiques du deuxième genre; si les séries sont imaginaires, il n'y en aura pas.

Je ne développerai pas la discussion.

317. Supposons maintenant que les équations

$$(1) \qquad \frac{dx_i}{dt} = X_i,$$

où le temps entre explicitement, admettent une intégrale uniforme

$$F = C,$$

de telle façon que l'on ait

$$\sum \frac{dF}{dx_i} X_i = 0.$$

Nous avons vu au n° **64** que dans ce cas le jacobien des ψ par rapport aux β s'annule et que l'un des exposants caractéristiques est nul.

Les équations

$$(3) \qquad \psi_1 = \psi_2 = \ldots = \psi_n = 0$$

ne sont pas alors distinctes puisqu'on a identiquement

$$F[\varphi_i(o) + \beta_i + \psi_i] - F[\varphi_i(o) + \beta_i] = 0.$$

Elles ne représentent donc pas une courbe, mais une surface.

Mais dans ce cas, d'après les principes du Chapitre III, nous avons une double infinité de solutions périodiques de période T

$$x_i = \varphi_i(t),$$

puisqu'il y en a une qui correspond à chaque valeur du paramètre $\mu = \mu_0 + \lambda$ et à chaque valeur de la constante C.

Nous conviendrons de donner à la constante C une valeur déterminée C_0 et nous n'aurons plus qu'une simple infinité de solutions périodiques de période T

$$x_i = \varphi_i(t),$$

chacune d'elles correspondant à une valeur de λ.

Les équations (3) n'étant pas distinctes peuvent être remplacées par $n - 1$ d'entre elles, par exemple par

$$\psi_1 = \psi_2 = \ldots = \psi_{n-1} = 0.$$

Considérons alors le système

$$(3 \ bis) \qquad \psi_1 = \psi_2 = \ldots = \psi_{n-1} = 0, \qquad F[\varphi_i(0) + \beta_i] = C_0.$$

Les équations (3 bis) représentent non plus une surface mais une courbe dont fait partie la droite

$$(4) \qquad \beta_i = 0.$$

Pour que par un point de la droite (4) passe une autre branche de courbe, il faut que le jacobien de

$$\psi_1, \quad \psi_2, \quad \ldots, \quad \psi_{n-1}, \quad F,$$

par rapport aux β, s'annule.

Cette condition peut encore se mettre sous une autre forme.

Supposons que nous résolvions l'équation

$$F(x_i) = C_0$$

par rapport à x_n et que cette résolution donne

$$x_n = \theta(x_1, x_2, \ldots, x_{n-1}).$$

Substituons θ à la place de x_n dans X_i, et soit X_i' le résultat de cette substitution.

Les équations (1) se trouveront ainsi remplacées par les suivantes

$$(1 \ bis) \qquad \frac{dx_i}{dt} = X_i' \qquad (i = 1, 2, \ldots, n-1).$$

Ces équations (1 bis) admettront pour solution périodique

$$x_i = \varphi_i(t).$$

Les exposants caractéristiques de cette solution périodique, considérée comme appartenant aux équations (1 bis), seront au nombre de $n - 1$. Soient $\alpha_1, \alpha_2, \ldots, \alpha_{n-1}$ ces $n - 1$ exposants. Ce seront les mêmes que ceux de cette solution périodique $x_i = \varphi_i(t)$, considérée comme appartenant aux équations (1) en supprimant celui des n exposants qui est égal à zéro.

Pour que dans le voisinage d'un point de la droite (4), les équations (1) admettent des solutions périodiques du second genre, il faut et il suffit que les équations (1 *bis*) en admettent, c'est-à-dire qu'en un point de la droite (4) l'un des $n-1$ exposants caractéristiques $\alpha_1, \alpha_2, \ldots, \alpha_{n-1}$ soit multiple de $\dfrac{2i\pi}{kT}$.

Ainsi, la condition énoncée plus haut que le jacobien de ψ_1, $\psi_2, \ldots, \psi_{n-1}$, F est nul est susceptible d'un énoncé tout différent. Pour qu'elle soit remplie, il faut que deux des exposants soient multiples de $\dfrac{2i\pi}{kT}$; cela est toujours vrai d'un d'entre eux qui est nul; cela doit être vrai d'un second exposant.

Supposons cette condition remplie. Des équations (3 *bis*) nous tirerons les β en séries ordonnées suivant les puissances entières et fractionnaires de λ. Je ne ferai pas la discussion pour savoir si ces séries sont réelles.

318. Supposons maintenant que les X_i ne dépendent pas explicitement du temps, et que les équations (1) admettent une intégrale

$$F = C.$$

Dans ce cas, d'après le n° 66, deux des exposants caractéristiques sont nuls. Si, pour un système de valeurs de μ et de C, les équations admettent une solution périodique, elles en admettront encore pour les valeurs voisines de sorte que nous aurons une double infinité de solutions périodiques

$$x_i = \varphi_i(t)$$

dépendant des deux paramètres μ et C. La période T ne sera pas constante, ce sera une fonction de μ et de C.

Donnons alors à C une valeur déterminée C_0 et soient encore

$$\varphi_i(0) + \beta_i, \quad \varphi_i(0) + \beta_i - \psi_i$$

les valeurs de x_i pour $t = 0$, et pour $t = k(T - \tau)$.

Aux équations

$$(3) \qquad\qquad \psi_1 = \psi_2 = \ldots = \psi_n = 0$$

nous adjoindrons d'abord l'équation $F = C_0$ et ensuite une relation arbitraire entre les β, par exemple $\beta_1 = 0$.

Nous pouvons en effet, sans restreindre la généralité, et pour la même raison qu'au n° 316, supposer $\beta_1 = 0$.

Nous obtiendrons ainsi le système

$$(3\ ter)\qquad \psi_i = 0, \qquad F = C_0, \qquad \beta_1 = 0.$$

Ces équations représentent une courbe; en effet, le nombre des équations est égal à $n + 2$; mais les n équations (3) ne sont pas distinctes et peuvent être remplacées par $n - 1$ d'entre elles et cela pour la même raison qu'au numéro précédent. Le système (3 ter) se réduit ainsi à $n + 1$ équations. Le nombre des variables est $n + 2$, à savoir

$$\beta_1, \quad \beta_2, \quad \ldots, \quad \beta_n, \quad \tau, \quad \mu.$$

Cette courbe (3 ter) comprend la droite

$$(4)\qquad \beta_i = 0.$$

Soit $\beta_i = 0$, $\mu = \mu_0$ un point de cette droite. Pour que, par ce point, passe une autre branche de courbe, il faut que le jacobien des premiers membres des équations (3 ter) soit nul, ou, ce qui revient au même, que le jacobien de $n - 1$ des ψ et de F par rapport à $\beta_2, \beta_3, \ldots, \beta_n$ et τ soit nul, ou enfin, puisque rien ne distingue β_1 des autres β, que les jacobiens de F et de $n - 1$ quelconques des ψ par rapport à τ et à $n - 1$ quelconques des β soient tous nuls.

Cette condition est susceptible d'un autre énoncé.

Comme dans le numéro précédent, de l'équation $F = C_0$ nous tirerons

$$x_n = \theta(x_1, x_2, \ldots, x_{n-1}),$$

et nous obtiendrons les équations

$$(1\ bis)\qquad \frac{dx_i}{dt} = X_i \qquad (i = 1, 2, \ldots, n-1).$$

Il faut alors, d'après le n° 316, que des $n - 1$ exposants caractéristiques [si la solution périodique est regardée comme appartenant aux équations (1 bis)], un soit nul et un autre multiple de $\frac{2i\pi}{k\tau}$; ou, ce qui revient au même, que des n exposants caractéristiques [si la solution périodique est regardée comme appartenant aux équations (1)], deux soient nuls et un troisième multiple de $\dfrac{2i\pi}{kT}$.

Supposons cette condition remplie; on tirera de (3 *ter*) les β et τ en séries ordonnées suivant les puissances entières ou fractionnaires de λ; je m'abstiendrai encore ici de la discussion.

Application aux équations de la Dynamique.

319. Je voudrais faire une discussion plus complète de ce qui concerne les équations de la Dynamique; mais pour cela, j'ai besoin d'abord de démontrer une importante propriété de ces équations.

Soient ξ_i et η_i les valeurs de x_i et y_i pour $t = o$; soient X_i et Y_i les valeurs de x_i et y_i pour $t = T$. Nous savons que

$$\int\int \Sigma\, dx_i\, dy_i$$

est un invariant intégral; on aura donc

$$\int\int \Sigma (dX_i\, dY_i - d\xi_i\, d\eta_i) = o,$$

l'intégrale double étant étendue à une aire quelconque A.

Cela peut s'écrire

$$\int \Sigma (X_i\, dY_i - Y_i\, dX_i - \xi_i\, d\eta_i + \eta_i\, d\xi_i) = o,$$

l'intégrale simple étant étendue au contour de l'aire A, c'est-à-dire à un contour fermé quelconque.

En d'autres termes, l'expression

$$\Sigma (X_i\, dY_i - Y_i\, dX_i - \xi_i\, d\eta_i + \eta_i\, d\xi_i)$$

est une différentielle exacte.

Il en résulte que

$$dS = \Sigma [(X_i - \xi_i)\, d(Y_i - \eta_i) - (Y_i - \eta_i)\, d(X_i - \xi_i)]$$

est aussi une différentielle exacte.

320. Si l'on fait varier T, il est clair que S sera fonction de T.

Calculons la dérivée de S par rapport à T, à l'aide des équations

$$\frac{dX_i}{dT} = \frac{dF}{dY_i}, \qquad \frac{dY_i}{dT} = -\frac{dF}{dX_i}.$$

Il vient

$$\frac{dS}{dT} = \int \sum \left[\frac{dX}{dT} d(Y-\eta) - \frac{dY}{dT} d(X-\xi) \right.$$
$$\left. -(X-\xi) d\frac{dY}{dT} - (Y-\eta) d\frac{dX}{dT} \right],$$

ou bien

$$\frac{dS}{dT} = \int \sum \left[\frac{dF}{dY} d(Y-\eta) - \frac{dF}{dX} d(X-\xi) \right.$$
$$\left. -(X-\xi) d\frac{dF}{dX} - (Y-\eta) d\frac{dF}{dY} \right].$$

ou, en intégrant par parties,

$$\frac{dS}{dT} = -\sum \left[(X-\xi)\frac{dF}{dX} - (Y-\eta)\frac{dF}{dY} \right] - 2\int \sum \left(\frac{dF}{dX} dX - \frac{dF}{dY} dY \right),$$

ou enfin

$$\frac{dS}{dT} = 2F - \sum \left[(X-\xi)\frac{dF}{dX} - (Y-\eta)\frac{dF}{dY} \right] + \text{fonction arbitraire de T}.$$

Nous prendrons la fonction arbitraire de T égale à une constante $-2C$ et nous aurons

$$\frac{dS}{dT} = 2(F-C) - \sum \left[(X-\xi)\frac{dF}{dX} + (Y-\eta)\frac{dF}{dY} \right].$$

Pour T $=$ o, on a $dS =$ o et par conséquent

$$S = \text{const.}$$

Nous prendrons cette constante nulle de sorte que S s'annulera identiquement pour T $=$ o; la fonction S est ainsi entièrement déterminée.

321. Cherchons les maxima et les minima de la fonction S. Considérons d'abord T comme une constante. Pour que la fonction S présente un maximum ou un minimum, il faut, *à supposer que cette fonction S puisse être regardée comme fonction uniforme des variables* $X_i + \xi_i$ *et* $Y_i + \eta_i$ *dans le domaine considéré*, il faut, dis-je, que ses dérivées par rapport à ces

variables soient nulles, c'est-à-dire que l'on ait

$$X_i = \xi_i, \qquad Y_i = \eta_i.$$

La solution correspondante est donc une solution périodique de période T *et cette période* T *est ici une des données de la question.*

Ne regardons plus T comme une donnée; pour que S présente un maximum ou un minimum, il faudra que l'on ait d'abord

$$X_i = \xi_i, \qquad Y_i = \eta_i,$$

et, de plus,

$$\frac{dS}{dT} = 0.$$

Mais si $X = \xi$, $Y = \eta_i$, il reste

$$\frac{dS}{dT} = 2(F - C),$$

d'où

$$F = C.$$

La solution correspondante sera encore une solution périodique de période T.

Mais la période T ne sera plus une donnée de la question : ce qui sera une donnée, c'est la constante des forces vives C qui n'intervenait pas dans le cas précédent.

Les deux manières de rechercher les maxima de S se rattachent aux deux manières d'entendre le principe de moindre action, celle de Hamilton, et celle de Maupertuis. On le comprendra mieux après avoir lu le Chapitre suivant.

322. On peut aussi modifier de la façon suivante la définition de la fonction S.

Dans un grand nombre d'applications, F est une fonction périodique de période 2π par rapport aux y_i. Dans ce cas, une solution peut encore être regardée comme périodique, quand $X_i = \xi_i$ et que $Y_i - \eta_i$ est multiple de 2π.

Alors il est clair que si nous posons

$$dS = \Sigma[(X_i - \xi_i)d(Y_i - \eta_i) - (Y_i - \eta_i - 2m_i\pi)d(X_i + \xi_i)],$$

où $m_1, m_2, \ldots, m_n$ sont des entiers quelconques, l'expression dS sera encore une différentielle exacte.

On trouvera d'ailleurs

$$\frac{dS}{dT} = 2F - \Sigma\left[(X - \xi)\frac{dF}{dX} + (Y - \eta - 2m\pi)\frac{dF}{dY}\right] + \text{fonct. arb. de T.}$$

Nous prendrons

$$\frac{dS}{dT} = 2(F - C) - \Sigma\left[(X - \xi)\frac{dF}{dX} + (Y - \eta - 2m\pi)\frac{dF}{dY}\right].$$

Pour $T = 0$, on a

$$dS = \Sigma \tfrac{1}{2} m_i \pi \, d\xi_i.$$

Nous prendrons

$$S = \tfrac{1}{2}\pi \Sigma m_i \xi_i,$$

ce qui achève de déterminer la fonction S.

Les maxima et minima de S, en supposant T donné, s'obtiendront en égalant à zéro ses dérivées, ce qui donne

$$X_i = \xi_i, \qquad Y_i = \eta_i + 2m_i\pi.$$

La solution correspondante est encore une solution périodique puisque $Y_i - \eta_i$ est un multiple de 2π. La période T est donnée.

Si T n'est pas donné, il faut d'abord que

$$X_i = \xi_i, \qquad Y_i = \eta_i + 2m_i\pi$$

et, de plus, que

$$\frac{dS}{dT} = 0,$$

d'où

$$F = C.$$

323. Il faut maintenant que nous apprenions à discerner les véritables maxima et les véritables minima de S; en effet, nous avons seulement jusqu'ici cherché la condition pour que les dérivées premières de S soient nulles; mais on sait que cette condition n'est pas suffisante pour qu'il y ait un maximum; il faut encore que les dérivées secondes satisfassent à certaines inégalités.

Supposons-nous d'abord placés dans les conditions du n° 319 et regardons T comme donné.

Soit

$$x_i = \varphi_i(t), \qquad y_i = \psi_i(t)$$

II. P. — III.   15 une solution périodique de période T, de telle sorte que

$$\varphi_i(o) = \varphi_i(T), \qquad \varphi'_i(o) = \varphi'_i(T).$$

A cette solution pourra correspondre un maximum ou un minimum de la fonction S.

Soient

$$x_i = \varphi_i(t) + x'_i, \qquad y_i = \varphi'_i(t) + y'_i$$
$$x_i = \varphi_i(t) - x'_0, \qquad y_i = \varphi'_i(t) - y'_i$$

deux solutions très peu différentes de cette solution périodique.

Je supposerai que x'_i, y'_i, x'_0, y'_i soient assez petits pour qu'on puisse en négliger les carrés et qu'on puisse regarder ces quantités comme satisfaisant aux équations aux variations (*Cf.* Chapitre IV).

Soient ξ_i et η_i les valeurs de x'_i et y'_i pour $t = o$; X_i et Y_i les valeurs de x'_i et y'_i pour $t = T$.

Pour savoir si S a un maximum ou un minimum, il suffit d'étudier l'ensemble des termes du second degré dans le développement de S suivant les puissances des ξ_i et des η_i.

Or il est aisé de reconnaître que cet ensemble de termes se réduit à

$$\Sigma(X_i \eta_i - Y_i \xi_i).$$

Étudions l'expression

$$(1) \qquad \Sigma(x'_i y'_i - y'_i x'_i).$$

D'après le n° 56, cette expression doit se réduire à une constante.

Quelle est la forme de la solution générale des équations aux variations.

S'il y a n degrés de liberté, nous aurons $n - 1$ solutions particulières de la forme

$$x'_i = e^{\alpha_k t}\theta_{k,i}(t), \qquad y'_i = e^{\alpha_k t}\theta'_{k,i}(t).$$

Les α_k sont les exposants caractéristiques et les θ sont des fonctions périodiques de période T.

Nous aurons $n - 1$ autres solutions de la forme

$$x'_i = e^{-\alpha_k t}\theta''_{k,i}(t), \qquad y'_i = e^{-\alpha_k t}\theta'''_{k,i}(t)$$

correspondant aux exposants $-\alpha_k$ qui sont égaux et de signe contraire aux $n - 1$ exposants α_k.

Nous aurons la solution évidente

$$x_i' = \frac{d\varphi_i}{dt}, \qquad y_i' = \frac{d\psi_i}{dt}$$

et enfin la $2n^{\text{ième}}$ solution particulière sera

$$x_i' = t\frac{d\varphi_i}{dt} + \psi_i, \qquad y_i' = t\frac{d\psi_i}{dt} + \psi_i.$$

Donc, la solution générale pourra s'écrire

$$x_i = \Sigma A_k e^{\alpha_k t} \theta_{k,i}(t) + \Sigma B_k e^{-\alpha_k t} \theta'_{k,i}(t) + C\frac{d\varphi_i}{dt} + D\left(t\frac{d\varphi_i}{dt} + \psi_i\right),$$

$$y_i = \Sigma A_k e^{\alpha_k t} \theta_{k,i}(t) + \Sigma B_k e^{-\alpha_k t} \theta'_{k,i}(t) + C\frac{d\psi_i}{dt} + D\left(t\frac{d\psi_i}{dt} + \psi_i\right),$$

les A, B, C, D étant des constantes d'intégration.

On aura de même,

$$x_i' = \Sigma A_k' e^{\alpha_k t} \theta_{k,i}(t) + \Sigma B_k' e^{-\alpha_k t} \theta'_{k,i}(t) + C'\frac{d\varphi_i}{dt} + D'\left(t\frac{d\varphi_i}{dt} + \psi_i\right)$$

avec une formule analogue pour y_i'.

Les A′, B′, C′, D′ sont de nouvelles constantes.

Substituons ces valeurs dans l'expression (1); cette expression deviendra une forme bilinéaire par rapport aux deux séries de constantes

$$A, \quad B, \quad C, \quad D,$$
$$A', \quad B', \quad C', \quad D'.$$

Cette forme devant s'annuler identiquement pour

$$A_k = A_k', \quad B_k = B_k', \quad C = C', \quad D = D'$$

sera une forme linéaire par rapport aux déterminants contenus dans la matrice

$$\begin{matrix} A_1 & B_1 & A_2 & B_2 & \ldots & A_{n-1} & B_{n-1} & C & D \\ A_1' & B_1' & A_2' & B_2' & \ldots & A_{n-1}' & B_{n-1}' & C' & D' \end{matrix}$$

Les coefficients de cette forme linéaire devront être des constantes puisque l'expression (1) doit se réduire à une constante.

En général, aucun des exposants caractéristiques ne sera nul et deux de ces exposants ne seront pas égaux entre eux.

Il résulte de là que nous ne devons pas avoir de terme contenant l'un des déterminants

$$A_k A_j' - A_j A_k', \quad A_k B_j' - B_j A_k', \quad B_k B_j' - B_j B_k',$$

$$A_k C' - C A_k', \quad A_k D' - D A_k', \quad B_k C' - C B_k', \quad B_k D' - D B_k',$$

car le coefficient de ce terme devrait contenir en facteur l'une des exponentielles

$$e^{(\alpha_k + \alpha_j)t}, \quad e^{(\alpha_k - \alpha_j)t}, \quad e^{-(\alpha_k + \alpha_j)t}, \quad e^{2\alpha_k t}$$

et ne pourrait se réduire à une constante.

Les seuls déterminants qui puissent entrer dans notre forme sont donc

$$A_k B_k' - B_k A_k', \quad CD' - DC',$$

de sorte que je puis écrire

$$(2) \qquad \Sigma(x_i' y_i' - y_i' x_i') = \Sigma M_k (A_k B_k' - B_k A_k') + N(CD' - DC'),$$

les M_k et N étant des constantes.

Je dis que M_k ne peut être nul; sans quoi l'expression (1) ne dépendrait pas des constantes A_k, A_k', B_k, B_k'; si alors nous supposions que toutes les constantes A' et B', C et D' sont nulles à l'exception des deux constantes A_k' et B_k' auxquelles nous attribuerions des valeurs données, différentes de zéro, on aurait une relation

$$\Sigma(x_i' y_i' - x_i' y_i') = 0$$

qui serait linéaire par rapport aux inconnues x_i' et y_i' et où les coefficients x_i' et y_i' seraient des fonctions données du temps, différentes de zéro. Une pareille relation ne peut exister puisque les $2n$ variables x_i' et y_i' sont indépendantes. Donc M_k ne peut être nul.

Si nous changeons t en $t + T$, nous obtiendrons de nouvelles solutions des équations aux variations et ces solutions nouvelles s'obtiendront en changeant les constantes

$$A_k, \quad B_k, \quad C, \quad D$$

en

$$A_k e^{\alpha_k T}, \quad B_k e^{-\alpha_k T}, \quad C + DT, \quad D.$$

Pour avoir

$$\Sigma(X_i' x_i' - Y_i' \xi_i),$$

il suffira donc de faire dans l'expression (1),

$$A_k' = A_k e^{\alpha_k T}, \quad B_k' = B_k e^{-\alpha_k T}, \quad C' = C + DT, \quad D' = D,$$

d'où

$$(3) \qquad \Sigma(X_i y_i' - Y_i \xi_i') = \Sigma M_k (e^{-z_k T} - e^{z_k T}) A_k B_k - NTD^2.$$

324. Pour discuter l'équation (3), il faut distinguer plusieurs cas :

1° Les exposants $\pm z_k$ sont réels ; les fonctions

$$\theta_{k,i}, \quad \theta'_{k,i}, \quad \theta''_{k,i}, \quad \theta'''_{k,i}$$

sont alors aussi réelles.

2° Les exposants $\pm z_k$ sont purement imaginaires et le carré z_k^2 est réel négatif.

Alors les fonctions $\theta_{k,i}$ et $\theta''_{k,i}$, $\theta'_{k,i}$ et $\theta'''_{k,i}$, sont imaginaires conjuguées.

3° Les exposants $\pm z_k$ sont complexes. Alors nous aurons, parmi les exposants caractéristiques, les exposants $\pm z_j$ qui seront imaginaires conjugués des exposants $\pm z_k$, et

$$\theta_{j,i}, \quad \theta'_{j,i}, \quad \theta''_{j,i}, \quad \theta'''_{j,i}$$

seront imaginaires conjugués de

$$\theta_{k,i}, \quad \theta'_{k,i}, \quad \theta''_{k,i}, \quad \theta'''_{k,i}.$$

Supposons maintenant les x_i' et les y_i' réels. Pour le calcul des constantes A, B, C, D, nous aurons $2n$ équations que l'on obtiendra en faisant dans l'équation qui donne x_i', par exemple,

$$t = 0, \quad t = T, \quad t = 2T, \quad \ldots, \quad t = (2n-1)T.$$

Ces $2n$ équations sont linéaires par rapport aux $2n$ inconnues A, B, C, D. Les seconds membres sont réels et les coefficients sont réels ou imaginaires conjugués deux à deux.

Quand on change $\sqrt{-1}$ en $-\sqrt{-1}$:

1° A_k et B_k ne changent pas quand z_k est réel ;

2° A_k et B_k se permutent quand z_k est purement imaginaire ;

3° A_k et B_k se changent en A_j et B_j quand z_k est complexe et imaginaire conjugué de z_j.

Donc :

1° A_k et B_k sont réels quand z_k est réel ;

2° A_k et B_k sont imaginaires conjugués quand z_k est purement imaginaire ;

3° A_k et A_j, B_k et B_j sont imaginaires conjugués quand z_k est complexe et imaginaire conjugué de z_j.

Enfin C et D sont réels.

Ces conditions sont d'ailleurs suffisantes pour que x'_j et y'_j soient réelles.

Donnons aux constantes A_k, B_k, C, D, de même qu'aux constantes A'_k, B'_k, C', D' des valeurs satisfaisant à ces conditions. Alors le second membre de (2) devra être réel; et pour qu'il en soit ainsi il faut :

1° Que M_k soit réel si z_k est réel;

2° Que M_k soit purement imaginaire si z_k est purement imaginaire;

3° Que M_k et M_j soient imaginaires conjugués si z_k et z_j sont complexes et imaginaires conjugués.

La forme (3) contient un terme

$$M_k(e^{-z_k T} - e^{z_k T})A_k B_k.$$

et ne contient pas d'autre terme dépendant de A_k ou B_k.

Si l'exposant z_k est réel, la présence d'un terme en $A_k B_k$ suffit pour que la forme quadratique (3) ne puisse être définie.

Si donc un seul des exposants z_k est réel, la fonction S ne peut présenter ni maximum ni minimum.

Supposons maintenant que deux exposants z_k et z_j soient complexes et imaginaires conjugués.

Annulons toutes les constantes sauf

$$A_k, \quad B_k, \quad A_j, \quad B_j.$$

la forme (3) se réduit à

$$M_k(e^{-z_k T} - e^{z_k T})A_k B_k + M_j(e^{-z_j T} - e^{z_j T})A_j B_j.$$

Ces deux termes sont imaginaires conjugués, de sorte que la forme (3) est réelle.

Supposons que A_k ne change pas et que B_k change de signe; A_j qui est imaginaire conjugué de A_k ne changera pas non plus, et B_j qui est imaginaire conjugué de B_k se changera en $-B_j$.

Donc, la forme (3) changera de signe; elle ne peut donc être définie.

Si donc un seul des exposants z_k est complexe, la fonction S ne peut avoir ni maximum ni minimum.

Supposons maintenant que z_k soit purement imaginaire. Alors A_k et B_k sont imaginaires conjugués et le produit $A_k B_k$ est la somme de deux carrés.

Pour que S ait un maximum, il faut et il suffit que toutes les quantités

$$\frac{M_k}{\sqrt{-1}} \sin \frac{z_k T}{\sqrt{-1}}, \quad -NT$$

soient négatives; pour que S ait un minimum, il faut et il suffit que toutes ces quantités soient positives.

Il importe de remarquer que toutes ces quantités sont réelles; car $\dfrac{M_k}{\sqrt{-1}}$ et $\dfrac{z_k}{\sqrt{-1}}$ sont réels.

325. Comment ces résultats sont-ils modifiés si l'on suppose que la constante des forces vives est regardée comme une des données de la question. On a alors identiquement

$$\sum \left(\frac{dF}{dx} x' + \frac{dF}{dy} y' \right) = 0,$$

où l'on suppose que dans $\dfrac{dF}{dx}$ et $\dfrac{dF}{dy}$, x_i et y_i ont été remplacés par les fonctions périodiques $\varphi_i(t)$ et $\varphi_i(t)$.

Et, en effet, la valeur constante de la fonction F doit être la même pour la solution périodique

$$x_i = \varphi_i(t), \quad y_i = \varphi_i(t)$$

et pour la solution infiniment voisine

$$x_i = \varphi_i(t) + x_i', \quad y_i = \varphi_i(t) + y_i'.$$

Cette relation est une équation linéaire entre les constantes

$$A_k, \quad B_k, \quad C, \quad D$$

et les coefficients doivent être indépendants de t.

Il résulte de là que A_k et B_k ne doivent pas figurer dans la relation, puisque ces constantes sont toujours multipliées par $e^{\pm z_k t}$ et que cette exponentielle ne pourrait disparaître.

De plus, C n'y figure pas non plus puisque la solution

$$x_i = \varphi_i(t) + C \frac{d\varphi_i}{dt}, \quad y_i = \varphi_i(t) + C \frac{d\varphi_i}{dt},$$

où C est une constante très petite, se déduit de la solution périodique en donnant au temps un très petit accroissement C et correspond, par conséquent, à la même valeur de la constante des forces vives que la solution périodique.

Notre relation, qui ne peut se réduire à une identité, se réduit donc à

$$D = o.$$

Mais, si D est nul, le terme $- NTD^2$ disparaît dans la forme (3).

Pour que S admette un maximum ou un minimum, il suffit donc que les quantités

$$\frac{M_i}{\sqrt{-1}} \sin \frac{z_i T}{\sqrt{-1}}$$

soient toutes de même signe.

S'il n'y a que deux degrés de liberté, il n'y a qu'une de ces quantités.

Donc, s'il n'y a que deux degrés de liberté et si z_i est purement imaginaire, la fonction S présente toujours soit un maximum, soit un minimum.

326. Supposons-nous maintenant placés dans les conditions du n° 322, de sorte que

$$dS = \Sigma [(X_i - \xi_i) d(Y_i + \eta_i) - (Y_i - \eta_i - 2 m_i \pi) d(X_i + \xi_i)]$$

et regardons T comme une constante. Pour que S ait un maximum ou un minimum, il faut d'abord que l'on ait une solution périodique

$$x_i = \varphi_i(t), \qquad y_i = \psi_i(t)$$

où

$$\varphi_i(t + T) = \varphi_i(t); \qquad \psi_i(t + T) = \psi_i(t) + 2 m_i \pi.$$

Nous envisagerons alors une solution voisine

$$x_i = \varphi_i(t) + x_i'; \qquad y_i = \psi_i(t) + y_i'$$

et la discussion se poursuivra comme plus haut; les résultats sont les mêmes.

Pour qu'il y ait un maximum ou un minimum, il faut d'abord que tous les exposants z_i soient purement imaginaires; il faut ensuite que toutes les quantités

$$\frac{M_k}{\sqrt{-1}}\sin\frac{\alpha_k T}{\sqrt{-1}}, \quad -NT$$

soient de même signe.

Si l'on considère la constante des forces vives comme une donnée de la question, D est nul, le terme $-NTD^2$ disparaît et il suffit que les quantités

$$\frac{M_k}{\sqrt{-1}}\sin\frac{\alpha_k T}{\sqrt{-1}}$$

soient toutes de même signe.

327. Qu'arrive-t-il maintenant si les équations admettent d'autres intégrales uniformes que celle des forces vives et si, par conséquent, quelques-uns des exposants caractéristiques sont nuls?

On pourrait néanmoins faire une discussion analogue à celle qui précède.

Supposons, par exemple, que nos équations admettent, outre l'intégrale des forces vives, p autres intégrales uniformes :

$$F_1, \ F_2, \ \ldots, \ F_p,$$

et de telle façon que les crochets deux à deux $[F_i, F_k]$ de ces intégrales soient nuls. Nous savons alors par le n° **69** que $2p+2$ exposants caractéristiques sont nuls. Nous supposerons que tous les autres exposants sont différents de zéro.

Nous aurons alors $n-p-1$ couples de constantes analogues aux constantes A_k et B_k et $p+1$ couples de constantes C_k et D_k analogues aux constantes C et D.

La forme (3) deviendrait alors

$$\Sigma M_k(e^{-\alpha_k T}-e^{\alpha_k T})A_k B_k - \Sigma N_k T D_k^2,$$

où $\Sigma N_k T D_k^2$ est une somme de termes analogues au terme NTD^2.

Si maintenant nous regardons les valeurs de nos $p+1$ intégrales comme des données de la question, les constantes D_k seront toutes nulles, les termes $N_k T D_k^2$ disparaîtront et la condition pour que S soit maximum ou minimum sera encore que toutes les quantités

$$M_k(e^{-\alpha_k T} - e^{\alpha_k T})$$

soient de même signe.

Je n'insiste pas d'ailleurs sur ce point, car, dans le cas du problème des trois corps, ou bien nous aurons affaire au problème restreint du n° 9, ou bien nous pourrons diminuer le nombre des degrés de liberté en employant les procédés des n°ˢ 15 et 16.

Or, dans le cas des problèmes réduits des n°ˢ 9, 15 et 16, il n'y a plus qu'une seule intégrale uniforme, celle des forces vives, et il n'y a que deux exposants nuls, comme nous l'avons vu au n° 78.

Solutions du deuxième genre des équations de la Dynamique.

328. Changeons T successivement en $2T$, $3T$, ..., mT, ...; la fonction S définie plus haut dépend de T, soit

$$S_m = S(mT).$$

Cherchons les maxima et les minima de S_m en regardant T comme une constante.

Si nous envisageons une solution périodique de période T, ce sera également une solution périodique de période mT. Donc, les dérivées premières de S_m sont nulles.

Pour qu'il y ait maximum ou minimum, il faut d'abord que tous les exposants α_k soient purement imaginaires.

Si ensuite toutes les quantités

$$(1) \qquad \frac{M_k}{\sqrt{-1}} \sin \frac{m \alpha_k T}{\sqrt{-1}}$$

sont négatives, il y aura maximum; si elles sont toutes positives, il y aura minimum.

Voici le premier point sur lequel je voulais attirer l'attention.

Si nous donnons à l'entier m toutes les valeurs entières possibles, les $n-1$ quantités (1) présenteront, en général, toutes les combinaisons de signes possibles.

Posons, en effet, pour abréger,

$$\frac{\alpha_k T}{\sqrt{-1}} = \omega_k.$$

et soit
$$z_k = m \omega_k + 2 m_k \pi.$$

Donnons à m et aux m_k toutes les valeurs entières possibles; si nous regardons $z_1, z_2, \ldots, z_{n-1}$ comme les coordonnées d'un point dans l'espace à $n-1$ dimensions, nous obtiendrons ainsi une infinité de points. Je dis qu'il y aura une infinité de ces points dans toute portion de l'espace à $n-1$ dimensions si petite qu'elle soit.

Je n'aurais, pour le montrer, qu'à avoir recours aux raisonnements par lesquels on établit qu'une fonction uniforme de n variables réelles ne peut avoir $n-1$ périodes distinctes.

Les quantités inscrites dans le tableau suivant :

$$
\begin{array}{cccc}
\omega_1 & \omega_2 & \ldots & \omega_{n-1} \\
2\pi & 0 & \ldots & 0 \\
0 & 2\pi & \ldots & 0 \\
\ldots & \ldots & \ldots & \ldots \\
0 & 0 & \ldots & 2\pi
\end{array}
$$

joueraient dans ce raisonnement le rôle des périodes.

Il y aurait exception si ces périodes n'étaient pas distinctes, c'est-à-dire si l'une des quantités ω était commensurable avec 2π, ou, plus généralement, s'il existe une combinaison linéaire des z n'admettant qu'une seule période, c'est-à-dire s'il y a une relation de la forme

$$(2) \qquad b_1 \omega_1 + b_2 \omega_2 + \ldots + b_{n-1} \omega_{n-1} + 2\pi b_n = 0,$$

les b étant entiers.

Laissons d'abord de côté ce cas d'exception; les quantités (1) seront égales à

$$\frac{M_k}{\sqrt{-1}} \sin z_k.$$

Dire que l'on peut choisir l'entier m de telle sorte que ces quantités réalisent une combinaison de signe donnée, c'est dire qu'il y a des nombres z_k satisfaisant à des inégalités de la forme

$$(3) \quad a_1 < z_1 < a_1 + \pi, \quad a_2 < z_2 < a_2 + \pi, \quad \ldots \quad a_{n-1} < z_{n-1} < a_{n-1} + \pi,$$

les a_k étant égaux à 0 ou à π.

Or, c'est ce qui résulte immédiatement de ce que nous venons de dire plus haut.

Passons au cas où l'on a une relation de la forme (2). Nous pouvons toujours supposer les entiers b premiers entre eux; dans ce cas, l'expression

$$(4) \qquad b_1 z_1 + b_2 z_2 + \ldots + b_{n-1} z_{n-1}$$

admet pour période unique 2π.

Pour qu'il n'existe pas de nombres z_k satisfaisant aux inégalités (3), il faut et il suffit que la différence entre la plus grande et la plus petite valeur que prenne l'expression (4), quand on donne aux z_k toutes les valeurs compatibles avec les inégalités (3), que cette différence, dis-je, soit plus petite que 2π, c'est-à-dire qu'une période de cette expression (4).

Or, cette différence est manifestement

$$\pi(|b_1| + |b_2| + \ldots + |b_{n-1}|);$$

on doit donc avoir

$$(5) \qquad |b_1| + |b_2| + \ldots + |b_{n-1}| \leqq 2.$$

L'inégalité ne peut avoir lieu que si tous les b sont nuls, sauf un d'entre eux qui doit être égal à ± 1.

Dans ce cas ω_k doit être égal à un multiple de 2π; cela reviendrait à dire que z_k devrait être nul, puisque z_k n'est déterminé qu'à un multiple près de $\dfrac{2\pi\sqrt{-1}}{T}$.

Or, nous avons précisément exclu le cas où l'un des z_k est nul.

L'égalité ne peut avoir lieu que si tous les b sont nuls, sauf deux d'entre eux qui doivent être égaux à ± 1.

Alors la somme de la différence de deux des ω_k sera un multiple de 2π; et, si nous remarquons que les z_k ne sont déterminés qu'à un multiple près de $\dfrac{2\pi\sqrt{-1}}{T}$, nous pouvons énoncer ce résultat d'une autre manière.

Deux des exposants caractéristiques seront égaux.

C'est le seul cas d'exception qui subsiste et que l'on peut facilement exclure.

329. Supposons maintenant que les équations de la Dynamique

considérées dépendent d'un paramètre arbitraire μ, ainsi que cela arrive, comme nous le savons, pour le problème des trois corps.

Quand nous ferons varier μ d'une manière continue, la solution périodique

$$x_i = \varphi_i(t), \qquad y_i = \psi_i(t)$$

variera aussi d'une manière continue, ainsi que l'on peut s'en rendre compte par la lecture du Chapitre III.

Les quantités M_k varieront aussi d'une manière continue, mais, ainsi qu'il a été expliqué au n° **323**, elles ne pourront jamais s'annuler; *elles conserveront donc toujours le même signe*; or, c'est leur signe seul qui nous intéresse.

La constante des forces vives sera regardée comme une des données de la question, mais cette donnée pourra dépendre de μ et nous la choisirons de telle façon que la période T de la solution périodique demeure constante.

Les exposants α_i varieront aussi d'une manière continue quand on fera varier μ d'une manière continue; voyons un peu comment se fait cette variation dans le cas du problème des trois corps. Pour $\mu = o$, tous les exposants sont nuls; mais, dès que μ cesse d'être nul, les exposants cessent aussi de l'être; un de ces exposants ne pourra s'annuler, ou devenir égal à un multiple de $\dfrac{2\pi\sqrt{-1}}{T}$, ou devenir égal à un autre exposant caractéristique que pour certaines valeurs particulières de μ.

330. Envisageons une solution périodique de période T, telle que tous les exposants α_i soient purement imaginaires; c'est ce que nous avons appelé plus haut une solution stable; nous avons démontré aux Chapitres III et IV l'existence de ces solutions.

Considérons l'un des exposants, α_1 par exemple; quand μ variera d'une manière continue, $\dfrac{\alpha_1}{\sqrt{-1}}$, qui est réel, deviendra une infinité de fois commensurable avec $\dfrac{2\pi}{T}$. Donnons à μ une valeur μ_0 telle que

$$\frac{\alpha_1}{\sqrt{-1}} = \frac{2k\pi}{pT},$$

k et p étant des entiers premiers entre eux; et qui, de plus, ne correspondc pas à un maximum ou à un minimum de $\dfrac{z_1}{\gamma-1}$.

On verra plus loin, au n° 334, pourquoi je mets au numérateur $2k\pi$ et non pas $k\pi$.

Dans tout intervalle, si petit qu'il soit, il y a une infinité de pareilles valeurs.

Si m est un entier quelconque, pour cette valeur μ_0, l'expression

$$\frac{M_1}{\gamma-1}\sin\frac{p m z_1 T}{\gamma-1}$$

est nulle; de plus, comme μ_0 ne correspond pas à un maximum ou à un minimum de $\dfrac{z_1}{\gamma-1}$, cette expression changera de signe quand μ passera de $\mu_0 - \varepsilon$ à $\mu_0 + \varepsilon$.

Supposons, par exemple, qu'elle passe du négatif au positif.

En raisonnant comme au n° 328 nous verrons que l'on peut choisir l'entier m de telle façon que les expressions

$$\frac{M_k}{\gamma-1}\sin\frac{p m z_k T}{\gamma-1}\qquad (k = 2, 3, \ldots, n-1)$$

présentent toutes les combinaisons possibles de signes, et en particulier qu'elles soient toutes négatives.

Cela posé, pour $\mu = \mu_0 - \varepsilon$, notre fonction $S_{m,p}$ présentera un maximum, puisque toutes nos expressions seront négatives; mais pour $\mu = \mu_0 + \varepsilon$, notre solution périodique ne correspondra plus à un maximum de $S_{m,p}$ puisque l'une de ces expressions sera devenue positive.

Théorèmes sur les maxima.

331. Pour aller plus loin, il est nécessaire de démontrer une propriété des maxima; soit V une fonction de trois variables x_1, x_2 et z, développable suivant les puissances croissantes de ces trois variables. Je suppose :

1° Que, pour $x_1 = x_2 = 0$, V s'annule ainsi que ses dérivées $\dfrac{dV}{dx_1}$, $\dfrac{dV}{dx_2}$, et cela quel que soit z;

$2°$ Que pour $x_1 = x_2 = 0$, V présente un maximum pour $z > 0$ et un minimum pour $z < 0$.

Je dis que les équations

$$\frac{dV}{dx_1} = \frac{dV}{dx_2} = 0$$

admettront d'autres solutions réelles que la solution

$$x_1 = x_2 = 0.$$

En effet, développons V suivant les puissances de z et soit

$$V = V_0 + z V_1 + z^2 V_2 + \dots.$$

Les fonctions V_0, V_1, V_2, …. sont elles-mêmes développables suivant les puissances de x_1 et de x_2; mais ces développements ne contiendront, ni termes de degré 0, ni terme de degré 1, car on doit avoir quel que soit z

$$V = \frac{dV}{dx_1} = \frac{dV}{dx_2} = 0$$

pour $x_1 = x_2 = 0$.

De plus, V_0 ne contient pas non plus de termes du second degré, sans quoi en passant de $z > 0$ à $z < 0$, on ne saurait passer du cas du maximum au cas du minimum.

Au contraire, V_1 contiendra des termes du premier degré, du moins nous le supposerons. Envisageons alors les équations

$$(1) \quad \begin{cases} 0 = \dfrac{dV_0}{dx_1} + z \dfrac{dV_1}{dx_1} + z^2 \dfrac{dV_2}{dx_1} + \dots \\[2mm] 0 = \dfrac{dV_0}{dx_2} + z \dfrac{dV_1}{dx_2} + z^2 \dfrac{dV_2}{dx_2} + \dots \end{cases}$$

qu'il s'agit de résoudre.

Soient U_0 et U_1 les termes de degré le moins élevé de V_0 et de V_1; d'après ce que nous avons vu, U_1 est de second degré et U_0 de degré p, p étant plus grand que 2; posons

$$(p - 2)q = 1; \quad x_1 = y_1 t; \quad x_2 = y_2 t; \quad V = W t^p; \quad z = \pm t^{p-2}.$$

W peut se développer suivant les puissances de t; soit

$$W = W_0 + t W_1 + t^2 W_2 + \dots.$$

On a évidemment

$$W_0 = \pm U_1 t^{-p} + U_0 t^{-p} = \pm U'_1 + U'_0,$$

$U'_1 = U_1 t^{-p}$ et $U'_0 = U_0 t^{-p}$ sont deux polynomes homogènes en y_1 et y_2, l'un de degré 2, l'autre de degré p. Je prends le signe $+$ ou $-$, suivant que j'ai pris $z = \pm t^{p-2}$. L'expression

$$\frac{dV}{dx_1}\frac{dU_1}{dx_2} - \frac{dV}{dx_2}\frac{dU_1}{dx_1}$$

se trouvera aussi développée suivant les puissances de t quand on y aura remplacé x_1 et x_2 par $y_1 t$ et $y_2 t$; elle contiendra en facteur une certaine puissance de t; divisons par ce facteur et soit H le quotient. Ce quotient développé suivant les puissances de t s'écrira

$$H = H_0 + t H_1 + t^2 H_2 + \ldots;$$

H_0 sera la première des expressions

$$\frac{dW_2}{dy_1}\frac{dU'_1}{dy_2} - \frac{dW_2}{dy_2}\frac{dU'_1}{dy_1}$$

qui ne s'annulera pas.

Les équations

$$\frac{dV}{dx_1} = \frac{dV}{dx_2} = 0$$

peuvent être remplacées par les suivantes

$$H = 0 \qquad \frac{dW}{dy_1} = 0,$$

et je me propose de démontrer que l'on peut tirer de ces équations les y en séries ordonnées suivant les puissances entières et fractionnaires de t, s'annulant avec t et à coefficients réels.

Pour cela, il suffit d'établir, d'après les n^{os} **32** et **33**, que, pour $t = 0$, ces équations admettent une solution *réelle d'ordre impair*.

Or, pour $t = 0$, ces équations se réduisent à

$$H_0 = 0, \qquad \frac{dW_0}{dy_1} = 0,$$

ou bien

$$(2) \qquad \frac{dW_2}{dy_1}\frac{dU'_1}{dy_2} - \frac{dW_2}{dy_2}\frac{dU'_1}{dy_1} = 0.$$

et

$$(3) \qquad \pm \frac{dU'_1}{dy_1} + \frac{dU'_0}{dy_1} = 0.$$

L'équation (2) exprime que, si l'on suppose y_1 et y_2 liés par la relation $U'_1 = $ const., W_2 admet un maximum ou un minimum.

Or, si l'on regarde un instant y_1 et y_2 comme les coordonnées d'un point dans un plan, la relation $U'_1 = $ const. représentera une ellipse, car la forme quadratique U_1 (et par conséquent la forme U'_1) doit être définie pour que V puisse admettre un maximum ou un minimum. Or, l'ellipse étant une courbe fermée, la fonction W_2 devra présenter au moins un maximum et un minimum quand le point y_1, y_2 décrira cette courbe fermée.

Donc, quelle que soit la valeur constante attribuée à U'_1, l'équation (2) admettra au moins deux racines, et *deux racines d'ordre impair*, car nous avons vu au n° 34 qu'un maximum ou un minimum correspond toujours à une racine d'ordre impair. D'ailleurs ici, où nous n'avons plus qu'une variable indépendante, le théorème du n° 34 est presque évident.

Cela posé, deux cas sont à distinguer :

Premier cas. — U_0 n'est pas une puissance de U'_1; dans ce cas on n'a pas identiquement

$$\frac{dW_0}{dy_1}\frac{dU'_1}{dy_2} - \frac{dW_0}{dy_2}\frac{dU'_1}{dy_1} = 0.$$

On aura donc $W_2 = W_0$, et

$$H_0 = \frac{dU_0}{dy_1}\frac{dU'_1}{dy_2} - \frac{dU'_0}{dy_2}\frac{dU'_1}{dy_1} = 0.$$

L'équation $H_0 = 0$ est alors homogène en y_1 et y_2. Quelle que soit la valeur constante attribuée à U'_1, elle nous donnera pour le rapport $\frac{y_1}{y_2}$ la même valeur.

Nous tirerons donc d'abord $\frac{y_1}{y_2}$ de l'équation (2) et, d'après ce

qui précède, nous obtiendrons au moins deux solutions d'ordre
impair.

Soit $\dfrac{y_2}{y_1} = \dfrac{\alpha_1}{\alpha_2}$ l'une de ces solutions; posons $y_1 = \alpha_1 u$, $y_2 = \alpha_2 u$
et substituons dans l'équation (3), nous aurons

$$U'_2 = A\,u e, \qquad U'_1 = B\,u^2$$

et l'équation (3) se réduit à

$$A\,u^{p-2} \pm B = 0.$$

Si $p - 2$ est impair, cette équation nous donnera une valeur
réelle pour u.

Si $p - 2$ est pair, deux cas sont à distinguer.

Si A et B sont de même signe, nous prendrons le signe inférieur

$$A\,u^{p-2} - B = 0.$$

Si A et B sont de signes contraires, nous prendrons le signe
supérieur

$$A\,u^{p-2} + B = 0,$$

et nous aurons toujours deux valeurs réelles pour u.

Dans tous les cas, ces solutions réelles sont simples.

Ainsi, les équations (2) et (3) admettront toujours des solutions
d'ordre impair.

Deuxième cas. — On a

$$U'_2 = A\,(U'_1)^{\frac{p}{2}}.$$

Nous commencerons alors par résoudre l'équation (3) qui
s'écrit

$$\frac{p}{2}\,A\,(U'_1)^{\frac{p-2}{2}} \pm 1 = 0.$$

Cette équation nous donne la valeur de U'_1; cette valeur est
réelle et simple; mais cela ne suffit pas, car U'_1 est une forme
définie négative; il faut pour que la solution convienne que la
valeur trouvée pour U'_1 soit négative; nous choisirons en conséquence le signe $\pm$.

La valeur de U'_1 ainsi déterminée, on attribue à U'_1 cette valeur

constante et l'on n'a plus pour résoudre l'équation (3) qu'à chercher les maxima et minima de W_2. Comme nous l'avons vu, on
trouvera au moins deux solutions d'ordre impair.

Nous avons donc établi que les équations (2) et (3) ont toujours
des solutions réelles d'ordre impair. Le théorème énoncé au début
de ce numéro est donc démontré.

332. Soit maintenant V une fonction de $n + 1$ variables

$$x_1, \quad x_2, \quad \ldots, \quad x_n \quad \text{et} \quad z.$$

Je suppose :

1° Que V est développable suivant les puissances de x et de z;

2° Que pour

$$x_1 = x_2 = \ldots = x_n = 0,$$

on a quel que soit z

$$V = \frac{dV}{dx_1} = \frac{dV}{dx_2} = \ldots = \frac{dV}{dx_n} = 0.$$

3° Envisageons l'ensemble des termes de V qui sont du second
degré par rapport aux x. Ils représentent une forme quadratique
qui peut être égalée à la somme de n carrés affectés de coefficients positifs ou négatifs.

Je suppose que, quand z passe du positif au négatif, deux de
ces n coefficients passent du positif au négatif et que les $n - 2$
autres coefficients ne s'annulent pas.

Je dis que, dans ces conditions, les équations

$$(1) \qquad \frac{dV}{dx_1} = \frac{dV}{dx_2} = \ldots = \frac{dV}{dx_n} = 0$$

admettent des solutions réelles différentes de

$$x_1 = x_2 = \ldots = x_n = 0.$$

En effet, développons V suivant les puissances de z et soit

$$V = V_0 + V_1 z + V_2 z^2 + \ldots.$$

Soient U_0 et U_1 l'ensemble des termes du deuxième degré
de V_0 et V_1.

L'ensemble U_1 est une forme quadratique décomposable en
une somme de $n - 2$ carrés; car nous savons que, pour $z = 0$,

deux des coefficients dont il a été question plus haut s'annulent.

Si donc nous considérons le discriminant de U_0, c'est-à-dire le déterminant fonctionnel de

$$\frac{dU_0}{dx_1}, \quad \frac{dU_0}{dx_2}, \quad \dots, \quad \frac{dU_0}{dx_n}$$

par rapport à

$$x_1, \quad x_2, \quad \dots, \quad x_n,$$

ce déterminant s'annule ainsi que tous ses mineurs du premier ordre; mais tous les mineurs du deuxième ordre ne s'annulent pas, sans quoi un troisième coefficient serait nul, ce que nous ne supposons pas.

Nous pouvons aussi supposer qu'on ait fait un changement linéaire de variables tel que U_0 soit ramené à la forme

$$U_0 = A_1 x_1^2 + A_2 x_2^2 + \dots + A_n x_n^2$$

et, par conséquent, que le déterminant fonctionnel de

$$\frac{dU_0}{dx_3}, \quad \frac{dU_0}{dx_4}, \quad \dots, \quad \frac{dU_0}{dx_n}$$

par rapport à

$$x_3, \quad x_4, \quad \dots, \quad x_n$$

ne soit pas nul.

Envisageons alors les équations

$$(2) \qquad \frac{dV}{dx_3} = \frac{dV}{dx_4} = \dots = \frac{dV}{dx_n} = 0$$

qui sont $n - 2$ des équations (1). Je dis qu'on pourra en tirer

$$x_3, \quad x_4, \quad \dots, \quad x_n$$

en séries ordonnées suivant les puissances de

$$z, \quad x_1, \quad x_2.$$

Pour cela, il suffit, en vertu du n° 30, que le déterminant fonctionnel des équations (2) par rapport à

$$x_3, \quad x_4, \quad \dots, \quad x_n$$

ne s'annule pas quand on y fait

$$z = x_1 = x_2 = x_3 = x_4 = \dots = x_n = 0.$$

Or, les équations (2), quand on fait $z = 0$ et qu'on se restreint aux termes du premier degré par rapport aux x, se réduisent à

$$\frac{dU_0}{dx_3} = \frac{dU_1}{dx_4} = \ldots = \frac{dU_4}{dx_n} = 0$$

et nous venons de voir que le déterminant fonctionnel correspondant n'est pas nul.

Dans V, remplaçons x_3, x_4, …, x_n par leurs valeurs tirées ainsi des équations (2); je dis que nous allons nous retrouver dans les conditions du numéro précédent :

1° En effet, nous n'avons plus que trois variables indépendantes z, x_1 et x_2;

2° La fonction V est développable suivant les puissances de ces variables;

3° Les équations (1) peuvent être remplacées par

$$(3) \qquad \frac{dV}{dx_1} = \frac{dV}{dx_2} = 0,$$

où les d représentent des dérivées prises en regardant les x_3, x_4, …, x_n comme des fonctions de x_1 et de x_2 définies par les équations (2).

Nous avons, en effet,

$$\frac{\partial V}{\partial x_1} = \frac{dV}{dx_1} - \frac{dV}{dx_3}\frac{dx_3}{dx_1} - \frac{dV}{dx_4}\frac{dx_4}{dx_1} - \ldots - \frac{dV}{dx_n}\frac{dx_n}{dx_1}$$

d'où, en vertu des équations (2),

$$\frac{\partial V}{\partial x_1} = \frac{dV}{dx_1},$$
$$\frac{\partial V}{\partial x_2} = \frac{dV}{dx_2};$$

4° Pour $z > 0$, V, considéré comme fonction de x_1 et de x_2, présente un maximum quand ces deux variables sont nulles.

Pour le voir, il nous faut rechercher dans V les termes du deuxième degré par rapport à x_1 et à x_2. Soient

$$W_0 + zW_1 + z^2W_2 + \ldots,$$

ces termes. Pour obtenir

$$W_0 + zW_1$$

qui seuls m'intéressent, je prends les deux termes

$$U_0 + z U_1,$$

et je néglige les autres termes de V qui ne peuvent influer sur $W_0 + z W_1$.

Je tire des équations (2)

$$x_3, \quad x_4, \quad \ldots, \quad x_n$$

en séries ordonnées suivant les puissances de x_1 et x_2; je conserve seulement dans ces séries, les termes qui sont de degré 1 par rapport à x_1 et x_2 et de degré 0 ou 1 par rapport à z; les autres termes peuvent être négligés car ils n'influent pas sur

$$W_0 + z W_1.$$

Les équations (2) se réduisent alors à

$$2 A_3 x^3 + z \frac{dU_1}{dx_3} = 0,$$
$$2 A_4 x_4 + z \frac{dU_1}{dx_4} = 0,$$
$$\dotfill$$
$$2 A_n x_n + z \frac{dU_1}{dx_n} = 0.$$

Si, dans U_0, nous substituons à la place de x_3, x_4, $\ldots$, x_n, les valeurs ainsi obtenues, nous voyons que U_0 devient divisible par z^2; quant à U_1 il se réduit à

$$U_1^0 + z U_1^1 + z^2 U_1^2,$$

où U_1^0 n'est autre chose que ce que devient U_1 quand on y annule x_3, x_4, $\ldots$, x_n et où U_1^1 et U_1^2 sont deux autres formes quadratiques par rapport aux x. On aura donc

$$U_0 = z^2 U_0^0; \qquad U_1 = U_1^0 + z U_1^1 + z^2 U_1^2$$

et

$$U_0 + z U_1 = z U_1^0 + z^2(U_0^0 + U_1^1) + z^3 U_1^2.$$

Pour le calcul de $W_0 + z W_1$, je puis négliger les deux derniers termes qui sont divisibles par z^2 et z^3, et j'aurai simplement

$$W_0 + z W_1 = z U_1^0.$$

Je me propose de démontrer que V présente un maximum

pour $x_1 = x_2 = 0$ et pour z positif et très petit; or il suffit de le faire voir pour $W_0 + z W_1$, c'est-à-dire pour $z U_1^0$.

Il reste donc finalement à démontrer que U_1^0 est une forme définie négative.

Pour nous en rendre compte, nous écrirons la forme quadratique U_1 de la manière suivante

$$U_1 = U'_1 + U''_1;$$

U'_1 est une somme de deux carrés affectés de coefficients dont je ne préjuge pas le signe; U''_1 dépend seulement des $n - 2$ variables

$$x_3, \quad x_4, \quad \ldots, \quad x_n.$$

Cela est toujours possible d'après les propriétés générales des formes quadratiques.

Considérons la forme

$$U_0 + z U_1 = z U'_1 + (U_0 + z U''_1),$$

où z est supposé positif et très petit. La forme $U_0 + z U''_1$, ne dépendant que des $n - 2$ variables $x_3, x_4, \ldots, x_n$, pourra être égalée à une somme de $n - 2$ carrés affectés de coefficients dont les signes devront être les mêmes que ceux de $A_3, A_4, \ldots, A_n$, puisque, z étant très petit, cette forme diffère très peu de U_0. *Ils ne changent donc pas de signe quand z passe du positif au négatif.*

D'après nos hypothèses, quand z passe du positif au négatif, $n - 2$ de nos coefficients ne s'annulent pas et deux coefficients au contraire passent du négatif au positif.

Ces deux derniers ne peuvent être que les coefficients de U'_1.

Donc U'_1 *est la somme de deux carrés affectés de coefficients négatifs.*

Pour avoir U_1^0, il faut dans U_1 faire

$$x_3 = x_4 = \ldots = x_n = 0.$$

Alors U''_1 s'annule et U_1 se réduit à U'_1.

Donc U_1^0 est une forme définie négative.   C. Q. F. D.

Donc V, considéré comme fonction de x_1 et x_2, est maximum pour z positif et très petit et pour $x_1 = x_2 = 0$.

On verrait de même, ou plutôt on voit en même temps, que V est minimum pour z négatif et très petit et pour $x_1 = x_2 = 0$.

Nous sommes donc bien, comme je l'avais annoncé, ramenés aux conditions du numéro précédent et le théorème énoncé au début de ce numéro peut être regardé comme établi.

Existence des solutions du deuxième genre.

333. Revenons aux hypothèses du n° 330; nous avons défini la fonction S_{mp}, qui dépend de μ, des $2n$ variables

$$(2) \qquad \begin{cases} X_1 + \xi_1, \quad \dots, \quad X_n + \xi_n, \\ Y_1 + \eta_1, \quad Y_2 + \eta_2, \quad \dots, \quad Y_n + \eta_n. \end{cases}$$

Les ξ_i et les η_i sont les valeurs de x_i et y_i pour $t = 0$; les X_i et les Y_i sont les valeurs de x_i et y_i pour $t = mp\,T$.

Nous voulons étudier les solutions des équations

$$(1) \qquad \frac{dS_{mp}}{d(X_i + \xi_i)} = \frac{dS_{mp}}{d(Y_i + \eta_i)} = 0;$$

d'après les n°s 321 et 322, ces solutions correspondent aux solutions périodiques de période $mp\,T$. Nous en connaissons déjà une, puisqu'une solution périodique de période T est en même temps périodique de période $mp\,T$; je me propose de montrer qu'il y en a d'autres.

Mais, auparavant, je veux faire voir par quel artifice on peut regarder S_{mp} comme dépendant seulement de μ et des $2n-1$ variables

$$(3) \qquad \begin{cases} X_1 + \xi_1, \quad X_2 + \xi_2, \quad \dots, \quad X_{n-1} + \xi_{n-1}, \\ Y_1 + \eta_1, \quad Y_2 + \eta_2, \quad \dots, \quad Y_{n-1} + \eta_{n-1}, \quad Y_n + \eta_n. \end{cases}$$

Pour cela, nous supposerons

$$X_n + \xi_n = 0.$$

Envisageons maintenant les équations

$$(1\ bis) \qquad \frac{dS_{mp}}{d(X_i + \xi_i)} = \frac{\delta S_{mp}}{\delta(Y_i + \eta_i)} = 0.$$

Nous employons les d pour représenter les dérivées de S regardée comme fonction des variables (2) et les δ pour représenter les dérivées de cette même fonction S regardée comme fonction des variables (β).

Je me propose de démontrer l'équivalence des équations (1) et (1 *bis*).

Le n° **322** nous a donné

$$dS = \Sigma[(X_i - \xi_i)\,d(Y_i - \tau_{ii}) - (Y_i - \tau_i - 2m_i\pi)\,d(X_i - \tau_i)].$$

Les équations (1) peuvent donc s'écrire

$$-(Y_i - \tau_i - 2m_i\pi) = X_i - \xi_i = 0$$
$$(i = 1, 2, \ldots, n),$$

et les équations (1 *bis*)

$$-(Y_i - \tau_i - 2m_i\pi) = X_i - \xi_i = 0$$
$$(i = 1, 2, \ldots, n-1),$$
$$X_n - \xi_n = 0.$$

Mais, en vertu de l'équation des forces vives, on a identiquement

$$F(X_i, Y_i) = F(\xi_i, \tau_i + 2m_i\pi).$$

Or, d'après les équations (1 *bis*), tous les X_i sont égaux aux ξ_i et tous les Y_i (sauf un), à $\tau_i + 2m_i\pi$. L'identité précédente peut donc s'écrire de la manière suivante; j'écris, pour abréger,

$$F(\xi_1, \xi_2, \ldots, \xi_n; \tau_1 + 2m_1\pi, \tau_2 + 2m_2\pi, \ldots, \tau_{n-1} + 2m_{n-1}\pi, Y_n) = F(Y_n).$$

Mon identité peut s'écrire sous la forme

$$F[\tau_n + 2m_n\pi + (Y_n - \tau_n - 2m_n\pi)] - F(\tau_n + 2m_n\pi) = 0,$$

ou, en vertu du théorème des accroissements finis,

$$(2) \quad (Y_n - \tau_n - 2m_n\pi)F'[\tau_n + 2m_n\pi + \theta(Y_n - \tau_n - 2m_n\pi)] = 0,$$

où θ est compris entre 0 et 1, et où F' est la dérivée de F par rapport à Y_n.

Soient ξ_i^0 et τ_i^0 les valeurs de ξ_i et τ_i qui correspondent à la solution périodique de période T; le domaine envisagé ne comprend que le voisinage immédiat du point $\mu = \mu_0$, $\xi_i = \xi_i^0$, $\tau_i = \tau_i^0$; donc ξ_i et X_i ne s'écarteront jamais beaucoup de ξ_i^0, ni τ_i ou $Y_i - 2m_i\pi$ de τ_i^0; donc le second facteur F' de la relation (2) ne s'écarte jamais beaucoup de sa valeur pour $\xi_i = \xi_i^0$, $\tau_i = \tau_i^0$, et cette valeur ne sera pas nulle en général.

Donc, le premier facteur de la relation (σ) doit s'annuler, et l'on a

$$Y_n - \eta_{in} - 2m_n \pi = 0.$$

En d'autres termes, les équations (1 *bis*) entraînent les équations (1). Nous pouvons donc regarder S_{mp} comme fonction des variables (β); et, quand elle sera maxima, comme fonction des variables (β), elle sera également maxima comme fonction des variables (α).

J'ai appelé ξ_i^0 et η_i^0 les valeurs de ξ_i et de η_i qui correspondent à la solution périodique de période T; les valeurs correspondantes de $X_i + \xi_i$ et $Y_i + \eta_i$ seront $2\xi_i^0$ et $2\eta_i^0 + 2m_i mp\pi$ (si la solution périodique de période T change η_i en $\eta_i + 2m_i\pi$, conformément aux hypothèses du n° **322**). Soit S_0 la valeur correspondante de S_{mp}; posons

$$\mu = \mu_0 + \mu'_2, \qquad V = S_{mp} - S_0; \qquad X_i + \xi_i = 2\xi_i^0 + \xi'_i$$

$$Y_i + \eta_i = 2\eta_i^0 + 2m_i mp\,T + \eta'_i$$

et considérons V comme fonction de μ', des ξ' et des η'; la fonction V se trouvera dans les mêmes conditions que la fonction V du numéro précédent.

En effet, quel que soit μ', V et ses dérivées premières par rapport aux ξ' et aux η' s'annulent quand

$$\xi'_i = \eta'_i = 0.$$

Si l'on envisage l'ensemble des termes du second degré de V par rapport aux ξ' et aux η' et qu'on le considère comme une forme quadratique décomposée en une somme de carrés, on voit que deux de ces coefficients de ces carrés passent tous deux du négatif au positif, ou tous deux du positif au négatif quand μ change de signe, et que les autres coefficients ne s'annulent pas.

Et en effet l'expression

$$\frac{M_1}{\sqrt{-1}} \sin \frac{pm\alpha_1 T}{\sqrt{-1}}$$

change de signe et les autres expressions

$$\frac{M_2}{\sqrt{-1}} \sin \frac{pm\alpha_2 T}{\sqrt{-1}}$$

ne s'annulent pas. Le coefficient que j'ai appelé D au n° 323 ne s'annule pas non plus et d'ailleurs il n'y en a pas d'autre puisque nous avons seulement $2n - 1$ variables, les variables (β).

Nous sommes donc dans les conditions du numéro précédent et nous pouvons affirmer que les équations

$$\frac{dV}{d\xi_i} = \frac{dV}{d\eta_i} = 0$$

admettent d'autres solutions réelles que $\xi_i = \eta_i = 0$ ou, ce qui revient au même, les équations

$$(1) \qquad \frac{dS_{mp}}{d(X_i + \xi_i)} = \frac{dS_{mp}}{d(Y_i + \eta_i)} = 0$$

admettent d'autres solutions réelles que celles qui correspondent à la solution périodique de période T.

Or, les maxima de la fonction S_{mp} ou, plus généralement, les solutions des équations (1) correspondent aux solutions périodiques de période $mp\,$T.

Nous devons donc conclure que nos équations différentielles admettent des solutions périodiques de période $mp\,$T, différentes de la solution de période T, se confondant avec celle-ci pour $\mu = \mu_0$, et en différant très peu pour μ voisin de μ_0.

Si l'on fait attention au raisonnement qui précède, on verra qu'il n'exige pas que la solution périodique de période T corresponde à un maximum de S_{mp}.

Nous pourrons donc supposer $m = 1$.

Il n'exige même pas que la solution de période T soit stable; il suffit que l'un des exposants caractéristiques α_i soit égal pour $\mu = \mu_0$ à

$$\frac{2k\pi\sqrt{-1}}{p\,\mathrm{T}}.$$

Nous arrivons donc au résultat suivant :

Si les équations de la Dynamique admettent une solution périodique de période T et telle que l'un des exposants caractéristiques soit voisin de

$$\frac{2k\pi\sqrt{-1}}{p\,\mathrm{T}},$$

244 CHAPITRE XXVIII.

elles admettront également des solutions périodiques de période pT peu différentes de la solution de période T et se confondant avec celles-ci quand l'exposant caractéristique devient égal à

$$\frac{2k\pi\sqrt{-1}}{pT}.$$

Ce sont les solutions du deuxième genre.

334. Tous ces raisonnements supposent que S_{mp} est une fonction uniforme de $X_i + \xi_i$, $Y_i + \eta_i$. C'est à cette condition seulement que l'on peut affirmer que tous les maxima de S_{mp} correspondent à une solution périodique (*voir* n° 321). Cette circonstance à laquelle il faut faire la plus grande attention, est un obstacle que l'on rencontrera souvent quand on voudra tirer les conséquences du théorème du n° 321.

Vérifions si S_{mp} est bien fonction uniforme de ces variables. Nous pouvons supposer $m = 1$, d'après ce que nous venons de voir. D'autre part, S_p est évidemment fonction uniforme des ξ_i et des η_i; elle sera aussi fonction uniforme des $X_i + \xi_i$ et des $Y_i + \eta_i$, pourvu que le déterminant fonctionnel des $X_i + \xi_i$ et des $Y_i + \eta_i$ par rapport aux ξ_i et aux η_i ne s'annule pas dans le domaine envisagé; ce domaine se réduisant aux environs immédiats des valeurs

$$\mu = \mu_0, \quad \xi_i = \xi_i^0, \quad \eta_i = \eta_i^0,$$

il suffira que le déterminant fonctionnel ne soit pas nul en ce point. Or, ce déterminant fonctionnel s'écrit (en supposant $n = 2$ pour fixer les idées)

$$\begin{vmatrix} \dfrac{dX_1}{d\xi_1}+1 & \dfrac{dX_1}{d\eta_1} & \dfrac{dX_1}{d\xi_2} & \dfrac{dX_1}{d\eta_2} \\[2mm] \dfrac{dY_1}{d\xi_1} & \dfrac{dY_1}{d\eta_1}+1 & \dfrac{dY_1}{d\xi_2} & \dfrac{dY_1}{d\eta_2} \\[2mm] \dfrac{dX_2}{d\xi_1} & \dfrac{dX_2}{d\eta_1} & \dfrac{dX_2}{d\xi_2}+1 & \dfrac{dX_2}{d\eta_2} \\[2mm] \dfrac{dY_2}{d\xi_1} & \dfrac{dY_2}{d\eta_1} & \dfrac{dY_2}{d\xi_2} & \dfrac{dY_2}{d\eta_2}+1 \end{vmatrix}$$

Il faut donc vérifier que l'équation en S

$$\begin{vmatrix} \dfrac{dX_1}{d\xi_1} - S & \dfrac{dX_1}{d\eta_1} & \dfrac{dX_1}{d\xi_2} & \dfrac{dX_1}{d\eta_2} \\[2mm] \dfrac{dY_1}{d\xi_1} & \dfrac{dY_1}{d\eta_1} - S & \dfrac{dY_1}{d\xi_2} & \dfrac{dY_1}{d\eta_2} \\[2mm] \dfrac{dX_2}{d\xi_1} & \dfrac{dX_2}{d\eta_1} & \dfrac{dX_2}{d\xi_2} - S & \dfrac{dX_2}{d\eta_2} \\[2mm] \dfrac{dY_2}{d\xi_1} & \dfrac{dY_2}{d\eta_1} & \dfrac{dY_2}{d\xi_2} & \dfrac{dY_2}{d\eta_2} - S \end{vmatrix} = 0$$

n'a pas de racine égale à -1.

Or, les racines de cette équation sont, d'après le n° 60, égales à

$$e^{\alpha_i T},$$

les α étant les exposants caractéristiques; il faut donc vérifier que l'on n'a pas

$$\alpha = \frac{(2k+1)\pi\sqrt{-1}}{pT},$$

k étant entier; or, l'exposant α_1 est égal par hypothèse à

$$\frac{2k\pi\sqrt{-1}}{pT},$$

k étant entier, et les autres exposants ne sont pas en général commensurables avec $\dfrac{\pi\sqrt{-1}}{T}$.

La difficulté qui nous occupe ne se présentera donc pas.

C'est pour l'éviter que j'ai supposé au n° 330

$$\alpha_1 = \frac{2k\pi\sqrt{-1}}{pT} \qquad (k \text{ entier})$$

et non pas

$$\alpha_1 = \frac{k\pi\sqrt{-1}}{pT} \qquad (k \text{ entier}).$$

Cas particuliers.

335. Disons quelques mots des cas les plus simples; supposons seulement deux degrés de liberté.

Supposons que la forme analogue à celle que j'ai appelée U_0, dans l'analyse du n° 331, soit homogène du troisième degré seulement en x_1 et x_2.

L'équation

$$(1) \qquad \frac{dU_0}{dx_1}\frac{dU_1}{dx_2} - \frac{dU_0}{dx_2}\frac{dU_1}{dx_1} = 0$$

admet toujours, comme nous l'avons vu, des racines réelles.

Le théorème est ici d'ailleurs évident, puisque cette équation est du troisième degré en $\frac{x_1}{x_2}$. Elle peut avoir une ou trois racines réelles; supposons d'abord qu'elle n'en ait qu'une pour fixer les idées.

Si alors nous posons

$$x_1 = a_1 \rho \cos\varphi + b_1 \rho \sin\varphi,$$
$$x_2 = a_2 \rho \cos\varphi + b_2 \rho \sin\varphi,$$

en choisissant les coefficients a et b de telle sorte que U_1 se réduise à $-\rho^2$, le rapport

$$\frac{U_0}{U_1^{\frac{3}{2}}} \qquad \text{considéré au n° 331}$$

admettra seulement un maximum et un minimum, quand φ variera de 0 à 2π; ce maximum et ce minimum d'ailleurs égaux et de signes contraires correspondront à des valeurs de φ distantes de π.

On aura alors

$$U_0 - z U_1 = \rho^3 f(\varphi) - z\rho^2.$$

La fonction $f(\varphi)$ présente un maximum et un minimum égaux et de signes contraires; la fonction $U_0 + z U_1$ présente alors :

Pour $z > 0$, un maximum pour $\rho = 0$, et deux minimax.

Pour $z < 0$, un minimum pour $\rho = 0$, et deux maxima.

J'appelle *minimax*, à l'exemple des Anglais, un point pour lequel les dérivées premières s'annulent et où il n'y a ni maximum, ni minimum.

La fonction V se comportera de la même manière, puisque, si z est très petit, les termes $U_0 + z U_1$ auront seuls de l'influence.

Les équations différentielles admettront donc quel que soit z :

Une solution de période T, du premier genre, stable ;

Une solution de période pT, du deuxième genre, stable pour $z < 0$ et instable pour $z > 0$.

Supposons maintenant que l'équation (1) ait trois racines réelles.

La fonction $f(\varphi)$ aura trois maxima et trois minima deux à deux égaux et de signes contraires.

Dans ce cas $U_0 + zU_1$ et, par conséquent, V présentent :

Pour $z > 0$, un maximum pour $\varphi = 0$, et six minimax ;

Pour $z < 0$, un minimum pour $\varphi = 0$, six maxima.

Les équations différentielles admettront donc, quel que soit z :

Une solution de période T, du premier genre, stable ;

Trois solutions de période pT, du deuxième genre. Nous verrons plus loin qu'à un certain point de vue toutes ces solutions ne sont pas distinctes.

Passons à un cas un peu plus compliqué et supposons que U_0 soit du quatrième degré.

Dans ce cas, l'équation (1) est du quatrième degré, et comme elle a toujours au moins deux racines réelles d'après le n° 331, elle en aura deux ou quatre. On n'a plus alors

$$f(\varphi) = -f(\varphi + \pi)$$

mais bien

$$f(\varphi) = f(\varphi + \pi).$$

Supposons d'abord qu'il n'y ait que deux racines réelles.

Alors, la fonction $f(\varphi)$ présentera un maximum et un minimum quand φ variera de 0 à π, et autant quand φ variera de π à 2π.

Trois cas sont à distinguer suivant les signes de ce maximum et de ce minimum.

Premier cas. — Le maximum et le minimum sont positifs.

Les fonctions $U_0 + zU_1$ et V présentent :

Pour $z > 0$, un maximum pour $\varphi = 0$, deux minima et deux minimax.

Pour $z < 0$, un minimum pour $\varphi = 0$.

Les équations différentielles admettent, outre la solution du premier genre qui existe toujours, deux solutions du deuxième genre pour $z > 0$ et n'en admettent aucune pour $z < 0$; de ces deux solutions, une est stable et une instable.

Deuxième cas. — Le maximum est positif et le minimum négatif.

Les fonctions $U_0 + z U_1$ et V présentent :

Pour $z > 0$, un maximum pour $\rho = 0$, deux minimax;

Pour $z < 0$, un minimum pour $\rho = 0$, deux minimax.

Les équations différentielles admettent toujours, outre la solution du premier genre qui est stable, une solution instable du deuxième genre.

Troisième cas. — Le maximum lui-même est négatif.

Les équations différentielles ont alors :

Pour $z > 0$, une solution du premier genre stable;

Pour $z < 0$, une solution du premier genre stable et deux solutions du deuxième genre dont une stable et instable.

Il resterait à examiner le cas où l'équation (1) a quatre racines réelles.

Les équations admettent alors :

Pour $z > 0$, une solution du premier genre stable, h solutions du deuxième genre instables, k solutions du second genre stable;

Pour $z < 0$, une solution du premier genre stable, $2 - h$ solutions du second genre stables, $2 - k$ solutions du deuxième genre instables.

Les nombres entiers h et k peuvent, suivant les signes des maxima et des minima de $f(\varphi)$, prendre les valeurs suivantes

$$h = k = 2; \quad h = 2, \ k = 1; \quad h = 2, \ k = 0; \quad h = 1, \ k = 0;$$

$$h = k = 0; \quad h = k = 1.$$

CHAPITRE XXIX.

DIVERSES FORMES DU PRINCIPE DE MOINDRE ACTION.

---

336. Soient

$$x_1, \quad x_2, \quad \ldots \quad x_n,$$
$$y_1, \quad y_2, \quad \ldots \quad y_n,$$

une double série de variables et F une fonction quelconque de
ces variables. Considérons l'intégrale

$$J = \int_{t_0}^{t_1} \left(-F + \Sigma y_i \frac{dx_i}{dt}\right) dt.$$

La variation de cette intégrale peut s'écrire

$$\delta J = \int \left(-\delta F - \Sigma \delta x_i \frac{dx_i}{dt} - \Sigma y_i \frac{d \delta x_i}{dt}\right) dt.$$

Pour que cette variation s'annule, il faut d'abord que l'on ait

$$(1) \qquad \frac{dx_i}{dt} = \frac{dF}{dy_i}, \qquad \frac{dy_i}{dt} = -\frac{dF}{dx_i},$$

ce qui nous donne les équations canoniques; mais cette condition
n'est pas suffisante. Si elle est remplie, on a

$$\delta J = \Sigma [y_i \delta x_i]_{t_0}^{t_1},$$

et il faut encore que le second membre de cette égalité soit nul.
C'est ce qui arrive si l'on suppose que les δx_i sont nuls aux deux
limites, c'est-à-dire que les valeurs initiales et finales des x_i sont
données. Dans ces conditions, l'intégrale J qu'on appelle *l'action*
est minimum.

Changeons de variables; soient x'_i, y'_i les nouvelles variables et
imaginons qu'elles aient été choisies de telle sorte que

$$(2) \qquad \Sigma y'_i dx'_i - \Sigma y_i dx_i = dS.$$

soit une différentielle exacte. Dans ce cas nous avons vu que le changement de variables n'altère pas la forme canonique des équations et ce résultat est d'ailleurs une conséquence immédiate des diverses propositions qui vont suivre; soit alors

$$J = \int_{t_0}^{t_1} \left(-F + \Sigma y_i \frac{dx_i}{dt} \right) dt.$$

On a

$$J' - J = \int \frac{dS}{dt}\, dt = S_1 - S_0.$$

S_0 et S_1 étant les valeurs de la fonction S pour $t = t_0$ et $t = t_1$. On a donc

$$(3) \qquad \delta J' = \delta J + [\delta S]_{t_0}^{t_1}.$$

Si les équations canoniques (1) sont satisfaites, on a

$$(4) \qquad \delta J = + [\Sigma y_i\, \delta x_i]_{t_0}^{t_1},$$

et, par conséquent, en vertu de (2) et de (3),

$$(4\ bis) \qquad \delta J' = + [\Sigma y_i'\, \delta x_i']_{t_0}^{t_1}.$$

Mais, de même que la relation (4) est équivalente aux équations (1), la relation (4 bis) est équivalente aux équations

$$(1\ bis) \qquad \frac{dx_i'}{dt} = \frac{dF}{dy_i'}, \qquad \frac{dy_i'}{dt} = -\frac{dF}{dx_i'}$$

Or, nous venons de voir que (4) équivaut à (4 bis); les équations (1) sont équivalentes aux équations (1 bis), ce qui veut dire, comme nous le savions déjà, que le changement de variables n'altère pas la forme canonique des équations.

Alors l'action J' sera minimum quand on supposera que les valeurs initiales et finales des variables x_i' sont données. A chaque système de variables canoniques correspond donc une forme nouvelle du principe de moindre action.

Les équations (1) entraînent l'intégrale des forces vives

$$(5) \qquad F = h$$

où h est une constante.

Nous avons supposé jusqu'à présent que les deux limites t_0 et t_1

sont données; qu'arrive-t-il si les limites sont regardées comme variables. Comme F ne dépend pas explicitement du temps, nous ne restreindrons pas la généralité en supposant que t_0 est constant et en donnant seulement à t_1 un accroissement δt_1. Supposons, par exemple, $t_0 = 0$ et imaginons qu'après la variation les variables x_i et y_i aient à l'époque $\overset{t}{t_1}$ $(t_1 + \delta t_1)$ les mêmes valeurs qu'elles avaient à l'époque t avant la variation.

On aura, avant la variation,

$$I = - ht_1 - \Sigma \int y_i \frac{dx_i}{dt}\, dt.$$

Mais

$$\int y_i \frac{dx_i}{dt}\, dt = \int y_i\, dx_i$$

ne dépend pas du temps; sa variation est donc nulle. On a donc simplement

$$\delta I = - h\, \delta t_1.$$

La dérivée de l'action I par rapport à la limite supérieure d'intégration t_1 est donc égale à la constante de l'énergie h changée de signe.

Si cette constante est nulle, l'action I est encore minimum, si l'on regarde les valeurs initiales et finales des variables x_i comme données et *quand même on ne regarderait pas comme données les valeurs initiale et finale du temps, t_0 et t_1.*

Si l'on change F en F — h, I se change en

$$(6) \qquad\qquad I + h(t_1 - t_0).$$

comme les équations (1) ne changent pas, cette expression (6) est encore minimum.

Mais, si l'on change F en F — h, la constante des forces vives, qui était égale à h, devient nulle; par conséquent, l'expression (6) est minimum, même si l'on ne regarde pas t_1 et t_0 comme donnés.

L'action I est minimum quelles que soient les variables x_i et y_i; elle sera donc minimum *a fortiori* si nous lui imposons une condition nouvelle compatible avec les équations (1).

Imposons-lui, par exemple, la condition de satisfaire à la première série des équations (1), c'est-à-dire à

$$\frac{dx_i}{dt} = \frac{dF}{dy_i},$$

d'où

$$J = \int_{t_0}^{t_1} \left(F - \Sigma y_i \frac{dy_i}{dt} \right) dt = \int_{t_0}^{t_1} H \, dt,$$

en posant

$$H = - F + \Sigma y_i \frac{dF}{dy_i}.$$

L'action J, ainsi définie, est minimum.

C'est le principe de moindre action mis sous sa forme hamiltonienne.

Supposons maintenant

$$h = o.$$

Ne regardons donc plus les variables x_i et y_i comme indépendantes, mais imposons-leur la condition

$$F = o.$$

Cette restriction, compatible avec les équations (1), n'empêchera pas l'action J d'être minimum.

Alors

$$J = \int \Sigma y_i \frac{dx_i}{dt} \, dt$$

et, comme h est nul, cette intégrale est minimum quand même on ne regarde pas t_1 et t_0 comme donnés.

Imposons-nous alors les conditions

$$\frac{dx_i}{dt} = \frac{dF}{dy_i},$$

d'où nous tirons les y_i en fonction des $\frac{dx_i}{dt}$,

$$y_i = \varphi_i \left(x_1, x_2, \ldots, x_n, \frac{dx_1}{dt}, \frac{dx_2}{dt}, \ldots, \frac{dx_n}{dt} \right)$$

ou encore

$$(2) \quad y_i = \varphi_i \left(x_1, x_2, \ldots, x_n, \frac{dx_1}{dt}, \frac{dx_2}{dx_1} \frac{dx_1}{dt}, \frac{dx_3}{dx_1} \frac{dx_1}{dt}, \ldots, \frac{dx_n}{dx_1} \frac{dx_1}{dt} \right).$$

Substituons, à la place des y_i, leurs valeurs (2) dans J et dans l'équation

$$F = 0.$$

De cette équation, nous tirerons $\dfrac{dx_1}{dt}$ en fonction des x_k et des $\dfrac{dx_i}{dx_1}$. Nous substituerons ensuite cette valeur de $\dfrac{dx_1}{dt}$ dans les expressions (7) et dans J; cette dernière intégrale prendra la forme

$$\int \Sigma y_i \frac{dx_i}{dx_1}\, dx_1 = \int \Phi\, dx_1,$$

où Φ est fonction des x_k et des dérivées $\dfrac{dx_i}{dx_1}$. Cette intégrale, mise ainsi sous une forme indépendante du temps, est encore minimum. C'est là le principe de moindre action sous sa forme maupertuisienne.

Si h n'était pas nul, on n'aurait qu'à changer F en F — h.

337. Examinons d'abord le cas particulier le plus important. Supposons que l'on ait

$$F = T - U,$$

T étant homogène du second degré par rapport aux variables y_i, tandis que U est indépendant de ces variables.

Il vient alors

$$\Sigma y_i \frac{dF}{dy_i} = 2T, \qquad H = T + U.$$

D'après le principe de Hamilton, l'intégrale

$$\int_{t_0}^{t_1} (T - U)\, dt$$

doit être minimum.

Voyons ce que devient le principe de Maupertuis; l'équation des forces vives s'écrit

$$T - U = h.$$

Alors, l'action maupertuisienne a pour expression

$$\int (T - U + h)\, dt.$$

Les équations

$$\frac{dx_i}{dt} = \frac{dF}{dy_i} = \frac{dT}{dy_i}$$

ont leurs seconds membres linéaires et homogènes par rapport aux y_i; donc T est homogène du second degré par rapport aux $\frac{dx_i}{dt}$; soit alors $d\tau^2$ ce que devient T quand on y remplace $\frac{dx_i}{dt}$ par dx_i, on aura

$$T = \frac{d\tau^2}{dt^2}$$

et $d\tau^2$ sera une forme linéaire et homogène par rapport aux n différentielles dx_i; on déduit de là

$$dt = \frac{d\tau}{\sqrt{T}} = \frac{d\tau}{\sqrt{U - h}},$$

L'action maupertuisienne aura alors pour expression

$$2 \int d\tau \sqrt{U - h}.$$

338. Pour pouvoir étudier d'autres cas particuliers, posons, pour abréger,

$$x'_i = \frac{dx_i}{dt};$$

tirons les y_i des équations

$$x'_i = \frac{dF}{dy_i},$$

de façon à prendre pour variables nouvelles les x_i et les x'_i; désignons par des d ordinaires les dérivées prises par rapport aux x_i et aux y_i et par des ∂ ronds les dérivées prises par rapport aux x_i et aux x'_i.

On trouverait facilement les relations bien connues

$$y_i = \frac{\partial H}{\partial x'_i}, \qquad \frac{\partial H}{\partial x_i} = - \frac{dF}{dx_i},$$

$$F = \Sigma x'_i \frac{\partial H}{\partial x'_i} - H$$

et l'on verrait que les équations (1) sont équivalentes aux équations de Lagrange,

$$\frac{d}{dt} \frac{\partial H}{\partial x'_i} = \frac{\partial H}{\partial x_i}$$

Cela posé, examinons le cas où H est de la forme suivante

$$H = H_0 + H_1 + H_2,$$

H_0, H_1, H_2 étant homogènes, respectivement de degré 0, 1, 2 par rapport aux variables x'_i.

On a alors

$$\Sigma x'_i \frac{\partial H}{\partial x'_i} = 2H_2 + H_1,$$

$$F = H_2 - H_0$$

et les

$$y_i = \frac{\partial H_2}{\partial x'_i} + \frac{\partial H_1}{\partial x'_i}$$

sont des fonctions linéaires, mais non homogènes par rapport aux x'_i.

L'action hamiltonienne conserve la même forme

$$\int H \, dt.$$

Voyons ce que devient l'action maupertuisienne.

Soit h la constante des forces vives; l'action maupertuisienne aura pour expression

$$\int (H + h) \, dt;$$

mais il faut la mettre sous une forme indépendante du temps.

Pour cela, posons

$$H_2 = \frac{d\tau^2}{dt^2},$$

et

$$H_1 = \frac{d\sigma}{dt},$$

H_2 n'est autre chose que la force vive, et $d\tau^2$ est ce que devient cette force vive quand on y remplace x'_i par dx_i. De même $d\sigma$ est ce que devient H_1 quand on y remplace x'_i par dx_i; c'est donc une forme linéaire homogène par rapport aux différentielles dx_i.

Si l'on tient compte de l'équation des forces vives

$$H_2 = H_0 + h,$$

d'où

$$dt = \frac{d\tau}{\sqrt{H_0 + h}}$$

l'action maupertuisienne deviendra

$$\int \left[2\,dz\,\sqrt{H_0 + h} + dz\right].$$

Le principe de Maupertuis est donc applicable au cas qui nous occupe, comme à celui du mouvement absolu; mais il y a une différence essentielle au point de vue de ce qui va suivre.

Dans tous les problèmes que l'on rencontrera, la force vive T ou H_2 est essentiellement positive; c'est une forme quadratique définie positive. Dans le cas du mouvement absolu (n° 337) l'action

$$\int 2\,dz\,\sqrt{U + h}$$

est essentiellement positive; elle ne change pas quand on permute les limites. Au contraire, dans le cas actuel, l'action se compose de deux termes; le premier

$$\int 2\,dz\,\sqrt{H_0 + h}$$

est toujours positif et ne change pas quand on permute les limites.

Le second, $\int dz$, change de signe quand on permute les limites; il peut donc être positif ou négatif.

Si l'on observe de plus que, dans certains cas, le premier terme s'annule sans que le second s'annule, on verra que l'action n'est pas toujours positive et cette circonstance nous occasionnera dans la suite beaucoup de difficultés.

339. Pour montrer comment les considérations qui précèdent s'appliquent au mouvement relatif, considérons d'abord le mouvement absolu du système; soit donc

$$H = T + U$$

et imaginons que la position du système soit définie par $n + 1$ variables

$$x_1, \quad x_2, \quad \ldots, \quad x_n, \quad \omega,$$

où $x_1, x_2, \ldots, x_n$ suffisent pour définir la position *relative* des différents points du système, et ω l'orientation du système dans l'espace.

Si le système est isolé, U dépendra seulement de x_1, x_2, ..., x_n; T sera une forme quadratique homogène par rapport à x'_1, x'_2, ..., x'_n, ω' dont les coefficients dépendent seulement de x_1, x_2, ..., x_n.

On aura alors l'équation

$$\frac{dT}{d\omega'} = p,$$

où p est une constante; c'est l'intégrale des aires.

Cela posé, soit J l'action hamiltonienne

$$J = \int_{t_0}^{t_1} H \, dt,$$

on aura, si les équations du mouvement sont satisfaites,

$$\delta J = \left[\sum \frac{dT}{dx'_i} \delta x_i + \frac{dT}{d\omega'} \delta \omega \right]_{t=t_0}^{t=t_1}.$$

L'action sera minimum (ou plutôt sa première variation sera nulle) si les valeurs initiales et finales des x_i et de ω sont regardées comme données, c'est-à-dire si $\delta x_i = \delta \omega = 0$ pour $t = t_0$ et pour $t = t_1$.

Supposons maintenant que nous regardions comme données les valeurs initiales et finales des x_i, mais pas celles de ω; nous aurons

$$\delta J = \left[p \, \delta \omega \right]_{t=t_0}^{t=t_1} = p \left[\delta \omega \right]_{t=t_0}^{t=t_1}.$$

Soit alors

$$H' = H - p\omega'$$

et

$$J' = \int H' \, dt,$$

il viendra évidemment

$$\delta J' = 0.$$

De l'équation $\frac{dT}{d\omega'} = p$, on tire ω' qui est une fonction linéaire non homogène des x'_i; on voit ainsi que H' est une fonction quadratique non homogène par rapport aux x'_i.

H' est donc de la forme $H_0 + H_1 + H_2$, étudiée au n° 338.

Ainsi l'intégrale J' sera minimum, alors même que les valeurs initiale et finale de ω ne sont pas regardées comme données.

On a d'ailleurs

$$J' = J - p(\omega_1 - \omega_0),$$

ω_0 et ω_1 étant les valeurs de ω pour $t = t_0$ et $t = t_1$.

340. Supposons maintenant un système rapporté à des axes mobiles, et soumis à des forces qui ne dépendent que de la situation relative du système par rapport aux axes mobiles. Supposons de plus que les axes soient animés d'un mouvement de rotation uniforme de vitesse angulaire constante ω'.

Ce problème se ramène immédiatement au précédent; nous n'avons qu'à attribuer aux axes mobiles un moment d'inertie très grand de telle façon que sa vitesse angulaire demeure constante.

On a alors pour le mouvement absolu

$$H = T + U = T_1 + T_2 + U.$$

La fonction des forces U ne dépend que des variables x_i qui définissent la position du système par rapport aux axes mobiles; T_1, force vive du système, dépend des x_i et est une forme quadratique par rapport aux x'_i et à ω'; T_2, force vive des axes mobiles, est égal à

$$\frac{1}{2} \omega'^2$$

et le moment d'inertie I est très grand.

Il vient alors

$$p = \frac{dT_1}{d\omega'} + I\omega'$$

et

$$H' = H - p\omega' = (T_1 + T_2 + U) - \frac{dT_1}{d\omega'}\omega' - I\omega'^2$$

ou

$$H' = T_1 + U - \frac{dT_1}{d\omega'}\omega' - \frac{I\omega'^2}{2}.$$

Or,

$$I\omega' = p - \frac{dT_1}{d\omega'}.$$

Comme I et p sont très grands par rapport à $\dfrac{dT_1}{d\omega'}$, cette équation nous donne approximativement

$$\omega' = \frac{p}{I}$$

et plus exactement

$$\omega = \frac{p}{I} - \frac{1}{I}\frac{dT_1}{d\omega}.$$

De plus

$$\frac{1}{2}\omega'^2 = \frac{p^2}{2I} - \frac{p\,\dfrac{dT_1}{d\omega}}{I} + \frac{1}{2I}\left(\frac{dT_1}{d\omega}\right)^2.$$

On trouve ainsi

$$H' = T_1 + U - \frac{p^2}{2I} + \frac{1}{2I}\left(\frac{dT_1}{d\omega}\right)^2.$$

Dans le second membre, l'avant-dernier terme est une constante; le dernier est négligeable parce que I est très grand.

Comme on peut, sans rien changer au principe de Hamilton, ajouter à H' une constante quelconque, nous pourrons poser

$$H' = T_1 + U$$

et nous saurons que l'intégrale

$$J' = \int H'\,dt$$

doit être minimum (alors même que les valeurs initiale et finale de ω ne sont pas données).

Dans l'expression de H', ω' doit être regardée comme une constante donnée; H' est alors une fonction quadratique, non homogène par rapport aux x'_i, de la forme $H_0 + H_1 + H_2$.

Soit, par exemple, un point matériel de masse 1 se mouvant dans un plan et dont les coordonnées par rapport aux axes mobiles sont ξ et η. On aura

$$T_1 = \frac{(\xi' - \omega'\eta)^2 + (\eta' + \omega'\xi)^2}{2}.$$

Il viendra donc

$$H_2 = \frac{\xi'^2 + \eta'^2}{2}, \qquad H_1 = \omega'(\xi\eta' - \xi'\eta), \qquad H_0 = \frac{\omega'^2}{2}(\xi^2 + \eta^2) + U.$$

L'intégrale

$$J = \int_{t_0}^{t_1} (H_2 + H_1 + H_0)\,dt$$

est alors minimum, quand on regarde comme données les limites t_0 et t_1 ainsi que les valeurs initiales et finales de ξ et de η.

L'intégrale des forces vives s'écrit alors

$$H_2 = H_0 + h$$

et nous avons vu que l'intégrale

$$I = \int (H_2 + H_1 + H_0 + h)\,dt = J + h(t_1 - t_0)$$

est minimum lors même qu'on ne regarde pas t_0 et t_1 comme donnés.

On trouve alors

$$J = \int (2H_2 + H_1)\,dt = \int \left[ds\sqrt{H_0 + h} + \omega'(\xi\,d\eta - \eta\,d\xi) \right]$$

en posant

$$ds^2 = d\xi^2 + d\eta^2.$$

C'est le principe de Maupertuis généralisé.

Dans les problèmes que nous traiterons, U sera toujours positif, et, par conséquent, J sera essentiellement positif.

Il n'en sera pas toujours de même de J'. En effet, si h est négatif, nous devrons supposer que le point ξ, η reste cantonné dans le domaine défini par l'inégalité

$$H_0 + h > 0.$$

Le premier terme de la quantité sous le signe $\int$ qui est $ds\sqrt{H_0 + h}$ est essentiellement positif; il n'en sera pas ainsi du second qui change de signe quand on renverse le sens dans lequel la trajectoire est supposée parcourue.

Si le point ξ, η est très voisin du bord du domaine où il est confiné, si, par conséquent, $H_0 + h$ est très petit, le premier terme sera très petit et ce sera le second qui donnera son signe.

J' n'est donc pas essentiellement positif. On s'en rend compte aussi à l'aide de l'équation

$$J' = J + h(t_1 - t_0).$$

Si h est négatif, le premier terme J est positif et le second négatif.

Foyers cinétiques.

341. Jusqu'ici quand j'ai dit, *telle intégrale est minimum*, je me suis servi d'une façon de parler abrégée, mais incorrecte, qui ne pouvait d'ailleurs tromper personne; je voulais dire, *la variation première de cette intégrale est nulle;* cette condition est nécessaire pour qu'il y ait minimum, mais elle n'est pas suffisante.

Nous allons maintenant rechercher quelle est la condition pour que les intégrales J et J', que nous avons étudiées dans les numéros précédents, et dont les variations premières sont nulles, soient *effectivement* minimum. Cette recherche se rattache à la difficile question des variations secondes et à la belle théorie des foyers cinétiques.

Rappelons les principes de ces théories.

Soient x_1, x_2, ..., x_n des fonctions de t; soient x_1', x_2', ..., x_n' leurs dérivées; considérons l'intégrale

$$J = \int_{t_0}^{t_1} f(x_i, x_i')\,dt,$$

dont la variation première δJ est nulle, en regardant comme données les valeurs initiales et finales des x_i.

Pour que cette intégrale soit minimum, il faut d'abord une condition, nécessaire, mais non suffisante, que j'appellerai la condition (A).

C'est que

$$f(x_i, x_i') - \Sigma x_i' \frac{df}{dx_i'},$$

considéré comme fonction des x_i, soit minimum.

La condition (A) n'est pas suffisante, à moins que les limites d'intégration ne soient très rapprochées. Sauf ce cas, il faut y joindre une autre condition que j'appellerai la condition (B). Pour l'exposer, il faut d'abord que je rappelle la définition des foyers cinétiques.

Pour que

$$\delta J = 0,$$

il faut et il suffit que les x_i satisfassent à n équations différentielles du deuxième ordre que j'appellerai les équations (C).

Soit

$$x_i = \varphi_i(t)$$

une solution de ces équations.

Posons, pour une solution infiniment voisine

$$x_i = \varphi_i(t) + \xi_i,$$

et formons les équations aux variations, équations linéaires auxquelles satisfont les ξ_i et que j'appellerai (D).

La solution générale de ces équations (D) sera de la forme

$$\xi_i = \sum_{k=1}^{k=2n} A_k \xi_{ik} \qquad (i = 1, 2, \ldots, n).$$

Les A_k sont $2n$ constantes d'intégration, les ξ_{ik} sont $2n^2$ fonctions de t, parfaitement déterminées et correspondant à $2n$ solutions particulières des équations linéaires (D).

Cela posé, écrivons que les ξ_i s'annulent tous pour deux époques données $t = t'$, et $t = t''$; nous aurons $2n$ équations linéaires entre lesquelles nous pourrons éliminer les $2n$ inconnues A_k.

Nous obtiendrons ainsi l'équation

$$\Delta(t', t'') = 0,$$

où Δ est le déterminant

$$\Delta = \begin{vmatrix} \xi'_{1,1} & \xi'_{1,2} & \cdots & \xi'_{1,2n} \\ \cdots & \cdots & \cdots & \cdots \\ \xi'_{n,1} & \xi'_{n,2} & \cdots & \xi'_{n,2n} \\ \xi''_{1,1} & \xi''_{1,2} & \cdots & \xi''_{1,2n} \\ \cdots & \cdots & \cdots & \cdots \\ \xi''_{n,1} & \xi''_{n,2} & \cdots & \xi''_{n,2n} \end{vmatrix}.$$

ξ'_{ik} et ξ''_{ik} sont ce que devient la fonction ξ_{ik} quand on y remplace t par t' et par t''.

Si les époques t' et t'' satisfont à l'équation $\Delta = 0$, nous dirons que ce sont deux *époques conjuguées* et que les deux points M' et M'' de l'espace à n dimensions, qui ont respectivement pour coordonnées

$$\varphi_1(t'), \quad \varphi_2(t'), \quad \ldots, \quad \varphi_n(t'),$$
$$\varphi_1(t''), \quad \varphi_2(t''), \quad \ldots, \quad \varphi_n(t''),$$

sont deux *points conjugués*.

Si de plus t'' est celle des *époques conjuguées* de t', et postérieure à t', qui est la plus voisine de t', nous dirons que M'' est le *foyer* de M'.

Nous pouvons maintenant énoncer la condition (B) : c'est qu'entre t_0 et t_1 ne se trouve aucune époque conjuguée de t_0.

Pour que J soit un minimum, il faut et il suffit que les conditions (A) et (B) soient remplies.

On peut tirer de là une conséquence immédiate.

Soient t_0, t_1, t_2, t_3 quatre époques.

Soient M_0, M_1, M_2, M_3 les points correspondants de la courbe

$$x_1 = \varphi_1(t), \quad x_2 = \varphi_2(t), \quad \ldots, \quad x_n = \varphi_n(t).$$

Supposons que M_1 soit le foyer de M_0 et M_3 celui de M_2.

Si la condition (A) est remplie on pourra avoir

$$t_0 < t_1 < t_2 < t_3$$

ou

$$t_2 < t_3 < t_1 < t_1$$

ou

$$t_2 < t_0 < t_3 < t_1.$$

Mais on ne pourra pas avoir

$$t_0 < t_2 < t_1 < t_3;$$

sans quoi l'intégrale

$$\int_{t_0}^{t_2 - \varepsilon}$$

devrait être minimum puisque la condition (B) est remplie, et l'intégrale

$$\int_{t_2}^{t_1 - \varepsilon}$$

ne serait pas minimum puisque la condition (B) ne serait pas remplie en ce qui la concerne.

Cela est impossible puisqu'on peut faire varier les fonctions x_i entre t_2 et $t_1 - \varepsilon$, sans les faire varier entre t_0 et t_2.

Il est aisé de voir quelle est la signification géométrique de ce qui précède.

La courbe de l'espace à n dimensions

$$x_i = \varphi_i(t)$$

représentant une solution des équations (c) pourra s'appeler une trajectoire, que j'appelle (T).

La courbe

$$x_i = \varphi_i + \xi_i$$

représentera une trajectoire infiniment voisine.

Si par le point M′ on mène une de ces trajectoires (T′) infiniment voisines de (T) et que cette trajectoire vienne de nouveau couper la trajectoire (T) en M″ (plus exactement, la distance de M″ à cette trajectoire sera un infiniment petit d'ordre supérieur); les points M′ et M″ seront conjugués si, de plus, le point qui décrit (T′) passe en M′ et infiniment près de M″ aux époques t' et t''.

342. Dans le cas du principe de Hamilton, la condition (A) est toujours remplie; en effet, on a

$$H = H_0 + H_1 + H_2,$$

et H_2 est une forme quadratique homogène par rapport aux x'_i.

Dans tous les problèmes de Dynamique, cette forme quadratique est définie et positive.

Si nous changeons x'_i en $x'_i + \varepsilon_i$, H_1 se change en

$$H_1(x'_i) + \Sigma \varepsilon_i \frac{dH_1}{dx'_i}$$

et H_2 se change en

$$H_2(x'_i) + H_2(\varepsilon_i) + \Sigma \varepsilon_i \frac{dH_2}{dx'_i};$$

d'ailleurs

$$\Sigma \varepsilon_i \frac{dH_0}{dx'_i} = 0.$$

Donc

$$H(x'_i + \varepsilon_i) = H_0 + H_1 + H_2 + \Sigma \varepsilon_i \frac{d(H_0 + H_1 + H_2)}{dx'_i} + H_2(\varepsilon_i).$$

d'où enfin

$$H(x'_i - z_i) - \Sigma_i \frac{dH}{dx_i} = H + H_2(z_i).$$

Le premier membre correspond à la fonction

$$f(x_i + z_i) - \Sigma_i \frac{df}{dx_i};$$

comme la forme quadratique $H_2(z_i)$ est définie positive, nous voyons que l'expression est minimum pour $z_i = 0$, c'est-à-dire que la condition (A) est remplie.

343. Passons au cas du principe de Maupertuis dans le mouvement absolu. L'intégrale à examiner s'écrit alors

$$\int d\tau,$$

où $d\tau^2$ est une forme quadratique définie positive par rapport aux différentielles dx_i.

Prenons pour un instant x_1 pour variable indépendante; l'intégrale devient

$$\int \frac{d\tau}{dx_1} dx_1,$$

où $\left(\frac{d\tau}{dx_1}\right)^2$ est un polynome du second degré P non homogène (mais essentiellement positif), par rapport aux $\frac{dx_i}{dx_1}$. Soit donc

$$\frac{d\tau}{dx_1} = \sqrt{P\left(\frac{dx_i}{dx_1}\right)}.$$

Il s'agit de savoir si

$$\sqrt{P\left(\frac{dx_i}{dx_1} + z_i\right)} - \Sigma_i z_i \frac{d}{dx_i}\sqrt{P(x_i)}$$

est minimum pour $z_i = 0$; ou, en d'autres termes, si la dérivée seconde, par rapport à t, du radical

$$\sqrt{P\left(\frac{dx_i}{dx_1} + z_i t\right)}$$

est positive.

H. P. — III.   18

Mais, quels que soient les $\dfrac{dx_i}{dx_1}$ et les z_i, on aura

$$P\left(\frac{dx_i}{dx_1} + z_i t\right) = at^2 + 2bt + c,$$

a, b, c étant indépendants de t; la dérivée seconde du radical est alors égale à

$$\frac{ac - b^2}{(at^2 + 2bt + c)^{\frac{3}{2}}}.$$

Comme le polynome P est essentiellement positif, cette expression est aussi toujours positive et la condition (A) est toujours remplie.

344. Passons au principe de Maupertuis dans le mouvement relatif. Nous avons alors à envisager l'intégrale

$$\int \left[ds\sqrt{H_0 + h} + \omega\,(\xi\, d\eta - \eta\, d\xi) \right],$$

ou, en prenant ξ pour variable indépendante,

$$\int d\xi \left[\sqrt{(H_0 + h)(1 + \eta'^2)} + \omega\,(\xi\eta' - \eta) \right].$$

Il faut donc rechercher si la dérivée seconde par rapport à η' de

$$\sqrt{(H_0 + h)(1 + \eta'^2)} + \omega\,(\xi\eta' - \eta)$$

est positive; or, cette dérivée est

$$\frac{\sqrt{H_0 + h}}{(1 + \eta'^2)^{\frac{3}{2}}}.$$

La condition (A) est donc toujours remplie.

Ainsi la condition (A) est remplie d'elle-même dans tous les cas que nous aurons à examiner.

Foyers maupertuisiens.

345. Les foyers cinétiques ne sont pas tout à fait les mêmes suivant qu'on envisage l'action hamiltonienne ou l'action maupertuisienne. Pour mieux nous en rendre compte, supposons deux

degrés de liberté seulement et soient x et y les deux variables qui définissent la position du système et que nous pourrons regarder comme les coordonnées d'un point dans un plan.

Soient

$$x = f_1(t), \quad y = f_2(t)$$

les équations d'une trajectoire (T) qui sera une courbe plane. Posons

$$x = f_1(t) + \xi, \quad y = f_2(t) + \eta,$$

et, négligeant les carrés de ξ et de η, formons les équations aux variations. Comme elles sont linéaires et du quatrième ordre, on aura donc

$$\xi = \alpha_1\xi_1 + \alpha_2\xi_2 + \alpha_3\xi_3 + \alpha_4\xi_4,$$
$$\eta = \alpha_1\eta_1 + \alpha_2\eta_2 + \alpha_3\eta_3 + \alpha_4\eta_4,$$

les α_i étant des constantes d'intégration, les ξ_i et les η_i des fonctions de t.

L'équation du n° 341,

$$\Delta(t', t'') = 0,$$

s'écrit alors

$$(1) \qquad \begin{vmatrix} \xi'_1 & \xi'_2 & \xi'_3 & \xi'_4 \\ \eta'_1 & \eta'_2 & \eta'_3 & \eta'_4 \\ \xi''_1 & \xi''_2 & \xi''_3 & \xi''_4 \\ \eta''_1 & \eta''_2 & \eta''_3 & \eta''_4 \end{vmatrix} = 0.$$

C'est cette équation qui définit les *foyers hamiltoniens*.

Elle exprime que le point x, y qui décrit la trajectoire (T) et le point $x + \xi$, $y + \eta$ qui décrit la trajectoire infiniment voisine (T') se trouvent à deux époques différentes, à savoir aux époques t' et t'', séparés par une distance infiniment petite d'ordre supérieur.

Mais ce ne sont pas là les conditions que doivent remplir les *foyers maupertuisiens*. Deux des points de la trajectoire (T), à savoir les deux points M' et M'' qui correspondent aux époques t' et t'', doivent être à une distance infiniment petite d'ordre supérieur de la trajectoire (T'). Mais il n'est pas nécessaire que le point mobile qui parcourt (T') passe précisément à l'époque t'', par exemple, infiniment près de M''. En revanche, la constante des forces vives doit avoir la même valeur pour (T) et pour (T');

cette dernière condition n'est pas imposée aux foyers hamiltoniens.

L'une des solutions des équations aux variations est

$$\xi = f_1(t), \qquad \eta = f_2(t).$$

Nous pouvons donc supposer

$$\xi'_1 = f_1(t'), \qquad \eta'_1 = f_2(t'), \qquad \xi''_1 = f_1(t''), \qquad \eta''_1 = f_2(t'').$$

Ainsi sont définies les deux fonctions ξ_1 et η_1.

D'autre part, la différence entre la constante des forces vives relative à (T) et la constante des forces vives relative à (T') est infiniment petite; c'est évidemment une fonction linéaire des quatre constantes infiniment petites α_1, α_2, α_3, α_4.

Nous pouvons, sans restreindre la généralité, supposer que cette différence est précisément égale à α_4.

Alors, la condition pour que la valeur de la constante des forces vives soit la même pour T et (T'), c'est que $\alpha_4 = 0$, ou bien

$$\begin{aligned} \xi &= \alpha_1 \xi_1 + \alpha_2 \xi_2 + \alpha_3 \xi_3, \\ \eta &= \alpha_1 \eta_1 + \alpha_2 \eta_2 + \alpha_3 \eta_3. \end{aligned}$$

Maintenant, pour $t = t'$, ξ et η doivent être nuls, d'où les équations

$$\begin{aligned} \alpha_1 \xi'_1 + \alpha_2 \xi'_2 + \alpha_3 \xi'_3 &= 0, \\ \alpha_1 \eta'_1 + \alpha_2 \eta'_2 + \alpha_3 \eta'_3 &= 0. \end{aligned}$$

D'autre part, la valeur de $x + \xi$, $y + \eta$ pour $t = t'' + \varepsilon$ doit être la même (à des infiniment petits près d'ordre supérieur) que celle de x et de y pour $t = t''$, ce qui s'écrit

$$\begin{aligned} (\varepsilon + \alpha_1)\xi''_1 + \alpha_2 \xi''_2 + \alpha_3 \xi''_3 &= 0, \\ (\varepsilon + \alpha_1)\eta''_1 + \alpha_2 \eta''_2 + \alpha_3 \eta''_3 &= 0, \end{aligned}$$

d'où, par élimination,

$$(2) \qquad \begin{vmatrix} \xi'_2 & \xi'_3 & \xi'_1 & 0 \\ \eta'_2 & \eta'_3 & \eta'_1 & 0 \\ \xi''_2 & \xi''_3 & 0 & \xi''_1 \\ \eta''_2 & \eta''_3 & 0 & \eta''_1 \end{vmatrix} = 0.$$

En développant le déterminant, on trouve

$$\begin{vmatrix} \xi'_1 \eta'_2 - \xi'_2 \eta'_1 & \xi'_1 \eta'_3 - \xi'_3 \eta'_1 \\ \xi''_1 \eta''_2 - \xi''_2 \eta''_1 & \xi''_1 \eta''_3 - \xi''_3 \eta''_1 \end{vmatrix} = 0$$

et, en posant

$$\frac{\xi_1\eta_2-\eta_1\xi_2}{\xi_2\eta_3-\xi_3\eta_1}=\zeta(t),$$

l'équation (2) devient

$$\zeta(t')=\zeta(t''). \tag{3}$$

Application aux solutions périodiques.

346. Si nous avons affaire à une solution périodique de période 2π, les fonctions $f_1(t)$ et $f_2(t)$ du numéro précédent seront périodiques de période 2π; il en est de même de

$$\xi_1=f_1'(t),\qquad \eta_1=f_2'(t).$$

De plus, les équations aux variations admettront, d'après le Chapitre IV, d'autres solutions particulières qui seront de la forme

$$\begin{aligned}
\xi &= e^{\alpha t}\varphi_1(t), & \eta &= e^{\alpha t}\psi_1(t),\\
\xi &= e^{-\alpha t}\varphi_2(t), & \eta &= e^{-\alpha t}\psi_2(t);\\
\xi &= \varphi_3(t)+\beta t f_1'(t), & \eta &= \psi_3(t)+\beta t f_2'(t).
\end{aligned}$$

Dans ces équations, β est une constante, α et $-\alpha$ sont les exposants caractéristiques, les φ et les ψ sont des fonctions périodiques.

Soit

$$F\left(x, y, \frac{dx}{dt}, \frac{dy}{dt}\right)=\text{const.}$$

l'équation des forces vives; on devra avoir

$$\frac{dF}{dx}\xi+\frac{dF}{dy}\eta+\frac{dF}{d\frac{dx}{dt}}\frac{d\xi}{dt}+\frac{dF}{d\frac{dy}{dt}}\frac{d\eta}{dt}=A,$$

A étant une constante. Si, dans cette équation, nous remplaçons ξ et η par $e^{\alpha t}\varphi_1$, $e^{\alpha t}\psi_1$, le premier membre devient une fonction périodique de t multipliée par $e^{\alpha t}$ et, comme il doit être constant, il faut qu'il soit nul.

On aura donc

$$A=0.$$

Cela veut dire que les deux trajectoires infiniment voisines qui ont pour équations

$$x = f_1(t), \qquad y = f_2(t)$$

et

$$x = f_1(t) + e^{2\alpha t}\varphi_2(t), \qquad y = f_2(t) + e^{2\alpha t}\psi_2(t),$$

correspondent à une même valeur de la constante des forces vives.

On verrait de même qu'il en est encore ainsi de la trajectoire qui a pour équation

$$x = f_1(t) + e^{-2\alpha t}\varphi_3(t), \qquad y = f_2(t) + e^{-2\alpha t}\psi_3(t).$$

Rien n'empêche donc de poser

$$\xi_2 = e^{2\alpha t}\varphi_2, \qquad \eta_2 = e^{2\alpha t}\psi_2,$$
$$\xi_3 = e^{-2\alpha t}\varphi_3, \qquad \eta_3 = e^{-2\alpha t}\psi_3.$$

Alors $\zeta(t)$ est de la forme suivante

$$\zeta(t) = e^{2\alpha t}G(t),$$

$G(t)$ étant une fonction périodique.

Cas des solutions stables.

347. Nous devons maintenant distinguer deux cas :

1° La solution est stable et α^2 est négatif. Dans ce cas ξ_2 et ξ_3, η_2 et η_3 sont imaginaires conjugués; ζ et G ont pour module l'unité. Nous allons faire trois hypothèses que nous justifierons plus loin.

1° Supposons d'abord que $G(t)$ ne devienne jamais ni nul ni infini;

2° Que la fonction

$$t - \frac{1}{2\alpha}\log G(t) = \tau$$

qui est essentiellement réelle soit aussi constamment croissante;

3° Supposons de plus que $\log G(t)$ soit une fonction périodique.

Alors, l'équation (3) pourra s'écrire, en appelant τ' et τ'' les deux valeurs de τ qui correspondent à t' et à t'',

$$\tau'' - \tau' = \frac{k i \pi}{\alpha} \qquad (k \text{ étant entier}).$$

À chaque valeur de t correspond une seule valeur de τ et à chaque valeur de τ une seule valeur de t; nous ne pouvons donc avoir $k = o$ sans avoir $t' = t''$; et si nous voulons $t'' > t'$, il faut que k soit positif.

En faisant $k = 1$ on donnera à $t'' - t'$ la plus petite valeur; il vient

$$\tau'' - \tau' = \frac{i\pi}{2}$$

et le point M' est alors le foyer de M.

Mais il importe de remarquer une chose.

Pour que le raisonnement qui précède s'applique, il faut que $\log G(t)$ soit une fonction périodique; mais, en général, tout ce que nous savons, c'est que $G(t)$ est une fonction périodique, et il en résulte simplement que

$$\log G(t)$$

augmente d'un multiple de $2i\pi$, par exemple de $2ki\pi$ quand t augmente de 2π. Alors

$$\log G(t) - ikt,$$

est une fonction périodique.

Posons alors

$$G'(t) = G(t)e^{-ikt},$$

$$\alpha' = \alpha - \frac{il}{2};$$

il viendra

$$\zeta(t) = e^{2i\alpha t}G(t) = e^{2i\alpha' t}G'(t).$$

On posera alors, non plus

$$\tau = t + \frac{1}{2i}\log G(t),$$

mais

$$\tau = t + \frac{1}{2i}\log G'(t);$$

comme $\log G'(t)$ sera périodique, les conclusions qui précèdent subsistent, l'équation (3) s'écrira

$$\tau'' - \tau' = \frac{m\pi}{2} \qquad (m \text{ étant entier})$$

et, de plus, M″ sera le foyer de M′ si

$$\tau' - \tau = \frac{i\pi}{\gamma}.$$

348. Ainsi se trouve justifiée l'une de nos trois hypothèses, que $\log G(t)$ doit être périodique. Je dis maintenant que la fonction τ doit, comme nous l'avons supposé, être constamment croissante.

Supposons en effet que cette fonction admette un maximum τ_0 pour $t = t_0$; nous pourrions alors trouver deux époques t'_1 et t''_1 telles que les valeurs correspondantes τ'_1 et τ''_1 de la fonction τ soient égales, et deux autres époques, t'_2 et t''_2 telles que $\tau'_2 = \tau''_2$; telles enfin que les cinq époques d'ailleurs très voisines l'une de l'autre, satisfassent aux inégalités

$$t'_2 < t'_1 < t_0 < t''_1 < t''_2.$$

Alors t''_1 serait le foyer de t'_1, t''_2 celui de t'_2; or, nous avons vu plus haut que de pareilles inégalités sont impossibles quand la condition (A) est remplie.

Je dis maintenant que $G(t)$ ne peut s'annuler; en effet, on a

$$\zeta(t) = \frac{\xi_1 \eta_2 - \xi_2 \eta_1}{\xi_1 \eta_3 - \xi_3 \eta_1}.$$

Le numérateur et le dénominateur de $\zeta(t)$ sont imaginaires conjugués; si l'un d'eux s'annule, l'autre s'annule également, de sorte que la fonction $\zeta(t)$ ne peut devenir ni nulle ni infinie.

Ainsi se trouvent justifiées toutes nos hypothèses.

Solutions instables.

349. Supposons maintenant la solution instable et γ^2 positif; dans ce cas ξ_2, η_2, ξ_3, η_3, ζ, α, G sont réels.

Pour la même raison que plus haut, la fonction τ sera constamment croissante; mais deux hypothèses sont possibles:

1° *Ou bien $\zeta(t)$ ne peut s'annuler ni devenir infini* et croît constamment de o à $+\infty$ quand t croît de $-\infty$ à $+\infty$.

Il arrive alors qu'*aucun point de notre solution périodique n'a de foyer maupertuisien.*

2° Ou bien $\zeta(t)$ *peut s'annuler* pour $t = t_0$: il s'annulera alors aussi pour $t = t_0 + 2\pi$, et comme il ne peut avoir ni maximum, ni minimum, il faut qu'il devienne infini dans l'intervalle. De même, si $\zeta(t)$ peut devenir infini, il faut aussi qu'il puisse s'annuler.

Supposons donc, pour fixer les idées, que $\zeta(t)$ devienne infini pour

$$t = t_0, \quad t_1, \quad t_0 + 2\pi$$

et pour les valeurs qui en diffèrent d'un multiple de 2π et s'annule pour

$$t = t'_0, \quad t'_1, \quad t'_0 + 2\pi.$$

Je suppose d'ailleurs

$$t_0 < t'_0 < t_1 < t'_1 < t_0 + 2\pi.$$

D'ailleurs, quand t croît de t_0 à t_1, ou de t_1 à t_2, ou de t_2 à $t_0 + 2\pi$, $\zeta(t)$ croît constamment de $-\infty$ à $+\infty$.

La trajectoire fermée (T) qui représente notre solution périodique sera donc partagée en deux arcs dont les extrémités correspondront aux valeurs de t

$$t_0, \quad t_1, \quad t_0 + 2\pi.$$

Chacun des points de l'un des arcs aura son premier foyer sur l'arc suivant.

J'ajoute que les points qui correspondent aux valeurs de t

$$t_0, \quad t'_0, \quad t_1, \quad t'_1$$

coïncident avec leurs deuxièmes foyers.

Soient t'' une valeur de t correspondant à un point quelconque de (T) et t''_n la valeur de t qui correspond à son $n^{\text{ième}}$ foyer, on aura

$$\lim \frac{t''_n - t''}{n} = \frac{2\pi}{\alpha}.$$

Mais ce n'est pas tout ; on aura

$$e^{\alpha t''_n} G(t''_n) = e^{\alpha t''} G(t'').$$

Si n est très grand et si $G(t'')$ n'est pas infini, comme $t''_n - t''$ est très grand et que nous supposons α positif, $G(t''_n)$ sera très petit, de sorte que si t'' est, par exemple, compris entre t_0 et t_1, la différence

$$t_{2n} - 2n\tau$$

tendra vers t'_0 quand n croîtra indéfiniment.

Si n tend vers $-\infty$, cette différence tendra vers t_0 ou vers t_1 selon que t'' sera compris entre t_0 et t'_0 ou entre t'_0 et t_1. J'ajouterai que la différence $t_{2n} - 2n\pi$ est, ou constamment croissante, ou constamment décroissante avec n.

Les valeurs t_0, t'_1 correspondent aux points où

$$\xi_1\eta_2 - \xi_2\eta_1 = 0;$$

mais $\xi_1\eta_2 - \xi_2\eta_1$ est une fonction périodique multipliée par $e^{\alpha t}$; or, une fonction périodique doit dans une période s'annuler un nombre pair de fois.

Par conséquent, la trajectoire fermée (T) sera partagée par les points t_0, t_1, $t_0 + 2\pi$ en un certain nombre d'arcs et *ce nombre sera toujours pair*.

350. Au point de vue qui nous occupe, les solutions périodiques instables peuvent donc se répartir en deux catégories. Mais on pourrait se demander si ces deux catégories existent réellement. Il convient donc d'en citer des exemples.

Soient ρ et ω les coordonnées polaires d'un point mobile dans un plan; les équations du mouvement s'écriront

$$(1) \qquad \frac{d^2\rho}{dt^2} = \left(\frac{d\omega}{dt}\right)^2 \rho + \frac{dU}{d\rho}, \qquad \rho^2 \frac{d^2\omega}{dt^2} + 2\rho \frac{d\rho}{dt}\frac{d\omega}{dt} = \frac{dU}{d\omega}.$$

Supposons que, pour $\rho = 1$, on ait

$$U = 0, \qquad \frac{dU}{d\omega} = a, \qquad \frac{dU}{d\rho} = -1, \qquad \frac{d^2U}{d\rho^2} = \varphi(\omega);$$

les équations (1) admettront pour solutions

$$\rho = 1, \qquad \omega = t$$

et cette solution correspondra à une trajectoire fermée qui sera une circonférence.

Posons

$$\rho = 1 + \zeta, \qquad \omega = t + v$$

et formons les équations aux variations; elles s'écriront

$$\frac{d^2\zeta}{dt^2} = \zeta + 2\frac{dv}{dt} + \zeta\varphi(t), \qquad \frac{d^2 v}{dt^2} + 2\frac{d\zeta}{dt} = 0.$$

La seconde s'intègre immédiatement

$$\frac{dv}{dt} + 2\zeta = \text{const.};$$

mais cette constante doit être nulle si nous voulons que la constante des forces vives ait même valeur pour la trajectoire (T) et pour la trajectoire infiniment voisine.

Si donc on remplace $\frac{dv}{dt}$ par -2ζ, la première équation aux variations deviendra

$$(2) \qquad \frac{d^2\zeta}{dt^2} = \zeta[\varphi(t) - 3].$$

L'équation (2) qu'il nous reste à intégrer est une équation linéaire à coefficient périodique.

Ces équations ont été traitées dans les nos 29 et 189 (*voir* en outre Chapitre IV, *passim*).

On sait qu'elles admettent deux solutions de la forme suivante :

$$\zeta = e^{\alpha t}G(t), \qquad \zeta = e^{-\alpha t}G_1(t)$$

G et G_1 étant des fonctions périodiques.

Nous allons trouver des exemples de tous les cas distingués plus haut. Supposons d'abord que φ se réduise à une constante A (cas des forces centrales).

Si $A < 3$, on aura une solution périodique stable.

Si $A > 3$, il n'y aura pas sur (T) de foyer maupertuisien et nous aurons une solution périodique instable de la première catégorie.

Il me reste à faire voir qu'il peut aussi y avoir des solutions périodiques instables de la deuxième catégorie.

La solution sera instable et de la deuxième catégorie si G s'annule de telle façon que le rapport

$$e^{2\alpha t}\frac{G}{G_1},$$

qui correspond à la fonction $\zeta(t)$ des numéros précédents puisse s'annuler et par conséquent devenir infini.

Or, on peut évidemment construire une fonction périodique G satisfaisant aux conditions suivantes :

1° Elle admettra deux zéros simples et deux seulement;

2° Ces zéros annuleront également

$$\frac{d^2G}{dt^2} + 2\alpha\frac{dG}{dt}.$$

Il en résulte que toutes les fois que

$$\zeta = e^{\alpha t}G$$

s'annulera, sa dérivée seconde s'annulera également de telle façon que le rapport

$$\frac{1}{\zeta}\frac{d^2\zeta}{dt^2} = \varphi - 3$$

restera fini.

On peut évidemment construire une fonction G qui satisfasse à ces conditions; la fonction périodique φ construite à l'aide de cette fonction G correspondra à une solution périodique instable de la deuxième catégorie.

Comme exemple de fonction G satisfaisant à cette condition, nous pouvons prendre

$$G = \sin t - \frac{\pi}{4}(\cos t - \cos 3t).$$

Cette fonction s'annule pour $t = 0$ et $t = \pi$; et elle n'a pas d'autre zéro si

$$\alpha < \frac{1}{\sqrt{3}}.$$

D'ailleurs, pour $t = 0$ et pour $t = \pi$, on a

$$\frac{d^2G}{dt^2} + 2\alpha\frac{dG}{dt} = 0.$$

Pour que le rapport $\frac{G}{G_1}$ s'annule, il ne suffit pas que G s'annule, il faut encore que G_1 ne s'annule pas.

Or, c'est ce qui arrive, car si G et G_1 s'annulaient à la fois, les deux solutions

$$\zeta = e^{xt}G(t), \qquad \zeta = e^{-xt}G_1(t)$$

ne pourraient différer que par un facteur constant (puisqu'elles
satisfont à une même équation différentielle du second ordre) et
cela est absurde.

351. Un point sur lequel je veux attirer l'attention, c'est que
les solutions instables de la première et de la deuxième catégorie
forment deux ensembles séparés de telle façon qu'on ne peut
passer de l'une à l'autre d'une manière continue sans passer par
l'intermédiaire des solutions stables.

Bornons-nous d'abord au cas particulier du numéro précédent
et reprenons l'équation

$$(*) \qquad \frac{d^2\zeta}{dt^2} = \zeta(q - \lambda).$$

Faisons varier la fonction q d'une manière continue et voyons
si l'on pourra passer immédiatement d'une solution instable de la
première catégorie à une solution instable de la deuxième catégorie. Pour cela, il faut que la fonction G qui est réelle soit
d'abord incapable de s'annuler et ensuite susceptible de s'annuler.
On passerait donc du cas où l'équation $G = 0$ a toutes ses racines
imaginaires au cas où elle a des racines réelles. Au moment du
passage, elle aurait une racine double ou plus généralement multiple d'ordre $2m$.

Ce zéro, qui serait d'ordre $2m$ pour G, serait d'ordre $2m - 1$
pour $\frac{dG}{dt}$, d'ordre $2m - 2$ pour $\frac{d^2G}{dt^2}$, de sorte que l'expression

$$\frac{\dfrac{d^2G}{dt^2} + 2\alpha\,\dfrac{dG}{dt} + x^2 G}{G}$$

deviendrait infinie, ce qui est impossible, puisqu'elle est égale
à $q - \lambda$.

Au contraire, on peut passer d'une solution stable à une solution instable de l'une ou de l'autre catégorie.

Pour une solution stable, en effet, G est imaginaire. Au moment
où la solution deviendra instable, la partie imaginaire de G

deviendra identiquement nulle; si, à ce moment, la partie réelle
de G a des zéros, on passera à une solution instable de la deuxième
catégorie; si cette partie réelle ne s'annule jamais, on passera à
une solution instable de la première catégorie.

Il n'y a d'ailleurs aucune difficulté à passer du cas où l'équation

$$\text{partie réelle de } G = 0$$

a toutes ses racines imaginaires à celui où cette équation a des
racines réelles, pourvu qu'au moment du passage la partie imaginaire de G ne soit pas nulle.

352. Pour mieux faire comprendre ce qui précède, je vais
revenir à un exemple qui nous est déjà familier.

Revenons à l'équation de Gyldén, c'est-à-dire à l'équation (1)
du n° **178** (t. II). Nous donnerons à cette équation le numéro (3)
et nous l'écrirons

$$(3) \qquad \frac{d^2x}{dt^2} = x(-q^2 + q_1 \cos 2t).$$

On voit qu'elle est de même forme que l'équation (2).

Nous avons vu que cette équation a, comme l'équation (2), deux
intégrales de la forme

$$e^{ht}G, \quad e^{-ht}G_1,$$

que nous avons écrites dans la notation du n° **178**, sous la forme

$$e^{iht}\varphi_1(t), \quad e^{-iht}\varphi_2(t).$$

Le cas de h réel correspond alors au cas des solutions stables
et le cas de h imaginaire à celui des solutions instables.

Nous avons envisagé aussi deux intégrales remarquables; la
première *paire*

$$F(t) \qquad\qquad [F(0) = 1, \quad F'(0) = 0];$$

la seconde *impaire*

$$f(t) \qquad\qquad [f(0) = 0, \quad f'(0) = 1].$$

et nous avons trouvé les conditions

$$F(\pi)f'(\pi) - f(\pi)F'(\pi) = 1,$$
$$F(\pi) - f'(\pi) = \cos h\pi.$$

Je renvoie maintenant à la figure de la page 243 (Tome II) où, regardant q' et q, comme les coordonnées rectangulaires d'un point, nous avons séparé les régions correspondant aux solutions stables de celles qui correspondent aux solutions instables. Ces dernières sont représentées couvertes de hachures.

Ces diverses régions sont séparées les unes des autres par quatre courbes analytiques dont j'ai donné les équations page 241 (Tome II).

Voici ces équations

$$(\alpha) \qquad F(\pi) = 1, \qquad F'(\pi) = 0,$$
$$(\beta) \qquad F(\pi) = 1, \qquad f(\pi) = 0,$$
$$(\gamma) \qquad F(\pi) = -1, \qquad F'(\pi) = 0,$$
$$(\delta) \qquad F(\pi) = -1, \qquad f(\pi) = 0.$$

A quelle catégorie appartiennent les solutions instables qui correspondent à nos régions couvertes de hachures? Il est clair d'abord que les solutions instables qui correspondent à l'une de ces régions sont *toutes* de la même catégorie. Cela résulte immédiatement de ce qui précède.

Or, en un point de l'une des courbes (β) et (δ), la fonction G se réduit à $f(t)$ et cette fonction peut s'annuler puisqu'elle est impaire. Donc, si une région est limitée par un arc de l'une des courbes (β) et (δ), les solutions correspondantes seront de la seconde catégorie.

Mais il en est ainsi de toutes nos régions. Donc toutes nos solutions instables sont de la seconde catégorie.

Il est aisé de transformer notre exemple de telle façon que l'on ait des solutions des deux catégories. Il suffit de remplacer q^2 par q de façon que ce coefficient puisse devenir négatif.

Notre équation (3) s'écrit alors

$$(3 \, bis) \qquad \frac{d^2x}{dt^2} = x - q - q_1 \cos nt.$$

Prenons toujours q et q_1 pour coordonnées rectangulaires et construisons une figure analogue à celle de la page 241. La partie de la figure située à droite de l'axe des q_1, du côté des q positifs sera analogue à la figure de la page 241. Mais nous aurons à gauche de l'axe des q_1, du côté des q négatifs, une région couverte de hachures, limitée par une espèce de parabole tangente à l'axe des q_1.

Les régions hachées de droite correspondront, nous venons de le voir, à des solutions de la seconde catégorie; mais il n'en sera pas de même de la région hachée de gauche.

Il suffit pour s'en convaincre de faire $q_1 = 0$, d'où

$$x = e^{t\sqrt{-q}}, \qquad z = \sqrt{-q}, \qquad G = t.$$

353. Je n'ai encore fait la discussion que dans un cas particulier. Pour l'étendre au cas général, je vais montrer qu'on est toujours amené à une équation de même forme que l'équation (2) du numéro précédent.

Considérons d'abord le cas du mouvement absolu; si U est la fonction des forces et si x et y sont les coordonnées cartésiennes d'un point dans un plan, les équations du mouvement s'écriront

$$(1) \qquad x'' = \frac{dU}{dx}, \qquad y'' = \frac{dU}{dy},$$

et les équations aux variations

$$(2) \qquad \begin{cases} \xi'' = \dfrac{d^2U}{dx^2}\xi + \dfrac{d^2U}{dx\,dy}\eta, \\[2mm] \eta'' = \dfrac{d^2U}{dx\,dy}\xi + \dfrac{d^2U}{dy^2}\eta. \end{cases}$$

Je représente pour plus de brièveté par des accents les dérivations par rapport à t. Ainsi ξ'' représente ici $\dfrac{d^2\xi}{dt^2}$ et non plus, comme dans le n° 341, la valeur de ξ pour $t = t'$.

L'intégrale des forces vives s'écrira

$$\frac{x'^2 + y'^2}{2} = U + h,$$

et l'intégrale correspondante de (2)

$$x'\xi + y'\eta = \frac{dU}{dx}\xi + \frac{dU}{dy}\eta + \delta h \qquad (\delta h \text{ étant une constante}).$$

Pour l'application du principe de Maupertuis, il faut supposer

$$\delta h = 0,$$

de sorte que nous aurons

$$x'\xi + y'\eta = \frac{dU}{dx}\xi + \frac{dU}{dy}\eta,$$

ou bien

$$(3) \qquad x'\xi + y'\eta = x'_0\xi + y'_0\eta.$$

Nos équations (2) et (3) admettront alors trois solutions linéairement indépendantes que nous avons appelées au n° 345

$$(4) \qquad \begin{cases} \xi_1 = x', & \eta_1 = y', \\ \xi_2 & \eta_2 \\ \xi_3 & \eta_3 \end{cases}$$

Posons

$$(5) \qquad \theta = \xi y' - \eta x'.$$

Si alors nous appelons θ_1, θ_2, θ_3 les trois valeurs de θ qui correspondent aux trois solutions (4), nous aurons $\theta_1 = 0$ et la fonction que nous avons appelée $\zeta(t)$ au n° 343 ne sera autre chose que

$$\zeta(t) = \frac{\theta_2}{\theta_3}.$$

De l'équation (5) on tire

$$(6) \qquad \theta' = \xi y'' - \eta x'' + \xi' y' - \eta' x'$$

et

$$\theta'' = \xi y''' - \eta x''' + \xi'' y' - \eta'' x' + 2(\xi' y'' - \eta' x'').$$

Mais x'' et y'' satisfont aux équations (2), de sorte que l'on a

$$x'' = \frac{d^2U}{dx^2}x' + \frac{d^2U}{dx\,dy}y',$$
$$y'' = \frac{d^2U}{dx\,dy}x' + \frac{d^2U}{dy^2}y'.$$

Remplaçons dans l'expression de θ'', les dérivées x'' et y'' par les valeurs ainsi trouvées et les dérivées ξ' et η' par leurs valeurs (2), il viendra

$$(7) \qquad \theta'' - \theta\,\Delta U = 2(\xi'y'' - \eta'x'').$$

Je désigne par ΔU (ou plus brièvement par Δ) la somme des deux dérivées secondes $\dfrac{d^2 U}{dx^2} + \dfrac{d^2 U}{dy^2}$.

Il est aisé de vérifier l'identité suivante

$$2(x'^2 + y'^2)(\xi'y'' - \eta'x'')$$
$$- 2(x'x'' + y'y'')(\xi'y' - \eta'x'' + \xi'y' - \eta'x') + 2(x'^2 + y'^2)(\xi'y' - \eta'x')$$
$$= 2(y''x' - y'x'')(\xi'x' + \eta'y' - \xi'x' - \eta'y'),$$

ou, en tenant compte de (5), (6), (7) et (3),

$$(8) \qquad (x'^2 + y'^2)(\theta'' - \theta\lambda) - 2(x'x'' + y'y'')\theta' + 2(x'^2 - y'^2)\theta = 0.$$

Telle est l'équation différentielle qui définit la fonction inconnue θ.

Nous poserons

$$\theta = \varphi\sqrt{x'^2 + y'^2}$$

et notre équation deviendra

$$(9) \qquad \frac{\varphi''}{\varphi} = \Delta - \frac{x'x'' + y'y'' - 3x'^2 + 3y'^2}{x'^2 - y'^2},$$

équation de même forme que l'équation (2) du numéro précédent. Les conclusions du numéro précédent subsistent donc; une solution périodique instable est de la seconde ou de la première catégorie selon que la fonction φ peut ou non s'annuler. On ne peut passer *directement* d'une solution instable de la première catégorie à une solution instable de la seconde, mais seulement en passant par des solutions stables.

334. Les mêmes résultats subsistent-ils encore dans le cas du mouvement relatif?

Les équations du mouvement deviennent alors

$$(1\ bis) \qquad x'' - 2\omega y' = \frac{dU}{dx}, \qquad y'' + 2\omega x' = \frac{dU}{dy},$$

ω désignant la vitesse de rotation des axes mobiles.

Les équations des variations seront

$$(2\ bis)\qquad \begin{cases} \xi'' - 2\omega\eta' = \dfrac{d^2U}{dx^2}\xi + \dfrac{d^2U}{dx\,dy}\eta, \\ \eta'' + 2\omega\xi' = \dfrac{d^2U}{dx\,dy}\xi + \dfrac{d^2U}{dy^2}\eta. \end{cases}$$

L'équation des forces vives étant encore vraie, il en sera de même de

$$(3)\qquad x'\xi' + y'\eta' = x''\xi + y''\eta.$$

Posons encore

$$\theta = \xi y' - \eta x',$$

les équations (5) et (6) subsisteront.

D'autre part, comme x' et y' doivent satisfaire aux équations (2 *bis*), on aura

$$x''' - 2\omega y'' = \frac{d^2U}{dx^2}x' + \frac{d^2U}{dx\,dy}y',$$
$$y''' + 2\omega x'' = \frac{d^2U}{dx\,dy}x' + \frac{d^2U}{dy^2}y'.$$

En tenant compte de ces équations ainsi que des équations (2 *bis*), *et en tenant compte également de l'équation* (3), on peut simplifier l'expression de θ'' et l'on retrouve l'équation

$$(7)\qquad \theta'' - \theta\Delta U = 2(\xi'y'' - \eta'x'').$$

Comme l'identité du numéro précédent est toujours vraie, on retrouvera les équations (8) et (9); il n'y a donc rien à changer aux conclusions du numéro précédent.

355. Mais une nouvelle question se pose.

La trajectoire (T) est une courbe fermée; nous avons jusqu'à présent cherché à déterminer si un arc AB de cette courbe correspondait à une action plus petite que tout arc infiniment voisin ayant mêmes extrémités.

Mais nous pouvons également nous demander si cette courbe fermée tout entière correspond à une action plus petite que toute courbe fermée infiniment petite.

Supposons d'abord qu'un point A de la courbe (T) ait son

premier foyer B sur la courbe (T), de telle façon que l'arc AB soit plus petit que la courbe fermée tout entière.

C'est ce qui arrive pour les solutions instables de la première catégorie, nous avons vu que pour ces solutions la courbe (T) se divise en un certain nombre pair d'arcs et que tout point d'un de ces arcs a son premier foyer sur l'arc suivant; de telle façon qu'en partant d'un point quelconque on rencontrera son premier foyer avant d'avoir fait le tour complet de la courbe (T).

C'est ce qui arrive également pour certaines solutions stables. Dans le cas des solutions stables, nous avons posé (n° 347)

$$t + \frac{1}{2\lambda}\log G(t) = \tau$$

et nous avons vu que le τ d'un point et celui de son premier foyer diffèrent de $\frac{i\pi}{\lambda}$. Si donc $\frac{\tau}{t}$ est plus grand que $\frac{1}{2}$, on rencontrera le foyer d'un point avant d'avoir fait le tour complet de (T).

S'il en est ainsi, l'action ne peut pas être moindre pour la courbe (T) que pour toute courbe fermée voisine.

Soit, en effet, ABCDEA la courbe (T) et supposons que D soit le foyer de C. Comme E est au delà du foyer de C, nous pourrons joindre C à E par un arc CME très voisin de CDE et correspondant à une action moindre.

Si je représente par (CME) l'action correspondant à l'arc CME, on aura

$$(CME) < (CDE)$$

et, par conséquent,

$$(ABCMEA) < (ABCDEA).$$

Considérons maintenant une solution stable telle que

$$\frac{\tau}{t} > \frac{1}{2},$$

je dis que l'action ne sera pas non plus moindre pour (T) que pour toute courbe fermée infiniment voisine.

Je fais la figure, pour fixer les idées, en supposant $\frac{\tau}{t}$ compris entre $\frac{1}{4}$ et $\frac{1}{2}$, de telle façon que l'on rencontre le foyer d'un point avant d'avoir fait trois fois et après avoir fait deux fois le tour de (T).

Soit ABCDA la courbe (T); le foyer F se trouvera entre AB et on le rencontrera après avoir fait deux fois le tour de (T).

Comme B se trouve au delà de ce foyer, nous pouvons joindre A à B par un arc AEHNKHMEB tel que

$$(AEHNKHMEB) < (ABCABCAB).$$

Comme on ne rencontre pas le foyer de A en décrivant l'arc AB

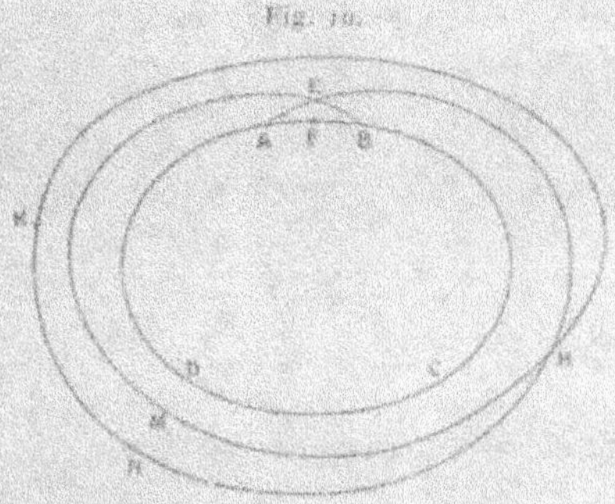

Fig. 10.

sans faire le tour de (T), on aura d'autre part

$$(AE + EB) > (AB),$$

d'où, en retranchant,

$$(EHNKHME) < (ABCABCA)$$

ou

$$(EHME) + (HNKH) < 2(ABCA).$$

On doit donc avoir ou bien

$$(EHME) < (ABCA)$$

ou bien

$$(HNKH) < (ABCA).$$

Il y a, en tout cas, une courbe fermée peu différente de (T) et correspondant à une action moindre.

Donc, *pour qu'une courbe fermée corresponde à une action moindre que toute courbe fermée infiniment voisine, il faut que cette courbe fermée corresponde à une solution périodique instable de la première catégorie.*

356. Cette condition est-elle suffisante? Pour nous en rendre compte, étudions les solutions asymptotiques correspondant à une pareille solution périodique instable.

Soient

$$x = \varphi_0(t), \qquad y = \psi_0(t)$$

les équations de la solution périodique et

$$x = \varphi_0(t) + A e^{\alpha t} \varphi_1(t) + A^2 e^{2\alpha t} \varphi_2(t) + \ldots,$$
$$y = \psi_0(t) + A e^{\alpha t} \psi_1(t) + A^2 e^{2\alpha t} \psi_2(t) + \ldots$$

celles des solutions asymptotiques. Les fonctions $\varphi_i(t)$ et $\psi_i(t)$ seront des fonctions périodiques de t. Nous pourrons aussi écrire, en posant $A e^{\alpha t} = u$,

$$x = \varphi_0(t) + u \varphi_1(t) + \ldots = \Phi(t, u),$$
$$y = \psi_0(t) + u \psi_1(t) + \ldots = \Psi(t, u).$$

Si u est suffisamment petit, x et y seront des fonctions uniformes de t et de u, périodiques par rapport à t de période 2π.

De plus, le déterminant fonctionnel

$$\frac{\partial(x, y)}{\partial(t, u)} = \frac{d\Phi}{dt} \frac{d\Psi}{du} - \frac{d\Psi}{dt} \frac{d\Phi}{du}$$

ne s'annulera pas. En effet, pour $u = 0$, ce déterminant se réduit à

$$\varphi_0'(t)\psi_1(t) - \psi_0'(t)\varphi_1(t).$$

Or cette expression n'est autre chose que l'expression

$$\xi_1 \eta_2 - \xi_2 \eta_1$$

du n° 345 divisée par $e^{\alpha t}$. Elle ne s'annulera donc pas si la solution instable est de la première catégorie.

Donc, le déterminant fonctionnel, ne s'annulant pas pour $u = 0$, ne s'annulera pas non plus pour u suffisamment petit.

Donc, si u est suffisamment petit, u, $\cos t$ et $\sin t$ seront des fonctions uniformes de x et de y.

Les équations des solutions asymptotiques s'écrivent

$$(1) \qquad \begin{cases} x = \Phi(t, A e^{\alpha t}) \\ y = \Psi(t, A e^{\alpha t}) \end{cases}$$

et l'on voit que le déterminant fonctionnel

$$\frac{\partial(x, y)}{\partial(t, \lambda)} = \frac{\partial(\Phi, \Psi)}{\partial(t, u)} e^{u}$$

ne peut s'annuler, ce qui veut dire que les courbes (1) ne présentent pas de point double, ne se coupent pas entre elles et ne coupent pas la trajectoire (T) [tout cela, bien entendu, si l'on suppose u suffisamment petit; cela ne serait plus vrai si l'on prolon-

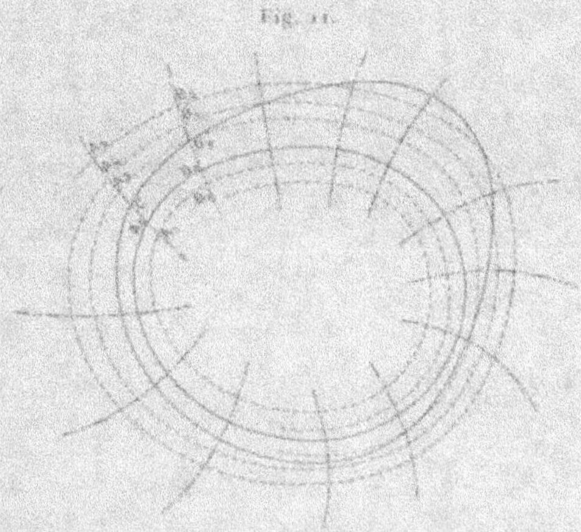

Fig. 11.

geait indéfiniment les courbes (1) de façon que u devienne très grand].

Les courbes (1) correspondant aux solutions asymptotiques auront donc l'aspect de spirales s'enroulant autour de (T). Cet aspect est représenté sur la figure (11). La trajectoire fermée (T) y est représentée en trait plein, mais je dois avertir qu'il y a sur la figure deux courbes fermées marquées en trait plein; de ces deux courbes, celle qui est intérieure à l'autre est celle qui représente (T).

Les courbes spirales (1) sont représentées en trait pointillé.

J'observe qu'il y a deux systèmes de solutions asymptotiques correspondant aux deux exposants caractéristiques égaux et de signe contraire.

Ces solutions asymptotiques du second système seraient des courbes spirales analogues aux courbes (1), mais s'enroulant en sens contraire. Elles ne sont pas représentées sur la figure.

Dans le cas d'une solution instable de la deuxième catégorie, les courbes (1) présenteraient un aspect tout différent; elles viendraient recouper une infinité de fois la trajectoire fermée (T) et les points d'intersection formeraient un ensemble infini présentant un nombre fini, d'ailleurs pair, de points limites. Ces points limites correspondraient aux valeurs t_0, t_1 envisagées dans le n° 349.

357. Revenons aux solutions instables de la première catégorie et aux solutions asymptotiques du premier système représentées sur la figure (2). Je me propose d'établir que l'action est moindre pour (T) que pour toute courbe fermée infiniment voisine.

Je considère une courbe fermée quelconque infiniment peu différente de (T). Cette courbe, que j'appellerai (T'), est représentée sur la figure (2) par une courbe fermée en trait plein extérieure à (T) et passant par les points C et B_3.

Bornons-nous d'abord au cas du mouvement absolu. Dans ce cas nous avons le théorème suivant bien connu :

Soient $A_1 B_1$, $A_2 B_2$, ..., $A_n B_n$ une série continue d'arcs de trajectoires.

Les extrémités de ces arcs se trouvent sur deux courbes

$$A_1 A_2 \ldots A_n, \quad B_1 B_2 \ldots B_n.$$

Si ces deux courbes coupent orthogonalement les trajectoires $A_1 B_1$, $A_2 B_2$, ..., $A_n B_n$, on aura

$$(A_1 B_1) = (A_2 B_2) = \ldots = (A_n B_n),$$

en désignant toujours par $(A_i B_i)$ l'action correspondant à l'arc $A_i B_i$.

Construisons donc les trajectoires orthogonales des courbes (1). Ces trajectoires que j'appellerai les courbes (2) auront pour équation différentielle

$$(3) \quad \begin{cases} \left(\dfrac{d\Phi^2}{dt^2} + \dfrac{d\Psi^2}{dt^2}\right) dt \\ \quad + \left(\dfrac{d\Phi}{dt}\dfrac{d\Phi}{du} + \dfrac{d\Psi}{dt}\dfrac{d\Psi}{du}\right)(du + zu\,dt) + \left(\dfrac{d\Phi^2}{du^2} + \dfrac{d\Psi^2}{du^2}\right) zu\,du = 0. \end{cases}$$

Pour chaque point du plan, pourvu que u soit assez petit, passe une courbe (2) et une seule. Il ne pourrait en être autrement que si les coefficients de dt et de du s'annulaient à la fois, ce qui ne pourrait avoir lieu que si le déterminant fonctionnel de Φ et de Ψ par rapport à t et à u s'annulait; nous avons vu qu'il n'en était pas ainsi.

Les courbes (2) sont représentées sur la figure (2) en trait mixte ....

Soient $A_1 A_2, \ldots, A_3, B, B_2, \ldots, B$, deux de ces courbes infiniment voisines; elles interceptent sur (T) l'arc $A_2 B_3$, sur les courbes (1) les arcs $A_1 B_1, A_3 B_2, A_4 B_4, A_3 B_3$, sur (T') l'arc CB_3.

Il me suffit, pour mon objet, d'établir que l'action de (CB_3) est plus grande que pour l'arc correspondant $A_2 B_2$ de (T).

Nous avons, en effet,

$$(A_2 B_3) = (A_2 B_1)$$

et, dans le triangle rectangle curviligne infiniment petit $A_2 CB_3$,

$$(CB_3) > (A_2 B_2).$$

On a donc

$$(CB_3) > (A_2 B_2),$$

et, par conséquent,

$$\text{action de } (T') > \text{action de } (T).$$

c. q. f. d.

358. Il reste à voir si le même résultat subsiste encore pour le mouvement relatif.

L'irréversibilité des équations constitue évidemment une différence considérable avec le cas précédent. L'action pour un arc AB quelconque n'est plus la même que pour le même arc parcouru en sens contraire. D'ailleurs, si une courbe quelconque satisfait aux équations différentielles, il n'en sera pas de même de la même courbe parcourue en sens contraire.

Enfin, les trajectoires orthogonales des courbes (1) ne jouiront plus de la propriété fondamentale que j'ai énoncée dans le numéro précédent. Mais il y a d'autres courbes que je vais définir et qui jouissent de cette propriété. Cela suffit pour que le résultat du numéro précédent subsiste.

Nous avons, au n° 340, trouvé pour l'expression de l'action

$$J' = \int \left[ds\sqrt{H_0 + h} + \omega'(\xi\, d\eta - \eta\, d\xi) \right].$$

Pour simplifier, je poserai $\sqrt{H_0 + h} = F$; je désignerai les coordonnées non plus par ξ et η, mais par x et y pour me rapprocher des notations employées dans les numéros précédents et la vitesse angulaire non plus par ω', mais par ω en supprimant l'accent devenu inutile. J'aurai alors

$$J' = \int \left[F\sqrt{dx^2 + dy^2} + \omega(x\, dy - y\, dx) \right],$$

d'où

$$\delta J' = \int \left[\delta F\, ds + F \frac{dx\, \delta dx + dy\, \delta dy}{ds} + \omega(\delta x\, dy - \delta y\, dx) + \omega(x\, \delta dy - y\, \delta dx) \right]$$

ou, en intégrant par parties,

$$(4) \quad \begin{cases} \delta J' = \displaystyle\int \left[\delta F\, ds + 2\omega(\delta x\, dy - \delta y\, dx) - \delta x\, d\left(\frac{F\, dx}{ds}\right) - \delta y\, d\left(\frac{F\, dy}{ds}\right) \right] \\ \qquad + \left[F \dfrac{dx\, \delta x + dy\, \delta y}{ds} + \omega(x\, \delta y - y\, \delta x) \right]_0^1. \end{cases}$$

L'expression définitive de $\delta J'$ comprend donc deux parties : une intégrale définie qui doit être prise entre les mêmes limites que l'intégrale J' et une partie toute connue que j'ai placée suivant l'usage entre deux crochets avec les indices 0 et 1, cette notation signifiant qu'on doit calculer l'expression entre crochets pour les deux limites d'intégration et faire ensuite la différence.

Supposons maintenant que l'on égale à zéro l'expression qui figure sous le signe $\int$ dans le second membre de (4). On obtiendra des équations différentielles qui seront précisément les équations du mouvement et auxquelles satisferont toutes nos trajectoires et en particulier les courbes (1).

Ces équations peuvent s'obtenir d'une infinité de manières parce que δx et δy sont deux fonctions entièrement arbitraires.

Nous pouvons d'abord supposer $\delta x = 0$ d'où $\delta F = \frac{dF}{dy}\delta y$, et notre équation s'écrira, en divisant par $\delta y\, ds$,

$$(6) \qquad \frac{dF}{dy} - 2\omega \frac{dx}{ds} = \frac{dF}{ds}\frac{dy}{ds} + F\frac{d^2 y}{ds^2}.$$

Si l'on avait au contraire supposé $\delta y = 0$, on aurait trouvé

$$\frac{dF}{dx} + 2\omega\,\frac{dy}{ds} = \frac{dF}{ds}\frac{dx}{ds} - F\,\frac{d^2x}{ds^2}.$$

Ces deux équations sont équivalentes, comme il était aisé de le prévoir, et, en effet, si on les ajoute après les avoir respectivement multipliées par $\frac{dy}{ds}$ et $\frac{dx}{ds}$, et si l'on tient compte des relations

$$\left(\frac{dx}{ds}\right)^2 + \left(\frac{dy}{ds}\right)^2 = 1, \qquad \frac{dx}{ds}\frac{d^2x}{ds^2} + \frac{dy}{ds}\frac{d^2y}{ds^2} = 0,$$

on arrive à une identité.

Si donc nous envisageons les courbes (1), elles satisferont à l'équation (6). Si l'on tient compte de cette équation, la relation (4) devient

$$\delta J = \left[F\,\frac{dx\,\delta x + dy\,\delta y}{ds} + \omega(x\,\delta y - y\,\delta x) \right]_0^1.$$

Soient $A_1 B_1$, $A_2 B_2$, ..., $A_n B_n$, une suite continue d'arcs appartenant aux courbes (1) et dont les extrémités $A_1 A_2 \ldots A_n$, $B_1 B_2 \ldots B_n$ forment deux courbes continues C et C'.

Soient $A_i B_i$, $A_{i+1} B_{i+1}$, deux de ces arcs infiniment peu différents l'un de l'autre. Soient x, y les coordonnées du point A_i, $x + \delta x$, $y + \delta y$ celles du point infiniment voisin A_{i+1}.

Soient J l'action relative à l'arc $A_i B_i$ et $J + \delta J$ l'action relative à l'arc $A_{i+1} B_{i+1}$.

Si α est l'angle que fait avec l'axe des x, la tangente à la courbe $A_i B_i$ qui est une courbe (1), et si les deux courbes C et C' satisfont à l'équation différentielle

$$(7) \qquad F(\cos\alpha\,\delta x + \sin\alpha\,\delta y) + \omega(x\,\delta y - y\,\delta x) = 0,$$

on aura

$$\delta J = 0$$

et, par conséquent,

$$(A_1 B_1) = (A_2 B_2) = \ldots = (A_n B_n).$$

Les courbes définies par l'équation (7) peuvent donc jouer le rôle que jouaient dans le numéro précédent, les trajectoires orthogonales des courbes (1).

Nous pouvons donc reprendre la figure (2) et supposer que les courbes en trait mixte représentent, non plus ces trajectoires orthogonales, mais les courbes définies par l'équation (7). Nous n'aurons rien à changer à la démonstration.

Un point cependant n'est plus évident. Dans le triangle rectangle infiniment petit A_2CB_2, j'avais

$$(CB_2) > (A_2B_2).$$

Le triangle n'est plus rectangle et, d'autre part, j'ai changé la définition de l'action. L'inégalité subsiste-t-elle encore?

Il serait aisé de voir que cette inégalité équivaut aux conditions (A) du n° 341 et nous avons vu au n° 344 qu'elles sont remplies. L'inégalité a donc lieu et notre démonstration subsiste.

En résumé, *pour qu'une courbe fermée corresponde à une action moindre que toutes les courbes fermées infiniment voisines, il faut et il suffit que cette courbe fermée corresponde à une solution périodique instable de la première catégorie.*

359. Ce que nous avons dit au sujet de la classification des solutions instables en deux catégories nécessite une remarque.

A un autre point de vue les solutions périodiques instables peuvent se répartir en deux classes. Celles de la première classe sont celles pour lesquelles l'exposant caractéristique α est réel, de telle sorte que $e^{\alpha T}$ soit réel et positif, T étant la période.

Celles de la seconde classe sont celles pour lesquelles cet exposant α a pour partie imaginaire $\dfrac{i\pi}{T}$ de telle sorte que $e^{\alpha T}$ soit réel et négatif.

Dans ce qui précède, nous nous sommes uniquement attachés aux solutions instables de la première classe. Voyons si celles de la deuxième classe peuvent également se répartir en deux catégories.

Nous pourrons poser

$$\alpha = \alpha' + \frac{i\pi}{T},$$

α' étant réel; et nous poserons ensuite comme au n° 346 :

$$\xi_1 = e^{\alpha' t}\varphi_1, \qquad \eta_1 = e^{\alpha' t}\psi_1,$$
$$\xi_2 = e^{-\alpha' t}\varphi_2, \qquad \eta_2 = e^{-\alpha' t}\psi_2,$$

où φ_2, ψ_2, φ_1 et ψ_1 sont des fonctions de t qui changent de signe quand t se change en $t + \mathrm{T}$ et qui seront réelles.

Il vient alors

$$\zeta(t) = e^{k_1 t}\frac{\xi_1\psi_1 - \eta_1\varphi_1}{\xi_1\psi_2 - \eta_1\varphi_2} = e^{k_1 t}G(t).$$

Le numérateur et le dénominateur de G sont des fonctions de t qui changent de signe quand t se change en $t + \mathrm{T}$.

On est donc certain que ces deux fonctions s'annulent, et par conséquent qu'il en est de même de

$$\xi_1\zeta_2 - \eta_1\xi_2, \quad \xi_1\chi_2 - \eta_1\xi_2.$$

Ces deux dernières fonctions satisfont à une même équation différentielle linéaire du second ordre dont les coefficients sont des fonctions périodiques de t ne devenant pas infinies, le coefficient de la dérivée seconde se réduisant à une constante. Ces deux fonctions ne peuvent s'annuler à la fois; car si deux intégrales d'une pareille équation linéaire s'annulaient à la fois, elles ne pourraient différer que par un facteur constant. Or $\zeta(t)$ n'est pas une constante.

Le numérateur et le dénominateur de $\zeta(t)$ s'annulent donc tous deux et ne s'annulent pas à la fois; donc $\zeta(t)$ [et par conséquent $G(t)$] peut s'annuler et devenir infini.

Toutes les solutions instables en question sont donc de la deuxième catégorie; à part cela, il n'y a rien à changer à ce qui précède.

CHAPITRE XXX.

FORMATION DES SOLUTIONS DU DEUXIÈME GENRE.

360. Nous allons voir maintenant comment on peut former effectivement les solutions périodiques du deuxième genre.

Soient

$$(1) \qquad \frac{dx_i}{dt} = \frac{dF}{dy_i}, \qquad \frac{dy_i}{dt} = -\frac{dF}{dx_i}$$

un système d'équations canoniques; et supposons qu'elles admettent une solution périodique du premier genre

$$(2) \qquad x_i = \varphi_i(t), \qquad y_i = \psi_i(t).$$

Nous nous proposons d'étudier les solutions périodiques du deuxième genre qui dérivent de la solution du premier genre (2).

L'analyse peut être simplifiée, au moins pour l'exposition, si l'on amène les équations (1) à une forme convenable par une série de changements de variables.

Nous supposerons deux degrés de liberté seulement. Quand t augmentera d'une période, y_1 et y_2 augmenteront respectivement de

$$2k_1\pi, \quad 2k_2\pi,$$

k_1 et k_2 étant des entiers.

Je puis d'abord supposer $k_1 = 0$; car, s'il n'en était pas ainsi, j'amènerais k_1 à s'annuler par le changement de variables du n° 202.

Je puis ensuite supposer que la solution périodique (2) se réduit à

$$x_1 = 0, \quad x_2 = 0, \quad y_1 = 0,$$

car, s'il n'en était pas ainsi, je ferais le changement de variables du n° 208.

Cela posé, nous allons voir comment on peut rattacher la recherche des solutions périodiques du second genre, soit à l'analyse du n° 274, soit à l'analyse du n° 41.

361. Rappelons les résultats obtenus aux n°ˢ 273 à 277. Soient des équations canoniques

$$(1) \qquad \frac{dx_i}{dt} = \frac{dF}{dy_i}, \qquad \frac{dy_i}{dt} = -\frac{dF}{dx_i} \qquad (i = 1, 2, \ldots, n)$$

contenant un paramètre λ et supposons qu'elles admettent une solution périodique

$$(2) \qquad x_i = \varphi_i(t), \qquad y_i = \psi_i(t),$$

de période T_0, correspondant à la valeur C_0 de la constante des forces vives, et à $\lambda = 0$. On satisfera formellement aux équations (1) par des séries de la forme suivante; ces séries procéderont suivant les puissances des quantités

$$\lambda, \quad A_h e^{\alpha_h t}, \quad A'_h e^{-\alpha_h t} \qquad (h = 1, 2, \ldots, n - 1).$$

Les coefficients seront des fonctions périodiques de $t + h$, dépendant en outre de la constante des forces vives C. La période T dépendra aussi de C et des produits $A_h A'_h$; elle se réduira à T_0 pour

$$C = C_0, \qquad A_h A'_h = 0, \qquad \lambda = 0.$$

Les exposants α_h sont des constantes développables suivant les puissances de λ et des produits $A_h A'_h$ et dépendent en outre de C; ils se réduisent aux exposants caractéristiques de la solution (2) pour

$$C = C_0, \qquad A_h A'_h = 0, \qquad \lambda = 0.$$

Les A_h, les A'_h et h sont des constantes d'intégration.

Dans l'étude des solutions asymptotiques, nous avons supposé que les α_h étaient réels et nous avons annulé une des constantes A sur deux.

Pour appliquer ces mêmes résultats à l'étude des solutions périodiques du second genre, nous supposerons au contraire que les exposants α_h sont purement imaginaires.

Je supposerai deux degrés de liberté seulement, ce qui me permettra de supprimer l'indice k devenu inutile.

Pour que nous obtenions des solutions périodiques, il faut que l'exposant α soit commensurable avec $\frac{2\pi}{T}$. Si nos séries étaient convergentes, cette condition serait suffisante; mais elles sont divergentes et ne satisfont aux équations (2) qu'au point de vue formel. Une discussion plus approfondie est donc nécessaire; on pourrait appliquer un artifice analogue à celui qui a été employé aux n°ˢ 211 et 218. On obtiendrait ainsi des séries qui seraient à celles des n°ˢ 273 et 277 ce que les séries de M. Bohlin sont à celles des n°ˢ 125 et 127. On retomberait ainsi par une voie indirecte sur les solutions périodiques du deuxième genre. Mais j'aime mieux opérer autrement.

Formation effective des solutions.

362. Par les changements de variables des n°ˢ 209, 210, 273, 274, toujours applicables quand on a un système d'équations canoniques admettant une solution périodique, nous pouvons amener nos équations à la forme des équations du n° 274. Dans ce numéro nous avons formé les équations suivantes (p. 93)

$$(3) \qquad \frac{dx'_i}{dt} = \frac{dF'}{dy'_i}, \qquad \frac{dy'_i}{dt} = -\frac{dF'}{dx'_i},$$

$$F' = F'_0 + \alpha F'_1 + \alpha^2 F'_2 + \ldots,$$

où F'_p est un polynome entier en x'_1, y'_1, x'_2, qui sera homogène de degré $p + 2$ si l'on considère x'_1 et y'_1 comme du premier ordre et x'_2 comme du second ordre. Les coefficients de ce polynome sont des fonctions périodiques de y'_2 dont la période est 2π.

Nous allons, comme au n° 274, supprimer les accents devenus inutiles et écrire F, F_p, x_i, y_i au lieu de F', F'_p, x'_i, y'_i.

Nous pouvons alors supposer ($Cf.$ p. 94, 95, 96)

$$F_0 = H x_2 + 2 B x_1 y_1,$$

où H et B sont des constantes; je pourrais aussi supposer $H = 1$, mais je ne le ferai pas.

Posons ensuite, comme à la page 96,

$$x_2 = e^w\sqrt{u}, \qquad y_2 = e^{-w}\sqrt{u};$$

les équations conserveront la forme canonique et il viendra

$$F_0 = H x_2 - 2\beta\alpha;$$

les autres termes F_1, F_2, ... seront périodiques de période 2π, tant par rapport à w que par rapport à y_2.

Nos équations ont alors une forme analogue à celle que nous avons étudiée tant de fois et en particulier aux n°s 13, 42, 125, etc., le paramètre ϵ jouant le rôle du paramètre μ. Nous pouvons donc nous proposer de leur appliquer le procédé du n° 44.

Un obstacle se présente toutefois : le hessien de F_0 par rapport à x_2 et à u est nul, et c'est justement un des cas d'exception du n° 44.

Cette circonstance m'obligera à supposer que F dépend d'un certain paramètre λ et nous développerons à la fois suivant les puissances de λ et celles de ϵ. Du reste nous avons vu au Chapitre XXVIII que dans l'étude des solutions périodiques du second genre, il convient toujours d'introduire un semblable paramètre, puisque ce qui caractérise les solutions du second genre, c'est de se réduire à une solution du premier genre pour $\lambda = 0$, et d'en différer pour $\lambda \gtrless 0$.

Seulement, pour plus de facilité dans l'exposition, au lieu d'un paramètre arbitraire j'en introduirai deux que j'appellerai λ et μ.

Nous supposerons donc que les différents coefficients de F sont développables suivant les puissances de deux paramètres λ et μ, et que pour $\mu = \lambda = 0$, H et 2β se réduisent à -1 et à $-in$, n étant un nombre réel commensurable.

Je supposerai que λ et μ peuvent se développer suivant les puissances croissantes de ϵ, sous la forme

$$\lambda = \lambda_1\epsilon + \lambda_2\epsilon^2 + \ldots, \qquad \mu = \mu_1\epsilon + \mu_2\epsilon^2 + \ldots,$$

où λ_1, λ_2, ... sont des constantes que je laisse provisoirement indéterminées, mais que je me réserve de déterminer dans la suite du calcul.

H. P. — III.   20

Cela posé, suivons pas à pas le calcul du n° 44. Nous poserons

$$(4) \qquad \begin{cases} x_2 = \xi_0 + \varepsilon \xi_1 + \varepsilon^2 \xi_2 + \dots \\ y_2 = \eta_0 + \varepsilon \eta_1 + \varepsilon^2 \eta_2 + \dots \\ u = u_0 + \varepsilon u_1 + \varepsilon^2 u_2 + \dots \\ v = v_0 + \varepsilon v_1 + \varepsilon^2 v_2 + \dots \end{cases}$$

Ces formules sont analogues aux formules (2) du n° 44.

Les ξ_k, les η_k, les u_k, les v_k sont donc des fonctions périodiques de t; ξ_0 et u_0 sont des constantes, et l'on a

$$\zeta_0 = t, \qquad v_0 = nt + \varpi,$$

ϖ étant une constante d'intégration que je me réserve de déterminer plus complètement dans la suite.

Substituons alors dans F, à la place de λ, de μ, de x_2, y_2, u et v, leurs développements suivant les puissances de ε; alors F sera également développable suivant les puissances de ε, et nous aurons

$$F = \Phi_0 + \varepsilon \Phi_1 + \varepsilon^2 \Phi_2 + \dots$$

Je remarquerai d'abord que Φ_k est homogène de degré $k + 2$, si l'on regarde ξ_p et u_p comme de degré $p + 2$, η_p et v_p comme de degré p, λ_p et μ_p comme de degré p.

C'est d'ailleurs un polynôme entier par rapport à

$$\xi_p, \ u_p, \ \eta_p, \ v_p, \ \lambda_p, \ \mu_p \qquad (p > 0),$$

et, par rapport à

$$\sqrt{u_0}\, e^{v_0}, \qquad \sqrt{u_0}\, e^{-v_0}.$$

Ces deux dernières quantités sont regardées comme d'ordre 1. Enfin les coefficients de ce polynôme sont des fonctions périodiques de η_0 dont la période est 2π.

Nous trouverons d'autre part

$$\Phi_2 = \Theta_2 - \xi_2 - i n u_2 + \lambda_2 H_0 \xi_0 + 2 B_0 \mu_2 u_0,$$

où H_0 et B_0 sont les valeurs de $\dfrac{dH}{d\lambda}$ et $\dfrac{dB}{d\mu}$ pour $\lambda = \mu = 0$. $\left(\text{Nous pouvons supposer que pour } \lambda = \mu = 0 \text{ on a } \dfrac{dH}{d\mu} = \dfrac{dB}{d\lambda} = 0\right)$. D'autre part, Θ_2 dépend seulement de

$$\xi_p, \ \eta_p, \ u_p, \ v_p, \ \lambda_p, \ \mu_p \qquad (p = k - 1).$$

Nos équations différentielles s'écrivent alors

$$(5) \quad \frac{d\xi_k}{dt} = \frac{d\Phi_k}{d\eta_0}, \quad \frac{d\eta_k}{dt} = -\frac{d\Phi_k}{d\xi_0}, \quad \frac{du_k}{dt} = \frac{d\Phi_k}{dv_0}, \quad \frac{dv_k}{dt} = -\frac{d\Phi_k}{du_0}.$$

Pour $k = 0$, elles se réduisent à

$$\frac{d\xi_0}{dt} = \frac{du_0}{dt} = 0; \quad \frac{d\eta_0}{dt} = 1, \quad \frac{dv_0}{dt} = in.$$

Elles montrent que ξ_0 et u_0 sont des constantes, et que

$$\eta_0 = t, \quad v_0 = int + \varpi,$$

ϖ étant une constante à déterminer.

Nous pouvons avec avantage adjoindre aux équations (4) et (5) d'autres équations d'une forme analogue et qui n'en sont que des transformations.

Développons x_1 et y_1 suivant les puissances de z et soient

$$(4\ bis) \quad \begin{cases} x_1 = \xi_0 + z\xi_1 + z^2\xi_2 + \dots \\ y_1 = \eta_0 + z\eta_1 + z^2\eta_2 + \dots \end{cases}$$

Les développements $(4\ bis)$ se déduisent d'ailleurs immédiatement des deux derniers développements (4).

Nous voyons alors que Φ_k est un polynome entier, par rapport aux quantités

$$(6) \quad \xi_p, \ \tau_p, \ \zeta_p, \ \eta_p, \ \lambda_p, \ \mu_p \quad \text{(en mettant à part } \eta_0\text{)},$$

et que ce polynome est homogène de degré $k + 2$, si l'on regarde

$$
\begin{aligned}
\xi_p & \quad \text{comme de degré} \quad p + 2, \\
\zeta_p, \tau_p & \quad \text{comme de degré} \quad p + 1, \\
\eta_p, \lambda_p, \mu_p & \quad \text{comme de degré} \quad p.
\end{aligned}
$$

Nous aurons alors les équations

$$(5\ bis) \quad \frac{d\xi_k}{dt} = \frac{d\Phi_k}{d\eta_0}, \quad \frac{d\eta_k}{dt} = -\frac{d\Phi_k}{d\xi_0},$$

équivalentes aux deux dernières équations (5).

Nous observerons que $\dfrac{d\Phi_k}{d\eta_0}, \dfrac{d\Phi_k}{d\xi_0}, \dfrac{d\Phi_k}{d\xi_0}, \dfrac{d\Phi_k}{d\eta_0}$ sont des polynomes de même forme que Φ_k, par rapport aux quantités (6), et qu'avec les conventions faites plus haut au sujet des degrés, ils sont homo-

gènes, le premier d'ordre $k+2$, le second d'ordre k et les deux
derniers d'ordre $k+1$.

Nous avons d'ailleurs

$$\xi_0' = \sqrt{u_0}\,e^{i(nt+\varpi)}, \qquad \eta_0' = \sqrt{u_0}\,e^{-i(nt+\varpi)}.$$

Remplaçons ξ_0', η_0' par ces valeurs, et en même temps η_0 par t,
dans les équations (5) et (5 *bis*) où l'on doit supposer que l'on a
fait $k=1$, et servons-nous-en pour déterminer ξ_1, η_1, u_1, v_1,
ξ_1', η_1'.

Nous avons ainsi les six équations suivantes

$$(7)\ \begin{cases}
\dfrac{d\eta_1}{dt} = -\dfrac{d\Phi_1}{d\xi_0} = -\dfrac{d\Theta_1}{d\xi_0} - \lambda_1\Pi_0, \qquad \dfrac{d\xi_1}{dt} = \dfrac{d\Theta_1}{d\eta_0}, \\[2ex]
\dfrac{du_1}{dt} = \dfrac{d\Theta_1}{de_0}, \qquad \dfrac{de_1}{dt} = -\dfrac{d\Theta_1}{du_0} - 2\mu_1 B_0, \\[2ex]
-\dfrac{d\xi_1'}{dt} = \dfrac{d\Theta_1}{d\eta_0'} - in\dfrac{du_1}{d\eta_0'} + 2B_0\mu_1, \qquad \dfrac{du_0}{d\eta_0'} = \dfrac{d\Theta_1}{d\eta_0'} - in\xi_1' + 2B_2\mu_1\xi_0', \\[2ex]
-\dfrac{d\eta_1'}{dt} = -\dfrac{d\Theta_1}{d\xi_0'} + in\dfrac{du_1}{d\xi_0'} - 2B_0\mu_1, \qquad \dfrac{du_0}{d\xi_0'} = \dfrac{d\Theta_1}{d\xi_0'} + in\eta_1' - 2B_0\mu_1\eta_0'.
\end{cases}$$

Considérons d'abord la seconde de ces équations; le second
membre est un polynome entier homogène et du troisième degré
par rapport à

$$\sqrt{u_0},\quad \xi_0',\quad \eta_0',$$

dont les coefficients sont des fonctions périodiques de $\eta_0 = t$, de
période 2π. Comme n est commensurable, notre second membre
sera aussi une fonction périodique de t dont il dépend de deux
manières, par η_0 qui est égal à t, par ξ_0' et η_0' qui sont des fonctions de $nt+\varpi$.

La période sera multiple de 2π, c'est-à-dire égale à autant de
fois 2π qu'il y a d'unités dans le dénominateur de n.

Notre second membre pourra donc se développer en série de
Fourier sous la forme

$$(8)\qquad\qquad \Sigma\, A\, e^{i[pt + q(nt+\varpi)]},$$

où p et q sont des entiers. Mais q ne peut dépasser 3 en valeur
absolue puisque notre second membre est un polynome du troisième degré.

Il résulte de là qu'en général la valeur moyenne du second

membre est nulle. En effet, cette valeur moyenne s'obtiendra en conservant dans la série (8) les termes indépendants de t, c'est-à-dire tels que

$$p + qn = 0.$$

J'ai dit que $|q|$ ne pouvait surpasser 3; j'aurais pu ajouter que notre second membre étant un polynome entier et homogène de degré 3 en ξ_0, ξ_1 et η'_0, si l'on considère ξ_0 comme de degré 2, ne peut contenir ξ_1 et η'_0 qu'à un degré impair, c'est-à-dire que q doit être impair et ne peut prendre que l'une des valeurs ± 1 ou ± 3.

On ne peut donc avoir

$$p + qn = 0$$

que si le dénominateur de n est égal à 1 ou à 3.

Nous exclurons la première hypothèse qui ferait de n un nombre entier, mais il nous reste deux cas à considérer :

1° Le dénominateur de n n'est pas égal à 3. Dans ce cas, le second membre ayant sa valeur moyenne nulle, l'équation nous donnera immédiatement ξ_1 par une simple quadrature; alors ξ_1 est déterminé à une constante près que j'appelle γ_1, et cette constante reste indéterminée jusqu'à nouvel ordre; il est à remarquer qu'il en est de même de ϖ.

2° Le dénominateur de n est égal à 3. Alors, pour que l'équation soit intégrable, il faut rendre la valeur du second membre nulle; nous disposerons pour cela de la constante ϖ.

Soit $[\Theta_1]$ la valeur moyenne de Θ_1; remarquons que l'on a

$$-n\left[\frac{d\Theta_1}{d\xi_0}\right] = \frac{d[\Theta_1]}{d\varpi};$$

nous déterminerons donc ϖ par l'équation

$$(9) \qquad \frac{d[\Theta_1]}{d\varpi} = 0,$$

et une quadrature nous donnera ensuite ξ_1, à une constante près γ_1.

Prenons maintenant la première équation (7); nous pourrons raisonner sur elle de la même manière. Seulement comme $\dfrac{d\Theta_1}{d\xi_0}$ n'est plus un polynome du troisième, mais du premier ordre, et que n

n'est pas un entier, nous serons certains que la valeur moyenne de $\frac{d\Theta_1}{d\xi_0}$ est nulle.

Il nous suffira donc de prendre $\lambda_1 = 0$, pour que le second membre ait sa valeur moyenne nulle et pour que η_1 soit déterminé à une constante près δ_1.

Passons maintenant aux deux dernières équations (7); elles peuvent s'écrire

$$-\frac{d\xi_1}{dt} + in\xi_1 = \frac{d\Theta_1}{d\xi_0} + 2\,B_0\,\mu_1\xi_0,$$
$$-\frac{d\eta_1}{dt} - in\eta_1 = -\frac{d\Theta_1}{d\xi_0} - 2\,B_0\,\mu_1\eta_0.$$

Les seconds membres sont des fonctions périodiques connues de t; pour que l'intégration soit possible, il suffit donc que le second membre de la première ne contienne pas de terme en e^{int}, ni celui de la seconde de terme en e^{-int}.

La discussion de cette double condition se fera plus aisément en considérant les troisième et quatrième équations (7) qui sont équivalentes aux deux dernières et qui s'écrivent

$$\frac{du_1}{dt} = \frac{d\Theta_1}{dv_0}, \qquad \frac{dv_1}{dt} = -\frac{d\Theta_1}{du_0} - 2\,\mu_1\,B_0.$$

Il faut que les valeurs moyennes des seconds membres soient nulles.

En ce qui concerne la première de ces équations, la condition est remplie d'elle-même, et en effet

$$\left[\frac{d\Theta_1}{d v_0}\right] = \frac{d[\Theta_1]}{dm}.$$

Cette dernière expression est nulle à cause de l'équation (9) si le dénominateur de n est égal à 3, et dans le cas contraire parce que $[\Theta_1]$ est identiquement nul.

La seconde condition s'écrit

$$\frac{d[\Theta_1]}{du_0} = -2\,\mu_1\,B_0.$$

Si le dénominateur de n est égal à 3, elle nous donnera μ_1.

Si au contraire le dénominateur n'est pas égal à 3, elle donnera $\mu_1 = 0$ parce que $[\Theta_1]$ est identiquement nul.

Ainsi, nous voyons que ξ_1, η_1, ξ'_1, η'_1 sont des fonctions périodiques de t et de ϖ. Ils seront donc développables en séries de Fourier de la forme

$$\Sigma A e^{i(pt+qnt+q\varpi)}.$$

Mais on peut ajouter quelque chose de plus; nous avons à traiter des équations de la forme suivante

$$\frac{d\xi}{dt} = X = \Sigma A e^{i(pt+qnt+q\varpi)}, \qquad \frac{d\eta}{dt} + in\eta = Y = \Sigma B e^{i(pt+qnt+q\varpi)},$$

nous en tirerons

$$\xi = \sum \frac{A}{i(p+qn)} e^{i(pt+qnt+q\varpi)} + \gamma,$$
$$\eta = \sum \frac{B}{i(p+qn+n)} e^{i(pt+qnt+q\varpi)} + \gamma' e^{-int},$$

où γ et γ' sont des constantes d'intégration.

Si donc X et Y sont des polynomes entiers et homogènes par rapport à

$$\sqrt{\xi_0}, \quad \sqrt{u_0}\, e^{i(nt+\varpi)}, \quad \sqrt{u_0}\, e^{-i(nt+\varpi)},$$

il en sera de même de ξ et de η, au moins si l'on suppose nulles les constantes γ et γ'. Si l'on ne suppose pas ces constantes nulles, ξ et η seront encore des polynomes entiers, mais non homogènes.

Appliquons ces principes aux quantités que nous venons de calculer; nous voyons que

$$\frac{d\Theta_1}{d\xi_0}, \quad \frac{d\Theta_1}{d\eta_0}, \quad \frac{d\Theta_1}{d\xi'_0}, \quad \frac{d\Theta_1}{d\eta'_0}$$

étant des polynomes, qui, d'après les conventions que nous avons faites sur les degrés, sont respectivement de degrés

$$1, \quad 3, \quad 2, \quad 2,$$

il en sera donc de même de

$$\eta_1, \quad \xi_1, \quad \eta'_1, \quad \xi'_1.$$

Quand on aura substitué dans Θ_2 à la place de ces quantités leurs valeurs qui sont respectivement des degrés 1, 3, 2, 2, on voit que Θ_2 deviendra un polynome du 4e degré et que

$$\frac{d\Theta_2}{d\xi_0}, \quad \frac{d\Theta_2}{d\eta_0}, \quad \frac{d\Theta_2}{d\xi'_0}, \quad \frac{d\Theta_2}{d\eta'_0}$$

seront respectivement des polynomes de degrés

$$2, \quad 4, \quad 3, \quad 3.$$

Nous pouvons généraliser ce résultat.

Les équations (5) et (5 *bis*) nous permettent de calculer de proche en proche les inconnues ξ_k, η_k, ξ'_k, η'_k; on ne serait arrêté que si la valeur moyenne du second membre de l'une des équations (5) était différente de zéro.

Supposons que cette circonstance ne se présente pas; je dis que

$$\xi_k, \quad \eta_k, \quad \xi'_k, \quad \eta'_k$$

seront des polynomes de degrés

$$k+2, \quad k, \quad k+1, \quad k+1$$

par rapport à

$$(10) \qquad \sqrt{\xi_0}, \quad \sqrt{\eta_0}\, e^{i\sqrt{\xi_0}\,t}\, \varpi, \quad \sqrt{\eta_0}\, e^{-i\sqrt{\xi_0}\,t}\, \varpi,$$

les coefficients de ces polynomes étant eux-mêmes des fonctions périodiques de t de période 2π.

Supposons, en effet, que cela soit vrai pour toutes les valeurs de l'indice inférieures à k.

Nous savons que Θ_k est un polynome entier de degré $k+2$, par rapport à

$$(11) \qquad \xi_q, \quad \eta_q, \quad \xi'_q, \quad \eta'_q \qquad (q < k)$$

en supposant ces quantités respectivement de degré $q+2$, q, $q+1$, $q+1$. Si donc nous substituons à la place des quantités (11) des polynomes dont le degré par rapport aux quantités (10) soit précisément $q+2$, q, $q+1$, $q+1$, il est évident que le résultat de la substitution sera un polynome de degré $k+2$ par rapport aux quantités (10).

Donc Θ_k est un polynome de degré $k+2$ par rapport aux quantités (10) et pour la même raison

$$\frac{d\Theta_k}{d\xi_0}, \quad \frac{d\Theta_k}{d\eta_0}, \quad \frac{d\Theta_k}{d\xi'_0}, \quad \frac{d\Theta_k}{d\eta'_0},$$

seront des polynomes de degrés

$$k, \quad k+2, \quad k+1, \quad k+1$$

par rapport à ces mêmes quantités.

Il en est donc de même des seconds membres des première, deuxième, cinquième et sixième équations (7); et, par conséquent, en répétant le raisonnement qui précède, nous verrions aisément qu'il en est encore de même de

$$\xi_k, \quad \xi_1, \quad \zeta_k, \quad \zeta_1. \qquad\qquad \text{C. Q. F. D.}$$

L'intégration des équations (7) a introduit quatre nouvelles constantes d'intégration. En effet, elles nous font connaître ξ_1, η_1, ξ_1', η_1', à des termes près

$$\gamma_1, \quad \delta_1, \quad \gamma_1' e^{+i(t-\omega)}, \quad \delta_1' e^{-i(t-\omega)},$$

contenant les quatre constantes arbitraires

$$\gamma_1, \quad \delta_1, \quad \gamma_1', \quad \delta_1'.$$

Nous ne conserverons qu'une de ces constantes et nous poserons

$$\gamma_1 = \delta_1 = 0, \qquad \delta_1' = -\gamma_1'.$$

Cela posé, cherchons à déterminer

$$\xi_2, \quad \eta_2, \quad \xi_2', \quad \eta_2',$$

à l'aide des équations (5) et (5 bis) et en y faisant $k = 2$.

Il faut d'abord que le second membre de la première équation (5) ait sa valeur moyenne nulle; cette valeur moyenne est égale à

$$\left[\frac{d\Theta_2}{d\eta_0}\right],$$

en employant toujours les crochets pour représenter la valeur moyenne d'une fonction. On devra donc avoir

$$(5\ bis) \qquad\qquad \left[\frac{d\Theta_2}{d\eta_0}\right] = 0.$$

Supposons Θ_2 développé en série de Fourier sous la forme

$$\Sigma A e^{i(qt + mt - q\varpi)}.$$

Comme Θ_2 est un polynome du quatrième degré, q ne pourra dépasser 4 en valeur absolue et, par conséquent, si le dénominateur de n est plus grand que 4, $[\Theta_2]$ sera identiquement nul et la condition (9 *bis*) sera remplie d'elle-même ; la constante ϖ demeurera indéterminée.

Si le dénominateur de n est égal à 2 ou à 4, la condition (9 *bis*) déterminera ϖ.

Si le dénominateur de n est égal à 3, la constante ϖ a déjà été déterminée par la condition (9) et la condition (9 *bis*) nous servira à déterminer la constante γ_1'.

Calculons dans Θ_2 les termes qui dépendent de cette constante γ_1'.

Nous trouverons évidemment

$$\gamma_1'\left(\frac{d\Theta_1}{d\xi_0}e^{i(\mu t+\varpi)}-\frac{d\Theta_1}{d\eta_0}e^{-i(\mu t+\varpi)}\right).$$

c'est-à-dire

$$\frac{\gamma_1'}{i\sqrt{u_0}}\frac{d\Theta_1}{d\varpi}.$$

La valeur moyenne en sera

$$\frac{\gamma_1'}{i\sqrt{u_0}}\frac{d[\Theta_1]}{d\varpi}.$$

La condition (9 *bis*) peut donc s'écrire {si l'on observe que

$$-n\left[\frac{d^2\Theta_1}{d\eta_0\,d\varpi}\right]=\frac{d^2[\Theta_1]}{d\varpi^2}\Big\}$$

$$\frac{\gamma_1'}{i\sqrt{u_0}}\frac{d^2[\Theta_1]}{d\varpi^2}+H=0,$$

H dépendant de ϖ, mais pas de γ_1'.

Si le dénominateur de n n'est pas égal à 3, $[\Theta_1]$ est nul et la condition (9 *bis*) est indépendante de γ_1'. Si donc ce dénominateur est égal à 2 ou à 4, l'équation (9 *bis*) dépendra de ϖ et non de γ_1' et déterminera ϖ.

Si le dénominateur est égal à 3, la condition (9 *bis*) dépend de γ_1' et déterminera γ_1' (elle donnerait d'ailleurs $\gamma_1'=0$).

En tout cas, ayant ainsi déterminé ξ_2, cherchons à calculer η_2 à l'aide de la seconde équation (5). Nous disposerons de λ_2 de façon que le second membre ait sa valeur moyenne nulle.

Remarquons que λ_2 ne sera pas nul en général et, en effet,

$$\frac{d[\Theta_2]}{d\xi_0}$$

ne sera pas nul en général. Car Θ_2, étant un polynome de degré 4, contiendra un terme en ξ_0^2, indépendant des ξ_k et des η'_k. Le coefficient de ce terme sera une fonction périodique de t de période 2π et la valeur moyenne n'en sera pas nulle en général.

Passons aux équations (5 *bis*) ou, ce qui revient au même, aux deux dernières équations (5). Les seconds membres de ces deux dernières équations devront avoir leurs valeurs moyennes nulles.

On devra donc avoir

$$\left[\frac{d\Theta_2}{du_0}\right] = -2\mu_2 B_2,$$

ce qui détermine μ_2. Or

$$u_0 \frac{d\Theta_2}{du_0} = \eta'_0 \frac{d\Theta_2}{d\xi'_0} - \xi'_0 \frac{d\Theta_2}{d\eta'_0}$$

est un polynome du quatrième ordre. F_2 contient donc des termes en $x_{1,0}^2 y_1^2$ et, par conséquent, $u_2 \frac{d\Theta_2}{du_0}$ contient un terme en

$$u_0^2 = (\sqrt{u_0}\, e^{i(nt+\varpi)})^2 (\sqrt{u_0}\, e^{-i(nt+\varpi)})^2.$$

Le coefficient de ce terme est une fonction périodique de t dont la valeur moyenne n'est pas nulle en général. Donc, en général, $\left[\frac{d\Theta_2}{du_0}\right]$ et, par conséquent, μ_2 ne sont pas nuls. C'est le même raisonnement que pour λ_2.

On doit avoir ensuite

$$\left[\frac{d\Theta_2}{dv_0}\right] = 0. \tag{12}$$

Mais je dis que cette condition est remplie d'elle-même.

Nous avons, en effet, l'intégrale des forces vives, $F = \text{const.}$, d'où nous déduisons la série d'équations

$$\Phi_0 = \text{const.}, \qquad \Phi_1 = \text{const.}, \qquad \Phi_2 = \text{const.}, \qquad \ldots$$

Considérons la troisième de ces équations

$$\Phi_2 = \Theta_2 - \xi_2 - inu_2 + \lambda_2 H_0 \xi_0 + 2B_2 \mu_2 u_0 = \text{const.}$$

Cette équation peut remplacer la quatrième équation (5) et, quand
on aura déterminé λ_2, μ_2, ξ_2 η_2 et v_2 à l'aide des trois premières
équations (5), elle déterminera u_2 *sans aucune intégration*. On
peut donc être assuré que la détermination de u_2 est possible et,
par conséquent, que la condition (12) est remplie.

Nous aurons ainsi déterminé ξ_3, η_3, ξ'_3, η'_3 à des termes près

$$\gamma_2, \quad \delta_2, \quad \gamma'_2 e^{i(n\tau+\varpi)}, \quad \delta'_2 e^{-i(n\tau+\varpi)},$$

dépendant de quatre constantes arbitraires. Nous ne conserverons
qu'une seule de ces constantes et nous ferons

$$\gamma_2 = \delta_2 = 0, \qquad \delta'_2 = -\gamma'_2.$$

363. Le calcul se poursuivrait de la même façon. L'intégrabilité
des équations (5) exige les conditions

$$\left[\frac{d\Theta_2}{d\tau_0}\right] = 0, \quad \left[\frac{d\Theta_2}{d v_0}\right] = 0; \quad \left[\frac{d\Theta_2}{d\xi_0}\right] + \lambda_2 H_0 = 0, \quad \left[\frac{d\Theta_2}{d u_0}\right] + 2 v_2 B_0 = 0.$$

Les deux dernières de ces conditions détermineront λ_2 et μ_2; la
seconde sera une conséquence de la première, d'après ce que nous
avons vu à propos de la condition (12). Il nous reste donc à étudier la première.

L'expression $\dfrac{d\Theta_2}{d\tau_0}$ est un polynome d'ordre $k+2$; si on le déve-
loppe en série de Fourier

$$\Sigma A e^{i(pt+qg+q\varpi)},$$

l'entier q ne peut dépasser $k+2$ en valeur absolue. Si donc $k+2$
est plus petit que le dénominateur de n, on ne pourra avoir

$$p+qn = 0$$

et la valeur moyenne de notre expression sera nulle. La condition

$$(13) \qquad\qquad \left[\frac{d\Theta_2}{d\tau_0}\right] = 0$$

sera donc remplie d'elle-même.

Nous avons introduit les constantes arbitraires suivantes :

$$(14) \qquad\qquad \varpi, \quad \gamma_2, \quad \gamma'_2, \quad \ldots$$

et Θ_k peut dépendre de

$$\varpi, \gamma_1, \gamma_2, \ldots, \gamma_{k-1}.$$

Voyons de quelle manière. Supposons que l'on considère le développement

$$(15) \qquad F = \Phi_0 + \varepsilon\Phi_1 + \varepsilon^2\Phi_2 + \ldots$$

et que dans ce développement on remplace les ξ, les η, les ξ' et les η' par leurs valeurs; les divers termes du développement dépendront alors des constantes (14). Dans ce développement (15), annulons toutes les constantes γ en conservant seulement ϖ; nous obtiendrons ainsi un nouveau développement

$$(16) \qquad \Phi_0' + \varepsilon\Phi_1' + \varepsilon^2\Phi_2' + \ldots$$

Dans le développement (16), remplaçons maintenant la constante ϖ par le développement

$$\varpi + \varepsilon\varpi_1 + \varepsilon^2\varpi_2 + \ldots,$$

où ϖ_1, ϖ_2 sont de nouvelles constantes. Chacun des termes du développement (16) peut à son tour se développer suivant les puissances de ε; ordonnant de nouveau suivant les puissances de ε, nous obtenons un développement nouveau

$$(17) \qquad \Phi_0'' + \varepsilon\Phi_1'' + \varepsilon^2\Phi_2'' + \ldots$$

Ce développement doit être identique au développement (15) à la condition de remplacer les constantes ϖ_k par des fonctions convenablement choisies des constantes γ_k.

Il est aisé de voir que Φ_k'' dépend seulement de

$$\varpi, \varpi_1, \ldots, \varpi_{k-1}$$

et que Φ_k dépend seulement de

$$\varpi, \gamma_1, \ldots, \gamma_{k-1}.$$

Nous en concluons que ϖ_k dépend seulement de

$$\gamma_1, \gamma_2, \ldots, \gamma_k$$

et γ_k' de

$$\varpi_1, \varpi_2, \ldots, \varpi_k.$$

Il est aisé de voir que

$$\Phi'_k = \Sigma A\, D\Phi'_m\, \varpi_1^{z_1} \varpi_2^{z_2} \dots \varpi_k^{z_k},$$

où A est un coefficient numérique et où $D\Phi'_m$ est une dérivée de Φ'_m par rapport à ϖ; l'ordre de cette dérivée est égal à

$$z_1 + z_2 + \dots + z_k$$

et l'on a d'ailleurs

$$k = m + z_1 + 2z_2 + \dots + k z_k.$$

Comme m est au moins égal à 1, puisque Φ_0 ne dépend pas de ϖ, on voit d'abord que z_k est nul, ce que d'ailleurs nous savions déjà.

Considérons un terme quelconque où $z_k, z_{k-1}, \dots, z_{h+1}$ soient nuls, mais où z_h ne soit pas nul; on devra avoir

$$m \leq k - h.$$

Si le dénominateur de n est plus grand que $k - h + 2$, la valeur moyenne de $D\Phi'_m$ sera nulle; ce qui veut dire que ceux des termes de Φ'_k qui dépendent de ϖ_h ont leur valeur moyenne nulle.

Nous pouvons déduire de là un résultat important en ce qui concerne la valeur moyenne de Φ'_k et par conséquent celle de Θ_k.

Si le dénominateur de n est égal à $k + 2$, $[\Theta_k]$ dépendra seulement de ϖ.

Si le dénominateur de n est égal à $k + 1$, $[\Theta_k]$ dépendra de ϖ et ϖ_1.

Si le dénominateur de n est égal à k, $[\Theta_k]$ dépendra de ϖ, ϖ_1, et ϖ_2.

Si le dénominateur de n est égal à $k - 1$, $[\Theta_k]$ dépendra de $\varpi, \varpi_1, \varpi_2$ et $\varpi_3, \dots$.

Ce que je viens de dire de $[\Theta_k]$ s'applique d'ailleurs à $\left[\dfrac{d\Theta_k}{dt_0}\right]$.

Donc, si le dénominateur de n est égal à $k + 2$, la relation (13), où n'entrera que ϖ, déterminera ϖ.

Si le dénominateur est égal à $k + 1$, la relation (13) contiendra ϖ et ϖ_1; mais ϖ aura été préalablement déterminé par la relation

$$\left[\frac{d\Theta_{k-1}}{dt_0}\right] = 0.$$

La relation (13) déterminera donc ϖ_1 et par conséquent γ_1.

Si le dénominateur est égal à k, la relation (13) contiendra ϖ,

ϖ_1 et ϖ_2; mais ϖ et ϖ_1 auront été préalablement déterminés par des relations de même forme que (13). Donc (13) déterminera ϖ_2 et par conséquent γ_2. Et ainsi de suite.

Discussion.

364. Dans la solution à laquelle nous sommes parvenus figurent encore les constantes arbitraires suivantes

$$\varepsilon,\quad \xi_0,\quad u_0.$$

Quant aux paramètres λ et μ, ils nous sont donnés par leurs développements suivant les puissances croissantes de ε, développements dont nous avons calculé successivement les coefficients. Ces coefficients λ_k et μ_k dépendent des deux constantes ξ_0 et u_0; ces coefficients ont été calculés à l'aide des équations

$$\left[\frac{d\Theta_k}{d\xi_0}\right] + \lambda_k H_0 = \left[\frac{d\Theta_k}{du_0}\right] + 2\mu_k B_0 = 0.$$

Θ_k, $\xi_0 \frac{d\Theta_k}{d\xi_0}$ et $u_0 \frac{d\Theta_k}{du_0}$ sont des polynomes entiers en

$$\xi_0,\quad \sqrt{u_0}\, e^{\pm\sqrt{-1}(t+\varpi)}.$$

Soit

$$\Theta_k = \Sigma P \eta_0^{h_1} \eta_0'^{h_2} \xi_0^{h_3} = \Sigma Q,$$

où P est un polynome entier par rapport à

$$(18)\qquad \xi_1,\quad \xi_2,\quad \ldots,\quad \xi'_1,\quad \xi'_2,\quad \ldots,\quad \eta'_1,\quad \eta'_2,\quad \ldots$$

dont les coefficients sont des fonctions périodiques de τ_0.

Il vient alors

$$\xi_0 \frac{d\Theta_k}{d\xi_0} = \Sigma h_3 Q, \qquad u_0 \frac{d\Theta_k}{du_0} = \Sigma \left(\frac{h_1 + h_2}{2}\right) Q.$$

Remplaçons ensuite les quantités (18) par leurs développements et soit

$$P = \Sigma B \eta_0^{k_1} \eta_0'^{k_2} \xi_0^{k_3},$$

B étant une fonction périodique de t de période 2π; d'où

$$\Theta_k = \Sigma B \eta_0^{h_1+k_1} \eta_0'^{h_2+k_2} \xi_0^{h_3+k_3} = \Sigma R,$$

$$\xi_0 \frac{d\Theta_k}{d\xi_0} = \Sigma h_3 R, \qquad u_0 \frac{d\Theta_k}{du_0} = \Sigma \frac{h_1 + h_2}{2} R.$$

On obtiendra

$$\xi_0 \left[\frac{d\Theta_k}{d\xi_0} \right], \quad u_0 \left[\frac{d\Theta_k}{du_0} \right]$$

en conservant dans ces développements les termes indépendants de t. Or, les divers termes de R contiennent en facteurs les exponentielles

$$e^{ipt} \times e^{\frac{1}{2}int(m)(b_1+h_1-b_2-h_2)}.$$

Pour que ce terme soit indépendant de t, il faut que

$$p + n(b_1 + h_1 - b_2 - h_2) = 0,$$

ce qui montre que $b_1 + h_1 - b_2 - h_2$ doit être divisible par le dénominateur de n. Donc

$$b_1 + h_1 + b_2 + h_2 > b_1 + h_1 - b_2 - h_2 > \text{dénominateur de } n \geqq 2,$$

ce qui signifie que R est divisible par u_0, puisque u_0 y figure avec l'exposant $\frac{1}{2}(b_1 + h_1 + b_2 + h_2)$.

Il n'y aurait d'exception que si l'on avait

$$b_1 + h_1 = b_2 + h_2;$$

mais on aurait alors ou bien

$$b_1 + h_1 \geqq 1,$$
$$b_1 + h_1 + b_2 + h_2 \geqq 2,$$

de telle façon que R serait encore divisible par u_0; ou bien

$$b_1 = h_1 = b_2 = h_2 = 0,$$

d'où

$$\frac{h_1 + h_2}{2} = 0;$$

mais alors le terme correspondant ne figurerait pas dans $u_0 \left[\dfrac{d\Theta_k}{du_0} \right]$.

De même R sera toujours divisible par ξ_0 à moins que $h_2 = 0$, auquel cas, le terme ne figurerait pas dans $\xi_0 \left[\dfrac{d\Theta_k}{d\xi_0} \right]$.

Donc, en résumé,

$$\left[\frac{d\Theta_k}{du_0} \right], \quad \left[\frac{d\Theta_k}{d\xi_0} \right]$$

et, par conséquent, λ_k et μ_k sont des polynômes entiers en ξ_0 et $\sqrt{u_0}$.

Donc λ et μ sont des séries développées suivant les puissances de

$$\varepsilon, \quad \xi_0, \quad \sqrt{u_0};$$

mais ces trois constantes n'y entrent pas d'une façon quelconque.

Rappelons-nous par quel artifice nous avons introduit la constante auxiliaire ε qui n'a servi qu'à simplifier l'exposition; et pour cela, reprenons pour un instant les notations du n° 274 et de la page 93; nous avons posé

$$x_1 = \varepsilon x'_1, \quad y_1 = \varepsilon y'_1, \quad x_2 = \varepsilon^2 x'_2, \quad y_2 = y'_2.$$

Donc nos équations ne cessent pas d'être satisfaites quand on change

$$\varepsilon, \quad x'_1, \quad y'_1, \quad x'_2$$

en

$$\varepsilon k^{-1}, \quad x'_1 k, \quad y'_1 k, \quad x'_2 k^2$$

et que les paramètres λ et μ conservent leurs valeurs primitives.

Nous avons ensuite supprimé les accents devenus inutiles et nous avons développé x'_1, y'_1, x'_2, y'_2 que nous désignions désormais par les lettres x_1, y_1, x_2, y_2, suivant les puissances de ε. Nous avons ainsi trouvé les développements

$$(19) \quad \begin{cases} \xi_0 = \varepsilon\xi_1 + \varepsilon^2\xi_2 + \ldots \\ \eta_0 = \varepsilon\eta_1 + \varepsilon^2\eta_2 + \ldots \\ \xi'_0 = \varepsilon\xi'_1 + \varepsilon^2\xi'_2 + \ldots \\ \eta'_0 = \varepsilon\eta'_1 + \varepsilon^2\eta'_2 + \ldots \end{cases}$$

Nous ne cesserons pas de satisfaire aux équations si nous changeons ε en $\dfrac{\varepsilon}{k}$, et que nous multipliions les quatre développements (19) respectivement par

$$k^2, \quad 1, \quad k, \quad k,$$

ou, ce qui revient au même, si nous changeons

$$\xi_p, \quad \eta_p, \quad \xi'_p, \quad \eta'_p$$

en

$$\xi_p k^{2-p}, \quad \eta_p k^{-p}, \quad \xi'_p k^{1-p}, \quad \eta'_p k^{1-p}.$$

On doit, par ce changement, retomber sur des développements identiques aux développements (19), mais avec des valeurs diffé-

H. P. — III.   21

rentes des constantes ξ_0 et u_0. Mais on voit que par ce changement ξ_0 et u_0 se sont changés en $k^2\xi_0$ et $k^2 u_0$.

Donc

$$\xi_p, \quad \eta_p, \quad \xi'_p, \quad \eta'_p$$

se changent en

$$\xi_p k^{2-p}, \quad \eta_p k^{-p}, \quad \xi'_p k^{1-p}, \quad \eta'_p k^{1-p}$$

quand ξ_0 et u_0 se changent en $k^2\xi_0$ et $k^2 u_0$.

En d'autres termes, si l'on multiplie respectivement les quatre développements (19) par ε^2, 1, ε, ε, les quatre produits ainsi obtenus seront développables suivant les puissances de

$$\varepsilon^2\xi_0, \quad \varepsilon\sqrt{u_0};$$

et il en devra être de même de λ et de μ, qui n'ont pas dû changer quand ε, ξ_0, u_0 se changeaient en $\dfrac{\varepsilon}{k}$, $k^2\xi_0$, $k^2 u_0$.

Supposons donc λ et μ exprimés en fonctions de $\varepsilon^2\xi_0$ et $\varepsilon\sqrt{u_0}$; il est clair que nous aurons ainsi des relations d'où nous pourrons inversement tirer $\varepsilon^2\xi_0$ et $\varepsilon\sqrt{u_0}$ en fonctions de λ et μ.

365. Soit $k-2$ le dénominateur de n; la constante ϖ sera alors déterminée par l'équation

$$\left[\frac{d\Theta_k}{d\eta_0}\right] = 0.$$

Il n'y a d'exception que dans le cas de $k-2=2$, où ϖ est déterminée par

$$\left[\frac{d\Theta_2}{d\eta_0}\right] = 0.$$

L'expression $\dfrac{d\Theta_k}{d\eta_0}$ est un polynôme entier de degré $k-2$ par rapport à

$$e^{-i(nt+\varpi)}.$$

Chacun de ces termes contient donc des facteurs de la forme

$$e^{-iq(nt+\varpi)}.$$

Dans la valeur moyenne $\left[\dfrac{d\Theta_k}{d\eta_0}\right]$ il ne restera que les termes indépendants de t, et nous avons vu que q doit être divisible par le dénominateur de n, c'est-à-dire par $k+2$.

Donc notre expression est de la forme suivante

$$ae^{im(\lambda+2t)} + b + ce^{-im(\lambda+2t)}.$$

Je vais montrer maintenant que le coefficient b est nul.

Pour cela, j'emploierai l'artifice suivant : calculons

$$
\begin{aligned}
&\xi_0, \quad \xi_1, \quad \dots, \quad \xi_{k-1}, \\
&\eta_0, \quad \eta_1, \quad \dots, \quad \eta_{k-1}, \\
&\xi'_0, \quad \xi'_1, \quad \dots, \quad \xi'_{k-1}, \\
&\eta'_0, \quad \eta'_1, \quad \dots, \quad \eta'_{k-1},
\end{aligned}
$$

par le procédé exposé plus haut ; mais, dans le calcul de ξ_k, au lieu d'attribuer à ϖ une valeur qui annule $\left[\dfrac{d\Theta_k}{dq_0}\right]$, je conserverai à ϖ une valeur arbitraire. Alors l'équation

$$\frac{d\xi_k}{dt} = \frac{d\Theta_k}{dq_0}$$

me permettra tout de même de calculer ξ_k; seulement ξ_k, au lieu d'être une fonction périodique de t, sera une fonction périodique de t plus un terme non périodique

$$t\left[\frac{d\Theta_k}{dq_0}\right].$$

Or, nous avons un autre moyen de calculer

$$
\begin{aligned}
&\xi_0, \quad \xi_1, \quad \dots, \quad \xi_k, \\
&\eta_0, \quad \eta_1, \quad \dots, \quad \eta_{k-1}, \\
&\dots \quad \dots \quad \dots \quad \dots
\end{aligned}
$$

et, par conséquent, ce terme $t\left[\dfrac{d\Theta_k}{dq_0}\right]$; c'est de refaire le calcul du n° **274**.

Nous déterminerons $S_0, S_1, \dots$ à l'aide des équations (2) de la page 97.

Le calcul du $S_0, S_1, \dots, S_{k-1}$ se fera sans aucune difficulté ; mais nous serons arrêtés au moment du calcul de S_k par l'équation

$$\frac{dS_k}{dy_2} + 2B\frac{dS_k}{de} = \Phi - C_k.$$

Le second membre est, en effet, un ensemble de termes de la forme

$$A\, e^{i(m_1 y_2 + m_2 v)},$$

m_1 et m_2 étant entiers; et l'intégration se fait sans obstacle, pourvu que l'on n'ait pas

$$i m_1 + 2 m_2 B = 0.$$

Or, comme $2B$ est égal à in, n étant un nombre commensurable dont le dénominateur est égal à $k + 2$, le second membre de notre équation contiendra des termes satisfaisant à cette condition. Il en résulte que S_k ne sera pas une fonction périodique de y_2 et v, mais pourra être égalé à

$$T_k + y_2 U_k,$$

T_k et U_k étant périodiques.

Ayant ainsi déterminé la fonction S et poussé l'approximation aux quantités près de l'ordre de ε^{k+1}, on peut employer le procédé du n° 275 et déterminer ainsi x_1, y_1, x_2, y_2.

Ces deux modes de calcul doivent conduire au même résultat. Soit donc

$$\Sigma = S_0 + \varepsilon S_1 + \ldots + \varepsilon^k S_k.$$

Construisons les équations (Cf. p. 99)

$$x_2 = \frac{d\Sigma}{dy_2}, \qquad u = \frac{d\Sigma}{dv}, \qquad n_1 t + \varpi_1 = \frac{d\Sigma}{dx_0}, \qquad n_2 t + \varpi_2 = \frac{d\Sigma}{d\beta_0},$$

$$n_1 = -\frac{dC}{dx_0}, \qquad n_2 = -\frac{dC}{d\beta_0}$$

et tirons-en x_2 en fonction de t; la valeur de x_2 ainsi trouvée devra être égale à

$$\xi_0 + \varepsilon \xi_1 + \ldots + \varepsilon^k \xi_k$$

aux quantités près de l'ordre de ε^{k+1}.

Ce qui nous intéresse, c'est le calcul de ξ_k et, en particulier, celui du terme séculaire

$$t\left[\frac{d\Theta_k}{dt_{i,0}}\right].$$

Ce terme séculaire ne peut provenir que du terme séculaire de S_k, qui est égal à $y_2 U_k$.

Nous avons donc, à des quantités près de l'ordre de ε^{k+1} (en égalant les termes séculaires dans l'équation $x_2 = \dfrac{d\Sigma}{dy_2}$)

$$(20) \qquad \varepsilon^k \lambda \left[\frac{d\Theta_k}{dt_0}\right] = \varepsilon^k y_2 \frac{dU_k}{dy_2}.$$

En première approximation, c'est-à-dire aux quantités près de l'ordre de ε, on a (*Cf.* p. 99)

$$x_2 = x_0 = \xi_0, \qquad u = \beta_0 = u_0, \qquad n_1 t + \varpi_1 = y_2 = q_0 = t,$$

$$a_2 = 1, \qquad n_2 = in, \qquad n_2 t + \varpi_2 = v = v_0 = i(nt + \varpi).$$

Nous commettrons donc une erreur de l'ordre de ε^{k+1}, si, dans le second membre de (20), nous remplaçons

$$x_2, \quad \beta_0, \quad y_2, \quad v$$

par

$$\xi_0, \quad u_0, \quad t, \quad i(nt + \varpi).$$

Nous obtiendrons donc $\left[\dfrac{d\Theta_k}{dt_0}\right]$ en faisant cette même substitution dans $\dfrac{dU_k}{dy_2}$. Mais U_k ne contient que des termes en

$$im_1 y_2 + m_2 v,$$

où

$$im_1 + 2m_2 B = 0.$$

On a donc

$$\frac{dU_k}{dy_2} = -2B\frac{dU_k}{dv}.$$

Or, U_k est une fonction périodique de y_2 et v; donc $\dfrac{dU_k}{dv}$ ne contient pas de terme indépendant de v. Donc $\left[\dfrac{d\Theta_k}{dt_0}\right]$ ne contient pas de terme indépendant de ϖ. 	c. q. f. d.

Pour faciliter l'intelligence du calcul qui précède, je ferai encore une remarque. Les moyens mouvements n_1 et n_2 sont donnés par

$$n_1 = -\frac{dC}{dx_0}, \qquad n_2 = -\frac{dC}{d\beta_0}.$$

En général, ils dépendent de ε, et ils ne se réduisent à 1 et in que pour $\varepsilon = 0$.

Mais ici nous disposons de deux paramètres λ et μ qui peuvent être remplacés par des fonctions arbitraires de ε; ou, si l'on préfère, nous disposons d'une infinité de constantes $\lambda_1, \lambda_2, \ldots, \mu_1, \mu_2, \ldots$. Nous pouvons alors disposer de ces constantes de telle façon que n_1 et n_2 restent égaux à 1 et à in, quel que soit ε.

366. Nous avons donc pour déterminer ϖ une équation de la forme

$$ae^{i(k+2)i\varpi} + ce^{-i(k+2)i\varpi} = 0,$$

où a et c sont imaginaires conjugués. En général, a et c ne sont pas nuls, sans quoi ϖ ne pourrait être déterminé qu'à l'approximation suivante.

L'équation nous donnera donc pour ϖ une série de valeurs réelles

$$\varpi_0, \quad \varpi_0 + \frac{\pi}{k+2}, \quad \varpi_0 - \frac{2\pi}{k+2}, \quad \varpi_0 + \frac{3\pi}{k+2}, \quad \ldots$$

Il est clair que l'on n'a pas deux valeurs réellement distinctes quand on change ϖ en $\varpi + 2\pi$; mais il y a plus; je dis que les deux valeurs

$$\varpi_0, \quad \varpi_0 - \frac{2\pi}{k+2}$$

ne correspondent pas à deux solutions périodiques réellement distinctes.

En effet, comme t n'entre pas explicitement dans nos équations, en changeant t en $t + h$, on transforme une solution périodique quelconque en une autre qui n'est pas essentiellement distincte.

Changeons donc t en $t + 2h\pi$, h étant entier.

Alors η_{i0} se change en $\eta_{i0} + 2h\pi$ et $v_0 = i(nt + \varpi)$ en

$$i(nt + 2nh\pi + \varpi).$$

Comme toutes nos fonctions sont périodiques, de période 2π, en η_{i0} et iv_0, nous ne changerons rien à notre solution en retranchant respectivement de η_{i0} et $\frac{v_0}{i}$ deux multiples de 2π; par exemple $2h\pi$ et $2h'\pi$. Alors η_{i0} sera redevenu η_{i0} et v_0 se sera changé en

$$i(nt + 2nh\pi + \varpi - 2h'\pi).$$

En d'autres termes, nous aurons changé ϖ en

$$\varpi + 2\pi(nh - h').$$

Mais nous pouvons toujours choisir les entiers h et h' de telle façon que

$$nh - h' = \frac{1}{k+2}.$$

On ne trouve donc pas une solution réellement nouvelle en changeant ϖ en $\varpi + \frac{2\pi}{k+2}$.   C. Q. F. D.

Nous n'avons donc que deux solutions réellement distinctes, correspondant aux deux valeurs suivantes de ϖ

$$\varpi_0, \quad \varpi_0 + \frac{\pi}{k+2}.$$

Il nous reste à déterminer les constantes $\varepsilon^2\xi_0$ et $\varepsilon^2 u_0$; pour cela nous nous servirons des équations qui lient ces deux constantes à λ et à μ. Dans les questions que l'on a habituellement à traiter, on n'a qu'un seul paramètre arbitraire et nous n'en avons introduit deux que pour la commodité de l'exposition. Il conviendra donc de supposer λ et μ liés par une relation, par exemple $\lambda = \mu$.

Le développement de λ et celui de μ suivant les puissances de $\varepsilon^2\xi_0$ et $\varepsilon\sqrt{u_0}$ commence en général par des termes en $\varepsilon^2\xi_0$ et en $\varepsilon^2 u_0$ (si l'on met à part le cas où le dénominateur de n est égal à 3).

Si donc on suppose $\mu = \lambda$, on tirera de là $\varepsilon^2\xi_0$ et $\varepsilon\sqrt{u_0}$ développés suivant les puissances de $\sqrt{\lambda}$; et, de deux choses l'une, ou bien les coefficients du développement suivant les puissances de $\sqrt{\lambda}$ seront réels, ou bien au contraire ce seront les coefficients du développement suivant les puissances de $\sqrt{-\lambda}$ qui seront réels.

Dans le premier cas, le problème comportera deux solutions réelles pour $\lambda > 0$ et n'en comportera aucune pour $\lambda < 0$; dans le second cas, ce sera le contraire.

Pour savoir lequel de ces deux cas se réalise, examinons l'équation qui lie μ à u_0, en nous bornant aux termes en ε^2; il viendra

$$(21) \qquad \lambda - \mu = -\frac{\varepsilon^2}{2\,\mathrm{R}_0}\left[\frac{d\Theta_2}{du_0}\right]; \qquad \lambda = -\frac{\varepsilon^2}{\mathrm{H}_0}\left[\frac{d\Theta_2}{d\xi_0}\right].$$

J'observe d'abord que $\left[\dfrac{d\Theta_2}{du_0}\right]$ et $\left[\dfrac{d\Theta_2}{d\xi_0}\right]$ sont indépendants non seulement de t, mais de ϖ; il n'y a d'exception que pour

$$k - 2 = 2, \ 3 \ \text{ou} \ 4.$$

Car, pour $k - 2 > 4$, les termes de la forme

$$e^{\sqrt{-1}\,[(k-2)t + qnt]}$$

qui peuvent entrer dans le second membre de l'une des équations (21) ne peuvent être indépendants de t que si

$$q = 0,$$

puisque $|q|$ ne peut dépasser 4 et que qn doit être entier.

Ainsi les seconds membres des équations (21) sont des fonctions linéaires et homogènes de ξ_0 et u_0; et les coefficients de ces fonctions linéaires sont des constantes absolues indépendantes de ϖ.

Mais u_0 doit être positif; sans quoi $\sqrt{u_0}$ serait imaginaire. Les équations (21) jointes à l'inégalité $u_0 > 0$ détermineront le signe de λ.

Je remarque seulement que ce signe ne dépend pas de ϖ puisque les équations (21) n'en dépendent pas. Or, nous avons vu que l'équation qui détermine ϖ comporte deux solutions réellement distinctes

$$\varpi = \varpi_0, \qquad \varpi = \varpi_0 + \frac{\pi}{k-2}.$$

A chacune d'elles correspond une solution périodique qui sera réelle si le signe de λ est convenablement choisi, conformément à ce qui précède. Le choix de ce signe ne dépendant pas de ϖ, ces deux solutions seront toutes deux réelles pour $\lambda > 0$ et toutes deux imaginaires pour $\lambda < 0$, ou bien ce sera le contraire.

Il semble d'abord qu'à chaque solution de l'équation en ϖ correspondent deux solutions périodiques, puisque l'on tire des relations entre λ, μ, $z^2\xi_0$ et $z\sqrt{u_0}$ deux systèmes de valeurs pour les inconnues $z^2\xi_0$ et $z\sqrt{u_0}$. Il n'en est rien cependant. Nous pouvons en effet sans restreindre la généralité supposer $\sqrt{u_0}$ positif; car nous ne changeons rien à nos formules en changeant $\sqrt{u_0}$ en $-\sqrt{u_0}$ et ϖ en $\varpi + \pi$.

Or, de nos deux systèmes de valeurs il n'y en a qu'un pour lequel $\sqrt{u_0}$ soit positif.

Donc :

Deux solutions périodiques réelles du deuxième genre pour $\lambda > 0$ (ou pour $\lambda < 0$).

Aucune solution du deuxième genre pour $\lambda < 0$ (ou pour $\lambda > 0$).

Reprenons les notations du Chapitre XXVIII et, en particulier, du n° 331.

U_1 se réduit à ρ^2 et correspond au terme en $x_1 y_1$ qui figure dans Θ_0.

U_0 se réduit à un facteur constant multiplié par ρ^4, correspondant aux termes provenant de $\left[\dfrac{d\omega_3}{du_0}\right]$ et $\left[\dfrac{d\omega_3}{d\xi_0}\right]$.

Le premier terme de W qui ne se réduit pas à une puissance de U_1 est de la forme

$$\rho^{k+2}[A\cos(k+2)\varphi + B]$$

et provient de Θ_{k+2}.

La fonction dont nous avons à étudier les maxima et minima et qui doit jouer le rôle de la fonction

$$U_0 + zU_1 = \rho^4 f(\varphi) + z\rho^2$$

étudiée à la page 246, cette fonction, dis-je, sera de la forme

$$A\rho^{k+2}\cos(k+2)\varphi + P\rho^2 + z\rho^2,$$

P étant un polynome entier en ρ^2 à coefficients constants.

Nous avons laissé de côté les cas particuliers où le dénominateur de n est égal à 2, 3 ou 4.

Discussion des cas particuliers.

367. Supposons que ce dénominateur soit égal à 4.

Alors $[\Theta_2]$, $\left[\dfrac{d\Theta_2}{d\xi_0}\right]$, $\left[\dfrac{d\Theta_2}{du_0}\right]$ ne seront plus indépendants de ϖ, ils contiendront des termes en $e^{\pm 4i\varpi}$.

L'équation en ϖ donnera toujours deux solutions distinctes

$$\varpi = \varpi_0, \qquad \varpi = \varpi_0 + \frac{\pi}{4}$$

qui nous donneront deux solutions périodiques; seulement le signe de λ pouvant dépendre de ϖ, il pourra se faire que l'on ait:

Deux solutions réelles du deuxième genre pour $\lambda > 0$; zéro solution pour $\lambda < 0$;

Une solution réelle du deuxième genre pour $\lambda > 0$; une solution pour $\lambda < 0$;

Zéro solution réelle du deuxième genre pour $\lambda > 0$; deux solutions pour $\lambda < 0$.

La fonction $U_0 + z U_1$ de la page 246 devient

$$\rho^4 (A \cos 4\varphi + B) + z\rho^3.$$

Supposons maintenant que le dénominateur de n soit égal à 3.

Alors le développement de μ suivant les puissances de z commence par un terme en $z\sqrt{u_0}$; de sorte que si l'on suppose $\mu = \lambda$, on tirera $z^2 \xi_0$ et $z\sqrt{u_0}$ en séries développées suivant les puissances de λ et non plus de $\sqrt{\lambda}$.

Le signe de $\sqrt{u_0}$ dépendra de ϖ et s'il est positif pour $\varpi = \varpi_0$ il sera négatif pour $\varpi = \varpi_0 + \frac{\pi}{3}$.

Si donc nous convenons toujours de supposer $\sqrt{u_0}$ essentiellement positif, nous verrons facilement que nous avons:

Une solution du deuxième genre réelle pour $\lambda > 0$ et une solution du deuxième genre réelle pour $\lambda < 0$.

La fonction $U_0 + z U_1$ de la page 246 devient

$$A\rho^3 \cos 3\varphi + z\rho^2.$$

Si enfin le dénominateur de n est égal à 2, $[\Theta_2]$, $\left[\dfrac{d\Theta_2}{d\xi_0}\right]$, $\left[\dfrac{d\Theta_1}{du_0}\right]$ contiennent des termes en $e^{\pm 3i\varpi}$, $e^{\pm 2i\varpi}$.

L'équation en ϖ prend la forme

$$A\cos(3\varpi + B) + A'\cos(2\varpi + B') = 0$$

et elle admet huit solutions

$$\varpi_0, \quad \varpi_0 + \frac{\pi}{2}, \quad \varpi_0 + \pi, \quad \varpi_0 + \frac{3\pi}{2},$$

$$\varpi_1, \quad \varpi_1 + \frac{\pi}{2}, \quad \varpi_1 + \pi, \quad \varpi_1 + \frac{3\pi}{2}.$$

Des deux quantités ϖ_0 et ϖ_1, une au moins est réelle.

Les hypothèses suivantes restent possibles : $(4, 0)$, $(3, 1)$, $(2, 2)$, $(1, 3)$, $(0, 4)$, $(2, 0)$, $(1, 1)$, $(0, 2)$.

Le premier nombre entre parenthèses représente le nombre des solutions périodiques pour $\lambda > 0$ et le second est ce même nombre pour $\lambda < 0$.

La fonction de la page 246 devient

$$A\rho^4\cos 4\varphi + B\rho^4\cos 2\varphi + C\rho^4\sin 2\varphi + D\rho^4 - 2\rho^6.$$

Application aux équations du n° 13.

368. Revenons aux équations canoniques de la Dynamique :

$$(1) \qquad \frac{dx_i}{dt} = \frac{dF}{dy_i}, \quad \frac{dy_i}{dt} = -\frac{dF}{dx_i}.$$

Je suppose comme au n° 13, au n° 42, au n° 125, etc. que F est une fonction périodique des y, développable suivant les puissances d'un paramètre μ, sous la forme

$$F = F_0 + \mu F_1 + \ldots$$

et que F_0 dépend seulement des x.

Nous avons vu alors au n° 42 que ces équations admettent une infinité de solutions périodiques du premier genre

$$(2) \qquad x_i = \varphi_i(t), \quad y_i = \psi_i(t)$$

les fonctions φ_i et ψ_i étant développables suivant les puissances croissantes de μ.

Considérons l'une de ces solutions (2).

Soit T la période et α l'un des exposants caractéristiques; il y en aura deux, différents de zéro, égaux et de signes contraires où nous supposons deux degrés de liberté.

On a vu au Chapitre IV que α dépend de μ et est développable suivant les puissances de $\sqrt{\mu}$. Quand μ variera d'une manière continue, il en sera de même de α; supposons que, pour $\mu = \mu_0$, αT soit commensurable avec $2i\pi$ et égal à $2ni\pi$.

Nous pourrons en conclure que, pour μ voisin de μ_0, il existe des solutions du second genre, dérivées de (2) et dont la période est $(k+2)$T, $k+2$ désignant le dénominateur de n.

Si nous laissons de côté les cas où $k+2$ est égal à 2, 3 ou 4, nous avons vu que deux de ces solutions existent quand λ (ici $\mu - \mu_0$) a un certain signe, et qu'il n'en existe pas quand λ (ici $\mu - \mu_0$) a le signe opposé.

J'ai dit que j'ai laissé de côté les cas où $k+2 = 2$, 3, 4; je puis le faire sans inconvénient. En effet

$$\frac{\alpha T}{2i\pi} = n$$

est développable suivant les puissances de $\sqrt{\mu}$ et s'annule avec $\sqrt{\mu}$. Pour les petites valeurs de μ, n est donc très petit et son dénominateur est certainement plus grand que 4.

Nous nous trouvons donc en présence de deux hypothèses :

Ou bien les solutions du second genre existent seulement pour $\mu > \mu_0$, ou bien elles existent seulement pour $\mu < \mu_0$.

Quelle est celle de ces deux hypothèses qui est réalisée?

Tout dépend du signe d'une certaine quantité Q dépendant elle-même des coefficients de u_0 et ξ_0 dans

$$\left[\frac{d\Theta_2}{d\xi_0}\right], \quad \left[\frac{d\Theta_2}{du_0}\right].$$

Pour déterminer ce signe, nous n'aurons pas besoin de former effectivement cette quantité et les considérations suivantes suffiront.

369. Prenons d'abord un cas simple qui sera celui du n° 190; soit

$$F = x_2 - x_1^2 - \mu \cos y_1$$

avec les équations canoniques

$$\frac{dx_i}{dt} = \frac{dF}{dy_i}, \qquad \frac{dy_i}{dt} = -\frac{dF}{dx_i},$$

ce qui donne

$$(1) \qquad \frac{dx_2}{dt} = 0, \qquad \frac{dy_2}{dt} = -1, \qquad \frac{dx_1}{dt} = \mu \sin y_1, \qquad \frac{dy_1}{dt} = -2x_1.$$

La fonction S de Jacobi s'écrit

$$S = x_2^0 y_2 + \int \sqrt{C - \mu \cos y_1}\, dy_1,$$

avec deux constantes x_2^0 et C; et l'on en tire

$$(2) \qquad \begin{cases} x_2 = x_2^0, \qquad y_2 = -t + y_2^0, \\ x_1 = \sqrt{C - \mu \cos y_1}, \qquad A - t = \displaystyle\int \frac{dy_1}{2\sqrt{C - \mu \cos y_1}}, \end{cases}$$

A et y_2^0 étant deux nouvelles constantes d'intégration.

On voit s'introduire l'intégrale elliptique

$$(3) \qquad \int \frac{dy_1}{2\sqrt{C - \mu \cos y_1}};$$

cette intégrale possède une période réelle, qui est l'intégrale prise entre 0 et 2π, si $|C| > |\mu|$ et deux fois l'intégrale prise entre

$$\pm \arccos\left|\frac{C}{\mu}\right|$$

si $|C| < |\mu|$.

Appelons ϖ cette période réelle.

A toute valeur de ϖ commensurable avec 2π correspond une solution périodique; mais deux cas sont à distinguer.

Si $|C| > |\mu|$, y_1 et y_2 pendant une période augmentent d'un multiple de 2π. Les solutions périodiques correspondantes sont des solutions du premier genre.

Si $|C| < |\mu|$, y_2 pendant une période augmente d'un multiple de 2π et y_1 revient à sa valeur primitive. Les solutions correspondantes sont des solutions du second genre.

A cette énumération il faut adjoindre deux solutions périodiques remarquables qui doivent être considérées comme du premier genre. Soit $\mu > 0$, ces solutions seront

$$(4) \quad \begin{cases} x_2 = x_2^0, & y_2 = -t + y_2^0, & C = \mu, & x_1 = 0, & y_1 = 0, \\ x_2 = x_2^0, & y_2 = -t + y_2^0, & C = -\mu, & x_1 = 0, & y_1 = \pi. \end{cases}$$

J'ai dit que ces dernières solutions devaient être considérées comme du premier genre et que les solutions correspondant à $|C| < |\mu|$ doivent être regardées comme du second genre.

En effet, donnons à C une valeur très peu supérieure à $-\mu$, soit

$$C = (\varepsilon - 1)\mu,$$

ε étant très petit; y_1 ne pourra beaucoup s'écarter de π; nous aurons approximativement

$$C - \mu \cos y_1 = \mu\left[\varepsilon - \frac{(\pi - y_1)^2}{2}\right],$$

et la période ω sera sensiblement égale à

$$\frac{\pi}{\sqrt{2\mu}},$$

d'où cette conclusion : soit α un nombre quelconque commensurable avec 2π, il existe une série de solutions périodiques telles que $|C| < |\mu|$ et que $\omega = \alpha$; si $\sqrt{\mu}$ est très voisin de $\dfrac{\pi}{\sqrt{2\alpha}}$, C sera très voisin de $-\mu$ et pour

$$\sqrt{\mu} = \frac{\pi}{\sqrt{2\alpha}},$$

ces solutions périodiques se confondront avec la seconde solution (4) qui est du premier genre. Nous reconnaissons là la propriété caractéristique des solutions du second genre.

On voit que la seconde solution (4), c'est-à-dire celle des deux solutions (4) qui est stable, engendre des solutions du second genre de la façon qui a été expliquée au Chapitre XXVIII.

Si les autres solutions du premier genre, celles qui sont telles que $|C| > |\mu|$ n'engendrent pas de solutions du second genre, cela tient à la forme très particulière des équations (1). (Pour ces solutions, les exposants caractéristiques sont toujours nuls.)

Considérons d'abord les solutions du premier genre, telles que $|C| > |\mu|$.

Posons $C = C_0 + \varepsilon$; la période ω, c'est-à-dire l'intégrale (3) prise entre 0 et 2π sera développable suivant les puissances de ε et de μ, et le terme tout connu se réduira à

$$\frac{\pi}{\sqrt{C_0}}.$$

Donnons à $\sqrt{C_0}$ une valeur commensurable quelconque; nous aurons une solution périodique toutes les fois que nous aurons

$$\omega = \frac{\pi}{\sqrt{C_0}}.$$

L'équation est satisfaite pour $\varepsilon = \mu = 0$, et de cette équation on pourra tirer ε et par conséquent C, en série procédant suivant les puissances de μ. Les équations (2) nous donneront alors x_1 et y_1 développés suivant les puissances de μ. Ce sont les développements du Chapitre III.

Passons aux solutions du second genre telles que $|C| = |\mu|$. Posons $C = \varepsilon\mu$; nous aurons

$$\omega = \frac{1}{\sqrt{\mu}} \int \frac{dy_1}{2\sqrt{\varepsilon - \cos y_1}}.$$

On voit que $\omega\sqrt{\mu}$ est seulement fonction de ε; d'autre part,

$$\frac{x_1}{\sqrt{\mu}} = \sqrt{\varepsilon - \cos y_1}, \qquad (A-t)\sqrt{\mu} = \int \frac{dy_1}{2\sqrt{\varepsilon - \cos y_1}},$$

ce qui nous montre que $\sin y_1$, $\cos y_1$ et $\dfrac{x_1}{\sqrt{\mu}}$ sont fonctions de $(A-t)\sqrt{\mu}$ et de ε, doublement périodiques par rapport à $(A-t)\sqrt{\mu}$. Ce sont donc aussi des fonctions de $(A-t)\sqrt{\mu}$ et de $\omega\sqrt{\mu}$, puisque ε est fonction de $\omega\sqrt{\mu}$; si donc nous donnons à ω une valeur constante, commensurable avec 2π, nous obtiendrons une série de solutions périodiques; pour ces solutions

$$\cos y_1, \quad \sin y_1 \quad \text{et} \quad \frac{x_1}{\sqrt{\mu}}$$

peuvent se développer en séries de Fourier suivant les sinus et les cosinus des multiples de $\frac{2\pi t}{T}$, T étant le plus petit commun multiple de ω et de 2π. Un coefficient quelconque du développement est fonction de μ et c'est cette fonction que je voudrais étudier.

Pour cela, il faut d'abord étudier la relation entre ε et $\omega\sqrt{\mu}$.

Nous pouvons faire varier ε depuis -1 jusqu'à $+1$. Pour $\varepsilon = -1$, on a

$$\omega\sqrt{\mu} = \frac{\pi}{\sqrt{2}}.$$

Pour $\varepsilon = +1$, on a $\omega\sqrt{\mu} = \infty$; donc, quand ε varie depuis -1 jusqu'à $+1$, $\omega\sqrt{\mu}$ augmente de $\frac{\pi}{\sqrt{2}}$ à $+\infty$.

Il n'existe donc de solution périodique correspondant à une valeur de ω donnée, commensurable avec 2π, que si

$$\sqrt{\mu} > \frac{\pi}{\omega\sqrt{2}}.$$

Les coefficients du développement de Fourier sont donc des fonctions de μ qui sont réelles pour

$$\sqrt{\mu} > \frac{\pi}{\omega\sqrt{2}}$$

et imaginaires pour

$$\sqrt{\mu} < \frac{\pi}{\omega\sqrt{2}}.$$

Il est évident que le même raisonnement conduirait au même résultat si, au lieu de

$$F = x_2 + x_1^2 + \mu\cos y_1,$$

on avait eu

$$F = F_0 + \mu[F_1].$$

F_0 dépendant de x_1 et x_2 seulement, $[F_1]$ de x_1, x_2 et y_1 seule-

ment. Là encore les solutions du second genre auraient été réelles
pour $\mu > \mu_0$.

370. Dans le cas général, la quantité Q dont il a été question
à la fin du n° 368, et dont nous cherchons à déterminer le signe,
dépend évidemment de μ et, si μ est suffisamment petit, c'est le
premier terme du développement qui donnera son signe.

Déterminons la fonction S par la méthode de Bohlin et soit

$$S = S_0 + \sqrt{\mu}\, S_1 + \mu S_2 + \dots$$

Si μ est assez petit, ce sont évidemment les deux premiers termes

$$S_0 + \sqrt{\mu}\, S_1$$

qui seront les plus importants. Or, si l'on pose

$$F = F_0 + \mu F_1 + \mu^2 F_2 + \dots$$

nous avons vu au Chapitre XIX que S_0 et S_1 ne dépendent
ni de F_2 ni de $F_1 - [F_1]$, mais seulement de F_0 et de $[F_1]$, en
désignant par $[F_1]$ la valeur moyenne de F_1.

Reprenons la quantité Q du n° 368; le premier terme de son
développement dépendra seulement de S_0 et S_1 et par conséquent
de F_0 et $[F_1]$. Il sera donc le même que si l'on avait supposé

$$F = F_0 + \mu [F_1],$$

le même par conséquent qu'au numéro précédent.

Or, au numéro précédent nous avons trouvé que les solutions
du second genre existent seulement pour

$$\mu > \mu_0.$$

Cette conclusion subsiste donc encore dans le cas général, pourvu
que μ_0 soit suffisamment petit.

Quelle est la valeur de μ_0 pour laquelle cette conclusion serait
renversée?

Reprenons les notations du n° 361 qui sont celles du n° 275;
l'exposant z qui y figure est développable suivant les puissances
du produit AA'.

Il se réduit à l'exposant caractéristique pour $AA' = 0$.

Comme nous supposons la solution du premier genre stable

H. P. — III.   22

et α imaginaire, A et A' sont imaginaires conjugués et le produit AA' est positif.

Pour les petites valeurs de μ, α est décroissant quand AA' croît; si c'était le contraire, les solutions du second genre existeraient seulement pour $\mu < \mu_0$.

La valeur de μ_0 cherchée est donc celle pour laquelle α cesse de décroître quand AA' croît; c'est donc celle qui annule la dérivée de α par rapport à AA'.

CHAPITRE XXXI.

PROPRIÉTÉS DES SOLUTIONS DU DEUXIÈME GENRE.

Les solutions du deuxième genre et le principe de moindre action.

371. Je ne puis passer sous silence les rapports entre la théorie des solutions du deuxième genre et le principe de moindre action; et c'est même à cause de ces rapports que j'ai écrit le Chapitre XXIX. Mais, pour les faire bien comprendre, quelques préliminaires sont encore nécessaires.

Supposons deux degrés de liberté; soient x_1 et x_2 les deux variables de la première série, que l'on pourra considérer comme les coordonnées d'un point dans un plan; les courbes planes qui satisferont à nos équations différentielles constitueront ce que nous avons appelé des *trajectoires*.

Soit M un point quelconque du plan. Considérons l'ensemble des trajectoires issues du point M et soit E leur enveloppe. Soit F le $n^{\text{ième}}$ foyer cinétique de M sur la trajectoire (T); cette trajectoire touchera l'enveloppe E au point F, d'après la définition même des foyers cinétiques; je rappelle que le $n^{\text{ième}}$ foyer de M, ou son foyer d'ordre n est le $n^{\text{ième}}$ point d'intersection de (T) avec la trajectoire infiniment voisine passant par M. Mais les circonstances de ce contact peuvent varier. Il peut se faire que F ne soit pas un point singulier de la courbe E et que le contact soit du premier ordre; c'est là le cas le plus général.

Soient

$$x_1 = \varphi(x_2)$$
$$x_1 = \varphi(x_2) + \psi(x_2)$$

les équations de la trajectoire (T) et d'une trajectoire (T') très voisine, issue du point M.

Soient z_1 et z_2 les coordonnées du point M, u_1 et u_2 celles
de F. Comme (T) passe par M et F et (T') par M, on aura

$$z_1 = \varphi(z_2), \qquad u_1 = \varphi(u_2), \qquad \psi(z_2) = 0.$$

La trajectoire (T') étant très voisine de (T) la fonction ψ sera
très petite; je pourrai appeler α l'angle sous lequel les deux trajectoires se coupent au point M; ce sera cet angle qui définira la
trajectoire (T'); alors la fonction ψ dépendra de l'angle α; elle
sera très petite si, comme nous le supposons, cet angle α est
lui-même très petit, et elle s'annulera avec α.

La valeur de $\psi'(z_2)$ (en désignant par ψ' la dérivée de ψ) sera
de même signe que α. Quant à $\psi'(u_2)$ [si nous supposons α très
petit et si le système de coordonnées a été défini de telle sorte
que la fonction $\varphi(x_2)$ soit uniforme, ce qui est toujours possible]
il est de même signe que α, si F est un foyer d'ordre pair, et de
signe contraire si F est un foyer d'ordre impair.

Ce qui caractérise le cas qui nous occupe, c'est que $\psi(u_2)$ est
du même ordre que α^2 et toujours du même signe.

Supposons par exemple que $\psi(u_2)$ soit positif.

Alors si le signe de α est tel que $\psi'(u_2)$ soit positif, la trajectoire (T') coupera (T) en un point F', voisin du point F et moins
éloigné de M que le point F (en supposant $u_2 > z_2$). Dans ce cas,
(T) touche E avant F', tandis que (T') touche E après F'; d'après
un raisonnement bien connu, l'action est plus grande (au moins
dans le mouvement absolu) quand on va de M en F en parcou-
rant (T) que quand on va de M en F' en suivant (T').

Si le signe de α est tel que $\psi'(u_2)$ soit négatif, (T') coupe (T)
en un point F', plus éloigné de M que F; alors (T') touche E
après F' et (T) touche E avant F'; l'action, quand on va de M
en F', est plus grande le long de (T') que le long de (T).

Les résultats seraient renversés si $\psi(u_2)$ était négatif; mais en
tous cas parmi les trajectoires (T') voisines de (T) il y en a qui
coupent (T) près de F et au delà de F et d'autres qui coupent (T)
près de F et en deçà de F.

Dans ce cas nous dirons que F est un *foyer ordinaire*.

Il ne peut pas arriver que F soit un point ordinaire de E et que
le contact soit d'ordre supérieur au premier.

Développons $\psi(x_2)$ suivant les puissances de α et soit

$$\psi(x_2) = \alpha\psi_1(x_2) + \alpha^2\psi_2(x_2) + \dots$$

La condition pour qu'il y eût un contact d'ordre supérieur, serait

$$\psi'_1(u_2) = 0.$$

Mais nous avons déjà

$$\psi_1(u_2) = 0$$

et la fonction $\psi_1(x_2)$ satisfait à une équation différentielle linéaire du second ordre, dont les coefficients sont des fonctions finies et données de x_2, le coefficient de la dérivée seconde se réduisant à l'unité.

Si pour $x_2 = u_2$, l'intégrale $\psi_1(x_2)$ s'annulait ainsi que sa dérivée première, elle serait identiquement nulle, ce qui est absurde.

Il n'y a donc jamais de contact d'ordre supérieur.

Mais il peut arriver que F soit un point de rebroussement de la courbe E, soit qu'il présente sa pointe du côté de M de façon qu'un mobile allant de M en F le prenne *en pointe*, soit qu'il présente sa pointe du côté opposé de façon que le mobile le prenne *en talon*. Dans le premier cas je dirai que F est un *foyer en pointe* et dans le second cas que c'est un *foyer en talon*.

Dans l'un et l'autre cas, $\psi(u_2)$ est de l'ordre de α^2; dans le cas d'un foyer en pointe il est du signe de α, si F est un foyer d'ordre impair et de signe contraire à α si F est un foyer d'ordre pair; c'est le contraire dans le cas d'un foyer en talon.

Dans le cas d'un foyer en pointe, toutes les trajectoires (T') coupent (T) en un point F' voisin de F et au delà de F; l'action en allant de M en F' est plus grande le long de (T) que le long de (T').

Dans le cas d'un foyer en talon, toutes les trajectoires (T') coupent (T) en un point F' voisin de F et en deçà de F; l'action de M en F' est plus grande le long de (T') que le long de (T).

Soit alors F' un point de (T) suffisamment voisin de F. Dans le cas d'un foyer en pointe, je puis joindre M à F' par une trajectoire (T') si F' est au delà de F; dans le cas d'un foyer en talon, je puis joindre M à F' si F' est en deçà de F.

Il pourrait arriver enfin que F fût un point singulier de E plus compliqué qu'un point de rebroussement ordinaire; je dirais alors que c'est un *foyer singulier*.

Je ferai seulement observer qu'on ne peut passer d'un foyer en pointe à un foyer en talon que par un foyer singulier; car, au moment du passage, $\psi(n_2)$ doit être de l'ordre de α^4.

372. Considérons maintenant une solution périodique quelconque; elle correspondra à une trajectoire (T) fermée. Soit α l'exposant caractéristique et T la période. Nous avons vu au Chapitre XXIX comment on parvient à déterminer les foyers cinétiques successifs (n° 347).

Supposons que α soit égal à $\dfrac{2in\pi}{T}$, n étant un nombre commensurable dont le numérateur est p. Dans ce cas l'application de la règle du n° 347 montre que chaque point de (T) coïncide avec son $2p^{\text{ième}}$ foyer.

Si en effet on prend comme au n° 347 une unité de temps telle que la période T soit égale à 2π, il vient $\alpha = in$. Si l'on désigne par τ_0 la valeur de la fonction τ au point M, soient $\tau_1, \tau_2, \ldots, \tau_{2p}$ les valeurs de cette fonction τ au premier, au second, ..., au $2p^{\text{ième}}$ foyer de M; nous aurons d'après la règle du n° 347,

$$\tau_1 - \tau_0 = \frac{i\pi}{\alpha}, \qquad \tau_2 - \tau_0 = \frac{2i\pi}{\alpha}, \qquad \ldots, \qquad \tau_{2p} - \tau_0 = \frac{2pi\pi}{\alpha} = \frac{2p\pi}{n}.$$

Si p est le numérateur de n, on voit que $\tau_{2p} - \tau_0$ est un multiple de 2π, c'est-à-dire que M et son $2p^{\text{ième}}$ foyer coïncident.

La trajectoire issue du point M et infiniment voisine de (T) viendra donc repasser par le point M après avoir fait $k+2$ fois le tour de la trajectoire fermée (T) si $k+2$ est le dénominateur de n.

Le point M est donc son $2p^{\text{ième}}$ foyer; mais on peut se demander à quelle catégorie de foyers il appartient, au point de vue de la classification du numéro précédent.

Adoptons un système de coordonnées analogues au coordonnées polaires de telle sorte que l'équation de la trajectoire fermée (T) soit

$$\rho = 1$$

et que ω varie de o à 2π quand on fait le tour de cette trajectoire fermée. Les courbes $\rho = $ const. sont alors des courbes fermées s'enveloppant mutuellement à la façon de cercles concentriques, et les courbes $\omega = $ const. forment un faisceau de courbes divergentes qui viennent couper toutes les courbes $\rho = $ const.; et de telle façon que la courbe $\omega = \alpha + 2\pi$ coïncide avec la courbe $\omega = \alpha$.

Soit alors ω_0 la valeur de ω qui correspond au point de départ M ; la valeur de ω qui correspondra à ce même point M, considéré comme le $2p^{\text{ième}}$ foyer du point de départ, sera

$$\omega_0 + 2(k+i)\pi.$$

Soit

$$\rho = 1 + \psi(\omega)$$

l'équation d'une trajectoire (T′), voisine de (T) et passant par M. La fonction $\psi(\omega)$ correspondra à la fonction $\psi(x_0)$ du numéro précédent. Nous aurons $\psi(\omega_0) = o$ et ce qu'il s'agit de discuter c'est le signe de

$$\psi[\omega_0 + 2(k+i)\pi].$$

Il s'agit donc de former la fonction $\psi(\omega)$ et pour cela nous n'avons qu'à appliquer, soit les principes du Chapitre VII, soit ceux du n° **274**. Si nous appliquons par exemple ces derniers, voici ce que nous trouverons : La fonction $\psi(\omega)$ est développable suivant les puissances des deux quantités

$$A e^{2i\alpha}, \qquad A' e^{-2i\alpha}.$$

Les coefficients du développement sont des fonctions périodiques de période 2π ; A et A' sont deux constantes d'intégration ; quant à α, c'est une constante qui est développable suivant les puissances du produit AA'

$$\alpha = \alpha_0 + \alpha_1(AA') + \alpha_2(AA')^2 + \dots$$

D'ailleurs α_0 est égal à l'exposant caractéristique de (T) c'est-à-dire à in.

Si (T′) diffère peu de (T), les deux constantes A et A' sont très petites ; elles sont de l'ordre de l'angle que j'appelais α dans le numéro précédent et qu'il ne faut pas confondre avec l'exposant que je désigne par la même lettre dans le présent numéro.

Si nous poussons l'approximation jusqu'au troisième ordre inclusivement par rapport à A et A', $\psi(\omega)$ se réduira à un polynome du troisième ordre par rapport à ces deux constantes et je pourrai écrire

$$\psi(\omega) = A e^{\alpha\omega}\sigma + A' e^{-\alpha\omega}\sigma' + f(A e^{\alpha\omega}, A' e^{-\alpha\omega})$$

f étant un polynome entier par rapport à $A e^{\alpha\omega}$, $A' e^{-\alpha\omega}$ ne contenant que des termes du second et du troisième degré. Les coefficients du polynome f, de même que σ et σ', sont des fonctions périodiques de période 2π.

Cela posé, comme α est égal à α_0, à des quantités près du second ordre, et à $\alpha_0 + \alpha_1(AA')$ à des quantités près du quatrième ordre, nous pouvons écrire, en négligeant toujours les quantités du quatrième ordre par rapport à A et A',

$$\psi(\omega) = A\sigma e^{\omega(\alpha_0+\alpha_1 AA')} + A'\sigma' e^{-\omega(\alpha_0+\alpha_1 AA')} + f(A e^{\alpha_0\omega}, A' e^{-\alpha_0\omega})$$

ou bien encore

$$\begin{aligned}\psi(\omega) = {} & A e^{\alpha_0\omega}\sigma + A' e^{-\alpha_0\omega}\sigma' \\ & + \alpha_1\omega AA'(A e^{\alpha_0\omega}\sigma - A' e^{-\alpha_0\omega}\sigma') + f(A e^{\alpha_0\omega}, A' e^{-\alpha_0\omega}).\end{aligned}$$

Quand ω augmente de $(2k+4)\pi$, les coefficients de f, non plus que σ et σ' ne changent pas. Il en est de même de $e^{\alpha_0\omega}$, puisque $\frac{\alpha_0}{i} = n$ a pour dénominateur $k+2$; il en est donc encore de même de

$$A e^{\alpha_0\omega}\sigma, \quad A' e^{-\alpha_0\omega}\sigma', \quad f(A e^{\alpha_0\omega}, A' e^{-\alpha_0\omega}).$$

Il vient donc enfin

$$\psi(\omega + 2k\pi + 4\pi) - \psi(\omega) = (2k+4)\pi\alpha_1 AA'(A e^{\alpha_0\omega}\sigma - A' e^{-\alpha_0\omega}\sigma').$$

Or $\psi(\omega_0)$ est nulle; la quantité dont nous devons déterminer le signe est donc

$$(2k+4)\pi\alpha_1 AA'(A e^{\alpha_0\omega_0}\sigma_0 - A' e^{-\alpha_0\omega_0}\sigma'_0).$$

Je désigne par σ_0 et σ'_0 les valeurs de σ et σ' pour $\omega = \omega_0$.

J'observe d'abord que cette quantité est du troisième ordre, ce qui, d'après le numéro précédent, nous montre que nos foyers seront en général des foyers en pointe ou en talon. Je dis maintenant que cette quantité est toujours de même signe et que son coefficient ne peut s'annuler.

En effet, les deux constantes A et A' sont liées par la relation

$$\varphi(\omega_0) = 0$$

ce qui peut s'écrire, puisque A et A' sont des quantités infiniment petites

$$(1) \qquad A e^{2i\omega_0} \tau_0 - A' e^{-2i\omega_0} \tau'_0 = 0.$$

D'autre part α_0 est purement imaginaire, τ_0 et τ'_0 sont imaginaires conjuguées; il en est de même de A et de A'.

Le produit AA' est donc essentiellement positif et ne peut s'annuler; car A et A' ne peuvent être nuls à la fois.

D'autre part on ne peut avoir

$$(2) \qquad A e^{2i\omega_0} \tau_0 - A' e^{-2i\omega_0} \tau'_0 = 0,$$

car les équations (1) et (2) entraîneraient

$$\tau_0 = \tau'_0 = 0.$$

Mais ces équations sont impossibles; elles signifieraient que toutes les trajectoires très voisines de (T) vont passer par le point M, ce qui est évidemment faux.

Notre quantité $\frac{1}{2}(\omega_0 + 2k\pi + \frac{1}{4}\pi)$ a donc toujours le même signe. *Nos foyers sont donc tous en pointe, ou tous en talon;* tout dépend du signe de α_i.

373. Nous avons dû laisser de côté le cas où α_i serait nul, cas exceptionnel où tous les foyers seraient singuliers; et celui où $k + 2$ serait égal à 2, 3 ou 4; voici pourquoi :

On a vu que, dans les calculs du Chapitre VII, s'introduisent de petits diviseurs

$$\gamma\sqrt{-1} + \Sigma n\beta - \alpha_i$$

(*Cf.* n° 104, t. I, p. 338).

Le calcul se trouve arrêté et des termes séculaires apparaissent si l'un de ces diviseurs s'annule.

Or, on constate aisément que, si $k + 2$ est égal à 2, 3 ou 4, on pourra se trouver arrêté ainsi dans le calcul des termes des trois premiers ordres qui sont ceux dont nous avons été obligés de tenir compte. Si au contraire $k + 2 > 4$, on ne sera arrêté que dans le calcul des termes d'ordre supérieur qui n'interviennent pas dans l'analyse précédente.

374. Supposons, par exemple, que tous les foyers soient en pointe; soit M un point quelconque de (T); ce point sera à lui-même son $2p^{\text{ième}}$ foyer. Soit M′ un point situé un peu au delà du point M dans la direction où l'on parcourt la trajectoire (T) et les trajectoires voisines de (T). Je pourrai tracer une trajectoire (T′) issue du point M, qui s'écartera très peu de (T), qui fera $k + 2$ fois le tour de (T) et viendra finalement aboutir au point M′ et qui aura $2p + 1$ points d'intersection avec (T), en comptant les points d'intersection M et M′.

En effet, le foyer étant en pointe, les trajectoires (T′) voisines de (T) viennent toutes recouper (T) *au delà* du foyer. Nous pourrons donc tracer la trajectoire (T′) qui satisfait aux conditions que je viens d'énoncer, pourvu que la distance MM′ soit plus petite que δ. Il est clair que la limite supérieure que ne doit pas dépasser la distance MM′ dépend de la position de M sur (T); mais elle ne s'annule jamais puisqu'il n'y a pas de foyer singulier. Il me suffira alors d'égaler δ à la plus petite valeur que puisse prendre cette limite supérieure et je pourrai regarder δ comme une constante.

Si donc la distance MM′ est plus petite que δ, nous pouvons mener une trajectoire (T′) satisfaisant à nos conditions; nous pouvons même en mener deux, l'une coupant (T) en M sous un angle positif, l'autre sous un angle négatif.

Cela posé, supposons que nos équations différentielles canoniques dépendent d'un paramètre λ; pour $\lambda = 0$, la trajectoire fermée (T) a pour exposant caractéristique $\alpha_0 = in$. Supposons que, pour $\lambda > 0$, l'exposant caractéristique, divisé par i, soit plus grand que n et que, pour $\lambda < 0$, il soit au contraire plus petit que n.

Alors, pour $\lambda \geq 0$, le point M ne sera plus son propre $2p^{\text{ième}}$ foyer; son $2p^{\text{ième}}$ foyer sera situé en deçà de M pour $\lambda > 0$, et au delà de M pour $\lambda < o$. Soit F ce foyer. La distance MF dépendra naturellement de la position de M sur (T); j'appelle ε la plus grande valeur de cette distance; il est clair que ε sera une fonction continue de λ et qu'elle s'annulera avec λ; remarquons que, pour $\lambda > o$, d'après les principes du n° 347, le foyer F est toujours au delà de M, ou toujours en deçà, suivant la valeur de l'exposant caractéristique, et la distance MF ne peut jamais s'annuler.

Soit F' un point situé un peu au delà de F; nous pourrons joindre M à F' par une trajectoire (T') pourvu que la distance FF' reste inférieure à une certaine quantité δ'. Il est clair que δ' est une fonction continue de λ et elle se réduit à δ pour $\lambda = o$.

Prenons $\lambda > o$, de façon que M soit au delà de F; nous pourrons faire jouer à M le rôle de F' et joindre M à lui-même par une trajectoire (T'), pourvu que la distance MF soit plus petite que δ', ou pourvu que

$$\varepsilon < \delta';$$

pour $\lambda = o$, ε est nul et $\delta' = \delta > o$; donc on peut prendre λ assez petit pour que l'inégalité soit satisfaite.

On peut alors joindre le point M à lui-même par une trajectoire (T') s'écartant peu de (T), faisant $k + 2$ fois le tour de (T) et coupant $2p + 1$ fois (T).

Fig. 12.

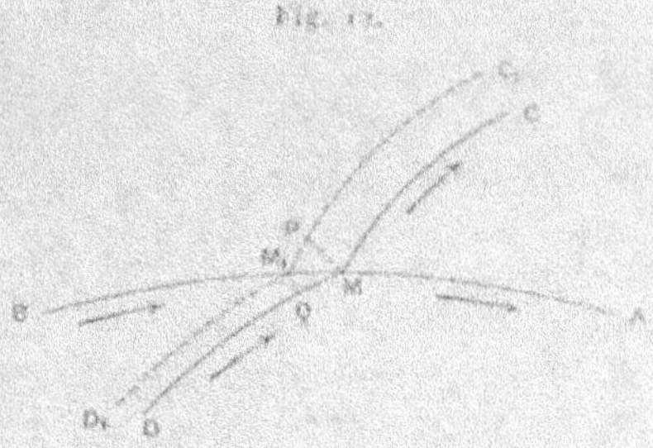

Sur la figure, BA représente un arc de (T) sur lequel se trouve M. MC est un arc de (T') partant de M et DM est un autre arc de cette même trajectoire aboutissant à M. Des flèches indiquent le sens dans lequel les trajectoires sont décrites.

Le point M peut être ainsi joint à lui-même, non pas par une, mais par deux trajectoires (T'); pour l'une, comme l'indique la figure, l'angle CMA est positif, de telle façon que CM est au-dessus de MA; pour l'autre, l'angle CMA serait négatif.

La trajectoire (T') ne doit pas être regardée comme une trajectoire fermée; elle part bien du point M pour revenir au point M, mais la direction de la tangente n'est pas la même au point de départ et au point d'arrivée, de sorte que les arcs MC et DM ne se raccordent pas.

La trajectoire (T'), allant ainsi de M en M avec un point anguleux en M, formera ainsi ce qu'on pourra appeler une *boucle*. En faisant la même construction pour tous les points M de (T), on obtiendra une *série de boucles*; on en obtiendra même deux, la première correspondant au cas où l'angle CMA est positif, et la seconde au cas où cet angle est négatif. Ces deux séries sont bien séparées l'une de l'autre; et en effet, le passage de l'une à l'autre ne pourrait se faire que si l'angle CMA devenait infiniment petit.

Alors, la trajectoire (T'), devenue infiniment voisine de (T), irait passer par le foyer F, d'après la définition même des foyers; mais, comme elle doit aboutir au point M, les points M et F se confondraient; cela ne peut arriver d'après les principes du n° 347.

Ainsi donc, si tous les foyers sont en pointe, nous avons deux séries de boucles pour $\lambda > 0$, et nous n'en avons plus pour $\lambda < 0$.

Si tous les foyers étaient en talon, on pourrait répéter les mêmes raisonnements; on trouverait qu'il y a deux séries de boucles pour $\lambda < 0$, et qu'il n'y en a plus pour $\lambda > 0$.

375. Considérons une des séries de boucles définies dans le numéro précédent; *l'action* calculée le long d'une de ces boucles variera avec la position du point M; elle aura au moins un maximum ou un minimum.

Je dis que, si l'action est maximum ou minimum, les deux arcs MC et CD se raccordent, de telle façon que la trajectoire (T') est fermée et correspond à une solution périodique du deuxième genre.

En effet, supposons par exemple que la trajectoire (T') corresponde au minimum de l'action et que l'angle CMA soit plus grand que l'angle BMD comme sur la figure; prenons alors un point M, à gauche de M et infiniment près de M, construisons une boucle (T_1') infiniment peu différente de la boucle (T') et ayant son point anguleux en M_1; soient M_1C_1 et M_1D_1 deux arcs de cette boucle.

De M et de M_1, j'abaisse deux normales MP et M_1Q sur M_1C_1 et sur MD.

D'après un théorème bien connu, l'action le long de (T') depuis le point M jusqu'au point Q sera égale à l'action le long de (T_1') depuis le point P jusqu'à M_1. On aura donc

$$\text{action}\,(T_1') - \text{action}\,(T') = \text{action}\,(M_1P) - \text{action}\,(MQ)$$

ou

$$\text{action}\,(T_1') - \text{action}\,(T') = \text{action}\,(MM_1)(\cos CMA - \cos BMQ),$$

on enfin

$$\text{action}\,(T_1') < \text{action}\,(T'),$$

ce qui est absurde, puisque (T') a été supposé correspondre au minimum de l'action.

Si l'on supposait

$$CMA < BMD,$$

on arriverait à la même absurdité en plaçant M_1 à droite de M.

On doit donc supposer

$$CMA = BMD,$$

c'est-à-dire que les deux arcs se raccordent.

Le même raisonnement est applicable au cas du maximum.

Chaque série de boucles contient donc au moins deux trajectoires fermées.

Chacune de ces trajectoires fermées fait $k + 2$ fois le tour de (T) et coupe (T) en $2p$ points. Pour p d'entre eux, l'angle analogue à CMA est positif et, pour les p autres, il est négatif; et, en effet, la courbe (T') étant fermée, doit couper (T) autant de fois dans un sens que dans l'autre.

Donc, cette trajectoire fermée peut être regardée comme une *boucle* de $2p$ manières différentes; car nous pouvons regarder l'un quelconque de nos $2p$ points d'intersection comme le point anguleux; pour p de ces manières, la boucle ainsi définie appartiendra à la première série et pour les p autres à la seconde.

Parmi les boucles de chaque série, il y en a donc non pas deux, mais au moins $2p$ qui se réduisent à des trajectoires fermées. Seulement on obtient ainsi non pas $4p$, mais seulement deux trajectoires fermées distinctes.

Qu'il n'y en ait pas davantage en général, c'est ce qui ne résulte pas du raisonnement précédent, mais ce qu'on peut déduire des principes du Chapitre précédent.

La trajectoire (T') ainsi définie aura $\frac{1}{2}(k+1)p$ points doubles si k est impair et $\frac{1}{2}(k+2)p$ points doubles si k est pair. Cela est vrai pour les petites valeurs de λ; mais je dis que cela reste vrai quelque grand que soit λ tant que (T') existe. Et, en effet, le nombre des points doubles ne pourrait varier que si deux branches de la courbe (T') venaient à être tangentes entre elles; mais deux trajectoires ne peuvent être tangentes entre elles sans se confondre.

Pour la même raison, quelque grand que soit λ, tant que les deux trajectoires (T) et (T') existeront, elles se couperont en $2p$ points.

376. *Tous les raisonnements du numéro précédent supposent qu'il s'agit du mouvement absolu.*

En voulant les étendre au cas du mouvement relatif, on rencontrerait des difficultés qui ne sont sans doute pas insurmontables, mais que je ne chercherai pas à surmonter.

Tout d'abord, il faudrait modifier la construction employée dans le numéro précédent. Au lieu de mener MP et M_1Q normales à M_1C_1 et MD, voici ce qu'il faudrait faire. Pour construire MP, par exemple, on construirait un cercle infiniment petit satisfaisant aux conditions suivantes : il coupe M_1C_1 en P et touche en ce point la droite MP; la droite qui joint M au centre doit avoir une direction donnée et être dans un rapport donné avec le rayon. La droite MP ainsi construite jouit des mêmes propriétés qu'a la normale dans le mouvement absolu. Malheureusement cette construction peut dans certains cas entraîner une difficulté.

De plus l'action (MM_1) n'est pas toujours positive; si elle devenait nulle, le raisonnement se trouverait encore en défaut; le maximum ou le minimum pourrait être atteint au point M tel que l'action (MM$_1$) soit nulle, et cela sans que les arcs MC et DM aient besoin de se raccorder.

Nos raisonnements ne s'appliqueraient donc au cas du mouvement relatif que si l'action reste positive tout le long de (T).

Dans tous les cas, l'une des conclusions reste vraie; la trajectoire fermée (T') existe toujours puisque si le raisonnement du numéro précédent est en défaut, il n'en est pas de même de ceux des Chapitres XXVIII et XXX; de plus (T') coupe (T) en $2p$ points et possède $\frac{p}{2}(k+1)$ ou $\frac{p}{2}(k+2)$ points doubles.

Cela est vrai pour les petites valeurs de λ, mais je ne peux plus conclure que cela reste vrai quel que soit λ; car deux trajectoires peuvent être tangentes sans se confondre, pourvu qu'elles soient parcourues en sens contraire.

Stabilité et instabilité.

377. Supposons qu'il y ait seulement deux degrés de liberté; deux des exposants caractéristiques sont nuls, les deux autres sont égaux et de signes contraires.

L'équation qui a pour racines

$$e^{\alpha T}$$

est une équation du second ordre dont les coefficients sont réels (T représente la période et α l'un des exposants caractéristiques).

Ses racines sont donc réelles ou imaginaires conjuguées.

Si elles sont réelles et positives, les α sont réels et la solution périodique est instable.

Si elles sont imaginaires, les α sont imaginaires conjuguées; comme le produit est égal à -1, les α sont purement imaginaires et la solution périodique est stable.

Si elles sont réelles et négatives, les α sont imaginaires, mais *complexes*, la partie imaginaire étant égale à $\frac{i\pi}{T}$; la solution périodique est encore instable.

Elles ne peuvent d'ailleurs être réelles et de signes contraires puisque le produit est égal à $+1$.

Il y a donc deux sortes de solutions instables, correspondant aux deux hypothèses

$$e^{\alpha T} > 0, \quad e^{\alpha T} < 0.$$

Le passage des solutions stables aux solutions instables de la première sorte se fait par la valeur

$$\alpha = 0.$$

Le passage des solutions stables aux solutions instables de la seconde sorte se fait par la valeur

$$\alpha = \frac{i\pi}{T}.$$

378. Étudions d'abord le passage aux solutions instables de la première sorte. Au moment du passage on a

$$e^{\alpha T} = 1.$$

Reprenons les quantités β_k et ψ_k définies au Chapitre III et envisageons l'équation

$$(1) \quad \begin{vmatrix} \dfrac{d\psi_1}{d\beta_1} - S & \dfrac{d\psi_1}{d\beta_2} & \dfrac{d\psi_1}{d\beta_3} & \dfrac{d\psi_1}{d\beta_4} \\[2mm] \dfrac{d\psi_2}{d\beta_1} & \dfrac{d\psi_2}{d\beta_2} - S & \dfrac{d\psi_2}{d\beta_3} & \dfrac{d\psi_2}{d\beta_4} \\[2mm] \dfrac{d\psi_3}{d\beta_1} & \dfrac{d\psi_3}{d\beta_2} & \dfrac{d\psi_3}{d\beta_3} - S & \dfrac{d\psi_3}{d\beta_4} \\[2mm] \dfrac{d\psi_4}{d\beta_1} & \dfrac{d\psi_4}{d\beta_2} & \dfrac{d\psi_4}{d\beta_3} & \dfrac{d\psi_4}{d\beta_4} - S \end{vmatrix} = 0;$$

cette équation a pour racines

$$0, \quad 0, \quad e^{\alpha T} - 1, \quad e^{-\alpha T} - 1.$$

Au moment du passage les quatre racines deviennent nulles.

Mais avant d'étudier ce cas simple où l'on a affaire à des équations de la Dynamique avec deux degrés de liberté, et où l'on suppose que la fonction F ne dépend pas du temps explicitement et que par conséquent les équations admettent l'intégrale des forces vives F = const., avant, dis-je, d'étudier ce cas simple, il convient peut-être de nous arrêter un instant sur un cas plus simple encore.

Soit F une fonction quelconque de x, y et t, périodique de période T par rapport à t; envisageons les équations canoniques

$$(2) \qquad \frac{dx}{dt}=\frac{dF}{dy}, \qquad \frac{dy}{dt}=-\frac{dF}{dx};$$

ce sont les équations de la Dynamique avec un seul degré de liberté; mais, F dépendant de t, elles n'admettent pas l'équation des forces vives $F = \text{const.}$

Supposons que ces équations (2) admettent une solution périodique de période T. Les exposants caractéristiques nous seront donnés par l'équation suivante analogue à (1)

$$(3) \qquad \begin{vmatrix} \dfrac{d\psi_1}{d\beta_1} - S & \dfrac{d\psi_1}{d\beta_2} \\[2mm] \dfrac{d\psi_2}{d\beta_1} & \dfrac{d\psi_2}{d\beta_2} - S \end{vmatrix} = 0$$

qui a pour racines

$$e^{\alpha T}-1, \qquad e^{-\alpha T}-1.$$

Ces racines deviennent nulles toutes deux au moment du passage.

Supposons que F dépende d'un certain paramètre μ et que, pour $\lambda = 0$, les deux racines de l'équation (3) soient nulles. Les fonctions ψ_1 et ψ_2 dépendront non seulement de β_1 et de β_2, mais de μ. Nous supposerons que F est développable suivant les puissances de μ et que par conséquent ψ_1 et ψ_2 sont développables suivant les puissances de β_1, β_2 et μ.

Les solutions périodiques nous seront données par les équations

$$(4) \qquad \psi_1 = 0, \qquad \psi_2 = 0.$$

Pour $\mu = 0$, $\beta_1 = \beta_2 = 0$, le déterminant fonctionnel des ψ par rapport aux β est nul; mais en général les quatre dérivées $\dfrac{d\psi_i}{d\beta_i}$ ne s'annuleront pas à la fois. Supposons par exemple

$$\frac{d\psi_1}{d\beta_1} \gtrless 0,$$

on tirera de la première équation (4) β_1 en série développée suivant les puissances de β_2 et de μ et l'on substituera dans la

H. P. — III. 23

seconde équation (4). Soit

$$(5) \qquad \Psi(\beta_2, \mu) = 0$$

le résultat de la substitution. Notre déterminant fonctionnel étant nul, on aura

$$\frac{d\Psi}{d\beta_2} = 0;$$

mais deux cas sont à distinguer :

1° La dérivée $\dfrac{d\Psi}{d\mu}$ n'est pas nulle, ou, en d'autres termes, le déterminant fonctionnel de ψ_1 et ψ_2, par rapport à β_1 et μ, n'est pas nul.

Dans ce cas, si l'on regarde β_2 et μ comme les coordonnées d'un point dans un plan, la courbe représentée par l'équation (5) aura à l'origine un point ordinaire, où la tangente sera la droite $\mu = 0$.

En général, la dérivée seconde

$$\frac{d^2\Psi}{d\beta_2^2}$$

ne sera pas nulle, c'est-à-dire que l'origine ne sera pas un point d'inflexion pour la courbe (5).

Si nous coupons par la droite $\mu = \mu_0$, μ_0 étant une constante assez petite, nous pourrons, suivant le signe de μ_0, avoir deux points d'intersection de cette droite et de la courbe (5) dans le voisinage de l'origine ou n'en avoir aucun.

Si, par exemple, la courbe est au-dessus de sa tangente, nous aurons, pour $\mu_0 > 0$, deux intersections et, par conséquent, deux solutions périodiques, pour $\mu_0 < 0$ nous n'en aurons aucune.

Nous voyons donc deux solutions périodiques se rapprocher l'une de l'autre, se confondre, puis disparaître.

Considérons les deux points d'intersection de la droite $\mu = \mu_0$ avec la courbe (5); ils correspondront à deux racines consécutives de l'équation (5) et, par conséquent, à deux valeurs de signes contraires de la dérivée $\dfrac{d\Psi}{d\beta_2}$, donc à deux valeurs de signes contraires du déterminant fonctionnel des ψ_i par rapport aux β; c'est-à-dire du produit

$$(e^{\alpha T} - 1)(e^{-\alpha T} - 1) = 2 - e^{\alpha T} - e^{-\alpha T},$$

c'est-à-dire de α^2.

Donc *l'une des deux solutions périodiques qui se confondent ainsi pour disparaître, est toujours stable et l'autre instable.*

2° La dérivée $\dfrac{d\Psi}{d\mu} = 0$, ou, en d'autres termes, le déterminant fonctionnel de ψ_1 et ψ_2, par rapport à β_1 et μ, est nul.

La courbe (5) a alors à l'origine un point singulier qui, en général, sera un point double ordinaire.

Deux branches de courbe se coupent à l'origine, la droite $\mu = \mu_0$ rencontrera toujours la courbe en deux points; nous aurons donc deux solutions périodiques, quel que soit le signe de μ_0.

Les deux branches de courbe déterminent dans le voisinage de l'origine quatre régions; dans deux de ces régions opposées par le sommet, Ψ sera positif; dans les deux autres, il sera négatif.

Soient OP_1, OP_2, OP_3, OP_4 les quatre demi-branches qui aboutissent à l'origine; OP_1 sera le prolongement de OP_3 et OP_2 de OP_4; OP_1 et OP_2 correspondront à $\mu_0 > 0$; OP_3 et OP_4 à $\mu_0 < 0$; la fonction Ψ sera positive dans les angles $P_1 OP_2$, $P_3 OP_4$ et négative dans les angles $P_2 OP_3$, $P_4 OP_1$.

Nous venons de voir que la stabilité dépend du signe de la dérivée $\dfrac{d\Psi}{d\beta_1}$; alors quand on franchira OP_1, par exemple, Ψ passera du négatif au positif; la dérivée sera positive et la solution sera, par exemple, stable; elle sera stable aussi quand on franchira OP_3; instable quand on franchira OP_2 ou OP_4.

Les solutions périodiques correspondant à OP_1 sont stables et elles sont la suite analytique de celles qui correspondent à OP_3 et qui sont instables.

Inversement celles qui correspondent à OP_2 et qui sont instables sont la suite analytique de celles qui correspondent à OP_4 et qui sont stables.

Nous avons donc deux séries analytiques de solutions périodiques qui, pour $\mu = 0$, se confondent, et à ce moment *les deux séries échangent leur stabilité.*

Nous venons d'étudier les deux cas les plus simples, mais une foule d'autres cas peuvent se présenter correspondant aux différentes singularités que peut présenter la courbe (5) à l'origine.

Mais, quelles que soient ces singularités, nous verrons rayonner autour de l'origine un nombre *pair* $p+q$ de demi-branches de courbes, à savoir p du côté de $\mu > 0$, et q du côté $\mu < 0$. Supposons qu'un petit cercle décrit autour de l'origine les rencontre dans l'ordre suivant

$$OP_1, \quad OP_2, \quad \ldots, \quad OP_{p+q}.$$

Soient

$$(6) \qquad OP_1, \quad OP_2, \quad \ldots, \quad OP_p$$

celles qui correspondent à $\mu > 0$ et

$$(7) \qquad OP_{p+1}, \quad OP_{p+2}, \quad \ldots, \quad OP_{p+q}$$

celles qui correspondent à $\mu < 0$.

Alors les demi-branches (6) correspondent alternativement à des solutions périodiques stables et à des solutions instables; je dirai pour abréger que ces demi-branches sont alternativement stables ou instables.

Il en est de même des demi-branches (7).

D'autre part OP_p et OP_{p+1} sont toutes deux stables ou toutes deux instables.

Il en est de même par conséquent de OP_{p+q} et OP_1.

Soient donc p' et p'' le nombre des demi-branches stables et celui des demi-branches instables pour $\mu > 0$ de sorte que

$$p' + p'' = p.$$

Soient q' et q'' les nombres correspondants pour $\mu < 0$ de sorte que $q' + q'' = q$. Il n'y a alors que trois hypothèses possibles

$$\begin{aligned}
p' &= p'', & q' &= q'', \\
p' &= p'' + 1, & q' &= q'' + 1, \\
p' &= p'' - 1, & q' &= q'' - 1.
\end{aligned}$$

Dans tous les cas on a

$$p' - p'' = q' - q''.$$

Supposons que p ne soit pas égal à q, et par exemple que $p > q$

de telle façon qu'un certain nombre de solutions périodiques disparaissent quand on passe de $\mu > 0$ à $\mu < 0$; on voit d'abord que ce nombre est toujours pair et de plus d'après l'équation précédente, *il disparaît toujours autant de solutions stables que de solutions instables*.

Supposons maintenant que nous ayons une série analytique de solutions périodiques et que, pour $\mu = 0$, on passe de la stabilité à l'instabilité ou inversement (et cela de façon que l'exposant α s'annule). Alors q' et p'' (par exemple) sont au moins égaux à 1. Donc $p' + q''$ est au moins égal à 2. D'où il suit qu'il y aura *au moins* une autre série analytique de solutions périodiques réelles se confondant avec la première pour $\mu = 0$.

Donc *si, pour une certaine valeur de μ, une solution périodique perd la stabilité ou l'acquiert* (et cela de telle façon que l'exposant α soit nul) *c'est qu'elle se sera confondue avec une autre solution périodique*, avec laquelle elle aura échangé sa stabilité.

379. Revenons maintenant au cas que je m'étais d'abord proposé de traiter, celui où le temps n'entre pas explicitement dans les équations, où par conséquent on a l'intégrale des forces vives $F = C$, où enfin il y a deux degrés de liberté.

Je raisonnerai alors comme au n° 317, je supposerai que la période de la solution périodique qui est T pour la solution qui correspond à $\mu = 0$, $\beta_j = 0$, est égale à $T + \tau$ et peu différente de T pour les solutions périodiques voisines; et j'écrirai les équations

$$(1) \qquad \psi_1 = 0, \quad \psi_2 = 0, \quad \psi_3 = 0, \quad F = C_6, \quad \beta_3 = 0,$$

où entrent les variables

$$\beta_1, \quad \beta_4, \quad \beta_2, \quad \beta_3, \quad \mu, \quad \tau.$$

D'après nos hypothèses, le déterminant fonctionnel des ψ par rapport aux β doit s'annuler ainsi que tous ses mineurs du premier ordre; mais les mineurs du second ordre ne seront pas en général tous nuls à la fois.

Faisons donc $\beta_3 = 0$ dans les équations (1) et envisageons le déterminant fonctionnel Δ de

$$\psi_1, \quad \psi_2, \quad \psi_3, \quad F$$

par rapport à

$$\beta_2, \quad \beta_3, \quad \beta_4, \quad \tau.$$

Ce déterminant s'annule quand les β, μ et τ s'annulent; mais en général les mineurs du premier ordre ne s'annuleront pas.

Considérons en effet les déterminants fonctionnels de F et de deux des quatre fonctions ψ, par rapport à τ et à deux des quatre variables β. Peuvent-ils être tous nuls à la fois?

D'après la théorie des déterminants cela ne pourrait arriver :

1° Que si tous les mineurs des deux premiers ordres du déterminant des ψ par rapport aux β étaient nuls, à la fois, ce qui n'arrive pas en général et ce que nous ne supposerons pas.

2° Ou si les dérivées de F étaient toutes nulles à la fois; nous avons vu au n° 64 qu'elles devraient l'être tout le long de la solution périodique; nous ne supposerons pas cela non plus.

3° On enfin si les dérivées des ψ et de F par rapport à τ étaient toutes nulles à la fois; alors les valeurs

$$\beta_1 = \beta_2 = \beta_3 = \beta_4 = 0$$

correspondraient non pas à une solution périodique proprement dite, mais à une position d'équilibre (*Cf.* n° 68).

Nous ne supposerons pas cela non plus.

Nous pouvons donc toujours supposer que tous les mineurs du premier ordre de Δ ne sont pas nuls.

Éliminons alors quatre de nos inconnues β et τ entre les équations (1).

Éliminons par exemple β_1, β_2, β_4, τ, il restera une équation de la forme

$$\Psi(\beta_3, \mu) = 0;$$

cette équation étant tout à fait de même forme que l'équation (5) du numéro précédent se traiterait de la même manière et nous arriverions aux mêmes résultats :

1° Quand des solutions périodiques disparaissent après s'être confondues, il en disparaît toujours un nombre pair et autant de stables que d'instables.

2° Quand une solution périodique perd ou acquiert la stabilité quand on fait varier μ d'une façon continue (et cela de telle manière que z s'annule) on peut être certain qu'au moment du passage une autre solution périodique réelle de même période s'est confondue avec elle.

380. Passons au second cas, celui où

$$z = \frac{i\pi}{T}.$$

Alors, aucun des exposants caractéristiques ne s'annulant pour

$$\mu = 0,$$

sauf les deux qui sont toujours nul, il n'existe pas de solution périodique de période T se confondant avec la première pour

$$\mu = 0.$$

Mais en revanche, en vertu des principes du Chapitre XXVIII, il existe des solutions périodiques du deuxième genre, de période $2T$, qui, pour $\mu = 0$, se confondent avec la solution donnée dont la période est T.

Que dirons-nous de leur stabilité? Pour $\mu > 0$, nous aurons par exemple une solution stable de période T qui deviendra instable pour $\mu < 0$.

Pour $\mu > 0$, soient p' et p'' le nombre des solutions stables et celui des solutions instables qui admettent la période $2T$ sans admettre la période T. Soient q' et q'' les nombres correspondants pour $\mu < 0$.

Considérant alors toutes les solutions de période $2T$, qu'elles admettent ou non la période T, et leur appliquant les principes du n° 378, je reconnaîtrai que je puis faire au sujet de ces quatre nombre les trois hypothèses suivantes :

$$
\begin{aligned}
p' + 1 &= p'', & q' &= q'' + 1, \\
p' &= p'', & q' &= q'' + 2, \\
2 + p' &= p'', & q' &= q''.
\end{aligned}
$$

Mais si l'on se reporte aux principes du Chapitre XXVIII on verra que ces quatre nombres ne peuvent pas prendre toutes les valeurs compatibles avec les trois hypothèses. On trouvera au n° 335 l'étude des cas les plus simples et les plus fréquents.

Application aux orbites de Darwin.

381. Dans le Tome XXI des *Acta mathematica*, M. G.-H. Darwin a étudié en détail certaines solutions périodiques. Il se place dans les hypothèses du n° 9 et considère une planète troublante qu'il appelle Jupiter et à laquelle il attribue une masse dix fois plus petite que celle du Soleil. Cette planète fictive décrit autour du Soleil une orbite circulaire, et une petite planète troublée de masse nulle se meut dans le plan de cette orbite.

Il a reconnu ainsi l'existence de certaines solutions périodiques qui rentrent dans celles que j'ai appelées de première sorte et dont il a fait une étude détaillée. Ces orbites sont rapportées à des axes mobiles, tournant autour du Soleil avec la même vitesse angulaire que Jupiter; dans le mouvement relatif par rapport à ces axes mobiles, ces orbites sont des courbes fermées.

La première classe d'orbites périodiques est celle que M. Darwin appelle celle des planètes A. L'orbite est une courbe fermée entourant le Soleil, mais n'entourant pas Jupiter. L'orbite est stable quand la constante de Jacobi est plus grande que 3_9 et instable dans le cas contraire. L'instabilité correspond à un exposant caractéristique ayant pour partie imaginaire $\frac{i\pi}{T}$.

Donc pour les valeurs de la constante de Jacobi voisines de 3_9, il existe des solutions périodiques de deuxième genre dont la période est double.

L'orbite correspondante sera une courbe fermée avec un point double faisant deux fois le tour du Soleil. Les deux boucles de cette courbe sont très peu différentes l'une de l'autre et toutes deux peu différentes d'un cercle.

Nous étudierons plus loin, plus en détail, ces solutions du deuxième genre.

M. Darwin a trouvé également des satellites oscillants qu'il appelle a et b et qui sont ceux dont nous avons parlé au n° 52. Ils sont toujours instables.

Enfin, il a trouvé des satellites proprement dits qui, par rapport au système d'axes mobiles envisagés, décrivent des courbes fermées entourant Jupiter, mais n'entourant pas le Soleil.

Pour $C = 40$ (C est la constante de Jacobi), on n'a qu'un satellite A qui est stable. Pour $C = 39,5$, le satellite A est devenu instable avec un exposant α réel; mais nous avons deux satellites nouveaux B et C, le second stable, le premier instable avec un exposant α réel. Pour $C = 39$, on retrouve le même résultat; pour $C = 38,5$, le satellite C est devenu instable avec un exposant α complexe $\left(\text{dont la partie imaginaire est } \frac{i\pi}{T}\right)$; enfin, pour $C = 38$, on retrouve le même résultat.

Nous avons donc à envisager trois passages :

1° Le passage du satellite A de la stabilité à l'instabilité;

2° L'apparition des satellites B et C;

3° Le passage du satellite C de la stabilité à l'instabilité.

Les deux derniers passages ne soulèvent aucune difficulté.

Nous voyons apparaître simultanément deux solutions périodiques B et C d'abord très peu différentes l'une de l'autre; l'une est stable et l'autre instable; l'exposant α pour la solution instable est réel. Tout cela est conforme aux conclusions du n° 378.

Le passage de la stabilité à l'instabilité du satellite C ne soulève pas non plus de difficulté; car l'exposant α dans le cas de l'instabilité est complexe; on se trouve donc dans les conditions du n° 380. Il existe donc des solutions périodiques du deuxième genre, correspondant à des courbes fermées faisant deux fois le tour de Jupiter.

382. En revanche, le passage du satellite A de la stabilité à l'instabilité présente de grandes difficultés puisque dans le cas de l'instabilité, l'exposant α est réel. Il devrait donc y avoir, d'après le n° 378, *échange de stabilité*, avec d'autres solutions périodiques correspondant à des courbes fermées faisant une seule fois le tour de Jupiter. C'est ce qui ne paraît pas résulter des calculs de Darwin.

On est naturellement conduit à penser que les satellites A instables découverts par Darwin ne sont pas la continuation analytique de ses satellites A stables.

D'autres considérations conduisent au même résultat.

Les satellites A stables ont pour orbites des courbes fermées ordinaires; les satellites A instables ont des orbites en forme de huit.

Comment aurait-on pu passer d'un cas à l'autre? Ce ne peut être que par une courbe présentant un point de rebroussement; mais au point de rebroussement la vitesse devrait être nulle, et, par raison de symétrie, ce point de rebroussement ne pourrait se trouver que sur l'axe des x; il ne peut être entre le Soleil et Jupiter. En effet, dans la *fig.* 1, Darwin donne les courbes de vitesse nulle; pour $C = 40, 18$, ces courbes coupent l'axe des x entre le Soleil et Jupiter; mais cela n'a plus lieu pour $C < 40, 18$ et le passage a lieu entre $C = 40$ et $C = 39,5$.

Il reste l'hypothèse que le point de rebroussement se trouve au delà de Jupiter; mais celle-là non plus n'est pas satisfaisante. Comparons les deux orbites correspondant à $C = 40$ et à $C = 39,5$; la première coupe deux fois l'axe des x à angle droit, une fois au delà de Jupiter, une fois en deçà; soient P et Q les deux points d'intersection; de même, la seconde orbite, si on laisse de côté le point double, coupe deux fois l'axe des x à angle droit, une fois au delà et une fois en deçà de Jupiter; soient P' et Q' les deux points d'intersection. Considérons le point d'intersection P ou P' qui est au delà de Jupiter et voyons le signe de $\frac{dy}{dt}$; nous verrons que pour une orbite comme pour l'autre ce signe est positif. Or $\frac{dy}{dt}$ aurait dû changer de signe au moment du passage par le point de rebroussement.

Le point P, le point de rebroussement hypothétique, et le point P' ne peuvent donc pas être regardés comme la continuation analytique l'un de l'autre. Il faudrait alors supposer qu'à un moment donné, il y a eu échange entre les deux points d'intersection de l'orbite du satellite A et de l'axe des x, celui qui est à droite passant à gauche et inversement. Rien dans l'allure des courbes construites par M. Darwin n'autorise une semblable supposition.

Donc, je conclus que les satellites A instables ne sont pas la continuation analytique des satellites A stables. Mais alors que sont devenus les satellites A stables?

Sur ce point, je ne puis faire que des hypothèses et, pour pouvoir faire autre chose, il faudrait reprendre les quadratures mécaniques de M. Darwin. Mais si l'on examine l'allure des courbes, il semble qu'à un certain moment l'orbite du satellite A a dû passer par Jupiter et qu'ensuite il est devenu ce que M. Darwin appelle un *satellite oscillant*.

383. Étudions de plus près les planètes A et le passage de ces planètes de la stabilité à l'instabilité.

Les orbites de ces planètes correspondent à ce que nous avons appelé *solutions périodiques de la première sorte* (n° 40). L'orbite à point double qui fait deux fois le tour du Soleil et qui diffère peu de celle de la planète A au moment où l'orbite de cette planète vient de devenir instable; cette orbite à point double, dis-je, correspond à ce que nous avons appelé *solutions périodiques de la deuxième sorte* (47).

Et, en effet, si l'on applique aux solutions de la première sorte le procédé par lequel nous avons déduit les solutions périodiques du deuxième genre de celles du premier genre, on retombe précisément sur les solutions de la deuxième sorte.

Dans les solutions de la deuxième sorte, les moyens mouvements anomalistiques, peu différents des moyens mouvements proprement dits, sont dans un rapport commensurable. Nous devons donc nous attendre à ce que pour notre solution de la deuxième sorte (et, par conséquent, pour la planète A au moment du passage de la stabilité à l'instabilité), le rapport des moyens mouvements soit voisin d'un nombre commensurable simple et même ici, puisque l'orbite doit faire deux fois le tour du Soleil, il sera voisin d'un multiple de $\frac{1}{2}$.

En d'autres termes, au moment du passage, la quantité que M. Darwin appelle $n\mathrm{T}$, doit être voisine d'un multiple de π.

C'est, en effet, ce qui arrive; les tableaux de M. Darwin nous donnent

$$C = 40 \qquad \text{A stable,} \qquad n\mathrm{T} = 154°.$$
$$C = 39,5 \qquad \text{A stable,} \qquad n\mathrm{T} = 165°.$$
$$C = 39 \qquad \text{A instable,} \qquad n\mathrm{T} = 177°.$$
$$C = 38,5 \qquad \text{A instable,} \qquad n\mathrm{T} = 191°.$$

On voit que le passage a dû se faire environ pour $nT = 170°$, et ce nombre est voisin de $180°$.

Le moyen mouvement de la planète A est donc à peu près trois fois celui de Jupiter.

On pourrait songer à appliquer à l'étude de ces solutions de la deuxième sorte les principes du Chapitre XXX; mais on rencontrerait des difficultés parce qu'on se trouve dans un cas d'exception. Il vaut mieux reprendre cette étude directement.

384. Reprenons les notations du n° 313 et posons, comme dans ce numéro

$$x_1 = L - G, \qquad x_2 = L + G,$$
$$2y_1 = l - g - t, \qquad 2y_2 = l + g - t,$$
$$F = R - G = F_0 + \mu F_1 + \dots$$
$$F_0 = \frac{2}{(x_1 + x_2)^2} + \frac{x_2 - x_1}{2}.$$

La quantité L doit être de même signe que G (*Cf.* p. 200, *in fine*) et l'excentricité très petite; comme x_1 est de l'ordre du carré de l'excentricité, cette variable sera également très petite.

Comme il ne s'agit que de déterminer le nombre des solutions périodiques et leur stabilité, nous pouvons nous contenter d'une approximation.

Nous négligerons donc $\mu^2 F_2$ et les termes suivants. Dans le terme μF_1, nous ne tiendrons compte que des termes séculaires et des termes à très longue période et nous négligerons, en outre, les puissances supérieures de x_1. Nous aurons ainsi

$$F_1 = a + bx_1 + cx_1 \cos\omega,$$

où a, b, c sont des fonctions de x_2 seulement et où $cx_1\cos\omega$ est le terme à très longue période conservé.

Les termes à très longue période sont les termes en $l + 3g - 3t$, c'est-à-dire les termes en $2y_2 - y_1$; nous avons donc

$$\omega = (y_2 - 2y_1).$$

Il vient alors

$$F = \frac{2}{(x_1 + x_2)^2} + \frac{x_2 - x_1}{2} + \mu(a + bx_1 + cx_1\cos\omega)$$

et nous pouvons appliquer la méthode de Delaunay:

Les équations canoniques admettent l'intégrale
$$x_1 - 2x_2 = k,$$
d'où
$$F = \frac{2}{(k-x_1)^3} - \frac{k}{2} - \frac{3x_1}{2} + \mu(a - bx_1 + cx_1\cos\omega).$$

Avec l'approximation adoptée, nous pouvons remplacer a, b, c par
$$a_0 - 2x_1 a'_0, \quad b_0, \quad c_0,$$
en désignant par a_0, a'_0, b_0, c_0 ce que deviennent a, $\dfrac{da}{dx_2}$, b, c quand on y remplace x_2 par k.

Ainsi
$$\alpha = a_0, \quad \beta = b_0 - 2a'_0, \quad \gamma = c_0$$

désignent des constantes dépendant de k et nous avons
$$F = \frac{2}{(k-x_1)^3} - \frac{k}{2} - \frac{3x_1}{2} + \mu(\alpha - \beta x_1 + \gamma x_1\cos\omega).$$

Regardons k comme une constante; $\sqrt{x_1}\cos\dfrac{\omega}{2}$, $\sqrt{x_1}\sin\dfrac{\omega}{2}$ comme les coordonnées rectangulaires d'un point dans un plan et construisons la courbe
$$F = C,$$

C désignant une seconde constante.

Cette courbe dépend ainsi des deux constantes k et C. Si elle présente un point double, ce point double correspondra à une solution périodique, qui sera stable si les deux tangentes au point double sont imaginaires, et instable si les deux tangentes sont réelles.

Observons que la courbe est symétrique par rapport aux deux axes de coordonnées et que deux points doubles symétriques l'un de l'autre par rapport à l'origine ne correspondent pas à deux solutions périodiques véritablement distinctes.

Les points doubles ne peuvent se trouver que sur l'un des axes de coordonnées, de telle sorte qu'on les trouvera tous en faisant
$$\omega = 0, \quad \omega = \pi.$$
Si l'on fait
$$C = \frac{2}{k^3} + \frac{k}{2} + \mu\alpha,$$

la courbe $F = C$ passe par l'origine et y présente un point double.
Les tangentes au point double sont données par l'équation

$$\frac{4}{k^4} - \frac{3}{2} + \mu\beta + \mu\gamma\cos\omega = 0.$$

Si donc

$$(1) \qquad \frac{4}{k^4} - \frac{3}{2} + \mu\beta > \mu\gamma$$

les tangentes sont imaginaires. Si

$$(2) \qquad \mu\gamma > \frac{4}{k^4} - \frac{3}{2} + \mu\beta > -\mu\gamma.$$

les tangentes sont réelles. Si enfin

$$(3) \qquad -\mu\gamma > \frac{4}{k^4} - \frac{3}{2} + \mu\beta.$$

les tangentes sont de nouveau imaginaires.

Le coefficient β est positif; j'ai écrit les inégalités précédentes
en supposant aussi γ positif. Si γ était négatif, on n'aurait
d'ailleurs qu'à changer ω en $\omega + \pi$.

Le point double à l'origine correspond à la solution de la première sorte, c'est-à-dire à la planète A de M. Darwin. On voit que
cette solution est stable quand les inégalités (1) ou (3) ont lieu et
instable quand les inégalités (2) ont lieu.

Etudions maintenant les points doubles qui peuvent se trouver
sur la droite $\omega = 0$.

Si l'on fait $\omega = 0$, la fonction F devient

$$(4) \qquad F = \frac{2}{(k - x_1)^3} - \frac{k}{2} - \frac{3 x_1}{2} + \mu x + \mu x_1(\beta - \gamma) = C.$$

Si, laissant k constant, on fait varier x_1 depuis 0 jusqu'à k, on
voit que les maxima et minima de F sont donnés par l'équation

$$(5) \qquad \frac{4}{(k - x_1)^4} - \frac{3}{2} + \mu(\beta + \gamma) = 0,$$

laquelle admet une solution si l'inégalité (3) a lieu et n'en admet
pas dans le cas contraire.

Si donc l'inégalité (3) n'a pas lieu, la fonction F est constamment décroissante si elle a lieu; la fonction F d'abord croissante
atteint un maximum et décroît ensuite.

Ce maximum correspond à un point double situé sur la droite $\omega = o$, ou plutôt à deux points doubles symétriques par rapport à l'origine.

Mais il nous faut chercher combien nous trouvons de ces points doubles pour une valeur donnée de la constante C; l'équation (5) nous donne x_1 en fonction de k; il faut en déduire x_1 en fonction de C.

Or les équations (4) et (5) peuvent s'écrire

$$F - C, \qquad \frac{dF}{dx_1} = o$$

d'où

$$\frac{dC}{dx_1} = \frac{dF}{dx_1} = \frac{dF}{dk}\frac{dk}{dx_1} = \frac{dF}{dk}\frac{dk}{dx_1},$$
$$\frac{d^2F}{dx_1^2} = \frac{d^2F}{dk\,dx_1}\frac{dk}{dx_1} = o.$$

Or on a, en négligeant les termes en μ,

$$\frac{dF}{dk} = \frac{dF}{dx_1} = -1$$

d'où

$$\frac{dF}{dk} = -x_1$$

$$\frac{d^2F}{dk\,dx_1} = \frac{d^2F}{dx_1^2} = o, \qquad \frac{d^2F}{dx_1^2} = (1 - \frac{o}{x_1^3}) = \mu\left(\frac{1}{k}\right)^{3},$$

d'où

$$\frac{dk}{dx_1} = 1, \qquad \frac{dC}{dx_1} = -1,$$

d'où il résulte que x_1 est une fonction constamment décroissante de C.

Donc pour une valeur de C, nous avons seulement au plus un maximum, c'est-à-dire que nous avons au plus deux points doubles symétriques l'un de l'autre par rapport à l'origine sur la droite $\omega = o$.

Soit donc C_0 la valeur de C qui satisfait à la double égalité

$$C_0 = \frac{2}{k^2} - \frac{k}{2} - \mu x,$$

$$\frac{1}{k^2} - \frac{k}{2} - x(3 - \gamma) = o;$$

nous verrons que, pour $C > C_0$, il n'y aura pas de point double sur la droite $\omega = 0$ et que, pour $C < C_0$, il y en aura deux.

La même discussion est applicable au cas des points doubles situés sur la droite $\omega = \pi$. Les valeurs de x_1 seront données par l'équation

$$(5\ bis)\qquad \frac{1}{(k-x_1)^3} - \frac{3}{2} + \mu(\beta-\gamma) = 0$$

laquelle admet une solution si les inégalités (2) ou (3) ont lieu.

Si alors C_1 est la valeur de C qui satisfait à la double égalité

$$C_1 = \frac{2}{k^3} + \frac{k}{2} + \mu x_1,$$

$$\frac{1}{k^3} - \frac{3}{2} - \mu(\beta-\gamma) = 0,$$

la condition pour qu'il existe deux points doubles sur la droite

$$\omega = \pi,$$

c'est que $C < C_1$.

Nous remarquerons que $C_1 > C_0$; que C_0 est la valeur de C pour laquelle on passe de l'inégalité (2) à l'inégalité (3) et que C_1 est celle pour laquelle on passe de l'inégalité (1) à l'inégalité (2).

D'ailleurs en construisant les courbes, on reconnaît aisément que pour les points doubles situés sur $\omega = 0$ les tangentes sont réelles et que, pour les points doubles situés sur $\omega = \pi$, elles sont imaginaires.

Nous pouvons donc résumer nos résultats comme il suit :

Premier cas
$$C > C_1.$$
L'inégalité (1) a lieu.
La solution de la première sorte (planète A) est stable.
Il n'y a pas de solution de la deuxième sorte (orbite à point double).

Deuxième cas
$$C_1 > C > C_0.$$

Les inégalités (2) ont lieu.
La solution de la première sorte est devenue instable.
Il y a une solution de la deuxième sorte qui est stable.

Troisième cas

$$C < C_2.$$

L'inégalité (3) a lieu.

La solution de la première sorte est redevenue stable.

Il y a deux solutions de la deuxième sorte, l'une stable et l'autre instable : la première correspondant aux deux points doubles situés sur la droite $\omega = \pi$, et la seconde aux deux points doubles situés sur la droite $\omega = 0$.

Ces conclusions sont vraies pourvu que μ soit suffisamment petit; la valeur adoptée par M. Darwin, $\mu = \frac{1}{10}$, est-elle suffisamment petite?

Je ne l'ai pas vérifié, mais cela semble très probable.

Il est donc vraisemblable que, si M. Darwin avait continué l'étude des planètes A pour des valeurs de C plus petites que 38, il aurait retrouvé des orbites stables.

CHAPITRE XXXII.

SOLUTIONS PÉRIODIQUES DE DEUXIÈME ESPÈCE.

385. Reprenons les équations du n° 13,

$$(1) \qquad \frac{dx_i}{dt} = \frac{dF}{dy_i}, \qquad \frac{dy_i}{dt} = -\frac{dF}{dx_i}, \qquad F = F_0 + \mu F_1 + \ldots$$

avec p degrés de liberté. D'après ce que nous avons vu au n° 42, ces équations admettront des solutions périodiques telles que, quand t augmente de la période T, les variables $y_1, y_2, \ldots, y_p$ augmentent respectivement de

$$2k_1\pi, \quad 2k_2\pi, \quad \ldots, \quad 2k_p\pi.$$

Les entiers $k_1, k_2, \ldots, k_p$ peuvent être quelconques.

Mais cela n'est vrai que si le hessien de F_0 par rapport aux x n'est pas nul. La démonstration du n° 42 est en défaut, quand ce hessien est nul, et en particulier quand F_0 ne dépend pas de toutes les variables x.

Or, c'est précisément ce qui arrive dans le problème des trois corps. Je rappelle que $y_1, y_2, y_3, y_4, y_5, y_6$ représentent alors respectivement les longitudes moyennes des planètes, celles des périhélies et celles des nœuds, et que F_0 dépend seulement des deux premières variables x_1 et x_2 qui sont proportionnelles aux racines carrées des grands axes.

Considérons alors une solution périodique; d'après les conventions faites, une solution sera regardée comme périodique pourvu que les *différences* des y augmentent de multiples de 2π, quand t augmente d'une période, et en effet F ne dépend que de ces différences.

Soient donc

$$2k_1\pi, \quad 2k_2\pi, \quad 2k_3\pi, \quad 2k_4\pi, \quad 2k_5\pi$$

les quantités dont augmentent

$$y_1 - y_6, \quad y_2 - y_7, \quad y_3 - y_8, \quad y_4 - y_9, \quad y_5 - y_{10},$$

quand t augmente d'une période.

Tout ce que nous avons pu établir au Chapitre III, c'est qu'il existe des solutions périodiques correspondant à des valeurs quelconques de k_1 et k_2, *mais en supposant k_3, k_4 et k_5 nuls.*

On peut se demander s'il existe encore ici, comme dans le cas général, des solutions périodiques correspondant *à des valeurs quelconques des cinq entiers k*, solutions que je pourrai appeler *de deuxième espèce.*

386. Ces *solutions de deuxième espèce* existent-elles? On sera tout d'abord tenté de répondre affirmativement, en s'appuyant sur des raisons de continuité et en réfléchissant qu'il suffit de modifier très peu la forme de la fonction F pour retomber sur des équations canoniques auxquelles s'appliquent les raisonnements du n° 42.

Mais alors une difficulté se présente : que deviennent ces solutions quand on annule la quantité que nous avons appelée μ et qui est proportionnelle aux masses perturbatrices?

Si les masses perturbatrices sont nulles, les deux planètes suivent les lois de Képler; les périhélies et les nœuds sont fixes, de sorte que les nombres k_3, k_4 et k_5 ne peuvent avoir, semble-t-il, d'autre valeur que zéro.

Voici comment cette difficulté peut être résolue. Si les masses sont infiniment petites, les deux planètes suivront les lois de Képler, *à moins que leur distance ne devienne elle-même à certains moments infiniment petite.*

Supposons, en effet, que les deux planètes, d'abord très éloignées l'une de l'autre, décrivent l'une et l'autre une ellipse képlérienne. Il pourra arriver que ces deux ellipses se rencontrent, ou passent très près l'une de l'autre, et cela de telle façon qu'à un certain moment la distance des deux planètes devienne très petite; à ce moment, leur action perturbatrice mutuelle pourra devenir sensible et les deux orbites subiront des perturbations importantes. Puis les planètes, s'étant de nouveau éloignées l'une de l'autre, décriront de nouveau des ellipses képlériennes.

Seulement ces nouvelles ellipses différeront beaucoup des anciennes ; les périhélies et les nœuds auront subi des variations considérables.

Je désignerai sous le nom de *choc* ce phénomène, bien qu'il ne s'agisse pas d'un choc au sens propre du mot, puisque les deux planètes ne viennent pas au contact et qu'il suffit que leur distance devienne assez petite pour que l'attraction soit sensible malgré la petitesse des masses.

Quoi qu'il en soit, si l'on tient compte de ces orbites avec chocs, il n'est plus vrai de dire que, pour $\mu = o$, les périhélies et les nœuds sont fixes et que, par conséquent, les nombres k_2, k_3 et k_4 doivent être nuls.

Nous sommes ainsi conduits à penser que les solutions de deuxième espèce existent et que, si l'on fait tendre μ vers zéro, elles tendent à se réduire à des orbites avec une série de chocs. Mais cet aperçu ne saurait suffire et un examen plus approfondi est nécessaire.

387. Rendons-nous compte d'abord de l'effet d'un choc ; soient E et E′ les ellipses décrites par la première planète avant et après le choc ; soient E_1 et E'_1 les ellipses décrites par la seconde planète. Il est clair que ces quatre ellipses doivent se couper en un même point et de telle façon que les deux planètes en décrivant ces quatre orbites passent au point de rencontre à l'instant du choc.

En effet, tant que leur distance est sensible, les deux planètes décrivent des courbes peu différentes d'une ellipse ; pendant le temps très court où leur distance est très petite, elles décrivent au contraire des orbites très différentes d'une ellipse. Ces orbites se réduisent à de petits arcs de courbe C de rayon de courbure très petit et très peu différents d'arcs d'hyperbole. A la limite, le temps très court du choc se réduit à un instant : les petits arcs C se réduisent à un point et l'orbite, se réduisant à deux arcs d'ellipse, présente un point anguleux.

Pour achever de définir les orbites E, E′, E_1, E'_1, il faut connaître en grandeur et en direction les vitesses des deux planètes P et P_1 avant et après le choc. Quelles relations y a-t-il entre ces vitesses ? J'observe d'abord que la vitesse du centre de gravité des deux corps P et P_1 doit être la même avant et après le choc et cela tant en grandeur qu'en direction.

Considérons maintenant la vitesse relative de P par rapport à P_1, cette vitesse devra être la même *en grandeur* avant et après le choc; mais elle pourra différer en direction.

Voici la règle pour déterminer la direction de cette vitesse après le choc.

Considérons des axes mobiles dont l'origine est en P_1, et considérons une droite AB qui représente en grandeur et direction la vitesse relative de P par rapport à P_1 avant le choc. Cette droite AB doit passer par le point P_1, puisque le corps qui est animé de la vitesse qu'elle représente doit venir choquer le point P_1, fixe par rapport à nos axes mobiles. Mais cela n'est vrai qu'à la limite, cela n'est vrai que parce que nous regardons comme des infiniment petits les masses d'une part, et d'autre part la distance à laquelle l'attraction mutuelle de P et P_1 commence à se faire sentir, c'est-à-dire ce qu'on pourrait appeler le *rayon d'action*. Il serait donc plus exact de dire que la distance δ de P_1 à la droite AB est un infiniment petit du même ordre que le rayon d'action.

Soit maintenant A'B' la droite qui représente la vitesse relative de P par rapport à P_1 après le choc; A'B' est égale en grandeur à AB et la distance de P_1 à A'B' est égale à δ.

Voici enfin la règle pour déterminer la direction de A'B'. Le point P_1 et les deux droites AB et A'B' sont dans un même plan (à des infiniment petits près d'ordre supérieur); l'angle de AB et de A'B', est déterminé comme il suit : la tangente de la moitié de cet angle est proportionnelle à δ et au carré de la longueur de AB.

On voit ainsi que la direction de A'B' peut être quelconque.

Les seules conditions auxquelles sont assujetties nos quatre vitesses sont donc les suivantes : permanence de la vitesse du centre de gravité en grandeur et en direction; permanence de la vitesse relative en grandeur seulement. Ces conditions peuvent encore s'énoncer ainsi :

La force vive et les constantes des aires ne doivent pas être altérées par le choc.

388. Cherchons à construire les orbites avec chocs qui sont les

limites vers lesquelles tendent les solutions de deuxième espèce quand μ tend vers zéro.

J'observe d'abord que pour qu'une semblable orbite soit périodique, il faut supposer au moins deux chocs. Supposons d'abord que deux chocs consécutifs n'aient jamais lieu au même point. Soient donc E et E_1 les ellipses décrites par les planètes P et P_1 dans l'intervalle de deux chocs consécutifs. Ces deux ellipses devront se couper en deux points et, comme elles ont un foyer commun, elles sont dans un même plan, à moins que les deux points d'intersection et le foyer ne soient en ligne droite.

Supposons-nous placés dans ce cas d'exception; soient Q et Q' les deux points d'intersection des ellipses E et E_1 que je ne suppose pas dans le même plan; ces deux points sont en ligne droite avec le foyer F; soient E et E_1 les ellipses décrites par les deux planètes après le choc. Elles passeront par le point Q, où le choc vient de se produire, et elles ne seront pas en général dans un même plan; leurs plans se couperont suivant la droite FQ, de sorte que leur second point d'intersection (qui doit exister si deux chocs consécutifs n'ont jamais lieu au même point) se trouvera sur cette droite FQ. J'ajoute que les deux ellipses E et E_1 auront même paramètre. En effet, les points F, Q et Q' étant en ligne droite, l'inverse du paramètre de l'ellipse E ou de l'ellipse E_1

sera $\dfrac{1}{2\,\overline{FQ}} + \dfrac{1}{2\,\overline{FQ'}}$.

Cela posé, voici comment il conviendra d'opérer. Supposons quatre chocs pour fixer les idées; soient Q_1, Q_2, Q_3, Q_4 les points où ont lieu ces quatre chocs.

Nous pouvons nous donner arbitrairement ces quatre points, pourvu, bien entendu, qu'ils soient sur une même droite passant par F.

Nous devons construire deux ellipses E et E_1 se coupant en Q_1 et Q_2, deux ellipses E' et E_1' se coupant en Q_2 et Q_3, deux autres E'' et E_1'' se coupant en Q_3 et Q_4; deux autres enfin, E''' et E_1''' se coupant en Q_4 et Q_1.

L'orbite de P se compose d'arcs appartenant aux quatre ellipses E, E', E'', E''' et celle de P_1 d'arcs appartenant aux quatre ellipses E_1, E_1', E_1'', E_1'''.

Nous nous donnerons arbitrairement la constante des forces

vives et celles des aires; ces constantes devront être les mêmes pour l'intervalle entre les deux premiers chocs (orbites E et E_1) pour l'intervalle suivant et pour tous les autres intervalles; c'est d'après le numéro précédent la seule condition que nous ayons à remplir.

Pour construire E et E_1, voici comment nous procéderons : envisageons le mouvement des trois corps; comme nous supposons $\mu = 0$, ce mouvement est képlérien et le corps central peut être regardé comme fixe en F. Nous connaissons la force vive totale du système. Les deux planètes P et P_1 doivent partir simultanément du point Q_1 pour arriver simultanément au point Q_2. Quand P et P_1 vont de Q_1 à Q_2, la longitude vraie de P augmente de $(2m + 1)\pi$ et celle de P_1 augmente de $(2m_1 + 1)\pi$. Nous pouvons encore nous donner arbitrairement les deux entiers m et m_1. Le problème est alors entièrement déterminé; il importe de remarquer que l'inclinaison des orbites n'y intervient pas : on peut, pour le résoudre, supposer le mouvement plan. Le problème peut toujours être résolu; il suffit, en effet, d'appliquer le principe de Maupertuis et l'action maupertuisienne, essentiellement positive, a toujours un minimum.

Il reste à déterminer les plans des deux ellipses. Nous connaissons les constantes des aires; nous connaissons donc le plan invariable qui passe par la droite FQ_1Q_2; la vitesse aréolaire du système est représentée par un vecteur perpendiculaire au plan invariable et qui nous est connu en grandeur et en direction; il est la somme géométrique des vitesses aréolaires des deux planètes, représentées par deux vecteurs qui nous sont connus en grandeur puisqu'ils sont respectivement égaux à mp et m_1p, m et m_1 étant les masses des deux planètes et p le paramètre commun des deux ellipses E et E_1. Nous pouvons donc construire les directions de ces deux vecteurs composants qui sont perpendiculaires respectivement au plan de E et à celui de E_1.

On déterminerait de même E' et E'_1, E'' et E''_1, ...

389. Supposons maintenant que tous les chocs successifs aient lieu en un même point Q. La période sera divisée en autant d'intervalles qu'il y aura de chocs; envisageons l'un de ces intervalles pendant lequel les deux planètes décrivent les deux ellipses E

et E_1. Nous nous donnons, comme dans le numéro précédent, les constantes des forces vives et des aires qui doivent être les mêmes pour tous les intervalles et il s'agit de construire E et E_1.

Supposons que, pendant l'intervalle envisagé, la planète P ait fait m, et que la planète P_1 ait fait m_1 révolutions complètes; nous pourrons nous donner arbitrairement les deux entiers m et m_1. Connaissant ces deux entiers nous connaîtrons le rapport des grands axes, et comme nous connaissons, d'autre part, la constante des forces vives, nous connaîtrons les grands axes eux-mêmes.

Nous connaissons, d'autre part, les constantes des aires et, par conséquent, le vecteur qui représente la vitesse aréolaire du système. Ce vecteur peut être décomposé d'une infinité de manières en deux vecteurs composants représentant les vitesses aréolaires de P et P_1. Nous nous donnerons arbitrairement cette décomposition. Connaissant ces deux vecteurs composants nous connaîtrons les plans des deux ellipses et leurs paramètres. Il reste à connaître l'orientation de chacune des ellipses dans son plan; nous la déterminerons de façon à faire passer l'ellipse par le point Q.

En résumé nous avons pu choisir arbitrairement :

1° Le point Q et le nombre des intervalles;

2° Pour tous les intervalles, la constante des forces vives et celle des aires;

3° Pour *chaque* intervalle, les entiers m et m_1 et la décomposition du vecteur aréolaire.

Pour que le problème soit possible, ces arbitraires doivent cependant satisfaire à certaines inégalités que je n'écrirai pas.

390. Laissons de côté ces cas exceptionnels, où tous les chocs ont lieu sur une même droite ou en un même point, et passons au cas du mouvement plan. Soient Q_1, Q_2, ..., les points où se font les chocs successifs; nous nous donnerons arbitrairement la constante des forces vives et celle des aires qui devront être les mêmes pour tous les intervalles.

Considérons l'un des intervalles, par exemple celui où les deux planètes vont de Q_1 en Q_2. Nous nous donnerons arbitrairement les *grandeurs* des deux rayons vecteurs FQ_1 et FQ_2, mais non pas l'angle de ces deux rayons vecteurs, ni la durée de l'intervalle.

Nous savons que dans cet intervalle, la différence de longitude des deux planètes a augmenté de $2m\pi$. Nous nous donnerons arbitrairement l'entier m.

Connaissant cet entier, les deux longueurs FQ_1 et FQ_2, les deux constantes des forces vives et des aires, nous avons tout ce qu'il faut pour déterminer les orbites E et E_1. Cela revient à appliquer le principe de Maupertuis, mais en définissant l'action hamiltonienne comme au n° 339 et en en déduisant l'action maupertuisienne par le procédé des n°s 336 et 337. Malheureusement cette action maupertuisienne n'étant pas toujours positive, on n'est pas certain qu'elle ait toujours un minimum.

En résumé nous pouvons choisir arbitrairement :

1° Le nombre des intervalles et les longueurs FQ_1, FQ_2, ...;

2° Les constantes des aires et des forces vives;

3° Pour *chaque* intervalle, l'entier m.

Les orbites à chocs ainsi obtenues sont toutes planes; parmi les orbites périodiques de deuxième espèce qui se réduisent à ces orbites à chocs pour $\mu = o$, il y en a certainement qui sont planes; il est possible également qu'il y en ait qui ne soient pas planes pour $\mu > o$ et ne le deviennent qu'à la limite.

391. Voyons maintenant comment on peut démontrer l'existence des solutions périodiques de deuxième espèce qui se réduisent à la limite aux orbites à chocs que nous venons de construire.

Considérons l'une des orbites à chocs et soit t_0 un instant antérieur au premier choc et t_1 un instant compris entre le premier et le second choc. Soit de même t_2 un instant compris entre le second et le troisième choc. Je suppose pour fixer les idées qu'il y ait trois chocs et j'appelle T la période de telle façon qu'à l'instant $t_0 + $ T les trois corps se trouvent dans la même situation relative qu'à l'instant t_0.

Je prends pour variables les grands axes, les inclinaisons et les excentricités, et les *différences* des longitudes moyennes, des longitudes des périhélies et des nœuds; soit en tout onze variables, de telle façon que l'orbite soit regardée comme périodique si les trois corps se retrouvent dans la même situation *relative* à la fin de la période.

Soient x_1^0, x_2^0, ..., x_{11}^0, les valeurs de ces variables à l'instant t_0

pour l'orbite à chocs envisagée et par conséquent pour $\mu = 0$; soient x_j^1, les valeurs de ces variables à l'instant t_1 pour cette même orbite à chocs, x_j^2 leurs valeurs à l'instant t_2 et x_j^3 leurs valeurs à l'instant $t_0 + T$. On aura

$$x_j^3 = x_j^0 + 2 m_j \pi$$

m_j étant un entier qui devra être nul en ce qui concerne les grands axes, les excentricités et les inclinaisons.

Considérons maintenant une orbite peu différente de l'orbite à chocs, et donnons à μ une valeur très petite quoique différente de zéro. Dans cette nouvelle orbite, nos variables prendront les valeurs $x_j^0 + \beta_j^0$ à l'instant t_0, $x_j^1 + \beta_j^1$ à l'instant t_1, $x_j^2 + \beta_j^2$ à l'instant t^2 et enfin $x_j^3 + \beta_j^3$ à l'instant $t_0 + T + \tau$.

La condition pour que la solution soit périodique de période $T + \tau$ c'est

$$\beta_j^3 = \beta_j^0.$$

Pour qu'en supposant $\mu = 0$ un choc se produise entre l'instant t_0 et l'instant t_1, les variables β_j^0 doivent satisfaire à deux conditions.

Soient

$$f_1(\beta_j^0) = f_2(\beta_j^0) = 0$$

ces deux conditions.

Posons

$$f_1(\beta_j^0) = \gamma_1^0 \mu, \qquad f_2(\beta_j^0) = \gamma_2^0 \mu, \qquad \beta_k^0 = \gamma_k^0 \qquad (k = 3, 4, \ldots, 11);$$

on voit que les β_j^0 sont des fonctions holomorphes des γ_j^0 et de μ; en appliquant les principes du Chapitre II *on démontrerait qu'il en est de même des* β_j^1.

Pour qu'il y ait un choc entre les instants t_1 et t_2 (en supposant $\mu = 0$) il faut deux conditions que j'écris

$$(1) \qquad f_1(\beta_j^1) = f_2(\beta_j^1) = 0.$$

Remplaçant dans les relations (1) les β_j^1 par leurs valeurs en fonction des γ_j^0 et de μ et faisant ensuite $\mu = 0$, je trouve

$$\theta_1(\gamma_1^0) = \theta_2(\gamma_1^0) = 0.$$

Posons alors

$$\theta_1(\gamma_1^0) = \gamma_1^1 \mu, \qquad \theta_2(\gamma_1^0) = \gamma_2^1 \mu, \qquad \beta_k^1 = \gamma_k^1 \qquad (k = 3, \ldots, 11);$$

je verrais que les β_i^1 et les β_i^2 sont des fonctions holomorphes des γ_i^1 et de μ; il en est de même des γ_i^2 et par conséquent des β_i^0.

Enfin, pour qu'il y ait un choc entre les instants t_2 et $t_0 + T\tau$, il faut deux conditions que j'écris

$$f_1((\beta_i^2)) = f_2((\beta_i^2)) = 0.$$

En y remplaçant les β_i^2 par leurs valeurs en fonction des γ_i^1 et de μ et faisant ensuite $\mu = 0$, elles deviennent

$$\tau_{11}(\gamma_i^1) = \tau_{12}(\gamma_i^1) = 0.$$

Je pose

$$\tau_{11}(\gamma_i^1) = \gamma_1^2\mu, \qquad \tau_{12}(\gamma_i^1) = \gamma_2^2\mu, \qquad \beta_k^2 = \gamma_k^2 \qquad (k = 3, \ldots, 11)$$

et je vois encore que les β_i^0, les β_i^1, les β_i^2 sont fonctions holomorphes des γ_i^1 et de μ; de même les β_i^2 sont fonctions holomorphes des γ_i^2, de μ et de τ.

Les relations $\beta_i^2 = \beta_i^0$ sont donc des égalités dont les deux membres sont holomorphes par rapport aux γ_i^1, à μ et à τ. La discussion de ces équations se ferait comme au Chapitre III. Elle démontrerait l'existence des solutions de deuxième espèce.

Je ne crois pas devoir insister davantage, car ces solutions s'écartent trop des orbites réellement parcourues par les corps célestes.

CHAPITRE XXXIII.

SOLUTIONS DOUBLEMENT ASYMPTOTIQUES.

Modes divers de représentation géométrique.

392. Pour l'étude des solutions doublement asymptotiques, nous allons nous borner à un cas très particulier, celui du n° 9, masse de la planète troublée nulle, orbite de la planète troublante circulaire, inclinaisons nulles. Le problème des trois corps admet alors l'intégrale bien connue sous le nom d'*intégrale de Jacobi*.

Revenant au n° 299 sur l'étude de ce problème du n° 9, nous avons été amenés à distinguer plusieurs cas. Nous avons vu à la page 158 que l'on doit avoir l'inégalité

$$(1) \qquad \frac{m_1}{r_1} + \frac{m_2}{r_2} + \frac{n^2}{2}(\xi^2 + \eta^2) = V + \frac{n^2}{2}(\xi^2 + \eta^2) > -h.$$

Nous avons distingué ensuite le cas où m_1 est beaucoup plus petit que m_2 et où $-h$ est suffisamment grand (p. 159) et nous avons vu que la courbe

$$(2) \qquad V + \frac{n^2}{2}(\xi^2 + \eta^2) = -h$$

se décompose en trois branches fermées que nous avons appelées C_1, C_2 et C_3; donc, en vertu de l'inégalité (1), le point ξ, η doit rester toujours à l'intérieur de C_1, ou toujours à l'intérieur de C_2, ou toujours à l'extérieur de C_3 (ξ, η sont les coordonnées rectangulaires de la planète troublée par rapport aux axes mobiles).

Dans ce qui va suivre, nous supposerons que la valeur de la constante $-h$ est assez grande pour que la courbe (2) se décompose ainsi en trois branches fermées et que le point ξ, η reste toujours à l'intérieur de C_1. De cette façon, la distance r_2 de la planète troublée au corps central peut s'annuler, mais il n'en est pas de même de la distance r_1 des deux planètes.

Cette hypothèse correspond à la suivante que nous avons faite aux pages 198 et 199; à savoir que la courbe $F = C$ présente l'aspect de la *fig.* 9 et que le point x_1, x_2 reste sur l'arc utile AB.

Nous allons adopter les notations du n° 313; nous introduirons donc les variables képlériennes L, G, l, g. Mais il y a deux manières de définir ces variables képlériennes. Nous pourrions, comme au n° 9, rapporter le corps troublé au centre de gravité du corps troublant et du corps central, et envisager l'ellipse osculatrice décrite autour de ce centre de gravité. Mais il est préférable de rapporter le corps troublé au corps central lui-même et d'envisager l'ellipse osculatrice décrite autour de ce corps central.

Ces deux procédés sont également légitimes; nous avons vu en effet au n° 11 que l'on peut rapporter le corps B au corps A et le corps C au centre de gravité de A et de B. Il est clair qu'on pourrait également rapporter C à A et B au centre de gravité de A et C. Si A représente le corps central, B le corps troublant et C le corps troublé, on voit que la première solution est celle qui a été adoptée au n° 9 et que dans la seconde solution, que nous adopterons désormais, les deux corps B et C sont rapportés tous deux au corps central, puisque, la masse de C étant nulle, le centre de gravité de A et de C est en A.

Il vient alors

$$F = H + G = \frac{\sqrt{1-\mu}}{2L^2} + G + \frac{\mu\sqrt{1-\mu}}{r_1} - \frac{\mu}{2\sqrt{1-\mu}}(r_1^2 - 1 - r_2^2)$$

où μ et $1-\mu$ désignent les masses du corps troublant et du corps central, r_1 la distance des deux planètes, 1 la distance constante du corps troublant au corps central, r_2 celle du corps troublé au corps central.

Nous poserons, comme au n° 313,

$$x_1 = L - G, \qquad x_2 = L + G,$$
$$2y_1 = l - g + t, \qquad 2y_2 = l + g - t;$$

$$F = F_0 + \mu F_1, \qquad F_0 = \frac{1}{2L^2} + G = \frac{2}{(x_1+x_2)^2} + \frac{x_2 - x_1}{2};$$

$$\mu F_1 = \frac{\sqrt{1-\mu} - 1}{2L^2} + \frac{\mu\sqrt{1-\mu}}{r_1} - \frac{\mu}{2\sqrt{1-\mu}}(r_1^2 - 1 - r_2^2).$$

On voit, et c'est le point important que je voulais signaler, que, dans la région d'où le point ξ, η ne peut pas sortir, la fonction F_1 reste toujours finie.

Nous adopterons le mode de représentation de la page 199 et nous représenterons la situation du système par le point de l'espace dont les coordonnées rectangulaires sont

$$X = \frac{\sqrt{x_2}\cos y_2}{\sqrt{x_2 + \tfrac{1}{4}x_1 - 2\sqrt{x_1}\cos y_1}}, \qquad Y = \frac{\sqrt{x_2}\sin y_2}{\sqrt{x_2 + \tfrac{1}{4}x_1 - 2\sqrt{x_1}\cos y_1}},$$

$$Z = \frac{2\sqrt{x_1}\sin y_1}{\sqrt{x_2 + \tfrac{1}{4}x_1 - 2\sqrt{x_1}\cos y_1}}.$$

On voit que quand le rapport $\frac{x_1}{x_2}$ est constant, le point X, Y, Z décrit un tore; que ce tore se réduit à l'axe des Z quand ce rapport est infini et au cercle

$$Z = 0, \qquad X^2 + Y^2 = 1,$$

quand ce rapport est nul.

Les dérivées $\frac{dF_1}{dx_1}$ et $\frac{dF_1}{dx_2}$ restent finies dans la région considérée, de même que la fonction F_1 elle-même, sauf quand x_1 ou x_2 est très petit, il n'en serait pas de même des dérivées $\frac{dF_1}{dy_1}$, $\frac{dF_1}{dy_2}$ qui pourraient devenir infinies pour $x_2 = 0$. Il en résulte que

$$-n_1 = \frac{dF_1}{dx_1}, \qquad -n_2 = \frac{dF_1}{dx_2}$$

diffèrent très peu de $\frac{dF_0}{dx_1}$ et $\frac{dF_0}{dx_2}$. Nous avons vu à la page 200 que, dans l'hypothèse où nous nous sommes placés, $\frac{dF_0}{dx_2}$ et par conséquent n_2 ne peuvent s'annuler parce que la constante C des forces vives (la constante C du n° 313 se ramène facilement à la constante h du n° 299) est plus grande que $\frac{3}{2}$ $\left(\text{à la page 200, il faut lire partout } \frac{3}{2} \text{ au lieu de } \frac{3}{4}\right)$.

Nous aurons donc, si x_2 n'est pas très petit,

$$n_2 > 0.$$

car $\frac{dy_2}{dx_2}$ ne peut devenir infini que pour $x_2 = 0$, d'où il suit que y_2 est toujours croissant, sauf pour x_2 très petit.

Soit M un point X, Y, Z, tel que $y_2 = 0$; il se trouvera sur le demi-plan

$$Y = 0, \qquad X > 0.$$

Quand x_1, x_2, y_1, y_2 varieront conformément aux équations différentielles, le point X, Y, Z décrira une certaine trajectoire; quand y_2 qui croît constamment atteindra la valeur 2π, le point X, Y, Z venu en M_1, se trouvera de nouveau sur le demi-plan $Y = 0$, $X > 0$.

Le point M_1 est alors le conséquent de M, d'après la définition du n° 305. Comme y_2 est toujours croissant, tout point du demi-plan a un conséquent et un antécédent; il n'y a exception que pour x_2 très petit, c'est-à-dire pour les points du demi-plan qui sont très éloignés de l'origine ou très voisins de l'axe des Z.

Nous aurons un invariant intégral au sens du n° 305; cherchons à former cet invariant.

Les équations étant canoniques admettent l'invariant intégral

$$\int dx_1\, dx_2\, dy_1\, dy_2.$$

Posons $z = \frac{x_2}{x_1}$ et prenons pour variables nouvelles F, z, y_1, y_2; l'invariant deviendra

$$-\int \frac{x_1^2 \dfrac{dF}{dx_1}\, dz\, dy_1\, dy_2}{\dfrac{dF}{dx_1} - x_2 \dfrac{dF}{dx_2}} = \int \frac{x_1^3 \dfrac{dF}{dx_1}\, dz\, dy_1\, dy_2}{x_1 R_1 - x_2 R_2}.$$

De cet invariant quadruple nous déduirons (à cause de l'existence de l'intégrale $F = C$) l'invariant triple

$$\int \frac{x_1^2\, dz\, dy_1\, dy_2}{x_1 R_1 - x_2 R_2}.$$

Dans cette intégrale triple x_1, x_2, $R_1 = -\dfrac{dF}{dx_1}$, $R_2 = -\dfrac{dF}{dx_2}$ sont supposés remplacés en fonctions de z, y_1, y_2 à l'aide des équations

$$x_2 = x_1 z, \qquad F = C.$$

Prenons maintenant pour variables X, Y, Z et appelons Δ le jacobien de X, Y, Z par rapport à z, y_1, y_2, l'invariant deviendra

$$\int \frac{x_2^3\, dX\, dY\, dZ}{(x_1 n_1 + x_2 n_2)\Delta}.$$

Soit

$$R = \frac{\sqrt{z}}{\sqrt{z + 4 - 2\cos y_1}}, \qquad Z = \frac{2\sin y_1}{\sqrt{z + 4 - 2\cos y_1}},$$

d'où

$$X = R\cos y_2, \qquad Y = R\sin y_2.$$

Posons encore

$$D = [(R - 1)^2 + Z^2][(R + 1)^2 + Z^2];$$

un calcul simple donne

$$\Delta = \frac{RD}{8\sqrt{z(z+4)}}.$$

Notre invariant s'écrira donc

$$\int \frac{8\,x_2^3\,\sqrt{z(z+4)}\,dX\,dY\,dZ}{(x_1 n_1 + x_2 n_2)\,RD}.$$

Les principes du n° 305 nous permettent d'en déduire l'invariant suivant au sens du n° 305

$$\int \frac{8\,x_2^3\,\sqrt{z(z+4)}}{D}\, \frac{n_2}{x_1 n_1 + x_2 n_2}\, dX\, dZ.$$

Ici n_2 et R jouent le rôle que jouaient Ω et ρ dans l'analyse du n° 305.

La quantité sous le signe $\int$ est essentiellement positive, sauf pour x_2 très petit, c'est-à-dire pour les points du demi-plan très éloignés de l'origine ou très voisins de l'axe des Z.

393. Cette circonstance (qu'un point n'aura plus de conséquent s'il est trop éloigné ou s'il est trop près de l'axe des Z) pourrait causer quelque gêne et il peut être utile de tourner cette difficulté par un artifice quelconque.

Nous pourrions d'abord utiliser la remarque du n° 311 et remplacer notre demi-plan par une aire courbe S simplement connexe. Voici comment nous choisirions cette aire courbe.

Si x_2 est très petit, l'excentricité est très petite et les deux planètes circulent en sens contraire; les principes du n° 40 sont applicables et nous permettent d'affirmer l'existence d'une solution périodique de la première sorte qui satisfera évidemment aux conditions suivantes ; les quantités

$$\sqrt{x_2}\cos y_2,\quad \sqrt{x_2}\sin y_2,\quad x_1,\quad \cos y_1,\quad \sin y_1$$

sont des fonctions périodiques du temps t; ces fonctions dépendent en outre de μ et de la constante des forces vives C; elles sont développables suivant les puissances de μ; la période T dépend aussi de μ et de C. L'angle y_1 augmente de 2π quand t augmente d'une période. Enfin $\sqrt{x_2}\cos y_2$ et $\sqrt{x_2}\sin y_2$ sont divisibles par μ, de sorte que pour $\mu = 0$ on a $x_2 = 0$.

Avec notre mode de représentation, cette solution périodique que j'appelle ϖ est représentée par une courbe fermée K; comme x_2 est très petit quand μ est très petit, cette courbe s'écarte très peu de l'axe des Z; je veux dire qu'elle s'en écarte peu de même qu'un cercle de rayon très grand s'écarte peu d'une droite. Tout point de la courbe K est, ou très éloigné de l'origine ou très voisin de l'axe des Z.

Cela posé, notre aire courbe S aurait pour périmètre la courbe K, elle s'écarterait peu du demi-plan $Y = 0$, $X > 0$, sauf dans le voisinage immédiat de la courbe K. Il serait facile d'ailleurs d'achever de la déterminer de telle manière que tout point de cette aire eût un conséquent sur cette aire elle-même. Il suffirait pour cela que si j'appelle (T) une trajectoire quelconque, c'est-à-dire une des courbes définies dans notre mode de représentation par les équations différentielles, il suffirait, dis-je, que la surface S ne fût tangente en aucun point à aucune des trajectoires (T).

Mais il y a un autre moyen, qui au fond ne diffère pas du premier. La difficulté, pour peu qu'on y réfléchisse, rappellera celle du Chapitre XII; nous sommes donc conduits à faire un changement de variables analogue à celui du n° 145.

Posons d'abord

$$\xi_2 = \sqrt{2x_2}\cos y_2,\qquad \eta_2 = \sqrt{2x_2}\sin y_2,$$

puis

$$S = \xi_2\eta_2 + x'_1 y_1 + \mu S_1$$

où S_1 est une fonction de ξ'_2, η_2, x'_1, y_1. Soit ensuite

$$(1)\quad \begin{cases} \xi_2 = \dfrac{dS}{d\eta_2} = \xi'_2 + \mu \dfrac{dS_1}{d\eta_2}; & \eta'_2 = \dfrac{dS}{d\xi'_2} = \eta_2 - \mu \dfrac{dS_1}{d\xi'_2}; \\ x_1 = \dfrac{dS}{dy_1} = x'_1 + \mu \dfrac{dS_1}{dy_1}; & y'_1 = \dfrac{dS}{dx'_1} = y_1 + \mu \dfrac{dS_1}{dx'_1}, \end{cases}$$

et enfin

$$\xi'_2 = \sqrt{2x'_2}\cos y'_2, \qquad \eta'_2 = \sqrt{2x'_2}\sin y'_2.$$

J'observe d'abord que la forme canonique des équations ne sera pas altérée quand des variables x_1, y_1, x_2, y_2, je passerai à x_1, y_1, ξ_2, η_2, puis à x'_1, y'_1, ξ'_2, η'_2, puis enfin à x'_1, y'_1, x'_2, y'_2.

Il me reste à choisir la fonction S_1.

Je sais que F' est dans le domaine envisagé une fonction holomorphe de $\sqrt{2x_1}\cos y_1$, $\sqrt{2x_1}\sin y_1$, $\sqrt{2x_2}\cos y_2$, $\sqrt{2x_2}\sin y_2$. Je veux qu'elle reste fonction holomorphe des nouvelles variables

$$\sqrt{2x'_i}\cos y'_i, \quad \sqrt{2x'_i}\sin y'_i.$$

Pour cela je veux que les variables anciennes $\sqrt{2x_i}\,{}^{\cos}_{\sin}\,y_i$ soient fonctions holomorphes des variables nouvelles $\sqrt{2x'_i}\,{}^{\cos}_{\sin}\,y'_i$ et de μ.

A cet effet, il nous suffira de supposer que S_1 est fonction holomorphe de

$$\sqrt{2x'_1}\cos y_1, \quad \sqrt{2x'_1}\sin y_1, \quad \xi'_2, \quad \eta_2, \quad \mu$$

et est divisible par x'_1.

Je veux ensuite que pour notre solution périodique σ_1 on ait

$$\xi'_2 = \eta'_2 = 0, \qquad x'_1 = x_1^0 = \text{const.}$$

Soient donc

$$\xi_2 = A, \qquad \eta_2 = B, \qquad x_1 = C$$

les équations de la solution périodique; A, B, C sont des fonctions de y_1, périodiques de période 2π et développables suivant les puissances de μ.

Alors $C - \dfrac{dA}{dy_1}B$ sera aussi une fonction périodique de y_1; soit x_1^0 sa valeur moyenne; on pourra trouver une autre fonction périodique α telle que

$$C - \frac{dA}{dy_1}B = x_1^0 + \frac{d\alpha}{dy_1}.$$

Nous n'aurons plus alors qu'à supposer que, pour $x'_1 = x'_2$, la fonction μS_1 se réduise à

$$(2) \qquad \alpha - B\xi'_2 + A\eta'_2.$$

Cela suffira pour que les équations de la solution périodique se réduisent avec les nouvelles variables à

$$\xi'_2 = \eta'_2 = 0, \qquad x'_1 = x''_1.$$

Il est évidemment possible de trouver une fonction μS_1 qui soit développable suivant les puissances de $\sqrt{2x'_1}\,\genfrac{}{}{0pt}{}{\cos}{\sin}\,y_1$, et divisible par x'_1 et qui, en même temps, se réduise à l'expression (2) pour $x'_1 = x^0_1$.

Adoptons les variables nouvelles x'_1, y'_1, x'_2, y'_2.

La fonction F, qui était holomorphe par rapport à $\sqrt{2x_1}\,\genfrac{}{}{0pt}{}{\cos}{\sin}\,y_1$, $\sqrt{3x_2}\,\genfrac{}{}{0pt}{}{\cos}{\sin}\,y_2$, sera de même holomorphe par rapport à $\sqrt{2x'_1}\,\genfrac{}{}{0pt}{}{\cos}{\sin}\,y'_1$, $\sqrt{2x'_2}\,\genfrac{}{}{0pt}{}{\cos}{\sin}\,y'_2$. D'autre part, comme une des solutions des équations différentielles est

$$\xi'_2 = \eta'_2 = 0, \qquad x'_1 = x''_1,$$

on devra avoir pour $\xi'_2 = \eta'_2 = 0$, $x'_1 = x^0_1$, les relations suivantes

$$(3) \qquad \frac{dF}{d\xi'_2} = \frac{dF}{d\eta'_2} = \frac{dF}{dy'_1} = 0.$$

Pour les petites valeurs de ξ'_2 et η'_2, F est développable suivant les puissances de ξ'_2 et η'_2. En vertu des relations (3), pour $x'_1 = x^0_1$, les termes du premier degré de ce développement disparaissent et les termes de degré zéro se réduisent à une constante indépendante de μ.

Cette constante ne peut d'ailleurs être autre chose que la constante des forces vives C; de sorte que les conditions $\xi'_2 = \eta'_2 = 0$, $x'_1 = x^0_1$ peuvent être remplacées par les suivantes

$$\xi'_2 = \eta'_2 = 0, \qquad F = C.$$

Ainsi, pour $F = C$, les termes du premier degré en ξ'_2 et η'_2 disparaissent dans le développement de F.

La difficulté provenait de ce que F et F_1 contenaient des termes du premier degré en

$$\xi_2 = \sqrt{2x_2}\cos y_2, \qquad \eta_2 = \sqrt{2x_2}\sin y_2$$

et que, par conséquent, la dérivée $\dfrac{dF_1}{dx_2}$, contenant des termes
en $\dfrac{1}{\sqrt{x_2}}$, devenait infinie pour $x_2 = 0$.

Ici cette difficulté n'existe plus; nous n'avons plus de termes
du premier degré en ξ_2', η_2'; donc la dérivée $\dfrac{dF_1'}{dx_2'}$ reste finie, même
pour $x_2' = 0$, et $\dfrac{dF'}{dx_2'}$, qui diffère très peu de $\dfrac{dF_2}{dx_2}$, conserve toujours
le même signe. Donc, avec nos nouvelles variables qui, d'ailleurs,
ne diffèrent des anciennes que de quantités très petites de l'ordre
de μ, nous aurons constamment

$$\frac{dx_2'}{dt} > 0.$$

Faisons, avec nos variables nouvelles, une convention analogue
à celle du numéro précédent et représentons la situation du système
par le point de l'espace dont les coordonnées sont

$$X = \frac{\sqrt{x_2'}\cos y_2'}{\sqrt{x_2' + \frac{1}{4}x_1' - 2\sqrt{x_1'}\cos y_1'}}, \qquad Y = \frac{\sqrt{x_2'}\sin y_2'}{\sqrt{x_2' + \frac{1}{4}x_1' - 2\sqrt{x_1'}\cos y_1'}},$$

$$Z = \frac{2\sqrt{x_1'}\sin y_1'}{\sqrt{x_2' + \frac{1}{4}x_1' - 2\sqrt{x_1'}\cos y_1'}}.$$

Tout ce que nous avons dit subsistera; seulement comme $\dfrac{dx_2'}{dt}$
ne peut jamais s'annuler, *tout point du demi-plan*, sans exception, *aura un conséquent*.

Je dis maintenant que l'invariant intégral est toujours positif.
Il ne pourrait y avoir de doute que pour le dénominateur qui,
avec les mêmes variables, était $x_1 n_1 + x_2 n_2$ et qui serait maintenant

$$- \left(x_1 \frac{dF'}{dx_1'} + x_2 \frac{dF'}{dx_1'} \right),$$

ce qui, en regardant F' comme fonction des quatre variables,

$$\xi_1 = \sqrt{2x_1'}\cos y_1', \qquad \eta_1 = \sqrt{2x_1'}\sin y_1',$$

peut s'écrire

$$-\frac{1}{2}\left(\xi_1\frac{dF'}{d\xi_1}-\eta_1'\frac{dF'}{d\eta_1'}+\xi_2\frac{dF'}{d\xi_2}-\eta_2'\frac{dF'}{d\eta_2'}\right).$$

Sous cette forme, on voit aisément que le dénominateur est holomorphe par rapport aux ξ', aux η' et à μ. Or, pour $\mu = 0$, F' se réduit à

$$\frac{\mu}{(x_1+x_2)^2}-\frac{x_1^2-x_2^2}{2}$$

et il est aisé de vérifier que le dénominateur est toujours positif. Il l'est donc encore pour les petites valeurs de μ.

394. Dans ce qui va suivre, nous adopterons donc les variables définies au numéro précédent. Nous supprimerons d'ailleurs les accents devenus inutiles et nous écrirons F, x_i et y_i au lieu de F', x_i' et y_i'. Nous avons alors l'invariant intégral (au sens du n° 305),

$$J=\int\frac{8x_1^2\sqrt{z(z+4)}}{D}\,\frac{\dfrac{dF}{dx_2}}{x_1\dfrac{dF}{dx_1}-x_2\dfrac{dF}{dx_2}}\,dX\,dZ,$$

où

$$D=[(X-1)^2+Z^2][(X+1)^2+Z^2].$$

J'observerai d'abord que cet invariant intégral, toujours positif, reste fini quand on l'étend au demi-plan tout entier.

En effet, si $\sqrt{(X-1)^2+Z^2}$ est un infiniment petit du premier ordre, le numérateur $x_1^2\sqrt{z(z+4)}$ est un infiniment petit du second ordre et il en est de même de D. Si $\sqrt{(X-1)^2+Z^2}$ est un infiniment grand du premier ordre, le numérateur reste fini, tandis que D est très grand du quatrième ordre. Toutes les autres quantités restent finies.

J'appellerai J_0 la valeur de l'invariant J étendue au demi-plan tout entier.

Ce qui caractérise les solutions périodiques et les courbes trajectoires qui les représentent, c'est que ces courbes coupent le demi-plan en des points dont les conséquents successifs sont en nombre fini; reportons-nous, par exemple, au n° 312 et, en particulier, à la *fig.* 7 de la page 194.

Sur cette figure, la trajectoire fermée qui représente une solution périodique coupe le demi-plan en cinq points M_0, M_1, M_2, M_3, M_4, qui sont les conséquents les uns des autres. J'appellerai, pour abréger, un pareil système *système de points périodiques* ou *système périodique*.

À chaque solution périodique instable, correspondent deux systèmes de solutions asymptotiques; ces solutions sont représentées par des trajectoires (au sens du n° 312) et l'ensemble de ces trajectoires forme ce que nous avons appelé des surfaces asymptotiques. L'intersection d'une surface asymptotique avec le demi-plan s'appellera une *courbe asymptotique*. Ainsi que nous l'avons vu sur la *fig.* 7, page 194, à chacun des points M_i d'un système périodique instable aboutissent quatre branches de courbes asymptotiques (MA, MB, MP, MQ) qui sont deux à deux dans le prolongement l'une de l'autre.

Il y a une infinité de courbes asymptotiques, car il y a une infinité de solutions périodiques instables et, par conséquent, de systèmes de points périodiques instables, même en nous bornant aux solutions du premier genre, définies aux n°° 42 et 44.

Nous distinguerons les courbes asymptotiques de première et de deuxième famille, suivant que l'exposant caractéristique correspondant sera positif ou négatif; celles de la première famille sont caractérisées par la propriété suivante; le $n^{ième}$ antécédent d'un quelconque de leurs points est très voisin d'un point périodique si n est très grand; pour les courbes de la deuxième famille, ce serait le $n^{ième}$ conséquent et non le $n^{ième}$ antécédent qui serait très voisin d'un point périodique.

Sur la figure de la page 194 les courbes MA et MP sont de la première famille et les courbes MB et MQ de la seconde.

Ces courbes asymptotiques peuvent être regardées comme des courbes invariantes au sens du Chapitre XXVII, à la condition de faire l'une des deux conventions suivantes; revenons à la figure de la page 194, nous voyons la courbe M_0A_0 qui a pour conséquents successifs M_1A_1, M_2A_2, M_3A_3, M_4A_4, M_0A_5. Alors si nous convenons d'envisager les cinq courbes M_0A_0, M_1A_1, M_2A_2, M_3A_3, M_4A_4, cet *ensemble* constituera évidemment une courbe invariante. Ou bien encore si nous convenons de n'envisager les conséquents que de 5 en 5, et d'appeler $p^{ième}$ conséquent celui que nous appelions jusqu'ici le $5p^{\text{ième}}$ conséquent, il est clair que la courbe $M_0 A_0 A_5$ envisagée seule sera une courbe invariante.

Deux courbes de la même famille ne peuvent se couper. — En effet, ou bien ces deux courbes aboutiront à un même point périodique, au point M_0 par exemple; ces deux courbes coïncideront (puisque par M_0, ne passe, comme courbe de la première famille, que $M_0 A_0$ avec son prolongement $M_0 P_0$), il s'agit alors de savoir si une courbe asymptotique peut avoir un point double; la question a été résolue négativement (n° 309, page 185).

Ou bien ces deux courbes aboutiront à deux points périodiques d'un même système périodique, par exemple, aux deux points M_0 et M_1. Si deux courbes qui seraient alors $M_0 A_0$ et $M_1 A_1$ avaient un point commun Q, le $5p^{\text{ième}}$ antécédent de Q devrait être à la fois pour p très grand très voisin de M_0, parce que Q appartiendrait à $M_0 A_0$ et très voisin de M_1 parce que Q appartiendrait à $M_1 A_1$. Cela est encore absurde.

Ou bien enfin les deux courbes aboutiraient à deux points appartenant à deux systèmes périodiques différents. Supposons par exemple que les deux courbes soient de la première famille et que Q soit leur point d'intersection.

Le $n^{\text{ième}}$ antécédent de Q, pour n très grand, devrait être à la fois très voisin d'un des points du premier système périodique et d'un des points du second système; cela est encore impossible.

Au contraire, *il n'y a pas de raison pour que deux courbes asymptotiques de familles différentes ne se coupent pas.*

Soient S et S' deux solutions périodiques instables; T et T' les trajectoires fermées correspondantes, P et P' les systèmes périodiques correspondants.

Soient Σ et Σ' deux surfaces asymptotiques passant respectivement par T et T' et coupant le demi-plan suivant deux courbes asymptotiques C et C', l'une de la première, l'autre de la deuxième famille.

Qu'arrivera-t-il si C et C' ont un point commun Q? Les deux surfaces Σ et Σ' se couperont suivant une trajectoire τ, qui correspondra à une solution remarquable σ. La trajectoire τ appartiendra à deux surfaces asymptotiques; de sorte que pour $t = -\infty$ elle se rapprochera beaucoup de T et que pour $t = +\infty$, elle se rapprochera beaucoup de T'. Pour n très grand, le $n^{ième}$ antécédent de Q sera très voisin d'un des points du système P et son $n^{ième}$ conséquent très voisin d'un des points du système P'.

La solution τ est donc *doublement asymptotique*.

Toutes ces conséquences n'ont rien d'absurde.

Mais deux cas sont à distinguer. Ou bien les deux solutions S et S' coïncident, de sorte que τ d'abord très rapprochée de T = T' s'en éloigne beaucoup et se rapproche ensuite de nouveau beaucoup de cette *même* trajectoire T = T'. Je pourrai dire alors que la solution τ est *homocline*. Ou bien S diffère de S', et T de T', je dirai alors que τ est *hétérocline*.

L'existence des solutions homoclines sera bientôt démontrée; celle des solutions hétéroclines reste douteuse au moins dans le cas du problème des trois corps.

Solutions homoclines.

395. A la fin du n° 312, nous avons vu que « les arcs $A_0 A_2$ et $B_0 B_2$ se coupent. » Or, l'arc $A_0 A_2$ appartient à la courbe $M_0 A_0 A_2$ qui est une courbe asymptotique de la première famille et l'arc $B_0 B_2$ fait partie de la courbe $M_2 B_0$ qui est de la deuxième famille.

Le raisonnement est général et nous devons conclure que les deux surfaces asymptotiques qui passent par une même trajectoire fermée doivent toujours se couper en dehors de cette trajectoire. Les courbes asymptotiques de la première famille qui aboutissent aux points d'un système périodique coupent toujours les courbes de la deuxième famille qui aboutissent à ces mêmes points.

En d'autres termes, sur chaque surface asymptotique, il y a au moins une solution doublement asymptotique homocline; nous verrons bientôt qu'il y en a une infinité; mais nous allons voir tout de suite qu'il y en a au moins deux.

Revenons pour cela à la figure de la page 194. D'après le raisonnement des n°ˢ 308 et 312, l'invariant intégral J étendu au quadrilatère $A_0 B_0 A_2 B_2$ doit être nul; c'est pour cette raison que ce quadrilatère curviligne ne saurait être convexe et que les côtés opposés $A_0 A_5$ et $B_0 B_5$ doivent se couper. Soit Q l'un des points d'intersection de ces deux arcs. Remarquons que le point B_0 a été choisi arbitrairement sur la courbe asymptotique MA_0; si l'on met le point A_0 au point Q lui-même, ce point A_0 se trouvera aussi sur la courbe $M_2 B_0$ et coïncidera avec le point B_0. Si les deux points A_0 et B_0 coïncident, il en sera de même de leurs cinquièmes conséquents A_5 et B_5.

Le quadrilatère $A_0 B_0 A_5 B_5$ se réduira donc à la figure formée par deux arcs de courbe ayant mêmes extrémités. Cette figure ne peut être convexe puisque l'invariant intégral étendu au quadrilatère doit être nul. Il faut donc que les deux arcs $A_0 A_5$ et $B_0 B_5$ aient d'autres points communs que leurs extrémités.

Il y aura donc au moins deux points d'intersection distincts (en ne regardant pas comme distincts un point et un quelconque de ses conséquents).

Il y aura donc toujours au moins deux solutions doublement asymptotiques.

Supposons donc que les points A_0 et B_0 coïncident et prolongeons les arcs $A_0 A_5$ et $B_0 B_5$ jusqu'à leur premier point de rencontre en C_0. Nous aurons ainsi déterminé une aire qui cette fois sera convexe (au point de vue de l'*Analysis situs*) et qui sera limitée par deux arcs faisant partie respectivement des deux arcs $A_0 A_5$ et $B_0 B_5$ et ayant mêmes extrémités, à savoir $A_0 = B_0$ et C_0.

Soit z_0 cette aire et z_n sa $n^{ième}$ conséquente; l'aire z_n sera évidemment comme z_0 convexe et limitée par deux arcs de courbe, l'un de la première, l'autre de la deuxième famille.

L'intégrale J aura même valeur pour z_0 et z_n. Soit j cette valeur. Comme la valeur J_0 de l'invariant intégral pour le demi-plan entier est finie, on verrait, en raisonnant comme au n° 291, que, si

$$n > \mu \frac{J_0}{j},$$

l'aire z_0 aura une partie commune au moins avec p des aires

$$z_1, z_2, \ldots, z_n,$$

et comme n ne peut être pris aussi grand que l'on veut, je puis énoncer le résultat suivant :

Parmi les aires z_n, il y en a une infinité qui ont une partie commune avec z_0.

Comment peut-il arriver que z_0 ait une partie commune avec z_n?

L'aire z_0 ne peut être tout entière intérieure à z_n, puisque l'invariant intégral a même valeur pour les deux aires. Pour la même raison l'aire z_n ne peut être tout entière intérieure à z_0. Les deux aires ne peuvent non plus coïncider; si en effet une portion d'une courbe asymptotique (de la première famille par exemple) coïncidait avec sa $n^{\text{ième}}$ conséquente, il en serait de même de sa $p^{\text{ième}}$ antécédente quelque grand que soit p; or, si p est grand, cette $p^{\text{ième}}$ antécédente est très voisine des points périodiques et les principes du Chapitre VII suffisent pour montrer que cette coïncidence n'a pas lieu.

Il faut donc supposer que le périmètre de z_0 coupe celui de z_n; or, le périmètre de z_0 se compose d'un arc $A_0 H_0 C_0$ appartenant à la courbe $M_0 A_0 A_2$ de la première famille et d'un arc

$$B_0 K_0 C_0 = A_2 K_2 C_0$$

appartenant à la courbe $M_2 B_2 B_0$ de la seconde famille.

De même, le périmètre de z_n se composera de l'arc $A_n M_n C_n$, $n^{\text{ième}}$ conséquent de $A_0 H_0 C_0$, qui appartiendra à la même courbe asymptotique que $A_0 H_0 C_0$, c'est-à-dire à une courbe de la première famille, et de l'arc $A_n K_n C_n$, $n^{\text{ième}}$ conséquent de $A_0 K_0 C_0$, qui appartiendra à la même courbe asymptotique que $A_0 K_0 C_0$, c'est-à-dire à une courbe de la seconde famille.

Deux courbes de même famille ne pouvant se couper, il faut que $A_0 H_0 C_0$ coupe $A_n K_n C_n$, ou que $A_0 K_0 C_0$ coupe $A_n H_n C_n$. Mais si les deux arcs $A_0 K_0 C_0$ et $A_n H_n C_n$ se coupent, leurs $n^{\text{ièmes}}$ antécédents $A_{-n} K_{-n} C_{-n}$ et $A_0 H_0 C_0$ se couperont également. Il faut donc que $A_0 H_0 C_0$ coupe le $n^{\text{ième}}$ conséquent ou le $n^{\text{ième}}$ antécédent de $A_0 K_0 C_0$.

Mais l'arc $A_0 K_0 C_0$, tous ses antécédents et tous ses conséquents appartiennent à une même courbe invariante de la deuxième famille, représentée sur la figure de la page 194 par l'ensemble des courbes $M_0 B_0$, $M_1 B_2$, $M_1 B_1$, $M_2 B_1$, $M_0 B_2$.

L'arc $A_0 H_0 C_0$ est donc coupé une infinité de fois par cet ensemble de courbes.

Les deux surfaces Σ et Σ' qui passent par la trajectoire fermée T ont donc une infinité d'autres courbes d'intersection.

Il y a donc sur la surface Σ une infinité de solutions doublement asymptotiques homoclines. c. q. f. d.

396. Soit $A_0 H_0 C_0$ un arc quelconque de notre courbe asymptotique de la première famille, et supposons que cet arc coupe une courbe asymptotique de seconde famille aux deux points extrêmes A_0 et C_0. Je dis qu'entre ces deux points A_0 et C_0 il y aura toujours d'autres points d'intersection avec la courbe de la seconde famille.

Soit en effet $A_0 K_0 C_0$ l'arc de la courbe de la seconde famille qui joint les deux points A_0 et C_0.

Ou bien les deux arcs $A_0 H_0 C_0$ et $A_0 K_0 C_0$ ont d'autres points communs que leurs extrémités, et alors le théorème se trouve démontré.

Ou bien ces deux arcs n'ont pas d'autre point commun que leurs extrémités A_0 et C_0; alors les deux arcs limitent une aire z_0 analogue à celle que nous avons envisagée à la fin du numéro précédent; les mêmes raisonnements lui sont applicables et nous pouvons conclure que l'arc $A_0 H_0 C_0$ coupe une infinité de fois la courbe de la seconde famille.

Donc sur une courbe asymptotique de la première famille entre deux points d'intersection quelconques avec la courbe de la seconde famille, il y en a une infinité d'autres.

Sur une surface asymptotique quelconque, entre deux solutions doublement asymptotiques quelconques, il y en a une infinité d'autres.

Nous n'avons pas encore le droit de conclure que les solutions doublement asymptotiques sont *überalldicht* sur la surface asymptotique; mais cela semble probable.

Les points d'intersection des deux courbes asymptotiques peuvent se répartir en deux catégories. En effet, on peut parcourir la courbe asymptotique dans deux sens opposés; nous considérerons ce sens comme positif, si l'on va d'un point à son conséquent. Soient alors A un point d'intersection des deux courbes, BAB', CAC' deux arcs de courbes asymptotiques se coupant en A. Supposons que BAB' soit de la première et CAC' de la seconde famille, et qu'en suivant les courbes dans le sens positif on aille de A en B' et de A en C. Suivant que la direction AB' sera à droite ou à gauche de AC, le point d'intersection A sera de la première ou de la deuxième catégorie.

Cela posé, soit $A_0 H_0 C_0$ un arc de la première famille, coupé en A_0 et C_0 par un arc $A_0 K_0 C_0$ de la deuxième famille. A quelque catégorie qu'appartiennent A_0 et C_0, l'ensemble des deux arcs $A_0 H_0 C_0 K_0 A_0$ formera une courbe fermée. Si les deux arcs n'ont pas d'autre point commun que leurs extrémités, cette courbe fermée n'a pas de point double et limite une aire z_0. Si les deux arcs avaient d'autres points communs que leurs extrémités, et si par exemple les deux arcs $A_0 H_0 D_0 H'_0 C_0$, $A_0 K_0 D_0 K'_0 C_0$ se coupaient en D_0, on remplacerait les points A_0 et C_0, par les points A_0 et D_0 situés entre A_0 et C_0 et les arcs $A_0 H_0 C_0$, $A_0 K_0 C_0$ par les deux arcs $A_0 H_0 D_0$ et $A_0 K_0 D_0$ et l'on continuerait ainsi jusqu'à ce qu'on arrive à deux arcs n'ayant d'autre point commun que leurs extrémités.

Supposons donc que les deux arcs limitent une aire z_0. D'après ce que nous venons de voir, l'arc $A_0 H_0 C_0$ doit couper une infinité de fois la courbe asymptotique de la seconde famille, il faut donc que la courbe de la seconde famille pénètre une infinité de fois à l'intérieur de α_0 et elle doit en sortir une infinité de fois. Elle ne peut y pénétrer ou en sortir qu'en coupant $A_0 H_0 C_0$, car elle ne peut couper $A_0 K_0 C_0$ qui fait partie aussi de la courbe de la seconde famille. Or, il est clair que les points par où elle pénétrera dans l'aire et ceux par où elle en sortira ne seront pas de la même catégorie.

Donc entre deux points quelconques d'intersection des deux courbes, il y en a une infinité d'autres appartenant à la première catégorie et une infinité d'autres appartenant à la deuxième catégorie.

Désignons par (1), (2), (3), ..., les points de rencontre successifs de la courbe de la seconde famille et de l'arc $A_0 H_0 C_0$, comptés dans l'ordre où on les rencontre en suivant la courbe de la seconde famille dans le sens positif. Ils seront alternativement des deux catégories. Étudions l'ordre dans lequel on les rencontre en suivant l'arc $A_0 H_0 C_0$.

Cet ordre ne pourra être tout à fait quelconque et certaines successions se trouvent exclues, par exemple les suivantes :

$$(2m), \qquad (2p), \qquad (2m+1), \quad (2p+1)$$
$$(2m+1), \qquad (2p), \qquad (2m), \quad (2p+1)$$
$$(2m), \qquad (2p+1), \quad (2m+1), \quad (2p)$$
$$(2m), \qquad (2p), \quad (2m-1), \quad (2p+1)$$

ainsi que les mêmes successions renversées, et les successions analogues où $2m+1$ et $2p+1$ sont remplacés par $2m-1$ et $2p-1$.

397. Que l'on cherche à se représenter la figure formée par ces deux courbes et leurs intersections en nombre infini dont chacune correspond à une solution doublement asymptotique, ces intersections forment une sorte de treillis, de tissu, de réseau à mailles infiniment serrées; chacune des deux courbes ne doit jamais se recouper elle-même, mais elle doit se replier sur elle-même d'une manière très complexe pour venir recouper une infinité de fois toutes les mailles du réseau.

On sera frappé de la complexité de cette figure, que je ne cherche même pas à tracer. Rien n'est plus propre à nous donner une idée de la complication du problème des trois corps et en général de tous les problèmes de Dynamique où il n'y a pas d'intégrale uniforme et où les séries de Bohlin sont divergentes.

Diverses hypothèses restent possibles.

1° On peut supposer que l'ensemble des points des deux courbes asymptotiques E_0, ou plutôt l'ensemble des points dans le voisinage desquels se trouvent une infinité de points appartenant à E_0, c'est-à-dire l'ensemble E'_0 « dérivé de E_0 », on peut supposer, dis-je, que l'ensemble E'_0 occupe le demi-plan tout entier. Il faudrait alors conclure à l'instabilité du système solaire.

2° On peut supposer que l'ensemble E'_0 a une aire finie et occupe une région finie du demi-plan, mais ne l'occupe pas tout entier; soit qu'une partie de ce demi-plan reste en dehors des mailles de notre réseau, soit qu'à l'intérieur d'une de ces mailles reste une « lacune ». Soit par exemple U_0 une de ces mailles limitée par deux ou plusieurs arcs de courbes asymptotiques des deux familles. Construisons ses conséquents successifs et appliquons-lui le procédé du n° 291. Formons comme à la page 143

$$E_1, \quad E_3, \quad E_5, \quad E_2', \quad E_7', \quad \ldots, \quad E.$$

L'aire E si elle est finie représentera une des lacunes dont nous venons de parler. Il semble qu'on puisse lui appliquer le raisonnement du n° 294 et conclure que cette aire doit coïncider avec un de ses conséquents. Mais cet ensemble E pourrait se composer d'une région d'aire finie et d'un ensemble situé en dehors de cette région et dont l'aire totale serait nulle. Tout ce que nous pourrions conclure, d'après la page 150, c'est que E_λ (le $\lambda^{\text{ième}}$ conséquent de E) contient E et que l'ensemble $E_\lambda - E$ a pour aire zéro. De même les ensembles $E - E_{-\lambda}$, $E_{-\lambda} - E_{-2\lambda}$, ..., $E_{-n\lambda} - E_{-(n+1)\lambda}$ auront pour aire zéro (nous entendons par aire d'un ensemble la valeur de l'intégrale J étendue à cet ensemble). Et d'autre part $E_{-(n+1)\lambda}$ est une partie de $E_{-n\lambda}$. Quand n croît indéfiniment $E_{-n\lambda}$ tend vers un ensemble ε qui comprend tous les points qui font partie à la fois de tous les ensembles $E_{-n\lambda}$. L'aire de cet ensemble ε est finie et égale à celle de E. Enfin ε coïncide avec son $\lambda^{\text{ième}}$ conséquent.

3° On peut supposer enfin que l'ensemble E_0' ait pour aire zéro.

Il serait analogue alors à ces « ensembles parfaits qui ne sont condensés dans aucun intervalle ».

298. Nous pourrions représenter les divers points d'intersection des deux courbes de la façon suivante. Soit x une variable qui varie de $-\infty$ à $+\infty$ quand on suit la courbe asymptotique de la première famille $M_0 A_0$, depuis le point M_0 jusqu'à l'infini, et qui augmente de l'unité quand on passe d'un point à son cinquième conséquent, de A_0 à A_5 par exemple (en nous supposant placés, pour fixer les idées, dans les conditions de la figure de la page 194). Soit y une autre variable qui varie de $+\infty$ à $-\infty$ quand on suit la courbe de la seconde famille $M_0 B_0$, depuis le point M_0 jusqu'à l'infini et qui augmente de l'unité quand on passe d'un point à son cinquième conséquent.

Les différents points d'intersection des deux courbes sont caractérisés par un couple de valeurs de x et de y et chacun d'eux peut être représenté par le point du plan dont les coordonnées rectangulaires sont x et y.

Nous aurons ainsi dans le plan une infinité de points représentatifs des solutions doublement asymptotiques; de chacun de ces points on peut en déduire une infinité d'autres; si en effet le point x, y correspond à une intersection des deux courbes, il en sera de même des points

$$x+1, y+1;\quad x+2, y+2;\quad \ldots;\quad x+n, y+n,$$

où n est entier positif ou négatif; pour connaître tous les points représentatifs, il suffirait de connaître tous ceux qui sont compris dans la bande $0 < x < 1$, ou dans la bande $0 < y < 1$.

Une autre remarque c'est que l'ordre dans lequel se succéderont les projections de ces points représentatifs sur l'axe des x n'aura aucun rapport avec l'ordre dans lequel se succéderont leurs projections sur l'axe des y; et voici la conséquence.

Considérons plusieurs solutions doublement asymptotiques; pour t négatif et très grand, elles seront toutes très voisines de la solution périodique et elles se présenteront dans un certain ordre, certaines d'entre elles étant plus voisines et d'autres moins voisines de la solution périodique.

Toutes ensuite s'éloigneront beaucoup de la solution périodique, puis, pour t positif et très grand, elles en seront de nouveau toutes très voisines; *mais elles se présenteront alors dans un ordre entièrement différent*. Si de deux solutions la première est plus voisine que la seconde de la solution périodique pour $t = -\infty$, il pourra arriver que pour $t = +\infty$, la première soit plus éloignée que la seconde de la solution périodique, mais il pourra arriver aussi que ce soit le contraire.

Cette remarque est encore de nature à nous faire comprendre toute la complication du problème des *trois corps* et combien les transcendantes qu'il faudrait imaginer pour le résoudre différent de toutes celles que nous connaissons.

Solutions hétéroclines.

399. Existe-t-il des solutions hétéroclines?

Ce que nous pouvons voir, c'est que s'il y en a une, il y en a une infinité.

Soit en effet M_0 un point appartenant à un système périodique; soient M_0A_0 et M_0B_0 deux courbes asymptotiques aboutissant à ce point M_0, l'une de la première, l'autre de la seconde famille. Nous venons de voir comment ces courbes se coupent de façon à déterminer des solutions doublement asymptotiques homoclines.

Soit maintenant M'_0 un point appartenant à un *autre* système périodique; soient $M'_0A'_0$, $M'_0B'_0$ deux courbes asymptotiques, $M'A'_0$ de la première, $M'B'_0$ de la seconde famille.

Supposons que $M'_0A'_0$ coupe M_0B_0 en Q_0; cette intersection correspondra à une solution doublement asymptotique hétérocline.

Mais si ces deux courbes se coupent en Q_0 elles se couperont également en une infinité de points Q_n conséquents de Q_0.

Je précise; je suppose par exemple que le système périodique dont fait partie M_0 se compose de cinq points M_0, M_1, M_2, M_3, M_4; alors le cinquième conséquent d'un point quelconque de la courbe M_0B_0 se trouvera encore sur cette courbe, et en général si Q_0 est sur cette courbe, il en sera de même de son $n^{\text{ième}}$ conséquent Q_n, pourvu que n soit multiple de cinq.

Supposons de même que le système périodique dont fait partie M'_0 se compose de sept points; alors, si Q_0 est sur la courbe $M'_0A'_0$, il en sera de même de son $n^{\text{ième}}$ conséquent Q_n pourvu que n soit multiple de 7.

Si donc les deux courbes ont une intersection en Q_0, elles en auront encore une en Q_n pourvu que n soit multiple de 35.

Soient donc $Q_0H_0Q_n$ un arc de M_0B_0, et $Q_0K_0Q_n$ un arc de $M'_0A'_0$; l'ensemble de ces deux arcs ayant mêmes extrémités formera une courbe fermée. Sur cette courbe fermée nous pourrons raisonner comme au n° 396; nous verrons donc que, si les deux arcs n'ont d'autre point commun que leurs extrémités, cette courbe fermée n'a pas de point double et limite une aire analogue à l'aire α_0 des n°° 395 et 396. Si les deux arcs ont d'autres points communs que leurs extrémités, on peut trouver deux autres arcs faisant partie des deux arcs $Q_0H_0Q_n$, $Q_0K_0Q_n$ n'ayant d'autres points communs que leurs extrémités et limitant une aire analogue à α_0.

Sur cette aire α_0 on raisonnera comme aux n°° 395 et 396 et l'on verra que sur chacune des deux courbes, entre deux points quelconques d'intersection avec l'autre courbe, on peut en trouver une infinité d'autres.

Ce raisonnement montre que, s'il y a une solution hétérocline, il y en a une infinité.

400. S'il y a une solution hétérocline, le réseau dont nous avons parlé au n° 397 devient encore plus compliqué; au lieu d'une seule courbe $M_0 A_0$ se repliant sur elle-même sans jamais se recouper elle-même et de façon à couper une infinité de fois l'autre courbe $M_0 B_0$, nous aurons deux courbes $M_0 A_0$, $M'_0 A'_0$ qui sans jamais se recouper mutuellement doivent couper une infinité de fois $M_0 B_0$.

Nous avons défini au n° 397 l'ensemble E_0 relatif au point M_0 et aux courbes asymptotiques $M_0 A_0$, $M_0 B_0$; nous pourrions définir un ensemble analogue par rapport au point M'_0 et aux deux courbes asymptotiques $M'_0 A'_0$, $M'_0 B'_0$.

S'il n'y a pas de solution hétérocline ces deux ensembles doivent être extérieurs l'un à l'autre; ils ne peuvent donc remplir le demi-plan.

Si au contraire il existe une solution hétérocline, ces deux ensembles coïncideront. On voit que l'existence d'une pareille solution, si elle venait à être établie, serait un argument contre la stabilité.

Au Chapitre XIII nous avons étudié les séries de MM. Newcomb et Lindstedt, nous avons démontré au n° 149 que ces séries ne peuvent converger pour toutes les valeurs des constantes qui y entrent. Mais une question restait douteuse; ces séries ne pourraient-elles converger pour certaines valeurs de ces constantes et, par exemple, ne pouvait-il arriver que la convergence eût lieu quand le rapport $\frac{n_1}{n_2}$ est la racine d'un nombre commensurable non carré parfait? ($Cf.$ t. II, p. 104, in $fine.$)

Mais s'il existe une solution hétérocline, la réponse à cette question devra être négative. Supposons, en effet, que pour certaines valeurs du rapport $\frac{n_1}{n_2}$ les séries de Newcomb et Lindstedt convergent et revenons à notre mode de représentation. Les solutions des équations différentielles qui correspondraient à cette valeur de $\frac{n_1}{n_2}$ seraient représentées par certaines courbes trajectoires. L'ensemble de ces courbes formerait une surface, admettant les mêmes connexions que le tore, et cette surface couperait notre demi-plan suivant une certaine courbe fermée C.

L'ensemble E'_0 dont nous venons de parler devrait être tout entier extérieur à cette courbe, ou tout entier intérieur.

Soient alors M_0 et M'_0 deux points appartenant à deux systèmes différents. Si M_0 est intérieur à la courbe C et M'_0 extérieur à cette courbe, l'ensemble E'_0 relatif à M_0 devrait lui être tout entier intérieur, tandis que l'ensemble E'_0 relatif à M'_0 lui serait tout entier extérieur.

Ces deux ensembles ne pourraient donc avoir aucun point commun et il ne pourrait exister de solution doublement asymptotique hétérocline allant de M_0 à M'_0.

Or, si l'on admettait l'hypothèse du Tome II, page 104, que je viens de rappeler, c'est-à-dire si la convergence avait lieu pour une infinité de valeurs du rapport $\dfrac{n_1}{n_2}$, par exemple, pour celles dont le carré est commensurable, il existerait une infinité de courbes C qui sépareraient les uns des autres les points appartenant à des systèmes périodiques différents. Cette hypothèse est donc incompatible avec l'existence des solutions hétéroclines $\left(\text{au moins si les deux points } M_0 \text{ et } M'_0 \text{ que l'on considère, ou}\right.$ plutôt les solutions périodiques correspondantes, correspondent à deux valeurs différentes du nombre $\left.\dfrac{n_1}{n_2}\right)$.

Comparaison avec le n° 225.

401. Avant d'essayer de former des exemples de solutions hétéroclines, nous allons revenir sur l'exemple du n° 225, où l'existence des solutions doublement asymptotiques homoclines peut être mise en évidence.

Nous avions posé

$$-F = p + q^2 - \gamma\mu \sin^2\frac{y}{2} - \mu\,\varphi(y)\cos x$$

$(p, x; q, y)$ étant les deux paires de variables conjuguées.

Nous avons formé ensuite la fonction S de Jacobi et nous l'avons développée suivant les puissances de ε

$$S = S_0 + S_1\varepsilon + S_2\varepsilon^2 + \ldots.$$

Arrêtons-nous au second terme en négligeant ε^2 et écrivons

$$S = S_0 + S_1\varepsilon.$$

Nous avons trouvé ensuite

$$S_0 = A_0 x + \sqrt{2\mu}\int\sqrt{h + \sin^2\frac{y}{2}}\,dy,$$

ou, en attribuant aux constantes A_0 et h la valeur zéro

$$S_0 = \pm 2\sqrt{2\mu}\cos\frac{y}{2};$$

puis nous avons trouvé

$$S_1 = \text{partie réelle } \psi e^{ix},$$

où ψ est une fonction de y définie par l'équation

$$i\psi + 2\sqrt{2\mu}\sqrt{h + \sin^2\frac{y}{2}}\,\frac{d\psi}{dy} = \mu\varphi(y).$$

Nous avons posé

$$\operatorname{tang}\frac{y}{4} = t,$$

et supposant

$$h = 0, \qquad \varphi(y) = \sin y, \qquad \alpha = \frac{i}{2\sqrt{2\mu}},$$

nous avons trouvé (p. 464 et 465, t. II) deux valeurs de ψ correspondant aux deux courbes asymptotiques des deux familles. L'une de ces valeurs est

$$\psi = \sqrt{2\mu}\,\frac{t}{1-t^2} - it^{-2\alpha}\int_{t}^{+\infty}\frac{t^{2\alpha}\,dt}{1-t^2},$$

et l'autre

$$\psi = \sqrt{2\mu}\,\frac{t}{1+t^2} - it^{-2\alpha}\int_0^t\frac{t^{2\alpha}\,dt}{1+t^2}.$$

Les équations des deux surfaces asymptotiques seront alors

$$p = \varepsilon\frac{d}{dx}\text{ partie réelle }[\psi e^{ix}];$$

$$q = \sqrt{2\mu}\sin\frac{y}{2} + \varepsilon\frac{d}{dy}\text{ partie réelle }[\psi e^{ix}];$$

et

$$p = \pm \frac{d}{dx} \text{ partie réelle } [\psi' e^{i\alpha}];$$

$$q = \sqrt{2\mu} \sin\frac{y}{2} \pm \frac{d}{dy} \text{ partie réelle } [\psi' e^{i\alpha}].$$

Pour trouver les solutions doublement asymptotiques, il faut chercher l'intersection de ces deux surfaces asymptotiques; il nous suffira donc d'égaler les deux valeurs de p et les deux valeurs de q.

Soit

$$J = \int_0^\infty \frac{t^{iz} dt}{1 + t^2},$$

$$u = 2 \log t.$$

Nous trouverons

$$\frac{d}{dx} \text{ partie réelle } [J e^{-2iz + i\alpha}] = 0,$$

$$\frac{d}{dy} \text{ partie réelle } [J e^{-2iz + i\alpha}] = 0,$$

ou, en posant $J = \rho e^{i\omega}$,

$$x - \frac{u}{2\sqrt{2\mu}} + \omega = K\pi + \frac{\pi}{4},$$

K étant entier.

Telle est l'équation des solutions doublement asymptotiques.

Cette équation nous donne en réalité deux solutions distinctes, l'une correspondant aux valeurs paires, l'autre aux valeurs impaires de K.

402. On peut s'étonner de ne trouver ainsi que deux solutions doublement asymptotiques, tandis que nous savons qu'il y en a une infinité.

Les approximations suivantes ne nous donneraient non plus qu'un nombre fini de solutions doublement asymptotiques. Quelle est l'explication de ce paradoxe?

Nous avons vu dans les numéros précédents que les diverses solutions doublement asymptotiques en nombre infini correspondent aux diverses intersections d'un certain arc $A_0 H_0 C_0$ avec les divers conséquents d'un autre arc $A_0 K_0 C_0$.

Supposons que le premier de ces conséquents qui rencontre $A_2 H_2 C_2$ soit le conséquent d'ordre N. Le nombre N dépendra évidemment de la constante z, et il sera d'autant plus grand que cette constante sera plus petite. *Il deviendra infini quand z sera nul.*

Or, en développant suivant les puissances de z et nous arrêtant à un terme quelconque du développement, c'est comme si nous considérions z comme infiniment petit.

L'arc $A_2 H_2 C_2$ ne rencontre plus alors que les conséquents *d'ordre infiniment grand* de l'autre arc $A_2 K_2 C_2$, et c'est ce qui fait que la plupart des solutions doublement asymptotiques échappent à notre analyse.

Exemples de solutions hétéroclines.

403. Cherchons à généraliser et posons

$$F = F_0 + z F_1.$$

F_0 est une fonction de p, q et y; et F_1 une fonction de p, q, x et y; ces deux fonctions étant d'ailleurs périodiques tant en x qu'en y.

Considérons les courbes

$$(1) \qquad\qquad F_0 = \text{const.}$$

où nous regarderons p comme un paramètre, q et y comme les coordonnées d'un point.

Parmi ces courbes, celles qui doivent attirer notre attention, ce sont celles qui présentent des points doubles. Ces points doubles en effet correspondent aux solutions périodiques des équations canoniques quand on suppose que z est nul et que F se réduit à F_0.

Nous avons une double infinité de courbes (1) dont l'équation générale est

$$F_0 = h.$$

et qui dépendent de deux paramètres p et h.

Je viens de dire que les plus intéressantes sont celles qui ont un point double; surtout dans le cas où quelques-unes de ces

courbes ont deux ou plusieurs points doubles. C'est alors en effet
que nous rencontrerons les solutions hétéroclines.

Cherchons comme au n° 225 à former la fonction S de Jacobi
et posons

$$S = S_0 + \mu S_1 + \mu^2 S_2 + \ldots.$$

La fonction S_0 se forme immédiatement; nous aurons

$$\frac{dS_0}{dx} = p, \qquad \frac{dS_0}{dy} = q, \qquad S_0 = px - \int q\,dy,$$

q étant une fonction de y définie par l'équation (1) et dépendant
des deux paramètres p et h.

On trouve ensuite

$$(2) \qquad \frac{dF_0}{dp}\frac{dS_1}{dx} + \frac{dF_0}{dq}\frac{dS_1}{dy} + F_1 = 0.$$

Dans $\dfrac{dF_0}{dp}$, $\dfrac{dF_0}{dq}$ et F_1, on regarde p comme une constante et l'on
remplace q par sa valeur tirée de l'équation (1). L'équation (2)
est donc une équation linéaire par rapport aux dérivées de S_1
dont les coefficients sont des fonctions données de x et de y,
dépendant en outre des paramètres h et p.

Comme F_1 est périodique en x, je poserai

$$F_1 = \Sigma \Phi_m e^{imx},$$

où Φ_m de même que les dérivées de F_0 ne dépendent que de y.
Je pose de même

$$S_1 = \Sigma \psi_m e^{imx}$$

et la fonction ψ_m sera donnée par l'équation

$$(3) \qquad im \frac{dF_0}{dp}\psi_m + \frac{dF_0}{dq}\frac{d\psi_m}{dy} + \Phi_m = 0$$

dont les coefficients sont des fonctions données de y.

Cette équation peut évidemment s'intégrer par quadratures.

Cherchons à déterminer de cette manière nos surfaces asymptotiques. Nous devrons d'abord choisir les constantes h et p de telle
sorte que la courbe (1) ait un point double; je supposerai de plus
que ces constantes soient telles qu'à chaque valeur de y correspondent deux valeurs réelles de q (c'est ce qui arrive dans
l'exemple du n° 225).

Ces deux valeurs de q sont des fonctions périodiques de y, qui deviennent égales entre elles au point double, soit par exemple pour $y = y_0$.

Nous pouvons également, comme nous l'avons fait au n° 225, considérer ces deux valeurs de q comme la continuation analytique l'une de l'autre.

La fonction q nous apparaît alors comme *uniforme* en y et périodique de période 4π à la façon de $\sin\frac{y}{2}$.

Cette fonction uniforme prendra la même valeur pour $y = y_0$ et $y = y_0 + 2\pi$.

Si au lieu d'un point double, on en avait plusieurs, nous pourrions encore regarder q comme une fonction uniforme de y de période 4π, si le nombre des points doubles était impair. Si au contraire ce nombre était pair, nous aurions pour q deux valeurs qui ne s'échangeraient pas entre elles quand y augmenterait de 2π, et qu'on pourrait par conséquent regarder comme deux fonctions uniformes *distinctes* de y ayant pour période 2π.

Nous supposerons pour fixer les idées que nous avons deux points doubles correspondant aux valeurs y_0 et y_1 de y.

Il résulte de là que, pour $y = y_0$ et pour $y = y_1$, l'équation (1) doit avoir une racine double puisque les deux valeurs de q se confondent et par conséquent que $\dfrac{dF_0}{dq}$ doit s'annuler.

L'équation (3) est une équation linéaire à second membre dont l'intégration se ramène à celle de l'équation sans second membre et par conséquent à celle de l'équation

$$(4) \qquad \frac{dF_0}{dp}\,\theta - \frac{dF_0}{dq}\,\frac{d\theta}{dy} = 0$$

d'où

$$\theta = e^{-\int \frac{dy\,\frac{dF_0}{dp}}{\frac{dF_0}{dq}}}.$$

La fonction θ ainsi définie est une fonction holomorphe de y pour toutes les valeurs réelles de cette variable sauf pour les valeurs $y = y_0$, $y = y_1$, qui correspondent aux points doubles. Pour ces valeurs la fonction θ, qui joue un rôle analogue à celui de $t = \tan\frac{y}{4}$ au n° 226, devient nulle ou infinie.

On trouve ensuite

$$\psi_m = \theta^{im} \int \frac{\theta^{-im}\Phi_m\,dy}{\dfrac{dF_0}{dp}} + C_m \theta^{im}$$

C_m étant une constante d'intégration, d'où

$$S_1 = \Sigma\,\theta^{im}\,e^{imx} \int \frac{\theta^{-im}\Phi_m\,dy}{\dfrac{dF_0}{dp}} + \Sigma\,C_m\,\theta^{im}\,e^{imx}.$$

Pour trouver les équations des surfaces asymptotiques, nous écrirons

$$p = \frac{dS}{dx}; \qquad q = \frac{dS}{dy}$$

en attribuant aux constantes d'intégration des valeurs convenables.

Négligeons d'abord ε; nous prendrons donc $S = S_0$, et nous donnerons aux constantes h et $p = \rho_0$ les valeurs qui correspondent à la courbe qui a deux points doubles.

Avec cette approximation, les équations différentielles admettent comme solutions périodiques

(5) $p = p_0, \qquad q = q_0, \qquad y = y_0,$
(6) $p = p_1, \qquad q = q_1, \qquad y = y_1,$

où $y_0, q_0; y_1, q_1$ sont les coordonnées des deux points doubles.

Nous pouvons, pour représenter nos surfaces asymptotiques, prendre le point de l'espace à quatre dimensions dont les coordonnées sont

$$(p + a)\cos x, \quad (p + a)\sin x, \quad (q + b)\cos y, \quad (q + b)\sin y,$$

a et b étant deux constantes positives assez grandes pour que l'on n'ait à envisager que des valeurs positives de $p + a$ et $q + b$.

Les équations (5) et (6) représentent alors deux courbes fermées de cet espace à quatre dimensions, correspondant aux deux solutions périodiques.

Par chacune de ces courbes passent deux surfaces asymptotiques, une de la première, l'autre de la seconde famille.

Mais au degré d'approximation adopté, c'est-à-dire en négligeant z, ces quatre surfaces asymptotiques se confondent deux à deux.

Les équations des surfaces asymptotiques seront en effet

$$p = p_0, \qquad F_0 = h.$$

L'équation $F_0 = h$ admet comme nous l'avons vu deux racines qui se confondent pour $y = y_0$ et pour $y = y_1$, qui ne s'échangent pas quand y augmente de 2π et qui sont périodiques en y de période 2π. Soient q' et q'' ces deux racines; les équations de nos surfaces asymptotiques deviennent ainsi

$$(7) \qquad \begin{cases} p = p_0, & q = q', \\ p = p_0, & q = q''. \end{cases}$$

Mais pour bien préciser la signification de ces équations, distinguons les diverses nappes de nos surfaces. Nous avons quatre surfaces asymptotiques; chacune d'elles passe par une des courbes (5) ou (6) et est partagée par cette courbe en deux nappes, que je désignerai par les notations suivantes :

La surface de la première famille passant par la courbe (5) sera partagée en deux nappes N_1 et N'_1.

La surface de la seconde famille passant par la courbe (5) sera partagée en deux nappes N_2 et N'_2.

La surface de la première famille passant par la courbe (6) sera partagée en deux nappes N_3 et N'_3.

La surface de la seconde famille passant par la courbe (6) sera partagée en deux nappes N_4 et N'_4.

Alors, au degré d'approximation adopté, ces nappes auront pour équation

$$
\begin{array}{llll}
N_1: & p = p_0, \quad q = q', \quad y > y_0; & N'_1: & p = p_0, \quad q = q', \quad y < y_0; \\
N_2: & p = p_0, \quad q = q'', \quad y > y_0; & N'_2: & p = p_0, \quad q = q'', \quad y < y_0; \\
N_3: & p = p_0, \quad q = q', \quad y > y_1; & N'_3: & p = p_0, \quad q = q', \quad y < y_1; \\
N_4: & p = p_0, \quad q = q'', \quad y > y_1; & N'_4: & p = p_0, \quad q = q'', \quad y < y_1.
\end{array}
$$

On voit qu'à ce degré d'approximation, les deux surfaces $N_1 + N'_1$ et $N_3 + N'_3$ se confondent, de même que les deux surfaces $N_2 + N'_2$ et $N_4 + N'_4$.

Passons donc à l'approximation suivante et prenons

$$S = S_0 + \varepsilon S_1.$$

Pour achever de définir S_1, il faut choisir les constantes C_m.

Pour les nappes N_1 et N'_1, nous devons choisir ces constantes de telle sorte que les fonctions ψ_m se comportent régulièrement pour $q = q'$, $y = y_0$; il suffit de se reporter à l'analyse de la page 466, tome II, pour comprendre que cette condition suffit pour déterminer complètement ces constantes. J'appellerai $S_{1,1}$ la fonction S_1 ainsi déterminée.

Pour les nappes N_2 et N'_2 nous choisirons les C_m de telle sorte que les ψ_m soient régulières pour $q = q'$, $y = y_0$, et nous appellerons $S_{1,2}$ la fonction S_1 ainsi déterminée.

Pour les nappes N_3 et N'_3 nous choisirons les C_m de telle sorte que les ψ_m soient régulières pour $q = q'$, $y = y_1$; pour les nappes N_4 et N'_4 les ψ_m devront être régulières pour $q = q'$, $y = y_1$. Nous désignerons par $S_{1,3}$ et $S_{1,4}$ les deux fonctions S_1 ainsi déterminées.

Les équations de nos quatre surfaces deviennent ainsi

$$(8) \quad \begin{cases} N_1 + N'_1; & p = p_0 + \varepsilon \dfrac{dS_{1,1}}{dx}; & q = q' + \varepsilon \dfrac{dS_{1,1}}{dy}; \\[2mm] N_2 + N'_2; & p = p_0 - \varepsilon \dfrac{dS_{1,1}}{dx}; & q = q' - \varepsilon \dfrac{dS_{1,2}}{dy}; \\[2mm] N_3 + N'_3; & p = p_0 + \varepsilon \dfrac{dS_{1,3}}{dx}; & q = q' + \varepsilon \dfrac{dS_{1,4}}{dy}; \\[2mm] N_4 + N'_4; & p = p_0 + \varepsilon \dfrac{dS_{1,4}}{dx}; & q = q' - \varepsilon \dfrac{dS_{1,3}}{dy}. \end{cases}$$

Mais il importe d'observer que la fonction $S_{1,1}$, par exemple, qui se comporte régulièrement pour $y = y_0$, se comporte d'une façon irrégulière pour $y = y_1$; il en résulte que nos équations cessent d'être valables, même comme première approximation, dès qu'on dépasse la valeur y_1.

Pour le faire mieux comprendre, je me bornerai à la remarque suivante.

Soient y' et y'' deux valeurs de y telles que

$$y_0 < y' < y_1 < y''.$$

Soit M_0 le point de notre courbe asymptotique qui correspond à la valeur y'; soit M_n son $n^{\text{ième}}$ conséquent; et je suppose que l'on prenne n assez grand pour que la valeur correspondante de y soit plus grande que y''.

La valeur qu'il faut attribuer à n dépend évidemment de ε et elle croît indéfiniment quand ε tend vers zéro.

Voici en général les valeurs de y pour lesquelles nos équations peuvent servir de première approximation :

$$N_1 \text{ et } N_2 : \quad y_1 > y > y_0 ; \qquad N_1 \text{ et } N_3 : \quad y_0 > y > y_1 - 2\pi,$$
$$N_3 \text{ et } N_4 : \quad y_0 + 2\pi > y > y_1 ; \qquad N_4 \text{ et } N_1 : \quad y_1 > y > y_0.$$

Si les surfaces N_1 et N_4 par exemple se coupent, l'intersection correspondra à une solution doublement asymptotique hétérocline qui pour $t = -\infty$ sera très voisine de la solution périodique (5) et pour $t = +\infty$ très voisine de la solution périodique (6).

Pour rechercher cette intersection, rapprochons les équations de N_1 et N_4

$$p = p_0 + \varepsilon \frac{dS_{1,1}}{dx}, \qquad p = p_0 + \varepsilon \frac{dS_{1,3}}{dx}.$$

l'intersection nous sera évidemment donnée par

$$(9) \qquad \frac{d(S_{1,1} - S_{1,3})}{dx} = 0.$$

$S_{1,1} - S_{1,3}$ est une fonction de x et de y, développable suivant les puissances entières positives et négatives de

$$\mu e^{cx},$$

Ce qui nous importe c'est que c'est une fonction périodique de x ; elle admet donc au moins un maximum et un minimum ; l'équation (9) admet donc au moins deux solutions, ce qui revient à dire qu'il y a au moins deux solutions hétéroclines.

On démontrerait de même qu'il y a deux solutions correspondant aux intersections des surfaces N_1 et N_2, deux correspondant aux surfaces N_2 et N_3, et deux aux surfaces N_3 et N_4.

L'analyse précédente ne donne pas les solutions homoclines.

404. Prenons par exemple

$$F_0 = -p - q^2 + 2\mu \sin^2 \frac{y - y_0}{2} \sin^2 \frac{y - y_1}{2},$$
$$F_1 = \mu \cos x \sin(y - y_0) \sin(y - y_1).$$

Les solutions périodiques (5) et (6) vers lesquelles tendent les solutions hétéroclines pour $t = -\infty$ et $t = +\infty$ sont alors

$$x = t, \qquad p = q = 0, \qquad y = y_0,$$
$$x = t, \qquad p = q = 0, \qquad y = y_1.$$

On remarquera que, pour $\mu = 0$, F se réduit à $-p - q^2$. Donc, pour $\mu = 0$, la fonction F dépend seulement des variables de la première série p et q et ne dépend pas des variables de la deuxième série x et y. La fonction F est donc bien de la forme envisagée aux n°s 13, 125, etc.

Nous ne nous contenterons pas toutefois de cet exemple qui prouve que les équations canoniques de la forme envisagée au n° 13 peuvent admettre des solutions hétéroclines.

En effet, les deux solutions (5) et (6) correspondent toutes deux à la même valeur des quantités $\frac{dx}{dt}$ et $\frac{dy}{dt}$; à savoir

$$\frac{dx}{dt} = 1, \qquad \frac{dy}{dt} = 0.$$

Or, ces quantités $\frac{dx}{dt}$, $\frac{dy}{dt}$ ne sont autre chose que les nombres appelés plus haut n_1 et n_2.

Donc, nous voyons bien qu'il existe des solutions doublement asymptotiques qui pour $t = -\infty$ et pour $t = +\infty$ se rapprochent indéfiniment de deux solutions périodiques différentes ; mais ces deux solutions périodiques correspondent aux mêmes valeurs des nombres n_1 et n_2.

Je vais donc former un autre exemple où nous verrons des équations de même forme jusqu'au n° 13, et qui possèdent des solutions doublement asymptotiques se rapprochant indéfiniment de deux solutions périodiques qui non seulement sont différentes, mais correspondent à des valeurs différentes du rapport $\frac{n_1}{n_2}$.

Malheureusement, je pourrai montrer que ces solutions existent pour les valeurs de μ voisines de 1, mais je ne suis pas encore en mesure d'établir qu'elles existent également pour les petites valeurs de μ.

405. Nous prendrons les deux paires de variables conjuguées

ou bien encore

$$x_1, \quad y_1, \quad x_2, \quad y_2,$$

en posant

$$\xi_1 = \sqrt{2x_1}\cos y_1, \quad \eta_1 = \sqrt{2x_1}\sin y_1.$$

Ce changement de variables n'altère pas la forme canonique des équations. Nous prendrons

$$F = F_0(1 - \mu) + \mu F_1.$$

Nous supposerons que F_0 est une fonction holomorphe de x_1 et de x_2, indépendante de y_1 et de y_2; que pour $x_1 = \frac{a^2}{2}, x_2 = \frac{1}{2}$, on ait

$$\frac{dF_0}{dx_1} = 0, \qquad \frac{dF_0}{dx_2} = -1,$$

et que pour $x_2 = \frac{1}{2}, x_1 = \frac{a^2}{2}$ on ait

$$\frac{dF_0}{dx_2} = -1, \qquad \frac{dF_0}{dx_1} = \alpha,$$

je suppose la quantité $\alpha < 1$.

Il résulte de ces hypothèses, que si l'on fait $\mu = 0$, d'où $F = F_0$, nos équations admettront deux solutions périodiques remarquables.

La première que j'appellerai σ s'écrira

$$x_1 = \frac{a^2}{2}, \qquad x_2 = \frac{1}{2}, \qquad y_1 = t, \qquad y_2 = 0,$$

$$\xi_1 = a\cos t, \qquad \eta_1 = a\sin t, \qquad \xi_2 = 1, \qquad \eta_2 = 0.$$

La seconde que j'appellerai τ s'écrira

$$x_1 = \frac{1}{2}, \qquad x_2 = \frac{a^2}{2}, \qquad y_1 = 0, \qquad y_2 = t,$$

$$\xi_1 = 1, \qquad \eta_1 = 0, \qquad \xi_2 = a\cos t, \qquad \eta_2 = a\sin t.$$

La première correspond à $n_1 = 1, n_2 = 0$, la seconde à $n_1 = 0, n_2 = 1$; ces deux solutions périodiques ne correspondent donc pas à une même valeur du rapport $\frac{n_1}{n_2}$.

Pour définir F_1, je pose

$$\xi_1 = 1 - r\cos\omega, \qquad \xi_2 = 1 - r\sin\omega,$$

en attribuant à la variable r une valeur essentiellement positive.

Je suppose ensuite que (ε étant une quantité positive très petite) on ait pour $r > \rho$.

$$(1) \qquad F_1 = -\frac{z_1^2 + z_2^2}{2} - \frac{(r-1)^2}{2} + \varepsilon\frac{\psi(\omega)}{r^2},$$

où $\psi(\omega)$ est une fonction de ω, régulière pour toutes les valeurs réelles de ω, périodique de période 2π, et enfin s'annulant avec sa dérivée pour $\omega = 0$ et pour $\omega = \frac{\pi}{2}$.

Comme la fonction (1) serait infinie pour $r = 0$, c'est-à-dire pour $\xi_1 = \xi_2 = 1$, je supposerai que, pour $r < \rho$, la fonction F prend des valeurs quelconques, de façon toutefois qu'elle reste finie et continue ainsi que ses dérivées des deux premiers ordres.

Il est aisé de vérifier que pour $\mu = 1$, c'est-à-dire pour $F = F_1$, nos équations admettent encore les deux solutions périodiques σ et σ'; pour la première de ces solutions on a $\omega = 0$, pour la seconde $\omega = \frac{\pi}{2}$.

On en conclut immédiatement que *pour toutes les valeurs de μ*, nos équations admettront ces deux solutions périodiques.

406. Nous allons maintenant intégrer nos équations dans le cas de $\mu = 1$ (au moins en supposant que r reste constamment $> \rho$).

Si l'on supposait d'abord $\varepsilon = 0$, on retomberait sur le problème des forces centrales et l'intégration serait immédiate. Elle ne l'est guère moins dans le cas général.

La méthode de Jacobi conduit, en effet, à l'équation aux dérivées partielles

$$\frac{1}{2}\left(\frac{dS}{dr}\right)^2 + \frac{1}{2r^2}\left(\frac{dS}{d\omega}\right)^2 + \frac{(r-1)^2}{2} - \varepsilon\frac{\psi(\omega)}{r^2} = h,$$

h étant une constante. Posons

$$\frac{1}{2}\left(\frac{dS}{d\omega}\right)^2 - \varepsilon\psi(\omega) = k,$$

k étant une seconde constante, et il viendra

$$S = \sqrt{2}\int\sqrt{h + \frac{k}{r^2} - \frac{(r-1)^2}{2}}\,dr + \sqrt{2}\int\sqrt{k + \varepsilon\psi}\,d\omega.$$

La solution générale de nos équations est donc

$$(\xi_1-1)\eta_1+(\xi_2-1)\eta_2=\sqrt{2hr^2-2k-r^2(r-1)^2},$$
$$(\xi_1-1)\eta_2-(\xi_2-1)\eta_1=\sqrt{2}\sqrt{k-r\varphi},$$

$$(2)\qquad \int\frac{r\,dr}{\sqrt{2hr^2-2k-r^2(r-1)^2}}=h'+t,$$

$$(3)\qquad \int_{\varphi_0}^{\varphi}\frac{d\varphi}{\sqrt{2k+2\varphi}}+\int\frac{2\,dr}{r^2\sqrt{2hr^2-2k-r^2(r-1)^2}}=k',$$

h' et k' étant deux nouvelles constantes.

Nous trouverons nos deux solutions périodiques σ et σ' en donnant aux constantes les valeurs particulières

$$k=0,\qquad h=\frac{\pi^2}{2},\qquad k'\sqrt{2k}=0,$$

$$k=0,\qquad h=\frac{\pi^2}{2},\qquad k'\sqrt{2k}=\frac{\pi}{2}.$$

Supposons que nous voulions nous servir de l'équation (2) pour définir r en fonction de $h'+t$; si nous donnons aux constantes k et h des valeurs voisines de zéro et $\frac{\pi^2}{2}$, r sera alors une fonction périodique de $t+h'$. Nous poserons

$$u=n(t+h'),$$

le nombre n étant choisi de telle sorte que r soit fonction périodique de u de période 2π. Ce nombre n, qui est une espèce de moyen mouvement, dépendra naturellement des constantes h et k.

De même $\frac{dr}{dt}$ sera une fonction périodique de u.

Pour $k=0$, on a simplement

$$r=1+\sqrt{2h}\cos u.$$

407. Nous avons donc deux solutions périodiques σ et σ' qui seront représentées par deux courbes fermées, si l'on convient de regarder les ξ et les η comme les coordonnées d'un point dans l'espace à quatre dimensions. Par chacune de ces courbes passent deux surfaces asymptotiques, l'une de la première, l'autre de la deuxième famille; nous allons voir que les quatre surfaces se con-

fondent deux à deux, ainsi qu'il arrivait au n° 403 (équation 7)
quand on négligeait ε.

Pour trouver, en effet, les équations de ces surfaces, il suffit de
donner à k et à k_1 les valeurs o et $\dfrac{\pi}{2}$; il vient ainsi

$$(\xi_1 - \mathrm{i})\eta_1 - (\xi_2 - \mathrm{i})\eta_2 = r\sqrt{\mathit{R}^2 - (r-\mathrm{i})^2},$$

$$(\xi_1 - \mathrm{i})\eta_2 - (\xi_2 - \mathrm{i})\eta_1 = \pm\sqrt{2\mathit{R}^2_1}.$$

Telles sont les équations des surfaces asymptotiques pour
$\mu = \mathrm{i}$; on voit qu'on trouve seulement deux de ces surfaces, correspondant au double signe du second radical.

Nous supposerons que la fonction R^2_1 qui s'annule pour $\omega = o$
et $\omega = \dfrac{\pi}{2}$ est positive pour toutes les autres valeurs de ω.

Nous allons maintenant chercher à former les équations des
surfaces asymptotiques pour les valeurs de μ voisines de 1.

On a

$$F = F_1 + (\mathrm{i} - \mu)(F_0 - F_1).$$

F_0 et F_1 sont des fonctions holomorphes des ξ et des η, et, par
conséquent, de r, ω, $\dfrac{dr}{dt}$ et $\dfrac{d\omega}{dt}$.

Les équations de nos surfaces s'écriront

$$(\xi_1 - \mathrm{i})\eta_1 - (\xi_2 - \mathrm{i})\eta_2 = r\frac{dS}{dr}$$

$$(\xi_1 - \mathrm{i})\eta_2 - (\xi_2 - \mathrm{i})\eta_1 = \frac{dS}{d\omega},$$

S étant une fonction de r et de ω, satisfaisant à l'équation aux
dérivées partielles

$$F = \mathrm{const.},$$

où l'on a remplacé $\dfrac{dr}{dt}$ et $\dfrac{d\omega}{dt}$ par $\dfrac{dS}{dr}$ et $\dfrac{\mathrm{i}}{r^2}\dfrac{dS}{d\omega}$.

Développons S suivant les puissances de $\mathrm{i} - \mu$

$$S = S_0 + (\mathrm{i} - \mu)S_1 + (\mathrm{i} - \mu)^2 S_2 + \dots$$

nous aurons, en première approximation, pour les équations de nos surfaces asymptotiques

$$(\xi_1 - 1)\eta_1 + (\xi_2 - 1)\eta_2 = r\frac{dS_0}{dr} + (1-\mu)r\frac{dS_1}{dr},$$

$$(\xi_1 - 1)\eta_2 - (\xi_2 - 1)\eta_1 = \frac{dS_0}{d\omega} + (1-\mu)\frac{dS_1}{d\omega}.$$

Nous avons déjà trouvé

$$\frac{dS_0}{dr} = \sqrt{z^2 - (r-1)^2}, \qquad \frac{dS_0}{d\omega} = \pm\sqrt{2z\zeta}.$$

Il reste à déterminer S_1; pour cela nous avons l'équation

$$\frac{dS_0}{dr}\frac{dS_1}{dr} + \frac{1}{r^2}\frac{dS_0}{d\omega}\frac{dS_1}{d\omega} = F_1 - F_0.$$

Dans le second membre $\dfrac{dr}{dt}$ et $\dfrac{d\omega}{dt}$ doivent être remplacés par $\dfrac{dS_0}{dr} = \sqrt{z^2 - (r-1)^2}$ et par $\dfrac{1}{r^2}\dfrac{dS_0}{d\omega} = \dfrac{\pm\sqrt{2z\zeta}}{r^2}$. Ce second membre est donc une fonction connue de r et de ω.

L'équation devient

$$r^2\sqrt{z^2 - (r-1)^2}\,\frac{dS_1}{dr} - \sqrt{2z\zeta}\,\frac{dS_1}{d\omega} = r^2(F_1 - F_0).$$

Posons

$$v = \int \frac{dr}{r^2\sqrt{z^2 - (r-1)^2}}.$$

On voit que r et $\sqrt{z^2 - (r-1)^2}$ sont des fonctions périodiques de v et nous pouvons regarder S comme fonction de v et ω.

Notre équation devient alors

$$\frac{dS_1}{dv} - \sqrt{2z\zeta}\,\frac{dS_1}{d\omega} = r^2(F_1 - F_0).$$

Le second membre est une fonction connue de v et de ω, périodique par rapport à v.

Cette équation est ainsi tout à fait de même forme que l'équation (2) du n° 403, v jouant le rôle de x et ω celui de y.

Elle se traitera de la même manière; on déterminera par les procédés du n° 403 les quatre fonctions $S_{1,1}$, $S_{1,2}$, $S_{1,3}$, $S_{1,4}$ correspondant aux quatre surfaces asymptotiques.

On reconnaîtra comme au n° 403 que ces surfaces asymptotiques se coupent et par conséquent qu'il existe des solutions hétéroclines.

Mais cela n'est établi que pour les valeurs de μ voisines de 1; je ne sais pas si cela est encore vrai pour les petites valeurs de μ.

Le résultat est donc bien incomplet; j'espère cependant qu'on me pardonnera la longueur de cette digression, car la question que j'ai posée, plutôt que résolue, paraît se rattacher directement à la question de la stabilité, comme je l'ai montré au n° 400.

FIN DU TOME TROISIÈME ET DERNIER.

CHAPITRE XXIV.

USAGE DES INVARIANTS INTÉGRAUX.

CHAPITRE XXV.

INVARIANTS INTÉGRAUX ET SOLUTIONS ASYMPTOTIQUES.

CHAPITRE XXVI.

STABILITÉ A LA POISSON.

CHAPITRE XXVII.

THÉORIE DES CONSÉQUENTS.

CHAPITRE XXVIII.

SOLUTIONS PÉRIODIQUES DU DEUXIÈME GENRE.

CHAPITRE XXIX.

DIVERSES FORMES DU PRINCIPE DE MOINDRE ACTION.

CHAPITRE XXX.

FORMATION DES SOLUTIONS DU DEUXIÈME GENRE.

CHAPITRE XXXI.

PROPRIÉTÉS DES SOLUTIONS DU DEUXIÈME GENRE.

CHAPITRE XXXII.

SOLUTIONS PÉRIODIQUES DE DEUXIÈME ESPÈCE.

CHAPITRE XXXIII.

SOLUTIONS DOUBLEMENT ASYMPTOTIQUES.

FIN DE LA TABLE DES MATIÈRES DU TOME TROISIÈME ET DERNIER.

22961   Paris. — Imprimerie GAUTHIER-VILLARS, quai des Grands-Augustins, 55.

www.ingramcontent.com/pod-product-compliance
Lightning Source LLC
LaVergne TN
LVHW020559180726
843502LV00002B/293